建筑施工现场管理人员一本通系列丛书

测量员一本通

(第二版)

本书编委会 编

中国建材工业出版社

图书在版编目(CIP)数据

测量员一本通/《测量员一本通》编委会编.—北京：中国建材工业出版社,2008.1(2019.7重印)
(建筑施工现场管理人员一本通系列丛书)
ISBN 978-7-80227-382-5

Ⅰ.测… Ⅱ.测… Ⅲ.建筑工程－工程测量－基本知识 Ⅳ.TU198

中国版本图书馆 CIP 数据核字(2007)第 188975 号

测量员一本通(第二版)
本书编委会　编

出版发行：中国建材工业出版社
地　　址：北京市海淀区三里河路1号
邮　　编：100044
经　　销：全国各地新华书店
印　　刷：河北鸿祥信彩印刷有限公司
开　　本：850mm×1168mm　1/32
印　　张：14
字　　数：549千字
版　　次：2008年9月第2版
印　　次：2019年7月第9次
定　　价：39.00元

本社网址：www.jccbs.com.cn　　微信公众号：zgjcgycbs
本书如出现印装质量问题，由我社发行部负责调换。电话：(010)88386906
对本书内容有任何疑问及建议，请与本书责编联系。邮箱：dayi51@sina.com

内 容 提 要

本书第二版依据《工程测量规范》(GB 50026—2007)和《建筑变形测量规范》(JGJ 8—2007)进行编写。全书共分十五章，主要介绍了工程测量基本知识、工程制图基础知识、工程测量基本工具、水准测量、角度测量、直线定向和距离测量、地形测量、控制测量、地籍测量、工程施工测量基础、工业与民用建筑施工测量、道路测量、房产测量、建筑物变形测量与竣工图编绘、工程测量常用数据及技术资料等内容。

本书适用于工程施工测量人员、管理人员及监理工程师使用，也可作为大中专院校相关专业师生学习参考用书。

测量员一本通
编委会

主　编：龚利红
副主编：白　鸽　毛　升
编　委：胡丽光　李闪闪　梁　贺　刘　青
　　　　　刘亚祯　卢月林　彭　顺　王　胤
　　　　　张小珍　张艳萍

出版说明

《建筑工程施工现场管理人员一本通系列丛书》自2006年陆续出版发行以来,受到广大读者的关注和喜爱,本系列丛书各分册已多次重印,累计已达数万册。在本系列丛书的使用过程中,丛书编者陆续收到了不少读者及专家学者对丛书内容、深浅程度及编排等方面的反馈意见,对此,丛书编者向广大读者及有关专家学者表示衷心地感谢。

随着近年来我国国民经济的快速发展和科学技术水平的不断提高,建筑工程施工技术也得到了迅速发展。在快速发展的科技时代,建筑工程建设标准、功能设备、施工技术等在理论与实践方面也有了长足的发展,并日趋全面、丰富,各种建筑工程新材料、新设备、新工艺、新技术也得到了广泛的运用。为使本系列丛书更好地符合时代发展的要求,更好地满足新的需要,能够跟上工程建设飞速发展的步伐,丛书编者在保持编写风格及特点不变的基础上对本系列丛书进行了修订。本系列丛书修订后的各分册书名为:

1. 《施工员一本通》　　　　8. 《甲方代表一本通》
2. 《质量员一本通》　　　　9. 《项目经理一本通》
3. 《机械员一本通》　　　　10. 《现场电工一本通》
4. 《监理员一本通》　　　　11. 《测量员一本通》(第二版)
5. 《资料员一本通》(第二版)　12. 《材料员一本通》(第二版)
6. 《合同员一本通》　　　　13. 《造价员一本通(建筑工程)》(第二版)
7. 《安全员一本通》　　　　14. 《造价员一本通(安装工程)》(第二版)

本系列丛书的修订主要遵循以下原则进行:

(1)遵循最新标准规范对内容进行修订。本系列丛书出版发行期间,建筑工程领域颁布实施了众多标准规范,丛书修订工作严格依据最新标准规范进行。如:以《建设工程工程量清单计价规范》(GB 50500—2008)为依据,对《造价员一本通(建筑工程)》和《造价员一本通(安装工程)》进行了修订;以《工程测量规范》(GB 50026—2007)和《建筑变形测量规范》(JGJ8—2007)为依据,对《测量员一本通》进行修订;以最新标准规范的要求对《资料员一本通》中的表格填写进行了修订;以建筑工程最新材料标准规范为依据,对《材料员一本通》进行了修订。

(2)使用更方便。本套丛书资料丰富、内容翔实,图文并茂,编撰体例新颖,注重对建筑工程施工现场管理人员管理能力和专业技术能力的培养,力求做到文字通俗易懂,叙述内容一目了然,特别适合现场管理人员随查随用。

(3)依据广大读者及相关专家学者在丛书使用过程中提出的意见或建议,对丛书中的错误及不当之处进行了修订。

本套丛书在修订过程中,尽管编者已尽最大努力,但限于编者的水平,丛书在修订过程中难免会存在错误及疏漏,敬请广大读者及业内专家批评指正。

编　者

目 录

第一章 工程测量基本知识 …………………………………… (1)
第一节 工程测量基本术语 ………………………………… (1)
一、通用术语 ……………………………………………… (1)
二、控制测量 ……………………………………………… (2)
三、地形测量 ……………………………………………… (10)
四、施工测量 ……………………………………………… (14)
第二节 工程测量的任务和作用 …………………………… (17)
一、测量学概述 …………………………………………… (17)
二、工程测量的任务 ……………………………………… (17)
三、工程测量的作用 ……………………………………… (18)
四、工程测量常用单位 …………………………………… (18)
第三节 工程测量工作的原则、程序和要求 ……………… (19)
一、工程测量的原则 ……………………………………… (19)
二、工程测量的程序 ……………………………………… (19)
三、工程测量的要求 ……………………………………… (20)
第四节 地面点位置的确定 ………………………………… (20)
一、确定地面点位的原理 ………………………………… (20)
二、地面点平面位置的确定 ……………………………… (21)
三、地面点高程位置的确定 ……………………………… (22)
四、确定地面点位的基本测量工作 ……………………… (23)
第五节 用水平面代替水准面 ……………………………… (24)
一、平面代替曲面所产生的距离误差 …………………… (24)
二、平面代替曲面所产生的高程误差 …………………… (25)
第六节 测量误差基本知识 ………………………………… (26)
一、测量误差概述 ………………………………………… (26)
二、衡量精度的标准 ……………………………………… (27)
三、误差传播定律 ………………………………………… (28)
第七节 建筑工程施工测量安全管理 ……………………… (31)

一、一般安全要求 …………………………………………… (31)
　　二、施工测量安全管理 ………………………………………… (31)
　　三、变形测量安全管理 ………………………………………… (32)
第二章　工程制图基础知识 …………………………………………… (33)
　第一节　建筑制图标准 ………………………………………… (33)
　　一、幅面、标题栏与会签栏 ………………………………… (33)
　　二、图线、比例 ……………………………………………… (35)
　　三、符号 ……………………………………………………… (36)
　　四、定位轴线 ………………………………………………… (39)
　　五、尺寸标注 ………………………………………………… (41)
　　六、标高 ……………………………………………………… (42)
　第二节　建筑图的识读 ………………………………………… (43)
　　一、房屋建筑施工图的分类和编排顺序 …………………… (43)
　　二、建筑施工图的识读 ……………………………………… (44)
　　三、结构施工图的识读 ……………………………………… (50)
　　四、钢筋混凝土构件结构详图识读 ………………………… (53)
　　五、建筑工程施工图常用图例 ……………………………… (53)
第三章　工程测量基本工具 …………………………………………… (69)
　第一节　简单的定位和放样工具 ……………………………… (69)
　　一、花杆 ……………………………………………………… (69)
　　二、测钎 ……………………………………………………… (69)
　　三、皮尺 ……………………………………………………… (69)
　　四、钢尺 ……………………………………………………… (70)
　　五、方向盘 …………………………………………………… (70)
　　六、方向架 …………………………………………………… (70)
　　七、边坡样板 ………………………………………………… (71)
　第二节　水准仪的构造和使用 ………………………………… (71)
　　一、DS_3水准仪和水准尺 ………………………………… (71)
　　二、DS_1精密水准仪 ……………………………………… (77)
　　三、自动安平水准仪 ………………………………………… (78)
　　四、电子数字水准仪 ………………………………………… (80)
　第三节　经纬仪的构造和使用 ………………………………… (81)

目　录

　　一、光学经纬仪的构造⋯⋯⋯⋯⋯⋯⋯⋯⋯⋯⋯⋯⋯⋯⋯(81)
　　二、经纬仪的使用⋯⋯⋯⋯⋯⋯⋯⋯⋯⋯⋯⋯⋯⋯⋯⋯(81)
　第四节　平板仪的构造和使用⋯⋯⋯⋯⋯⋯⋯⋯⋯⋯⋯⋯(84)
　　一、平板仪的构造⋯⋯⋯⋯⋯⋯⋯⋯⋯⋯⋯⋯⋯⋯⋯⋯(84)
　　二、平板仪的使用⋯⋯⋯⋯⋯⋯⋯⋯⋯⋯⋯⋯⋯⋯⋯⋯(86)
　第五节　红外测距仪的构造和使用⋯⋯⋯⋯⋯⋯⋯⋯⋯⋯(88)
　　一、红外测距仪的构造⋯⋯⋯⋯⋯⋯⋯⋯⋯⋯⋯⋯⋯⋯(88)
　　二、红外测距仪的使用⋯⋯⋯⋯⋯⋯⋯⋯⋯⋯⋯⋯⋯⋯(91)
　第六节　全站仪的构造和使用⋯⋯⋯⋯⋯⋯⋯⋯⋯⋯⋯⋯(93)
　　一、全站仪的主要特点⋯⋯⋯⋯⋯⋯⋯⋯⋯⋯⋯⋯⋯⋯(93)
　　二、全站仪的主要技术指标⋯⋯⋯⋯⋯⋯⋯⋯⋯⋯⋯⋯(93)
　　三、全站仪的构造⋯⋯⋯⋯⋯⋯⋯⋯⋯⋯⋯⋯⋯⋯⋯⋯(94)
　第七节　罗盘仪的构造和使用⋯⋯⋯⋯⋯⋯⋯⋯⋯⋯⋯⋯(97)
　　一、罗盘仪的构造⋯⋯⋯⋯⋯⋯⋯⋯⋯⋯⋯⋯⋯⋯⋯⋯(97)
　　二、罗盘仪的使用⋯⋯⋯⋯⋯⋯⋯⋯⋯⋯⋯⋯⋯⋯⋯⋯(98)
　第八节　激光铅直仪的构造和使用⋯⋯⋯⋯⋯⋯⋯⋯⋯⋯(98)
　　一、激光铅直仪的构造⋯⋯⋯⋯⋯⋯⋯⋯⋯⋯⋯⋯⋯⋯(98)
　　二、激光铅直仪的使用⋯⋯⋯⋯⋯⋯⋯⋯⋯⋯⋯⋯⋯⋯(98)
　　三、仪器的检验与校正⋯⋯⋯⋯⋯⋯⋯⋯⋯⋯⋯⋯⋯⋯(99)

第四章　水准测量⋯⋯⋯⋯⋯⋯⋯⋯⋯⋯⋯⋯⋯⋯⋯⋯(101)

　第一节　水准测量的原理⋯⋯⋯⋯⋯⋯⋯⋯⋯⋯⋯⋯⋯(101)
　　一、测量原理⋯⋯⋯⋯⋯⋯⋯⋯⋯⋯⋯⋯⋯⋯⋯⋯⋯(101)
　　二、几何水准测量的规律⋯⋯⋯⋯⋯⋯⋯⋯⋯⋯⋯⋯(101)
　第二节　水准测量的方法⋯⋯⋯⋯⋯⋯⋯⋯⋯⋯⋯⋯⋯(102)
　　一、水准点⋯⋯⋯⋯⋯⋯⋯⋯⋯⋯⋯⋯⋯⋯⋯⋯⋯⋯(102)
　　二、水准路线⋯⋯⋯⋯⋯⋯⋯⋯⋯⋯⋯⋯⋯⋯⋯⋯⋯(102)
　　三、施测方法⋯⋯⋯⋯⋯⋯⋯⋯⋯⋯⋯⋯⋯⋯⋯⋯⋯(102)
　　四、记录与计算⋯⋯⋯⋯⋯⋯⋯⋯⋯⋯⋯⋯⋯⋯⋯⋯(103)
　　五、水准测量的检核⋯⋯⋯⋯⋯⋯⋯⋯⋯⋯⋯⋯⋯⋯(104)
　第三节　水准仪的检验和校正⋯⋯⋯⋯⋯⋯⋯⋯⋯⋯⋯(105)
　　一、轴线之间应满足的几何条件⋯⋯⋯⋯⋯⋯⋯⋯⋯(105)
　　二、普通水准仪的检验与校正⋯⋯⋯⋯⋯⋯⋯⋯⋯⋯(106)

三、精密水准仪的检验和校正 …………………………………… (108)
　第四节　水准测量误差的来源和影响 ………………………………… (109)
　　一、水准测量误差的来源 ………………………………………… (109)
　　二、水准测量误差的影响 ………………………………………… (110)

第五章　角度测量 ………………………………………………………… (111)
　第一节　水平角观测 …………………………………………………… (111)
　　一、水平角测量原理 ……………………………………………… (111)
　　二、测回法 ………………………………………………………… (111)
　　三、方向观测法 …………………………………………………… (113)
　　四、左、右角观测法 ……………………………………………… (114)
　第二节　竖直角观测 …………………………………………………… (114)
　　一、观测原理 ……………………………………………………… (114)
　　二、竖直度盘的构造 ……………………………………………… (114)
　　三、竖直角的观测 ………………………………………………… (114)
　　四、竖直角的计算 ………………………………………………… (115)
　　五、竖盘指标差 …………………………………………………… (116)
　　六、竖直角的应用 ………………………………………………… (117)
　第三节　经纬仪的检验和校正 ………………………………………… (118)
　　一、经纬仪的四条轴线 …………………………………………… (118)
　　二、应满足的几何条件 …………………………………………… (118)
　　三、经纬仪的检验与校正 ………………………………………… (118)
　第四节　水平角观测误差的来源和影响 ……………………………… (121)
　　一、水平角观测误差的来源 ……………………………………… (121)
　　二、水平角观测误差的影响 ……………………………………… (122)

第六章　直线定向和距离测量 …………………………………………… (123)
　第一节　直线定向 ……………………………………………………… (123)
　　一、标准方向线 …………………………………………………… (123)
　　二、方位角 ………………………………………………………… (123)
　　三、正、反坐标方位角 …………………………………………… (123)
　　四、象限角 ………………………………………………………… (124)
　第二节　钢尺量距 ……………………………………………………… (124)
　　一、直线定线 ……………………………………………………… (124)

目 录

二、距离丈量 ·· (126)
三、钢尺的精密量距 ·· (127)
四、钢尺的检定 ·· (128)

第三节 视距测量 ·· (129)
一、视距测量原理 ·· (129)
二、测量方法 ·· (130)
三、测量误差 ·· (130)

第四节 坐标正算与反算 ··· (131)
一、坐标正算 ·· (131)
二、坐标反算 ·· (132)

第七章 地形测量 ··· (133)

第一节 地形图概述 ·· (133)
一、地形图的概念 ·· (133)
二、地形图的比例尺 ·· (133)
三、地形图的分幅和编号 ·· (134)
四、地形及地形图的分类 ·· (135)
五、地形图的其他要素 ·· (135)
六、地形图测量的要求 ·· (136)

第二节 地形图符号及图例 ·· (138)
一、地貌符号 ·· (138)
二、地物符号 ·· (141)

第三节 图根控制测量 ·· (144)
一、一般规定 ·· (144)
二、图根高程控制 ·· (145)
三、图根平面控制 ·· (145)

第四节 地形图的测绘 ·· (147)
一、测图前的准备工作 ·· (147)
二、地形图测绘方法 ·· (150)

第五节 地形图的测绘内容 ·· (156)
一、一般地区地形测图 ·· (156)
二、城镇建筑区地形测图 ······································· (157)
三、水域地形测量 ·· (157)

第六节　地形图的修测与编绘 …………………………… (160)
　一、地形图的修测 ……………………………………… (160)
　二、地形图的编绘 ……………………………………… (161)
第七节　地形图的识读与应用 …………………………… (161)
　一、地形图的识读 ……………………………………… (161)
　二、地形图的应用 ……………………………………… (162)
第八节　地形图在工程建设中的应用 …………………… (164)
　一、按预定方向绘制纵断面图 ………………………… (164)
　二、在地形图上按限制坡度选择最短线路 …………… (165)
　三、量算图形面积 ……………………………………… (166)
　四、确定汇水区面积 …………………………………… (167)
　五、根据地形图平整场地 ……………………………… (168)

第八章　控制测量 ………………………………………… (171)
第一节　控制测量基础 …………………………………… (171)
　一、平面控制测量 ……………………………………… (171)
　二、高程控制测量 ……………………………………… (171)
第二节　平面控制测量 …………………………………… (172)
　一、导线测量 …………………………………………… (172)
　二、三角形网测量 ……………………………………… (184)
　三、卫星定位测量 ……………………………………… (187)
第三节　高程控制测量 …………………………………… (191)
　一、水准测量 …………………………………………… (191)
　二、三角高程测量 ……………………………………… (196)
　三、GPS 拟合高程测量 ………………………………… (198)

第九章　地籍测量 ………………………………………… (200)
第一节　地籍测量概述 …………………………………… (200)
　一、地籍测量的概念 …………………………………… (200)
　二、地籍测量的任务 …………………………………… (200)
　三、地籍测量的特点 …………………………………… (200)
　四、地籍测量的目的 …………………………………… (201)
　五、地籍测量的基本精度 ……………………………… (201)
第二节　地籍调查 ………………………………………… (202)

目 录

  一、地籍调查的内容与要求 …………………………………(202)

  二、地块与编号 ………………………………………………(203)

  三、地块权属调查 ……………………………………………(203)

  四、土地利用类别调查 ………………………………………(203)

  五、土地等级调查 ……………………………………………(203)

  六、建筑物状况调查 …………………………………………(206)

 第三节　地籍测量 ………………………………………………(207)

  一、地籍测量内容 ……………………………………………(207)

  二、地籍测量方法 ……………………………………………(208)

  三、界址点 ……………………………………………………(208)

  四、地籍测量草图 ……………………………………………(209)

  五、地籍图绘制 ………………………………………………(210)

 第四节　面积量算和地籍修测 …………………………………(211)

  一、概述 ………………………………………………………(211)

  二、面积量算的方法与精度估算 ……………………………(212)

  三、地籍修测 …………………………………………………(213)

  四、变更地籍测量 ……………………………………………(214)

第十章　工程施工测量基础 …………………………………(215)

 第一节　施工测量概述 …………………………………………(215)

  一、施工测量的概念 …………………………………………(215)

  二、施工测量的任务 …………………………………………(215)

  三、施工测量的内容 …………………………………………(215)

  四、施工测量的特点 …………………………………………(215)

 第二节　测设的基本工作 ………………………………………(216)

  一、水平距离的测设 …………………………………………(216)

  二、水平角的测设 ……………………………………………(217)

  三、高程测设 …………………………………………………(219)

  四、测设直线 …………………………………………………(221)

  五、测设坡度线 ………………………………………………(223)

 第三节　测设点位的方法 ………………………………………(225)

  一、直角坐标法 ………………………………………………(225)

  二、极坐标法 …………………………………………………(227)

三、角度交会法 (229)
四、距离交会法 (230)
第四节 建筑基线 (230)
一、建筑基线的布置 (230)
二、测设建筑基线的方法 (230)
第五节 建筑方格网 (232)
一、建筑方格网的布置 (232)
二、建筑方格网的测设 (233)

第十一章 工业与民用建筑施工测量 (236)
第一节 建筑施工测量前的准备工作 (236)
一、熟悉图纸 (236)
二、现场踏勘 (236)
三、确定测设方案 (236)
四、准备测设数据 (236)
第二节 建筑物的定位与放线 (236)
一、建筑物的定位 (236)
二、建筑物放线 (238)
第三节 建筑物基础施工测量 (240)
一、基槽开挖深度 (240)
二、垫层标高控制 (241)
三、在垫层上投测中心线 (241)
四、基础标高 (241)
第四节 墙体施工测量 (242)
一、首层楼房墙体施工测量 (242)
二、二层以上楼房墙体施工测量 (242)
第五节 高层建筑施工测量 (243)
一、高层建筑测量概述 (243)
二、高层建筑定位测量 (243)
三、高层建筑基础施工测量 (245)
四、高层建筑的轴线投测 (245)
五、高层建筑的高程传递 (247)
六、高层建筑中的竖向测量 (248)

目 录

　　七、滑模施工测量 …………………………………………… (249)
　第六节　厂房控制网的建立 ……………………………………… (250)
　　一、控制网建立前的准备工作 ……………………………… (250)
　　二、中小型工业厂房控制网的建立 ………………………… (250)
　　三、大型工业厂房控制网的建立 …………………………… (250)
　　四、厂房扩建与改建的测量 ………………………………… (251)
　第七节　厂房柱列轴线与柱基测设 ……………………………… (252)
　　一、厂房柱列轴线的测设 …………………………………… (252)
　　二、柱基的测设 ……………………………………………… (252)
　第八节　厂房预制构件安装测量 ………………………………… (252)
　　一、柱子的安装测量 ………………………………………… (252)
　　二、吊车梁及屋架的安装测量 ……………………………… (254)
　　三、钢结构工程的测量 ……………………………………… (255)
　第九节　特殊结构形式的施工放样 ……………………………… (256)
　　一、三角形建筑物的施工放样 ……………………………… (256)
　　二、抛物线形建筑物的施工放样 …………………………… (256)
　　三、双曲线形建筑物的施工放样 …………………………… (257)
　　四、圆弧形建筑物的施工放样 ……………………………… (257)

第十二章　道路测量 …………………………………………… (259)
　第一节　中线测量 ………………………………………………… (259)
　　一、测量内容 ………………………………………………… (259)
　　二、交点与转点的测设 ……………………………………… (260)
　　三、转角的测定 ……………………………………………… (263)
　第二节　圆曲线的测设 …………………………………………… (265)
　　一、测设的步骤 ……………………………………………… (265)
　　二、圆曲线的主点测设 ……………………………………… (266)
　　三、圆曲线的详细测设 ……………………………………… (267)
　第三节　缓和曲线的测设 ………………………………………… (269)
　　一、缓和曲线的作用 ………………………………………… (269)
　　二、缓和曲线测设方法 ……………………………………… (270)
　　三、缓和曲线测设数据计算 ………………………………… (271)
　　四、圆曲线带有缓和曲线的测设 …………………………… (272)

五、"S"型和"C"型曲线测设方法 ………………………… (278)
　第四节　复曲线与回头曲线的测设 ………………………… (281)
　　一、不设缓和曲线的复曲线 ………………………………… (281)
　　二、设置有缓和曲线的复曲线 ……………………………… (283)
　　三、回头曲线测设方法 ……………………………………… (284)
　　四、回头曲线测设数据计算 ………………………………… (286)
　　五、有缓和曲线回头曲线测设方法 ………………………… (287)
　第五节　桥涵测量 …………………………………………… (288)
　　一、桥涵平面控制测量 ……………………………………… (288)
　　二、桥梁墩、台定位 ………………………………………… (289)
　　三、桥梁墩、台纵横轴线的测设 …………………………… (301)
　　四、桥梁基础的施工放样 …………………………………… (302)

第十三章　房产测量 …………………………………………… (316)
　第一节　房产测量概述 ……………………………………… (316)
　　一、房产测量的目的和内容 ………………………………… (316)
　　二、房产测量的基本精度要求 ……………………………… (316)
　　三、测量基准 ………………………………………………… (317)
　第二节　房产图图式 ………………………………………… (317)
　　一、基本规定 ………………………………………………… (317)
　　二、界址点、控制点及房角点 ……………………………… (318)
　　三、境界 ……………………………………………………… (318)
　　四、丘界线及其他界线 ……………………………………… (321)
　　五、房屋 ……………………………………………………… (324)
　　六、房屋附属设施 …………………………………………… (325)
　　七、房屋围护物 ……………………………………………… (327)
　　八、交通 ……………………………………………………… (329)
　　九、水域 ……………………………………………………… (332)
　　十、独立地物 ………………………………………………… (333)
　　十一、公关设施 ……………………………………………… (334)
　　十二、绿化地和农用地 ……………………………………… (335)
　　十三、房产要素 ……………………………………………… (336)
　　十四、注记 …………………………………………………… (339)

目 录

第三节　房产平面控制测量 ……………………………… (341)
　一、概述 …………………………………………………… (341)
　二、测量方式 ……………………………………………… (342)
第四节　房产调查 ………………………………………… (348)
　一、概述 …………………………………………………… (348)
　二、房屋用地调查 ………………………………………… (349)
　三、房屋调查 ……………………………………………… (350)
第五节　房产要素测量 …………………………………… (354)
　一、房产要素测量的主要内容 …………………………… (354)
　二、野外解析法测量 ……………………………………… (355)
　三、全野外数据采集 ……………………………………… (356)
　四、测量草图 ……………………………………………… (357)
　五、房产图绘制 …………………………………………… (358)
第六节　变更测量与成果资料的检查验收 ……………… (363)
　一、变更测量 ……………………………………………… (363)
　二、成果资料的检查与验收 ……………………………… (365)

第十四章　建筑物变形测量与竣工图编绘 …………… (367)

第一节　建筑物变形测量概述 …………………………… (367)
　一、概念 …………………………………………………… (367)
　二、产生变形的原因 ……………………………………… (367)
　三、变形测量的任务 ……………………………………… (367)
　四、观测周期与观测精度 ………………………………… (367)
　五、建筑物变形测量基本规定 …………………………… (368)
第二节　沉降观测 ………………………………………… (371)
　一、沉降观测水准点的测设 ……………………………… (371)
　二、建筑物沉降观测 ……………………………………… (372)
第三节　位移观测 ………………………………………… (378)
　一、一般规定 ……………………………………………… (378)
　二、建筑主体倾斜观测 …………………………………… (379)
　三、建筑水平位移观测 …………………………………… (381)
　四、基坑壁侧向位移观测 ………………………………… (382)
　五、建筑场地滑坡观测 …………………………………… (384)

六、挠度观测 ································· (385)
　　七、建筑物倾斜观测方法 ····················· (387)
　第四节　特殊变形观测 ························· (390)
　　一、动态变形测量 ····························· (390)
　　二、日照变形观测 ····························· (392)
　　三、风振观测 ································· (393)
　　四、裂缝观测 ································· (394)
　第五节　竣工总平面图的编绘 ··················· (395)
　　一、编绘竣工总平面图的一般规定 ·············· (395)
　　二、竣工总平面图编绘的方法和步骤 ············ (396)
　　三、现场实测 ································· (396)
　　四、竣工总平面图的绘制 ····················· (397)
第十五章　工程测量常用数据及技术资料 ········· (398)
　第一节　工程施工测量常用数据 ················· (398)
　　一、线路测量常用数据 ······················· (398)
　　二、工程施工测量常用数据 ··················· (402)
　　三、工程变形监测常用数据 ··················· (409)
　第二节　建筑施工测量技术资料 ················· (417)
　　一、工程定位测量记录 ······················· (417)
　　二、基槽验线记录 ····························· (417)
　　三、楼层平面放线记录 ······················· (418)
　　四、楼层标高抄测记录 ······················· (418)
　　五、建筑物垂直度、标高观测记录 ·············· (419)
　　六、横断面测量记录 ··························· (419)
　　七、施工放样报告单 ··························· (420)
　　八、水平角观测记录 ··························· (420)
　　九、水准观测记录 ····························· (421)
附录　常用计量单位换算 ························· (422)
参考文献 ··· (430)

第一章 工程测量基本知识

第一节 工程测量基本术语

一、通用术语

工程测量的通用术语见表 1-1。

表 1-1　　　　　　　　　　通用术语

项 目	内 容
测绘学	研究地理信息的获取、处理、描述和应用的学科。其内容包括研究测定、描述地球的形状、大小、重力场、地表形态以及它们的各种变化，确定自然和人造物体、人工设施的空间位置及属性，制成各种地图和建立有关信息系统
工程测量	工程建设的勘察设计、施工和运营管理各阶段，应用测绘学的理论和技术进行的各种测量工作
精密工程测量	采用的设备和仪器，其绝对精度达到毫米量级，相对精度达到 10^{-5} 量级的精确定位和变形观测等进行的测量工作
摄影测量	利用摄影影像信息测定目标物的形状、大小、性质、空间位置和相互关系的测量工作
工程摄影测量	工程建设的勘察设计、施工和运营管理各阶段中进行的各种摄影测量工作
子午线	通过地面某点并包含地球南北极点的平面与地球表面的交线，也称子午圈
中央子午线	地图投影中各投影带中央的子午线
任意中央子午线	选择任意一条子午线为某区域的中央子午线
子午线收敛角	地面上经度不同的两点所作子午线间的夹角
高斯-克吕格投影	地图投影带的中央子午线投影为直线且长度不变，赤道投影为直线，且两线为正交的等角横切椭圆柱投影
高斯平面直角坐标系	根据高斯-克吕格投影所建立的平面直角坐标系
独立坐标系	任意选用原点和坐标轴的平面直角坐标系
建筑坐标系	坐标轴与建筑物主轴线成某种几何关系的平面直角坐标系
坐标变换	将某点的坐标从一种坐标系换算到另一种坐标系的过程

续表

项目	内容
高程	地面点至高程基准面的铅垂距离
高程基准	由特定验潮站平均海水面确定的起算面所决定的水准原点高程
1985国家高程基准	根据青岛验潮站1952～1979年验潮资料计算确定的平均海水面所决定的水准原点高程,于1987年由国家测绘局颁布作为我国统一的测量高程基准
假定高程	按假设的高程基准所确定的高程
一次布网	将全部控制点一次布设成同一个等级、统一平差的测量控制网
控制点	以一定精度测定其几何、天文和重力数据,为进一步测量及为其他科学技术工作提供依据具有控制精度的固定点。包括平面控制点和高程控制点
测量控制网	由相互联系的控制点以一定几何图形所构成的网,简称控制网
基线	三角测量和摄影测量中,为获取测绘信息所依据的基本长度
标准[偏]差	随机误差平方的数学期望的平方根,也称中误差或均方根差
偶然误差	在一定观测条件下的一系列观测值中,其误差大小、正负号不定,但符合一定统计规律的测量误差,也称随机误差
系统误差	在一定观测条件下的一系列观测值中,其误差大小、正负号均保持不变,或按一定规律变化的测量误差
粗差	在一定观测条件下的一系列观测值中,超过标准差规定限差的测量误差
多余观测	超过确定未知量所需最少数量的基础上增加的观测量

二、控制测量

1. 一般术语

控制测量的一般术语见表1-2。

表1-2　　　　　　　　控制测量一般术语

项目	内容
控制测量	为建立测量控制网而进行的测量工作。包括平面控制测量、高程控制测量和三维控制测量
高斯投影面	按照高斯投影公式确定的地球椭球面的投影展开面

第一章　工程测量基本知识

续表

项　目	内　容
大地水准面	一个与假想的无波浪、潮汐、海流和大气压变化引起扰动的处于流体静平衡状态的海洋面相重合并延伸到大陆的重力等位面
抵偿高程面	为使地面上边长的高斯投影长度改正与归算到基准面上的改正互相抵偿而确定的高程面
参考椭球面	处理大地测量成果而采用的与地球大小、形状接近并进行定位的椭球体表面
法截弧曲率半径	地球椭球体表面上某点的法截弧在该点的曲率半径
高斯投影长度变形	圆柱面与椭球面相切于中央子午线上，其长度不变形，其他任意处的投影长度均变化
高斯投影分带	按一定经差将地球椭球体表面划分成若干投影的区域，简称投影带
任意带	采用任意中央子午线、任意带宽的投影带
卯酉圈曲率半径	地球椭球体表面上某点法截弧曲率半径中最大的曲率半径
子午圈曲率半径	地球椭球体表面上某点法截弧曲率半径中最小的曲率半径
平均曲率半径	地球椭球体表面上某点无穷多个法截弧的曲率半径的算术平均值
导航星全球定位系统	利用多颗卫星和接收机，在全球范围内确定空间或地面点三维坐标的一种全球卫星导航定位系统
平面控制网	在某一参考面上，由相互联系的平面控制点所构成的测量控制网
平面控制测量	确定控制点平面坐标的测量工作
平面控制点	具有平面坐标的控制点
控制网优化设计	采用现代科学技术手段，以一个或多个目标函数进行择优的选网方法
三角测量	在地面上选定一系列点，构成连续三角形，测定三角形各顶点水平角，并根据起始边长、方位角和起始点坐标，经数据处理确定各顶点平面位置的测量方法
三角控制网	采用三角测量的方法建立的测量控制网

续表

项　目	内　容
三角锁	由一系列相连的三角形构成链形的测量控制网
线形三角锁	两端各附合在一个高等级控制点上的三角锁,简称线形锁
线形三角网	附合在三个以上高等级控制点的线形三角锁连接而构成的测量控制网,简称线形网
三角点	三角测量时,在地面上选定的一系列构成相互连接的三角形顶点
三边测量	测量三角形的边长,以确定网中各点平面位置的测量方法
边角测量	综合应用三角测量和三边测量确定各顶点平面位置的测量方法
导线测量	在地面上按一定要求选定一系列的点依相邻次序连成折线,并测量各线段的边长和转折角,再根据起始数据确定各点平面位置的测量方法
导线控制网	通过导线测量的方法建立的测量控制网
附合导线	起止于两个已知点间的单一导线
闭合导线	起止于同一个已知点的封闭导线
导线点	用导线测量的方法测定的控制点
加密控制网	在高等级测量控制网中,为增加控制点的密度而布设的次级测量控制网
插网	在高等级测量控制网中,插入两个以上的点而构成加密控制网
插点	在高等级测量控制网中,插入一个或两个待定的控制点
边角联合交会	加密控制点时,测定一部分或全部角与边的交会方法
结点	两条或两条以上导线、水准路线相交的点
结点网	由多个结点构成的测量控制网
平均边长	测量控制网中各边长度的平均值
起始数据	测量控制网中作为起始坐标、边、方位和高程的数据
最弱边	在三角控制网中利用起始边和观测的角度值,经数据处理后,其中精度最低的一条边
最弱点	在测量控制网中利用起算点的数据及观测值,经数据处理后,其中相对于起算点精度最低的一个点

第一章 工程测量基本知识

续表

项　目	内　容
坐标增量	两点之间的坐标值之差
导线全长闭合差	由导线的起点推算至终点的位置与原有已知点位置之差
导线横向误差	导线的位移误差在导线起点和终点连线方向上的垂直分量
导线纵向误差	导线的位移误差在导线起点和终点连线方向上的分量
高程控制点	具有高程值的控制点
高程控制测量	确定控制点高程值的测量工作
高程控制网	由相互联系的高程控制点所构成的测量控制网
测区平均高程面	以测区高程平均值计算的高程面
地球曲率与折光差改正	在三角高程测量中,为消除或减弱测线受地球曲率与受大气折射两项误差影响而作的改正,简称两差改正
旁折光	在不同的大气密度条件下,光线在水平方向产生的折射
垂线偏差	地面测站点的铅垂线与其在参考椭球面上对应点的法线之差

2. 选点、造标与埋石

选点、造标与埋石术语见表1-3。

表1-3　　　　　选点、造标与埋石术语

项　目	内　容
踏勘	工程开始前,到现场察看地形和其他工程条件的工作
控制网选点	根据控制网设计方案和选点的技术要求,在实地选定控制点位置的工作
造标	建造作为观测照准的目标及升高仪器位置的测量标志构筑物的总称
埋石	将控制点的永久性标志固定在实地的工作
观测墩	顶面有中心标志及同心装置,并能安装测量仪器及观测照准目标的设施
强制对中	用装在共同基座上的装置,使仪器和觇牌的竖轴严格同心的方法
归心元素	仪器、照准目标和标石的中心在水平面上投影间的距离及其与零方向的夹角。测站点归心元素包括测站点偏心距与偏心角;照准点归心元素包括照准点偏心距与偏心角

续表

项　目	内　容
归心改正	将测站的仪器中心至照准目标中心之间的方向值或距离,归化为两点标石中心之间的方向值或距离而进行的改正
测站归心	因仪器中心与测站标石中心不处在同一铅垂线上而进行的改正
照准点归心	因照准点目标中心与标石中心不处在同一铅垂线上而进行的改正
标石	用混凝土、金属或石料制成,埋于地下或露出地面以标志控制点位置的永久性标志
觇标	作为照准目标用的测量标志构筑物
觇牌	作为测量照准目标用的标志牌
测量标志	标定地面控制点或观测目标位置,有明确中心或顶面位置的标石、觇标及其他标记的通称
照准圆筒	安装在觇标顶部,供观测时照准用的圆筒
点之记	记载等级控制点位置和结构情况的资料。包括:点名、等级、点位略图及与周围固定地物的相关尺寸等
墙上水准点	设置在坚固建筑物墙上的水准点标志

3. 角度测量

角度测量术语见表 1-4。

表 1-4　　　　　　　角度测量术语

项　目	内　容
水平角	测站点至两个观测目标方向线垂直投影在水平面上的夹角
垂直角	观测目标的方向线与水平面间在同一竖直面内的夹角
天顶距	测站点铅垂线的天顶方向到观测方向线间的夹角
测站	观测时设置仪器或接收天线的位置
照准点	观测时仪器照准的目标点
测微器行差	用测微器读取度盘上两相邻分划线间角距的数值与理论值之差
隙动差	机械啮合装置中,旋进与旋出至同一位置的读数之差

第一章 工程测量基本知识

续表

项　目	内　容
度盘	装在测角仪器上，用以量测角度的圆盘
正镜	照准目标时，经纬仪的竖直度盘位于望远镜左侧，也称盘左
倒镜	照准目标时，经纬仪的竖直度盘位于望远镜右侧，也称盘右
测回	根据仪器或观测条件等因素的不同，统一规定的由数次观测组成的观测单元
分组观测	把测站上所有方向分成若干组分别观测的方法
全圆方向法	把两个以上的方向合为一组，从初始方向开始依次进行水平方向观测，最后再次照准初始方向的观测方法
方向观测法	以两个以上的方向为一组，从初始方向开始，依次进行水平方向观测，正镜半测回和倒镜半测回，照准各方向目标并读数的方法
归零差	全圆方向法中，半测回开始与结束两次对起始方向观测值之差
两倍照准差	全圆方向法中，同一测回、同一方向正镜读数与倒镜读数之差
坐标方位角	坐标系的正纵轴与测线间顺时针方向的水平夹角
方位角	通过测站的子午线与测线间顺时针方向的水平夹角
三角形闭合差	三角形三内角观测值之和与180°加球面角超之差
测角中误差	根据测角闭合差或观测值改正数，计算出角度观测值的中误差
照准误差	照准目标时所产生的误差

4. 距离测量

距离测量术语见表1-5。

表1-5　　　　　　距离测量术语

项　目	内　容
距离测量	测量两点间长度的工作
电磁波测距	以电磁波在两点间往返的传播时间确定两点间距离的测量方法
光电测距	以光波为载波，采用测频法、脉冲法或相位法确定两点间距离的方法
激光测距	以激光为载波，采用脉冲法或相位法确定两点间距离的方法

续表

项　目	内　容
红外测距	以砷化镓(GaAs)发光管的红外光为载波,以相位法或脉冲相位法确定两点间距离的方法
微波测距	以微波为载波,经调制由主台发射、副台接收并转发回来,测定调制波的相位差,确定两点间距离的方法
相位法测距	根据调制波往返于被测距离上的相位差,间接确定距离的方法
电磁波测距仪	采用电磁波为载波测量距离的仪器。包括红外测距仪、光电测距仪、激光测距仪和微波测距仪等
电子速测仪	集红外测距仪、电子经纬仪、数据终端机和数据记录兼数据处理器于一体的测量仪器
反光镜	将发射的光束反射至接收系统的反射物。包括:平面反光镜、球面反光镜、透镜反光镜、棱镜反光镜等
棱镜反光镜	用光学玻璃制成的等腰三角锥体,三个反射面互相垂直,另一面为光线的入射面和出射面,其入射光线和反射光线平行,且具有自准直性
加常数	采用电磁波测距仪测得的距离与实际距离之间的常差
电磁波测距标称精度	电磁波测距仪给定的精度指标。包括固定误差和比例误差
固定误差	与观测量大小无关,有固定数值的误差
比例误差	与观测量大小成比例的误差
电磁波测距最佳观测时间段	在电磁波测距时,通视良好、信号稳定和测距精度较高的时间间隔
电磁波测距最大测程	在规定的大气能见度和棱镜组个数的条件下,满足仪器标称精度时电磁波测距仪所能测量的最大距离
气象改正	在大气折射率与测距仪给定的参考气象条件下,折射率不等而进行的距离改正
频偏改正	在实际作业时,测距仪的调制频率与标称频率发生偏移而进行的距离改正
因瓦基线尺	采用镍铁合金制造的线状尺或带状尺,其温度膨胀系数小于$0.5 \times 10^{-6}/℃$

第一章 工程测量基本知识

续表

项 目	内 容
钢尺量距	采用宽度 10~20mm,厚度 0.1~0.4mm 薄钢带制成的带状尺测量距离的方法
视差法测距	用经纬仪测量与短基线所对应的水平角计算水平距离的方法
横基尺视差法	根据与测线垂直并水平放置基线横尺所对应的视差角计算水平距离的方法
竖基尺视差法	根据竖直放置的基线竖尺所对应的垂直角计算水平距离的方法
尺长改正	根据尺在标准温度、标准拉力引张下的实际长度与标称长度的差值进行的长度改正
倾斜改正	将倾斜距离换算成水平距离的工作
温度改正	钢尺量距时的温度和标准温度不同引起的尺长变化进行的距离改正
往测与返测	两点间测量时,由起点到终点、由终点到起点的测量过程

5. 高程测量

高程测量术语见表 1-6。

表 1-6 高程测量术语

项 目	内 容
高程测量	确定地面点高程的测量工作
水准测量	用水准仪和水准尺测定两固定点间高差的工作
精密水准测量	采用高精度的仪器、工具和测量方法所进行的每千米高差全中误差小于 2mm 的水准测量
水准点	用水准测量方法,测定的高程达到一定精度的高程控制点
水准网	由一系列水准点组成多条水准路线而构成的带有结点的高程控制网
水准测段	分段观测时,相邻两水准点或高程控制点间的水准测量路线
高差	同一高程系统中两点间的高程之差
附合水准路线	起止于两个已知水准点间的水准路线
闭合水准路线	起止于同一已知水准点的封闭水准路线

续表

项 目	内 容
支水准路线	从一已知水准点出发,终点不附合或不闭合于另一已知水准点的水准路线
跨河水准测量	视线长度超过规定,跨越河流、湖泊、沼泽等的水准测量
三角高程测量	根据已知点高程及两点间的垂直角和距离确定所求点高程的方法
电磁波测距三角高程测量	采用电磁波测距仪直接测定两点间距离的三角高程测量
三角高程导线测量	从已知高程点出发,沿各导线边进行三角高程测量,最后附合或闭合到已知高程点上,确定高程的方法
高程中误差	根据高程测量闭合差或不符值计算的中误差
高差全中误差	根据环线闭合差和相应环的水准路线周长而计算的中误差,也称水准测量每千米距离的高差中数的全中误差。其表达式为: $$M_W = \pm \sqrt{\frac{1}{N} \cdot \left[\frac{WW}{L}\right]}$$ 式中 M_W——高差全中误差(mm); W——闭合差(mm); N——水准环数; L——相应环的水准路线周长(km)
高差偶然中误差	根据各测段往返高差不符值和测段长度而计算的中误差。其表达式为: $$M_\Delta = \pm \sqrt{\frac{1}{4n} \cdot \left[\frac{\Delta\Delta}{L}\right]}$$ 式中 M_Δ——高差偶然中误差(mm); Δ——测段往返高差不符值(mm); n——测段数; L——测段长度(km)

三、地形测量

1. 一般术语

地形测量一般术语见表1-7。

第一章 工程测量基本知识

表 1-7　　　　　　　　　地形测量一般术语

项　目	内　容
地形测量	按一定程序和方法,将地物、地貌及其他地理要素记录在载体上的测量工作,包括图根控制测量和地形测图
地形图	按一定程序和方法,用符号、注记及等高线表示地物、地貌及其他地理要素平面位置和高程的正射投影图
带状地形图	用于线形工程的选线、勘察设计或管理的地形图
基本比例尺地形图	用规定的测图比例尺系统测绘或编绘的地形图
地形图比例尺	地形图上某一线段的长度与实地相应线段水平长度之比
地形图数据库	利用计算机存储各种地形图要素的数据及数据管理软件的文件集合
地形图修测	对原有地形图上有变动的地物、地貌进行修改和补充的测量工作
地形图要素	构成地形图的地理要素、数学要素和整饰要素的总称
地形图分幅	将测区的地形图划分成规定尺寸的图幅
地形原图	经实测、整饰后的初始地形图
地形底图	地形原图经映绘后供复制用的图件

2. 图根控制测量

图根控制测量术语见表 1-8。

表 1-8　　　　　　　　　图根控制测量术语

项　目	内　容
图根控制点	直接用于测绘地形图的控制点,简称图根点
图根控制测量	在等级控制点基础上测定图根控制点的工作
图根三角测量	利用三角测量的方法测定图根控制点平面位置的测量工作
图根导线测量	利用导线测量的方法测定图根控制点平面位置的测量工作
三维导线测量	同时解算各点平面位置和高程的导线测量方法
图根高程测量	测定图根控制点高程的测量工作
图根水准测量	用水准测量的方法测定图根点高程的测量工作
经纬仪三角高程测量	用经纬仪测定两点间的垂直角,并根据已知距离确定图根点高程的测量工作

续表

项 目	内 容
独立交会高程点	根据多个已知高程点用三角高程测量的方法确定待定点的高程
电磁波测距仪极坐标法	以电子速测仪测角和测边,按极坐标法确定图根点坐标的方法
交会法	根据两个以上已知点,用方向或距离交会,确定待定点坐标和高程的方法
前方交会	根据两个以上已知点的坐标及观测角值确定待定点坐标的方法
后方交会	在待定点上向三个以上已知点进行水平角观测,然后根据三个已知点的坐标及两个水平角观测值确定待定点坐标的方法
侧方交会	根据两个已知点的坐标和一个已知点及待定点上观测的水平角确定待定点坐标的方法
交会点	根据已知控制点用交会法测定的点
图根解析补点	根据图根点坐标及观测的角度、边长和垂直角确定坐标和高程的点
图解图根点	在测站上直接用测量仪器,按几何原理读数,图板上划线定点的方法确定的点

3. 地形测图

地形测图术语见表 1-9。

表 1-9　　　　　地形测图术语

项 目	内 容
地形测图	使用测绘仪器测绘地形图的工作
大比例尺地形测图	比例尺为 1:200、1:500、1:1000、1:2000、1:5000 的地形测图
平板仪测图	采用平板仪确定方向、视距、量距或测距确定点位而测绘地形图的工作
经纬仪测图	采用经纬仪测角和视距或测距仪测距,在图板上展点以测绘地形图的工作

第一章 工程测量基本知识

续表

项　目	内　　容
测记法成图	用仪器测定测站点至地形点的距离、方向和高差,再根据其记录和草图进行成图的工作
电子速测仪测图	采用有记录装置的全站式测距仪获取数据,输入至绘图仪测绘地形图的工作
机助制图	采用电子计算机制图技术,经过数据采集、数据处理、图形编辑和图形输出,制作地形图的工作
坐标格网	按一定的纵横坐标间距,在地形图上绘制的格网
图廓	地形图分幅的范围线
图廓整饰	根据规定对图廓周边进行整饰的工作
等高线	地形图上高程相等的相邻点连成的闭合曲线
等高距	地形图上两相邻首曲线间的高差
首曲线	根据地形图比例尺、地形坡度和等高线密度等因素,确定等高距描绘的曲线
计曲线	按规定的首曲线条数加粗描绘的等高线
示坡线	地形图中在等高线上表示坡度方向的短线
地性线	地形测图时表示地形坡面变化的特征线。如山脊线、山谷线等
地物	地面上固定性物体的总称,包括建筑物、构筑物、道路、江河等
地貌	地面上各种起伏形态的总称
地形	地面上地物、地貌的总称
地形点	地形测图中被测定高程和位置的点
地形点间距	地形测图中测点之间的距离
地物点	地形测图中确定地物形状的特征点
内插高程点	在地形图上两相邻等高线间根据等高线位置按一定比例确定高程的点
高程注记点	地形图上标注有高程数据的点
细部坐标点	用解析方法测定的重要地物的特征点

四、施工测量

1. 一般术语

施工测量一般术语见表 1-10。

表 1-10　　　　　　　施工测量一般术语

项目	内容
施工测量	在工程施工阶段进行的测量工作
界桩	表示土地分界线的固定标志
建筑红线测量	根据规划确定的建筑区域或建筑物的用地限制线,在实地测设并钉桩的测量工作
推算坐标	根据已知坐标及给定的所求点条件,确定所求点平面坐标值,也称条件坐标
面积水准测量	在建筑场地布设方格网,测出各网点地面高程的水准测量
土地规划测量	为规划城镇、农村的各项建设用地而进行的测量工作

2. 施工控制网

施工控制网术语见表 1-11。

表 1-11　　　　　　　施工控制网术语

项目	内容
施工控制网	为工程建设的施工而布设的测量控制网
建筑方格网	各边组成矩形或正方形且与拟建的建筑物、构筑物轴线平行的施工控制网
建筑方格网主轴线	与主要建筑物轴线平行,作为建筑方格网定向及测设依据的轴线
建筑方格网轴线法	以建筑方格网主轴线为依据确定其他方格网点的测量方法
建筑方格网长轴线	建筑方格网主轴线中较长的一条轴线
建筑方格网短轴线	建筑方格网主轴线中较短的一条轴线
建筑方格网布网法	采用三角测量、三边测量或导线测量测设建筑方格网轴线的测量方法
方格网点	组成建筑方格网的各方格顶点
内分点法	在两个已知坐标点的联线上,通过测量距离或角度,确定直线上任一待定点坐标的方法

第一章 工程测量基本知识

3. 建筑物施工放样

建筑物施工放样术语见表1-12。

表1-12　　　　　　　建筑物施工放样术语

项　目	内　容
施工放样	工程施工时,把设计的建筑物或构筑物的平面位置、高程测设到实地的测量工作
建筑物平面控制网	为大型或重要建筑物、构筑物的细部放样而布设的平面控制网
找平	用水准测量的方法确定某一设计标高的测量工作
标高线	在建筑施工过程中,将已知高程引测到基础、柱基杯口或墙体上所作的标记线
标高传递	建筑施工时,根据下一层的标高值用测量仪器或钢尺测出另一层标高并作出标记的测量工作
方向线交会法	根据建筑方格网对边上两对应已知点,用经纬仪或细线交会测设所求点的定点方法
建筑轴线测设	将设计图上表示墙和柱列位置的轴线测设到实地的工作
轴线投测	将建筑物、构筑物轴线由基础引测到上层边缘或柱子上的测量工作
中心桩	建筑物放样时,表示墙、柱中心线交点位置的桩
轴线控制桩	建筑物定位后,在基槽外墙或柱列轴线延长线上,表示墙或柱列轴线位置的桩
龙门板	在建筑轴线交点的基槽外,表示建筑轴线位置的水平木板
皮数杆	标有砖的行数、门窗口、过梁、预留孔、木砖等的位置和尺寸的木尺
灌注桩定位	将灌注混凝土桩的位置测设到实地的测量工作
直角坐标法放点	在平面控制网边上测距,以直角棱镜或经纬仪作垂直定向,将设计坐标测设到实地的工作,也称支距法
角度交会法放点	根据已知角度值在两个已知点上采用两台经纬仪,将设计点位测设到实地的工作
验线	对已测设于实地的建筑轴线的正确性及精度进行检测的工作
端点桩	建筑物柱子基础施工时,由基础中心线延长到建筑物平面控制网边上相交处所钉的柱

续表

项 目	内 容
建筑基础平面图	表示建筑物的基础布置、轴线位置、基础尺寸等的设计图
建筑结构平面图	表示建筑物某一层墙、柱、梁、板的平面布置,轴线位置,各部分尺寸,联结方法等的设计图
安装测量	为建筑工程中的构件或设备的安装所进行的测量工作
立模测量	建筑施工时,将模板分块的界限及模板位置放样到实地的测量工作
填筑轮廓点测量	当建筑物建造在基岩上时,根据设计图在实地定出交线位置的测量工作
垂直度测量	确定结构物中心线偏离铅垂线的距离及其方向的测量工作
竖向测量	确定柱子、构架、闸墩等在竖直方向上的各种相互关系的测量工作

4. 竣工图编绘与实测

竣工图编绘与实测术语见表 1-13。

表 1-13　　　　　竣工图编绘与实测术语

项 目	内 容
竣工测量	工程竣工时,对建筑物、构筑物或管网等的实地平面位置、高程进行的测量工作
竣工总平面图	根据竣工测量编绘的反映建筑物、构筑物或管网等的实际平面位置、高程等图
交通运输图	表示铁路、道路的位置、高程、路面宽度、边沟及主要建筑物、构筑物的图
动力管网图	表示蒸汽、煤气、压缩空气、氧气等管道系统的位置、高程、尺寸、管径、管材及主要建筑物、构筑物的图
输电及通讯线路图	表示高(低)压输电线路、电话、广播、电视和控制讯号线路的电杆、电缆、变电所、交换台、控制室的位置、高程及主要建筑物、构筑物的图
给排水管网图	表示自来水管道、排水管道系统及其检查井、阀门、消火栓、水泵房、水塔、水池等的位置和高程及主要建筑物、构筑物的图

续表

项　目	内　容
综合管线图	表示一个地区所有地下管线的位置、相对关系、高程及主要建筑物、构筑物的图
检查井大样图	表示检查井尺寸、井内管道和阀门的位置、管径、井台及井底标高的详图

第二节　工程测量的任务和作用

一、测量学概述

测量学是研究地球的形状和大小以及确定地面点之间相对位置的科学。测量工作主要有两个方面：一是将各种现有地面物体的位置和形状，以及地面的起伏形态等，用图形或数据表示出来，为测量工作提供依据，称为测定或测绘；二是将规划设计和管理等工作形成的图纸上的建筑物、构筑物或其他图形的位置在现场标定出来，作为施工的依据，称为测设或放样。

测量学包括大地测量学、普通测量学、摄影测量学和工程测量学等 4 个学科。其中，大地测量学研究测定地球的形状和大小，在广大地区建立国家大地控制网等方面的测量理论、技术和方法，为测量学的其他分支学科提供最基础的测量数据和资料；普通测量学研究较小区域内的测量工作，主要是指用地面作业方法，将地球表面局部地区的地物和地貌等测绘成地形图，由于测区范围较小，可以不顾及地球曲率的影响，把地球表面当作平面对待；摄影测量学研究用摄影或遥感技术来测绘地形图，其中的航空摄影测量是测绘国家基本地形图的主要方法；工程测量学研究各项工程建设在规划设计、施工放样和运营管理阶段所进行的各种测量工作，工程测量在不同的工程建设项目中其技术和方法有很大的区别。

二、工程测量的任务

1. 测图

测图指使用测量仪器和工具，依照一定的测量程序和方法，通过测量和计算，得到一系列测量数据，或者把局部地球表面的形状和大小按一定的比例尺和特定的符号缩绘到图纸上，供规划设计以及工程施工结束后，测绘竣工图，供日后管理、维修、扩建之用。

2. 用图

用图指识别地形图、断面图等的知识、方法和技能。用图是先根据图面的图式符号识别地面上地物和地貌，然后在图上进行测量。从图上取得工程建设所必需的各种技术资料，从而解决工程设计和施工中的有关问题。

3. 放样

放样是测图的逆过程。放样是将图纸上设计好的建(构)筑物按照设计要求通过测量的定位、放线、安装,将其位置和高程标定到施工作业面上,作为工程施工的依据。

4. 变形观测

对某些有特殊要求的建(构)筑物,在施工过程中和使用期间,还要测定有关部位在建筑荷重和外力作用下,随着时间而产生变形的规律,监视其安全性和稳定性,观测成果是验证设计理论和检验施工质量的重要资料。

三、工程测量的作用

建筑工程测量在工程建设中起着重要的作用。建筑用地的选择、道路、管线位置的确定等,都要利用测量所提供的资料和图纸进行规划设计。施工阶段需要通过测量工作来衔接,配合各项工序的施工,才能保证设计意图的正确执行。竣工后的竣工测量,为工程的验收、日后的扩建和维修管理提供资料。在工程管理阶段,对建(构)筑物进行变形观测,以确保工程的安全使用。所以,建筑工程测量贯穿于建筑工程建设的始终,服务于施工过程中的每一个环节,并且测量的精度和进度直接影响到整个工程质量与进度。

四、工程测量常用单位

工程测量常用的角度、长度、面积的度量单位及换算关系分别列于表 1-14～表 1-16。

表 1-14　　　　　　角度单位制及换算关系

60 进制	弧度制
1 圆周 = 360° 1° = 60′ 1′ = 60″	1 圆周 = 2π 弧度 1 弧度 = $\dfrac{180°}{\pi}$ = 57.2958° = $\rho°$ = 3438′ = ρ' = 206265″ = ρ''

表 1-15　　　　　　长度单位制及换算关系

公制	英制
1km = 1000m 1m = 10dm = 100cm = 1000mm	英里(mile,简写 mi)、英尺(foot,简写 ft)、英寸(inch,简写 in) 1km = 0.6214mi = 3280.8ft 1m = 3.2808ft = 39.37in

表 1-16　　　　　　　面积单位制及换算关系

公制	市制	英制
$1km^2 = 1 \times 10^6 m^2$ $1m^2 = 100dm^2$ 　　$= 1 \times 10^4 cm^2$ 　　$= 1 \times 10^6 mm^2$	$1km^2 = 1500$ 亩 $1m^2 = 0.0015$ 亩 1 亩 $= 666.6666667 m^2$ 　　$= 0.06666667$ 公顷 　　$= 0.1647$ 英亩	$1km^2 = 247.11$ 英亩 　　$= 100$ 公顷 $1m^2 = 10.764 ft^2$ $1cm^2 = 0.1550 in^2$

第三节　工程测量工作的原则、程序和要求

一、工程测量的原则

测量成果的好坏,直接或间接地影响到建筑工程的布局、成本、质量与安全等,特别是施工放样,如出现错误,就会造成难以挽回的损失。而从测量基本程序可以看出,测量是一个多层次、多工序的复杂工作,在测量过程中不但会有误差,还可能会出现错误。为了杜绝错误,保证测量成果准确无误,我们在测量工作过程中必须遵循"边工作边检核"的基本原则,即在测量中,不管是外业观测、放样还是内业计算、绘图,每一步工作均应进行检核,上一步工作未作检核前不进行下一步工作。

二、工程测量的程序

工程测量时,主要就是测定碎部点的平面位置和高程。测定碎部点的位置,其程序通常分为两步。

1. 控制测量

如图 1-1 所示,先在测区内选择若干具有控制意义的点 A、B、C、…,作为控制点,以精密的仪器和准确的方法测定各控制点之间的距离 d,各控制边之间的水平夹角 β,如果某一条边(图 1-1 中的 AB 边)的方位角 α 和其中某一点的坐标已知,则可计算出其他控制点的坐标。另外还要测出各控制点之间的高差,设点 A 的高程为已知,则可求出其他控制点的高程。

2. 为碎部测量

即根据控制点测定碎部点的位置,例如图 1-1 中在控制点 A 上测定其周围碎部点 M、N、…的平面位置和高程。应遵循"从整体到局部"、"先控制后碎部"的原则。这样可以减少误差累积,保证测图精度,而且还可以分幅测绘,加快测图进度。

上述测量工作的基本程序可以归纳为"先控制后碎部"、"从整体到局部"和"由高级到低级"。对施工测量放样来说,也要遵循这个基本程序,先在整个建筑

施工场地范围内进行控制测量,得到一定数量控制点的平面坐标和高程,然后以这些控制点为依据,在局部地区逐个进行对建(构)筑物轴线点的测设,如果施工场地范围较大时,控制测量也应由高级到低级逐级加密布置,使控制点的数量和精度均能满足施工放样的要求。

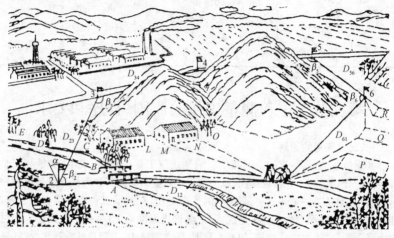

图 1-1　测量程序示意图

三、工程测量的要求

(1)测量工作中的测量和计算两个环节,无论是实践操作或是计算有错,均表现在点位的确定上产生错误,因此必须做到步步有校核,一定要坚持精度标准,保证各个环节的可靠性。

(2)测量仪器和工具是测量工作中不可缺少的生产工具,对其必须按规定的要求正确使用,精心检校和科学保养。

(3)测量成果是集体作业的结晶,要有互相协助,紧密配合的团队精神,共同完成测量任务的全局观念。

第四节　地面点位置的确定

一、确定地面点位的原理

由几何学原理可知,由点组成线、线组成面、面组成体。所以构成物体形状的最基本元素是点。在测量上,把地面上的固定性物体称为地物,如房屋、道路等;地面起伏变化的形态称为地貌,如高山、丘陵、平原等。地物和地貌总称为地形。以地形测绘为例,虽然地面上各种地物种类繁多,地势起伏千差万别,但他们的形状、大小及位置完全可以看成是由一系列连续不断的点所组成的。

第一章　工程测量基本知识

放样是在实地标定出设计建(构)筑物的平面位置和高程的测量工作。与测图过程相反,其实质也是确定点的位置。所以,点位关系是测量上要研究的基本关系。

确定地面点的位置,是将地面点沿铅垂线方向投影到一个代表地球表面形状的基准面上,地面点投影到基准面上后,要用坐标和高程来表示点位。测绘过程及测量计算的基准面,可认为是平均海洋面的延伸,穿过陆地和岛屿所形成的闭合曲面,这个闭合的曲面称为大地水准面。大范围内进行测量工作时,是以大地水准面作为地面点投影的基准面,如果在小范围内测量,可以把地球局部表面当作平面,用水平面作为地面点投影的基准面。

二、地面点平面位置的确定

1. 大地坐标

地面点在参考椭球面上投影位置的坐标,可以用大地坐标系统的经度和纬度表示。如图 1-2 所示,O 为地球参考椭球面的中心,N,S 为北极和南极,NS 为旋转轴,通过旋转轴的平面称为子午面,它与参考椭球面的交线称为子午线,其中通过原英国格林尼治天文台的子午线称为首子午线。通过 O 点并且垂直于 NS 轴的平面称为赤道面,它与参考椭球面的交线称为赤道。地面点 P 的经度,是指过该点的子午面与首子午线之间的夹角,用 L 表示,经度从首子午线起算,往东自 $0°\sim180°$ 称为东经,往西自 $0°\sim180°$ 称为西经。地面点 P 的纬度,是指过该点的法线与赤道面间的夹角,用 B 表示,纬度从赤道面起算,往北自 $0°\sim90°$ 称为北纬,往南自 $0°\sim90°$ 称为南纬。

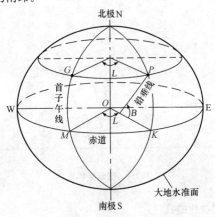

图 1-2　天文地理坐标

2. 平面直角坐标

当测量区域较小时,可直接用与测区中心点相切的平面来代替曲面,然后在此平面上建立一个平面直角坐标系。因为它与大地坐标系没有联系,故称为独立平面直角坐标系,也叫假定平面直角坐标系。

如图 1-3 所示,平面直角坐标系与高斯平面直角坐标系一样,规定南北方向为纵轴 x,东西方向为横轴 y;x 轴向北为正,向南为负,y 轴向东为正,向西为负。地面上某点 A 的位置可用 x_A 和 y_A 来表示。平面直角坐标系的原点 O 一般选在测区的西南角以外,使测区内所有点的坐标均为正值。

为了定向方便,测量上的平面直角坐标系与数学上的平面直角坐标系的规定不同,x 轴与 y 轴互换,象限的顺序也相反。因为轴向与象限顺序同时都改变,测量坐标系的实质与数学上的坐标系是一致的,因此数学中的公式可以直接应用到测量计算中。

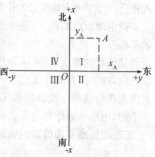

图 1-3 独立平面直角坐标系

3. 建筑坐标

在建筑工程中,有时为了便于对建(构)筑物平面位置进行施工放样,将原点设在建(构)筑物两条主轴线(或某平行线)的交点上,以其中一条主轴线(或某平行线)作为纵轴,一般用 A 表示,顺时针旋转 90°方向作为横轴,一般用 B 表示,建立一个平面直角坐标系,称为建筑坐标系,如图 1-4 所示。

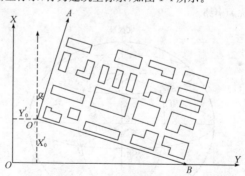

图 1-4 建筑坐标系

三、地面点高程位置的确定

1. 相对高程

如果有些地区引用绝对高程有困难时,可采用相对高程系统。相对高程是采用假定的水准面作为起算高程的基准面。地面点到假定水准面的垂直距离叫该点的相对高程。由于高程基准面是根据实际情况假定的,所以相对高程有时也称为假定高程。如图 1-5 所示,地面点 A、B 的相对高程分别为 H'_A 和 H'_B。

第一章 工程测量基本知识

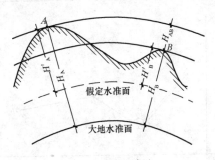

图 1-5 高程和高差

2. 绝对高程

地面点到大地水准面的铅垂距离,称为该点的绝对高程,简称高程,用 H 表示。如图 1-5 所示,地面点 A、B 的高程分别为 H_A、H_B。数值越大表示地面点越高,当地面点在大地水准面的上方时,高程为正;反之,当地面点在大地水准面的下方时,高程为负。

3. 高差

两个地面点之间的高程差称为高差,用 h 来表示。高差有方向性和正负,但与高程基准无关。如图 1-5 所示,A 点至 B 点的高差为:

$$h_{AB} = H_B - H_A = H'_B - H'_A \tag{1-1}$$

当 h_{AB} 为正时,B 点高于 A 点;当 h_{AB} 为负时,B 点低于 A 点。高差的方向相反时,其绝对值相等而符号相反,即:

$$h_{AB} = -h_{BA} \tag{1-2}$$

四、确定地面点位的基本测量工作

如图 1-6 所示,Ⅰ和Ⅱ是已知坐标点,它们在水平面上的投影位置为 1、2,地面点 A、B 是待定点,它们投影在水平面上的投影位置是 a、b。如果观测了水平角 β_1、水平距离 L_1,可用三角函数计算出 a 点的坐标,同理,观测水平角 β_2 和水平距离 L_2,也可计算出 b 点的坐标。

在测绘地形图时,可在图上直接用量角器根据水平角 β_1 做出 1 点至 a 点的方向线,在此方向线上根据距离 L_1 和一定的比例尺,即可定出 a 点的位置,同理可在图上定出 b 点的位置。

故水平角测量和水平距离测量是确定地面点坐标或平面位置的基本测量工作。

若Ⅰ点的高程已知为 H_1,观测了高差 h_{1A},则可利用高差计算公式转换后计算出 A 点的高程:

$$H_A = H_1 + h_{1A} \tag{1-3}$$

同理,若观测了高差 h_{AB},可计算出 B 点的高程。

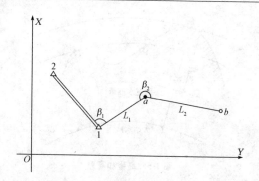

图 1-6 基本测量工作

所以，地面点间的水平角、水平距离和高差是确定地面点位的三个基本要素，我们把水平角测量、水平距离测量和高程测量称为确定地面点位的三项基本测量工作，再复杂的测量任务，都是通过综合应用这三项基本测量工作来完成的。

第五节 用水平面代替水准面

一、平面代替曲面所产生的距离误差

如图 1-7 所示，地面上 C、D 两点，沿铅垂线投影到大地水准面上得 a、b 两点，用过 a 点与大地水准面相切的水平面来代替大地水准面，D 点在水平面上的投影为 b'。设 ab 的长度（弧长）为 $\hat{L}$，ab' 的长度（水平距离）为 L'，两者之差即为平面代替曲面所产生的距离误差，用 ΔL 表示。

$$\Delta L = L' - \hat{L} = R\tan\theta - R\theta = R(\tan\theta - \theta) \tag{1-4}$$

式中，θ 为弧长 $\hat{L}$ 所对应的圆心角。

将 $\tan\theta$ 用级数展开并略去高次项得：

$$\tan\theta = \theta + \frac{1}{3}\theta^3 + \cdots = \theta + \frac{1}{3}\theta^3$$

又因

$$\theta = \frac{\hat{L}}{R}$$

则有距离误差

$$\Delta L = \frac{\hat{L}^3}{3R^2}$$

距离相对误差

$$\frac{\Delta L}{\hat{L}} = \frac{\hat{L}^2}{3R^2} \tag{1-5}$$

第一章 工程测量基本知识

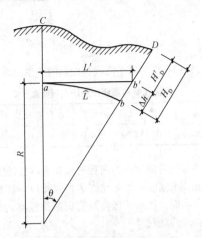

图 1-7 水平面代替水准面的影响

以不同的 $\hat{L}$ 值代入上式,求出距离误差和相对误差的结果见表 1-17。

表 1-17　平面代替曲面所产生的距离误差和相对误差

距离 $\hat{L}$(km)	距离误差 ΔL(m)	距离相对误差 $\Delta L/\hat{L}$
10	0.008	1∶1220000
25	0.128	1∶200000
50	1.027	1∶49000
100	8.212	1∶12000

从表 1-17 可见,当距离 $\hat{L}$ 为 10km 时,所产生的距离相对误差为 1∶1220000,小于目前最精密的距离测量误差 1∶1000000。因此,对距离测量来说,可以把 10km 为半径的范围作为水平面代替水准面的限度。

二、平面代替曲面所产生的高程误差

如图 1-7 所示,地面点 D 的绝对高程为该点沿铅垂线到大地水准面的距离 H_D,当用过 a 点与大地水准面相切的水平面代替大地水准面时,D 点的高程为 H'_D,两者的差别为 bb',此即为用水平面代替大地水准面所产生的高程误差,用 Δh 表示。由图 1-7 可得:

$$(R+\Delta h)^2 = R^2 + L'^2$$

$$\Delta h = \frac{L'^2}{2R+\Delta h} \tag{1-6}$$

因为水平距离 L' 与弧长 $\hat{L}$ 很接近,取 $L' = \hat{L}$;又因 Δh 远小于 R,取 $2R+\Delta h$

$=2R$,代入上式得

$$\Delta h = \frac{\hat{L}^2}{2R}$$ (1-7)

用不同的 $\hat{L}$ 代入式(1-7),求出平面代替曲面所产生的高程误差见表 1-18。

表 1-18   平面代替曲面所产生的高程误差

距离 $\hat{L}$(km)	0.1	0.2	0.3	0.4	0.5	0.6	0.7	0.8	0.9
高程误差 Δh(m)	0.0008	0.003	0.007	0.013	0.02	0.08	0.31	1.96	7.85

由上述可知,用平面代替曲面作为高程的起算面,对高程的影响是很大的,距离200m时,就有3mm的误差,这是不允许的。因此,高程的起算面不能用切平面代替,应使用大地水准面。如果测区内没有国家高程点,也应采用通过测区内某点的水准面作为高程起算面。

第六节　测量误差基本知识

一、测量误差概述

1. 误差来源

测量误差主要来自以下三个方面:

(1)外界条件。主要指观测环境中气温、气压、空气湿度和清晰度、风力以及大气折光等因素的不断变化,导致测量结果中带有误差。

(2)仪器条件。仪器在加工和装配等工艺过程中,不能保证仪器的结构能满足各种几何关系,这样的仪器必然会给测量带来误差。

(3)观测者的自身条件。由于观测者感官鉴别能力所限以及技术熟练程度不同,也会在仪器对中、整平和瞄准等方面产生误差。

测量误差按其对测量结果影响的性质,可分为系统误差和偶然误差。

2. 误差分类

(1)系统误差。在相同观测条件下,对某量进行一系列的观测,如果误差的大小及符号表现出一致性倾向,即按一定的规律变化或保持为常数,这种误差称为系统误差。例如,用一把名义长度为30m,而实际长度为30.010m的钢尺丈量距离,每量一尺段就要少量0.010m,这0.010m的误差,在数值上和符号上都是固定的,丈量距离愈长,误差也就愈大。

系统误差具有累积性,对测量成果影响较大,应设法消除或减弱。常用的方法有:对观测结果加改正数;对仪器检验与校正;采用适当的观测方法。

(2)偶然误差。在相同观测条件下,对某量进行一系列的观测,如果误差的大小及符号都没有表现出一致性的倾向,表面上看没有任何规律,这种误差称为偶然误差。例如,瞄准目标的照准误差;读数的估读误差等。

第一章 工程测量基本知识

偶然误差是不可避免的。为了提高观测成果的质量,常用的方法是采用多余观测结果的算术平均值作为最后观测结果。

偶然误差具有如下四个特征:
1) 在一定的观测条件下,偶然误差的绝对值不会超过一定的限值。
2) 绝对值小的误差比绝对值大的误差出现的机会多(或概率大)。
3) 绝对值相等的正、负误差出现的机会相等。
4) 在相同条件下,同一量的等精度观测,其偶然误差的算术平均值,随着观测次数的无限增大而趋于零。

二、衡量精度的标准

1. 中误差

在相同观测条件下,作一系列的观测,并以各个真误差的平方和的平均值的平方根作为评定观测质量的标准,称为中误差 m,即

$$m = \pm \sqrt{\frac{\Delta\Delta}{n}} \tag{1-8}$$

由上式可见,中误差不等于真误差,它仅是一组真误差的代表值,中误差的大小反映了该组观测值精度的高低。因此,通常称中误差为观测值的中误差。

2. 极限误差

偶然误差第一特性表明,在一定的观测条件下,误差的绝对值不会超过一定的限值。如果某个观测值的误差超过这个限值,就会认为这次观测的质量差或出现错误而舍弃不用。这个限值称为极限误差(或称容许误差)(图 1-8)。

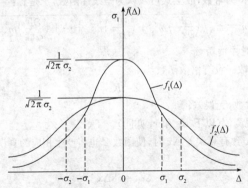

图 1-8 两组观测的误差分布曲线比较

根据大量实验统计证明,绝对值大于二倍中误差的偶然误差,出现的或然率不大于 5%;大于三倍中误差的偶然误差,出现的或然率不大于 0.3%。《工程测量规范》(GB 50026—2007)规定,以两倍中误差作为极限误差,即:

$$\Delta_{极}=2m \tag{1-9}$$

3. 相对误差

中误差和真误差都是绝对误差,误差的大小与观测量的大小无关。然而,有些量如长度,绝对误差不能全面反映观测精度,因为长度丈量的误差与长度大小有关。例如:分别丈量了两段不同长度的距离,一段为 200m,另一段为 300m,但中误差皆为 ±0.01m。显然不能认为这两段距离观测成果的精度相同。为此,需要引入"相对误差"的概念,以便能更客观地反映实际测量精度。

相对误差的定义为:中误差的绝对值与相应观测值之比,用 K 表示。相对误差习惯于用分子为 1 的分数形式表示,分母愈大,表示相对误差愈小,精度也就愈高。

三、误差传播定律

1. 一般函数

设有函数
$$Z=f(x_1,x_2\cdots x_n) \tag{1-10}$$

上式中,$x_1,x_2,\cdots,x_n$ 为独立观测值,其中误差为 $m_1,m_2,\cdots,m_n$。当观测值 x_i 含有真误差 Δx_i 时,函数 Z 也必然产生真误差 ΔZ,但这些真误差都是很小值,故对上式全微分,并以真误差代替微分,即

$$\Delta z=\frac{\partial f}{\partial x_1}\Delta x_1+\frac{\partial f}{\partial x_2}\Delta x_2+\cdots+\frac{\partial f}{\partial x_n}\Delta x_n \tag{1-11}$$

上式中 $\frac{\partial f}{\partial x_1},\frac{\partial f}{\partial x_2},\cdots,\frac{\partial f}{\partial x_n}$ 是函数 Z 对 $x_1,x_2,\cdots,x_n$ 的偏导数,当函数值确定后,则偏导数值恒为常数,故上式可以认为是线性函数,于是有:

$$m_z=\pm\sqrt{\left(\frac{\partial F}{\partial x_1}\right)m_{x_1}^2+\left(\frac{\partial F}{\partial x_2}\right)m_{x_2}^2+\cdots+\left(\frac{\partial F}{\partial x_n}\right)m_{x_n}^2} \tag{1-12}$$

2. 实际测量中的函数

(1) 倍数函数。设有倍数函数:
$$Z=Kx \tag{1-13}$$

式中 K——常数,无误差;

x——观测值(以下 K_i 和 x_i 亦同)。

当观测值 x 含有真误差 Δx 时,使函数 Z 也将产生相应的真误差 ΔZ,设 X 值观测了 n 次,则

$$\Delta Z_n=k\Delta x_n \tag{1-14}$$

将上式两端平方,求其总和,并除以 n,得

$$\frac{[\Delta Z\Delta Z]}{n}=k^2\frac{[\Delta x\Delta x]}{n} \tag{1-15}$$

根据中误差的定义,则有

或
$$m_Z^2=k^2m_x^2 \tag{1-16}$$
$$m_Z=km_x$$

(2)和差函数。设有函数：
$$Z = x \pm y \tag{1-17}$$

式中 x 和 y 均为独立观测值；Z 是 x 和 y 的函数。当独立观测值 x、y 含有真误差 $\Delta x \Delta y$ 时，函数 Z 也将产生相应的真误差 ΔZ，如果对 x、y 观测了 n 次，则

$$\Delta Z_n \Delta x_n + \Delta y_n \tag{1-18}$$

将上式两端平方，求其总和，并除以 n，得

$$\frac{[\Delta z \Delta z]}{n} = \frac{[\Delta x \Delta x]}{n} + \frac{[\Delta y \Delta y]}{n} + \frac{2[\Delta z \Delta z]}{n} \tag{1-19}$$

根据偶然误差的抵消性和中误差定义，得
$$m_Z^2 = m_x^2 + m_y^2$$
或
$$m_Z = \pm \sqrt{m_x^2 + m_y^2} \tag{1-20}$$

(3)一般线性函数。设有线性函数：
$$Z = k_1 x_1 + k_2 x_2 + \cdots + k_n x_n \tag{1-21}$$

式中 $x_1, x_2 \cdots\cdots x_n$ 为独立观测值；$k_1, k_2 \cdots\cdots k_n$ 为常数，根据式(1-16)和式(1-20)式可得

$$m_Z^2 = (k_1 m_1)^2 + (k_2 m_2)^2 + \cdots + (k_n m_n)^2 \tag{1-22}$$

式中 $m_1, m_2 \cdots\cdots m_n$ 分别是 $x_1, x_2 \cdots\cdots x_n$ 观测值的中误差。

3. 计算实例

【例 1-1】 在 1：2000 地形图上，量得两点间的距离 $d = 30$mm，其中误差 $m_d = \pm 0.1$mm，求这两点间的实地距离 D 及其中误差 m_D。

【解】 实地距离 $D = 2000 \times 30 = 60000$mm $= 60$m
由 $D = 2000d$ 知为倍数函数，按式(1-16)得：
$$m_D = 2000 m_d = 2000 \times 0.1 = \pm 200 \text{mm} = \pm 0.2 \text{m}$$

【例 1-2】 同精度观测一个三角形的三个内角 a、b、c，已知测角中误差 $m = \pm 15''$，求三角形角度闭合差的中误差。将角度闭合差平均分至三个内角上，求改正后三角形各内角的中误差。

【解】 角度闭合差函数式：
$$f = a + b + c - 180° \tag{1-23}$$

为和差函数。$180°$ 为常数，无误差。按式(1-20)得：
$$m_f^2 = m^2 + m^2 + m^2 = 3m^2$$
$$m_f = \sqrt{3} m = \pm 15'' \sqrt{3} = \pm 25.9''$$

改正后三角形内角：
$$a' = a - \frac{f}{3} \tag{1-24}$$

由式(1-23)可知，a 与 f 不独立，式(1-24)不能直接应用误差传播定律，故将式(1-23)代入式(1-24)并合并同类项：

$$a' = a - \frac{1}{3}(a+b+c-180°) = \frac{2}{3}a - \frac{1}{3}b - \frac{1}{3}c + 60°$$

此为线性函数,式中 60°无误差,按式(1-22)得:

$$m_{a'}^2 = \left(\frac{2}{3}\right)^2 m^2 + \left(\frac{1}{3}\right)^2 m^2 + \left(\frac{1}{3}\right)^2 m^2 = \frac{2}{3}m^2$$

$$m_{a'} = \sqrt{\frac{2}{3}}m = \pm 15'' \sqrt{\frac{2}{3}} = \pm 12.2''$$

所以 $\quad m_{b'} = \pm 12.21''$

$\qquad m_{c'} = \pm 12.2''$

【例 1-3】 如图 1-9 所示,对三角形的两角一边进行了观测,其结果为:

$\alpha = 40°10'25'' \pm 10''$

$\beta = 50°05'45'' \pm 20''$

$c = 148.00 \text{m} \pm 0.05 \text{m}$

求 b 边的长度及其中误差 m_b。

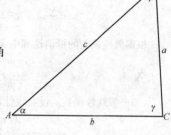

图 1-9 三角形

【解】(1) b 边的长度:

$$\gamma = 180° - \alpha - \beta = 89°44'50''$$

$$b = c\frac{\sin\beta}{\sin\gamma} = 113.53\text{m}$$

(2) 为求得 b 边的中误差 m_b,对函数式:

$$b = c\frac{\sin\beta}{\sin\gamma} \tag{1-25}$$

进行全微分:

$$db = \frac{\sin\beta}{\sin\gamma}dc + \frac{c}{\sin\gamma}\cos\beta d\beta - c\sin\beta\frac{\cos\gamma}{\sin^2\gamma}d\gamma$$

运用正弦定理将上式简化并整理得:

$$db = \frac{b}{c}dc + b\cot\beta d\beta - b\cot\gamma d\gamma \tag{1-26}$$

由于 γ 是由 α、β 计算得来:

$$\gamma = 180° - \alpha - \beta \tag{1-27}$$

故式(1-27)中 $d\gamma$ 与 $d\beta$ 不独立,不能直接应用误差传播定律。对式(1-27)进行全微分:

$$d\gamma = -d\alpha - d\beta$$

代入式(1-26)并按 dc、$d\alpha$、$d\beta$ 集项得:

$$db = \frac{b}{c}dc + b\cot\gamma d\alpha + b(\cot\beta + \cot\gamma)d\beta$$

换成中误差关系式,并顾及 m_α、m_β 应以弧度为单位,得:

$$m_b^2 = b^2 \left[\frac{m_c^2}{c^2} + \cot^2\gamma \left(\frac{m_\alpha}{\rho''}\right)^2 + (\cot\beta + \cot\gamma)^2 \left(\frac{m_\beta}{\rho''}\right)^2 \right]$$

将数值代入计算得:

$$m_b^2 = 11353^2 \times \left[\frac{5^2}{14800^2} + (\cot 89°44'50'')^2 \times \left(\frac{10}{206265}\right)^2 + (\cot 50°05'45'' + \cot 89°44'50'')^2 \times \left(\frac{20}{206265}\right)^2 \right] = 15.57$$

所以 $m_b = \pm 3.95 \text{cm}$

第七节 建筑工程施工测量安全管理

一、一般安全要求

(1)进入施工现场的作业人员,必须首先参加安全教育培训,考试合格后方可上岗作业,未经培训或考试不合格者,不得上岗作业。

(2)不满18周岁的未成年工,不得从事工程测量工作。

(3)作业人员服从领导和安全检查人员的指挥,工作时思想集中,坚守作业岗位,未经许可,不得从事非本工种作业,严禁酒后作业。

(4)施工测量负责人每日上班前,必须集中本项目部全体人员,针对当天任务,结合安全技术措施内容和作业环境、设施、设备安全状况及本项目部人员技术素质、安全知识、自我保护意识及思想状态,有针对性地进行班前活动,提出具体注意事项,跟踪落实,并做好活动记录。

(5)六级以上强风和下雨、下雪天气,应停止露天测量作业。

(6)作业中出现不安全险情时,必须立即停止作业,组织撤离危险区域,报告领导解决,不准冒险作业。

(7)在道路上进行导线测量、水准测量等作业时,要注意来往车辆,防止发生交通事故。

二、施工测量安全管理

(1)进入施工现场的人员必须戴好安全帽,系好帽带;按照作业要求正确穿戴个人防护用品,着装要整齐;在没有可靠安全防护设施的高处(2m以上)悬崖和陡坡施工时,必须系好安全带;高处作业不得穿硬底和带钉易滑的鞋,不得向下投掷物体;严禁穿拖鞋、高跟鞋进入施工现场。

(2)施工现场行走要注意安全,避让现场施工车辆,避免发生事故。

(3)施工现场不得攀登脚手架、井字架、龙门架、外用电梯,禁止乘坐非乘人的垂直运输设备上下。

(4)施工现场的各种安全设施、设备和警告、安全标志等未经领导同意不得任意拆除和随意挪动。确因测量通视要求等需要拆除安全网等安全设施的,要事先与总包方相关部门协商,并及时予以恢复。

(5)在沟、槽、坑内作业必须经常检查沟、槽、坑壁的稳定情况,上下沟、槽、坑必须走坡道或梯子,严禁攀登固壁支撑上下,严禁直接从沟、槽、坑壁上挖洞攀登上下或跳下,间歇时,不得在槽、坑坡脚下休息。

(6)在基坑边沿进行架设仪器等作业时,必须系好安全带并挂在牢固可靠处。

(7)配合机械挖土作业时,严禁进入铲斗回转半径范围。

(8)进入现场作业面必须走人行梯道等安全通道,严禁利用模板支撑攀登上下,不得在墙顶、独立梁及其他高处狭窄而无防护的模板面上行走。

(9)地上部分轴线投测采用内控法作业的,在内控点架设仪器时要注意上方洞口安全,防止洞口坠物发生人员和仪器事故。

(10)施工现场发生伤亡事故,必须立即报告领导,抢救伤员,保护现场。

三、变形测量安全管理

(1)进入施工现场必须佩戴好安全用具,戴好安全帽并系好帽带;不得穿拖鞋、短裤及宽松衣物进入施工现场。

(2)在场内、场外道路进行作业时,要注意来往车辆,防止发生交通事故。

(3)作业人员处在建筑物边沿等可能坠落的区域应佩戴好安全带,并挂在牢固位置,未到达安全位置不得松开安全带。

(4)在建筑物外侧区域立尺等作业时,要注意作业区域上方是否交叉作业,防止上方坠物伤人。

(5)在进行基坑边坡位移观测作业时,必须佩戴安全带并挂在牢固位置,严禁在基坑边坡内侧行走。

(6)在进行沉降观测点埋设作业前,应检查所使用的电气工具,如电线橡皮套是否开裂、脱落等,检查合格后方可进行作业,操作时戴绝缘手套。

(7)观测作业时拆除的安全网等安全设施应及时恢复。

第二章 工程制图基础知识

第一节 建筑制图标准

一、幅面、标题栏与会签栏

幅面的尺寸,参见表 2-1 及图 2-1～图 2-4;标题栏的设置,如图 2-5 所示。

表 2-1　　　　　　　　　幅面及图框尺寸　　　　　　　　　(mm)

尺寸代号＼幅面代号	A0	A1	A2	A3	A4
$b×l$	841×1189	594×841	420×594	297×420	210×297
c	10				5
a	25				

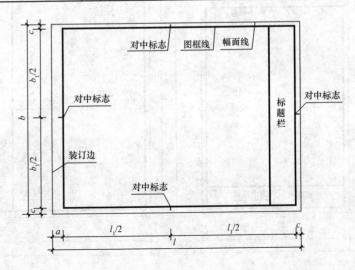

图 2-1　A0～A3 横式幅面(一)

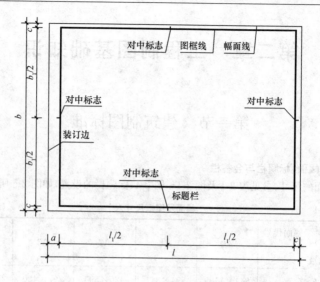

图 2-2　A0～A3 横式幅面(二)

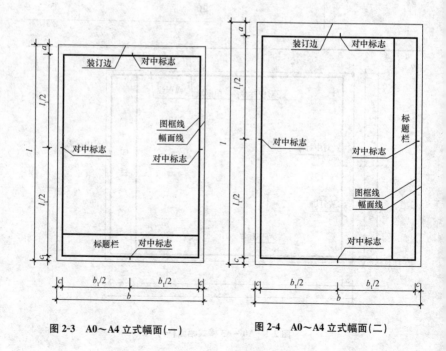

图 2-3　A0～A4 立式幅面(一)　　　图 2-4　A0～A4 立式幅面(二)

第二章 工程制图基础知识

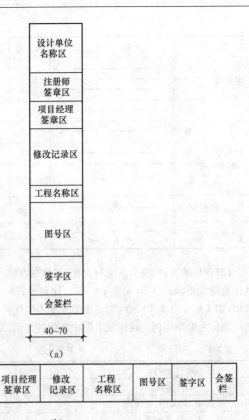

图 2-5 标题栏

二、图线、比例

(1)工程建设制图应选用的图线,见表 2-2。

表 2-2　　　　　　　　图　线

名　称		线　型	线　宽	一　般　用　途
实线	粗		b	主要可见轮廓线
	中		$0.5b$	可见轮廓线
	细		$0.25b$	可见轮廓线、图例线
虚线	粗	– – – –	b	见各有关专业制图标准
	中	– – – –	$0.5b$	不可见轮廓线
	细	– – – –	$0.25b$	不可见轮廓线、图例线

续表

名称		线型	线宽	一般用途
单点长画线	粗	—·—·—	b	见各有关专业制图标准
	中	—·—·—	$0.5b$	见各有关专业制图标准
	细	—·—·—	$0.25b$	中心线、对称线等
双点长画线	粗	—··—··—	b	见各有关专业制图标准
	中	—··—··—	$0.5b$	见各有关专业制图标准
	细	—··—··—	$0.25b$	假想轮廓线、成型前原始轮廓线
折断线		∿	$0.25b$	断开界线
波浪线		～～	$0.25b$	断开界线

（2）图样的比例，应为图形与实物相对应的线性尺寸之比。比例的大小，是指其比值的大小，如1∶50大于1∶100。比例的符号为"∶"，比例应以阿拉伯数字表示，如1∶1、1∶2、1∶100等。比值大于1的比例称之为放大比例，比值小于1的比例称为缩小比例。建筑施工图中常用的比例，见表2-3。

表2-3　　　　　　　　　常用比例

图名	比例
总平面图	1∶500，1∶1000，1∶2000
平面图、剖面图、立面图	1∶50，1∶100，1∶200
不常见平面图	1∶300，1∶400
详图	1∶1，1∶2，1∶5，1∶10，1∶20，1∶25，1∶50

三、符号

1. 剖切符号

施工图中剖视的剖切符号用粗实线表示，它由剖切位置线和投射方向线组成。剖切位置线的长度大于投射方向线的长度（图2-6），一般剖切位置线的长度为6～10mm，投射方向线的长度为4～6mm。剖视剖切符号的编号为阿拉伯数字，顺序由左至右、由上至下连续编排，并注写在剖视方向线的端部（图2-6）。需转折的剖切位置线，在转角的外侧加注与该符号相同的编号，图2-6中3-3剖切线。构件剖面图的剖切符号通常标注在构件的平面图或立面图上。

断面的剖切符号用粗实线表示，且仅用剖切位置线而不用投射方向线。断面的剖切符号编号所在的一侧为该断面的剖视方向，如图2-7所示。

剖面图或断面图与被剖切图样不在同一张图纸内时，在剖切位置线的另一侧标注其所在图纸的编号，或在图纸上集中说明。

第二章 工程制图基础知识

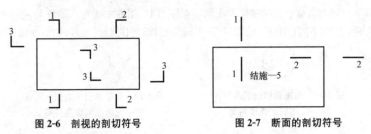

图 2-6 剖视的剖切符号   图 2-7 断面的剖切符号

2. 索引符号、详图符号

图样中的某一局部或构件需另见详图时,以索引符号索引,如图 2-8(a)所示。索引符号由直径为 10mm 的圆和水平直径组成,圆和水平直径用细实线表示。索引出的详图与被索引出的详图同在一张图纸时,在索引符号的上半圆中用阿拉伯数字注明该详图的编号,在下半圆中间画一段水平细实线,如图 2-8(b)所示。索引出的详图与被索引出的详图不在同一张图纸时,在索引符号的上半圆中用阿拉伯数字注明该详图的编号,在下半圆中用阿拉伯数字注明该详图所在图纸的编号,如图 2-8(c)所示,数字较多时,也可加文字标注。

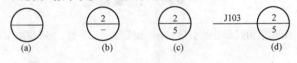

图 2-8 索引符号

索引出的详图采用标准图时,在索引符号水平直径的延长线上加注该标准图册的编号,如图 2-8(d)所示。

索引符号用于索引剖视详图时,在被剖切的部位绘制剖切位置线,并用引出线引出索引符号,引出线所在的一侧即为投射方向,如图 2-9 所示。索引符号的编号同上。

零件、杆件的编号用阿拉伯数字按顺序编写,以直径为 4~6mm 的细实线圆表示,如图 2-10 所示,同一图样圆的直径要相同。

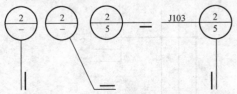

图 2-9 用于索引剖面详图的索引符号   图 2-10 零件、杆件的编号

详图符号的圆用直径为 14mm 的粗线表示,当详图与被索引出的图样在同一张图纸内时,在详图符号内用阿拉伯数字注明该详图编号,如图 2-11 所示。

当详图与被索引出的图样不在同一张图纸时,用细实线在详图符号内画一水平直径,上半圆中注明详图的编号,下半圆注明被索引图纸的编号,如图 2-12 所示。

图 2-11　与被索引出的图样在　　　图 2-12　与被索引出的图样不在
　　同一张图纸的详图符号　　　　　　同一张图纸的详图符号

3. 引出线

施工图中的引出线用细实线表示,它由水平方向的直线或与水平方向成 30°、45°、60°、90°的直线和经上述角度转折的水平直线组成。文字说明注写在水平线的上方或端部,如图 2-13(a)、(b)所示,索引详图的引出线与水平直径线相连接,如图 2-13(c)所示。

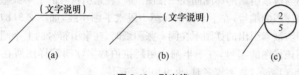

图 2-13　引出线

同时引出几个相同部分的引出线,引出线可相互平行,也可集中于一点,如图 2-14 所示。

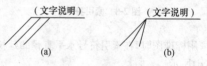

图 2-14　共用引出线

多层构造或多层管道共用的引出线要通过被引出的各层。文字说明注写在水平线的上方或端部,说明的顺序由上至下,与被说明的层次一致。如层次为横向排序时,则由上至下的说明顺序与由左至右的层次相一致,如图 2-15 所示。

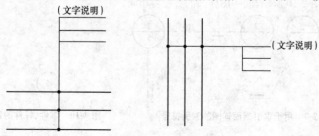

图 2-15　多层构造引出线

第二章 工程制图基础知识

4. 对称符号

施工图中的对称符号由对称线和两端的两对平行线组成。对称线用细点画线表示,平行线用细实线表示。平行线长度为6~10mm,每对平行线的间距为2~3mm,对称线垂直平分于两对平行线,两端超出平行线2~3mm,如图2-16所示。

5. 连接符号

施工图中,当构件详图的纵向较长、重复较多时,可省略重复部分,用连接符号相连。连接符号用折断线表示所需连接的部位,当两部位相距过远时,折断线两端靠图样一侧要标注大写拉丁字母表示连接编号。两个被连接的图样要用相同的字母编号,如图2-17所示。

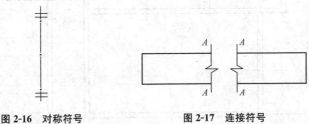

图2-16 对称符号　　　　　图2-17 连接符号

四、定位轴线

施工图中的定位轴线用细点画线表示,轴线的编号写在轴线端部的圆内,圆用细实线表示,直径为8~10mm,定位轴线圆的圆心在定位轴线的延长线上或延长线的折线上。

平面图上定位轴线的编号注在图样的下方与左侧,横向编号用阿拉伯数字,从左至右编写,竖向编号用大写拉丁字母,从下至上编写,如图2-18所示。拉丁字母不够用时可用双字母或单字母加数字角标,如用 $A_A、B_A \cdots Y_A$ 或 $A_1、B_1 \cdots Y_1$ 表示。

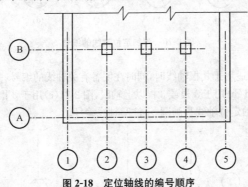

图2-18 定位轴线的编号顺序

组合较复杂的平面图,定位轴线可采用分区编号,如图2-19所示,编号形式为"分区号-该分区编号"。分区号用阿拉伯数字或大写拉丁字母表示。

附加定位轴线的编号用分数表示,两根轴线间的附加轴线,分母表示前一轴线的编号,分子表示附加轴线的编号,如图2-20(a)、(b)所示。1号轴线和A号轴线之前的附加轴线的分母用01或0A表示,如图2-20(c)、(d)所示。

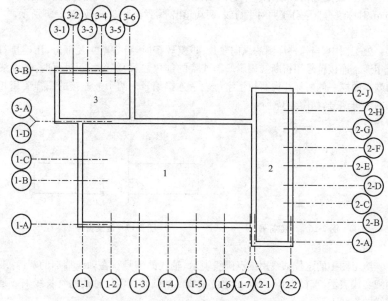

图2-19 定位轴线的分区编号

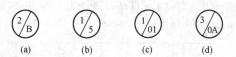

图2-20 附加定位轴线的编号

当一个详图适用于几根轴线时,同时注明各有关轴线的编号,图2-21(a)用于2根轴线,图2-21(b)用于3根或3根以上轴线,图2-21(c)用于3根以上连续编号轴线,通用详图的定位轴线只画圆,不注写轴线编号。

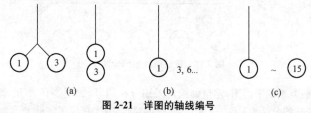

图2-21 详图的轴线编号

第二章 工程制图基础知识

圆形平面图的定位轴线编号,径向轴线用阿拉伯数字,从左下角开始按逆时针顺序编写,圆周轴线用大写拉丁字母,从外向内顺序编写,如图 2-22 所示。

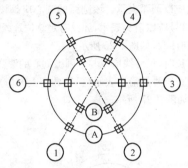

图 2-22 圆形平面图定位轴线的编号

折线形平面图的定位轴线编号,如图 2-23 所示。

需注意的是,结构平面图中的定位轴线与建筑平面图或总平面图中的定位轴线应一致,同时结构平面图要标注结构标高。

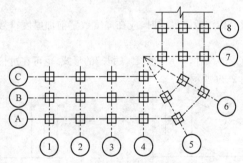

图 2-23 折线形平面图定位轴线的编号

五、尺寸标注

(1)图样上的尺寸,包括尺寸界线、尺寸线、尺寸起止符号和尺寸数字,如图 2-24 所示。

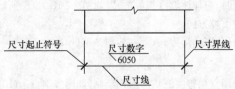

图 2-24 尺寸的组成

(2)图样上的尺寸单位,除标高及总平面以米为单位外,其他必须以毫米为单位。

(3)角度的尺寸线应以圆弧表示。该圆弧的圆心应是该角的顶点,角的两条边为尺寸界线。起止符号应以箭头表示,如没有足够位置画箭头,可用圆点代替,角度数字应按水平方向注写,如图2-25所示。

(4)标注圆弧的弧长时,尺寸线应以与该圆弧同心的圆弧线表示,尺寸界线应垂直于该圆弧的弦,起止符号用箭头表示,弧长数字上方应加注圆弧符号"⌒"(图2-26),弦长标注方法,如图2-27所示。

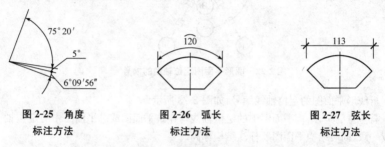

图2-25 角度标注方法　　图2-26 弧长标注方法　　图2-27 弦长标注方法

(5)在薄板板面标注板厚尺寸时,应在厚度数字前加厚度符号"t",如图2-28所示。

(6)标注正方形的尺寸,可用"边长×边长"的形式,也可在边长数字前加正方形符号"□",如图2-29所示。

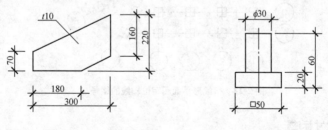

图2-28 薄板厚度标注方法　　图2-29 标注正方形尺寸

(7)标注坡度时,应加注坡度符号"⤒",如图2-30(a)、(b)所示,该符号为单面箭头,箭头应指向下坡方向。

坡度也可用直角三角形形式标注,如图2-30(c)所示。

六、标高

(1)标高符号用直角等腰三角形形式绘制,如图2-31(a)、(b)所示。标高符号的具体画法如图2-31(c)、(d)所示。

第二章　工程制图基础知识

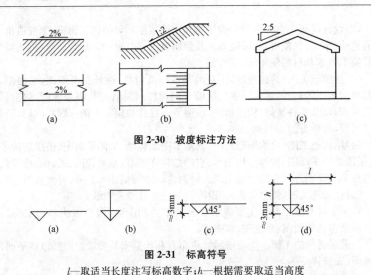

图 2-30　坡度标注方法

图 2-31　标高符号

l—取适当长度注写标高数字；h—根据需要取适当高度

(2)总平面图室外地坪标高符号,宜用涂黑的三角形表示,如图 2-32 所示。

(3)标高符号的尖端应指至被注高度的位置。尖端一般应向下,也可向上。标高数字应注写在标高符号的左侧或右侧,如图 2-33 所示。

(4)标高数字应以 m 为单位,注写到小数点以后第三位。在总平面图中,可注写到小数字点以后第二位。

(5)零点标高应注写成±0.000,正数标高不注"＋",负数标高应注"－",例如 3.000、－0.600。

(6)在图样的同一位置需表示几个不同标高时,标高数字可按图 2-34 的形式注写。

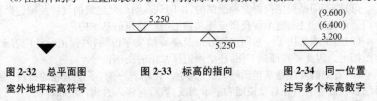

图 2-32　总平面图室外地坪标高符号　　图 2-33　标高的指向　　图 2-34　同一位置注写多个标高数字

第二节　建筑图的识读

一、房屋建筑施工图的分类和编排顺序

1. 施工图的分类

一套完整的施工图按各专业内容不同,一般分为:

(1)图纸目录。说明各专业图纸名称、张数、编号。其目的是便于查阅。

(2)设计说明。主要说明工程概况和设计依据。包括建筑面积、工程造价;有关的地质、水文、气象资料;采暖通风及照明要求;建筑标准、荷载等级、抗震要求;主要施工技术和材料使用等。

(3)建筑施工图(简称建施)。它的基本图纸包括:建筑总平面图、平面图、立面图和剖面图等;它的建筑详图包括墙身剖面图、楼梯详图、浴厕详图、门窗详图及门窗表,以及各种装修、构造做法、说明等。在建筑施工图的标题栏内均注写建施××号,可供查阅。

(4)结构施工图(简称结施)。它的基本图纸包括:基础平面图、楼层结构平面图、屋顶结构平面图、楼梯结构图等;它的结构详图有:基础详图、梁、板、柱等构件详图及节点详图等。在结构施工图的标题内均注写结施××号,可供查阅。

(5)设备施工图(简称设施)。设施包括三部分专业图纸:

1)给水排水施工图。主要表示管道的布置和走向,构件做法和加工安装要求。图纸包括平面图、系统图、详图等。

2)采暖通风施工图。主要表示管道布置和构造安装要求。图纸包括平面图、系统图、安装详图等。

3)电气施工图。主要表示电气线路走向及安装要求。图纸包括平面图、系统图、接线原理图以及详图等。

在这些图纸的标题栏内分别注写水施××号,暖施××号,电施××号,以便查阅。

2. 施工图编排顺序

《房屋建筑制图统一标准》(GB/T 50001—2001)对工程施工图的编排顺序作了如下规定:工程图纸应按专业顺序编排。一般应为图纸目录。总图、建筑图、结构图、给水排水图、暖通空调图、电气图……各专业的图纸,应该按图纸内容的主次关系、逻辑关系,有序排列。"

3. 工程施工图阅读应注意的问题

(1)施工图是根据投影原理绘制的,用图纸表明房屋建筑的设计及构造做法。所以要看懂施工图,应掌握投影原理和熟悉房屋建筑的基本构造。

(2)施工图采用了一些图例符号以及必要的文字说明,共同把设计内容表现在图纸上。因此要看懂施工图,还必须记住常用的图例符号。

(3)看图时要注意从粗到细,从大到小。先粗看一遍,了解工程的概貌,然后再细看。细看时应先看总说明和基本图纸,然后再深入看构件图和详图。

(4)一套施工图是由各工种的许多张图纸组成,各图纸之间是互相配合紧密联系的。图纸的绘制大体是按照施工过程中不同的工种、工序分成一定的层次和部位进行的,因此要有联系地、综合地看图。

(5)结合实际看图。根据实践、认识、再实践、再认识的规律,看图时联系生产实践,就能比较快地掌握图纸的内容。

二、建筑施工图的识读

1. 总平面图的识读

将拟建工程四周一定范围内的新建、拟建、原有和拆除的建筑物、构筑物连同其周围的地形地物状况，用水平投影方法和相应的图例所画出的图样，称为总平面图。

(1)总平面图的用途。总平面图是一个建设项目的总体布局，表示新建房屋所在基地范围内的平面布置，具体位置，以及周围情况，总平面图通常画在具有等高线的地形图上。

图 2-35 是某学校拟建教师住宅楼的总平面图。图中用粗实线画出的图形表示新建住宅楼。用细实线画出的图形表示原有建筑物。各个平面图形内的小黑点数，表示房屋的层数。

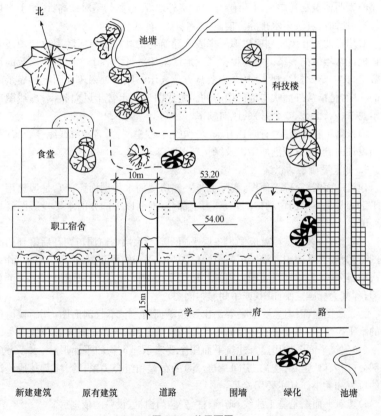

图 2-35　总平面图

除建筑物之外，道路、围墙、池塘、绿化等均用图例表示。

总平面图的主要用途是：

1)工程施工的依据(如施工定位，施工放线和土方工程)。

2)是室外管线布置的依据。

3)工程预算的重要依据(如土石方工程量,室外管线工程量的计算)。

(2)总平面图的基本内容。总平面图主要包括以下主要内容:

1)表明新建区域的地形、地貌、平面布置,包括红线位置,各建(构)筑物、道路、河流、绿化等的位置及其相互间的位置关系。

2)确定新建房屋的平面位置。一般根据原有建筑物或道路定位,标注定位尺寸;修建成片住宅、较大的公共建筑物、工厂或地形复杂时,用坐标确定房屋及道路转折点的位置。

3)表明建筑物首层地面的绝对标高,室外地坪、道路的绝对标高;说明土方填挖情况、地面坡度及雨水排除方向。

4)用指北针和风向频率玫瑰图来表示建筑物的朝向。风向频率玫瑰图还表示该地区常年风向频率。它是根据某一地区多年统计的各个方向吹风次数的百分数值,按一定比例绘制。用16个罗盘方位表示。风向频率玫瑰图上所表示的风的吹向,是指从外面吹向地区中心。实线图形表示常年风向频率;虚线图形表示夏季(六、七、八3个月)的风向频率。

5)根据工程的需要,有时还有水、暖、电等管线总平面,各种管线综合布置图、竖向设计图、道路纵横剖面图以及绿化布置图等。

2. 建筑平面图的识读

建筑平面图,简称平面图,实际上是一幢房屋的水平剖面图。它是假想用一水平剖面将房屋沿门窗洞口剖开,移去上部分,剖面以下部分的水平投影图就是平面图。

一般地说,多层房屋就应画出各层平面图。沿底层门窗洞口切开后得到的平面图,称为底层平面图。沿二层门窗洞口切开后得到的平面图,称为二层平面图。依次可得到三层、四层平面图。当某些楼层平面相同时,可以只画出其中一个平面图,称其为标准层平面图(或中间层平面图)。

为了表明屋面构造,一般还要画出屋顶平面图。它不是剖面图,其俯视屋顶时的水平投影图,主要表示屋面的形状及排水情况和突出屋面的构造位置。

(1)建筑平面图的用途。建筑平面图主要表示建筑物的平面形状、水平方向各部分(出入口、走廊、楼梯、房间、阳台等)的布置和组合关系,墙、柱及其他建筑物的位置和大小。其主要用途是:

1)建筑平面图是施工放线,砌墙、柱,安装门框、设备的依据。

2)建筑平面图是编制和审查工程预算的主要依据。

(2)建筑平面图的基本内容。建筑平面图主要包括以下主要内容:

1)表明建筑物的平面形状,内部各房间包括走廊、楼梯、出入口的布置及朝向。

2)表明建筑物及其各部分的平面尺寸。在建筑平面图中,必须详细标注尺寸。平面图中的尺寸分为外部尺寸和内部尺寸。外部尺寸有三道,一般沿横向、竖向分别标注在图形的下方和左方。

第一道尺寸：表示建筑物外轮廓的总体尺寸，也称为外包尺寸。它是从建筑物一端外墙边到另一端外墙边的总长和总宽尺寸。

第二道尺寸：表示轴线之间的距离，也称为轴线尺寸。它标注在各轴线之间，说明房间的开间及进深的尺寸。

第三道尺寸：表示各细部的位置和大小的尺寸，也称细部尺寸。它以轴线为基准，标注出门、窗的大小和位置；墙、柱的大小和位置。此外，台阶（或坡道）、散水等细部结构的尺寸可分别单独标出。

内部尺寸标注在图形内部。用以说明房间的净空大小；内门、窗的宽度；内墙厚度以及固定设备的大小和位置。

3）表明地面及各层楼面标高。

4）表明各种门、窗位置，代号和编号，以及门的开启方向。门的代号用 M 表示，窗的代号用 C 表示，编号数用阿拉伯数字表示。

5）表示剖面图剖切符号、详图索引符号的位置及编号。

6）综合反映其他各工种（工艺、水、暖、电）对土建的要求：各工程要求的坑、台、水池、地沟、电闸箱、消火栓、雨水管等及其在墙或楼板上的预留洞，应在图中表明其位置及尺寸。

7）表明室内装修做法：包括室内地面、墙面及顶棚等处的材料及做法。一般简单的装修，在平面图内直接用文字说明；较复杂的工程则另列房间明细表和材料做法表，或另画建筑装修图。

8）文字说明：平面图中不易表明的内容，如施工要求、砖及灰浆的标号等需用文字说明。

以上所列内容，可根据具体项目的实际情况取舍。

3. 建筑立面图识读

（1）建筑立面图的形成及名称。建筑立面图，简称立面图，就是对房屋的前后左右各个方向所作的正投影图。立面图的命名方法有：

1）按房屋朝向，如南立面图，北立面图，东立面图，西立面图；

2）按轴线的编号，例①—㉚立面图，Ⓐ—Ⓠ立面图；

3）按房屋的外貌特征命名，如正立面图，背立面图等。

对于简单的对称式房屋，立面图可只绘一半，但应画出对称轴线和对称符号。

（2）建筑立面图的用途。立面图是表示建筑物的体型、外貌和室外装修要求的图样。主要用于外墙的装修施工和编制工程预算。

（3）建筑立面图的主要图示内容。建筑立面图图示的主要内容有：

1）图名、比例。立面图的比例常与平面图一致。

2）标注建筑物两端的定位轴线及其编号。在立面图中一般只画出两端的定位轴线及其编号，以便与平面图对照。

3)画出室内外地面线,房屋的勒脚,外部装饰及墙面分格线。表示出屋顶、雨篷、阳台、台阶、雨水管、水斗等细部结构的形状和做法。为了使立面图外形清晰,通常把房屋立面的最外轮廓线画成粗实线,室外地面用特粗线表示,门窗洞口、檐口、阳台、雨篷、台阶等用中实线表示;其余的,如墙面分隔线、门窗格子、雨水管以及引出线等均用细实线表示。

4)表示门窗在外立面的分布、外形、开启方向。在立面图上,门窗应按标准规定的图例画出。门、窗立面图中的斜细线,是开启方向符号。细实线表示向外开,细虚线表示向内开。一般无需把所有的窗都画上开启符号。凡是窗的型号相同的,只画出其中一、二个即可。

5)标注各部位的标高及必须标注的局部尺寸。在立面图上,高度尺寸主要用标高表示。一般要注出室内外地坪,一层楼地面,窗台、窗顶、阳台面、檐口、女儿墙压顶面,进口平台面及雨篷底面等的标高。

6)标注出详图索引符号。

7)文字说明外墙装修做法。根据设计要求外墙面可选用不同的材料及做法。在立面图上一般用文字说明。

4. 建筑剖面图的识读

(1)建筑剖面图的形成和用途。建筑剖面图简称剖面图,一般是指建筑物的垂直剖面图,且多为横向剖切形式。剖面图的用途主要有:

1)主要表示建筑物内部垂直方向的结构形式、分层情况、内部构造及各部位的高度等,用于指导施工。

2)编制工程预算时,与平、立面图配合计算墙体、内部装修等的工程量。

(2)建筑剖面图的主要内容。剖面图主要具有以下内容:

1)图名、比例及定位轴线。剖面图的图名与底层平面图所标注的剖切位置符号的编号一致。

在剖面图中,应标出被剖切的各承重墙的定位轴线及与平面图一致的轴线编号。

2)表示出室内底层地面到屋顶的结构形式、分层情况。在剖面图中,断面的表示方法与平面图相同。断面轮廓线用粗实线表示,钢筋混凝土构件的断面可涂黑表示。其他没被剖切到的可见轮廓线用中实线表示。

3)标注各部分结构的标高和高度方向尺寸。剖面图中应标注出室内外地面、各层楼面、楼梯平台、檐口、女儿墙顶面等处的标高。其他结构则应标注高度尺寸。高度尺寸分为三道:

第一道是总高尺寸,标注在最外边;

第二道是层高尺寸,主要表示各层的高度;

第三道是细部尺寸,表示门窗洞、阳台、勒脚等的高度。

4)文字说明某些用料及楼、地面的做法等。需画详图的部位,还应标注出详图索引符号。

5. 建筑详图的识读

建筑详图是把房屋的某些细部构造及构配件用较大的比例（如1：20,1：10,1：5等）将其形状、大小、材料和做法详细表达出来的图样,简称详图或大样图、节点图。常用的详图一般有:墙身详图、楼梯详图、门窗详图、厨房、卫生间、浴室、壁橱及装修详图(吊顶、墙裙、贴面)等。

(1)建筑详图的分类及特点。建筑详图分为局部构造详图和构配件详图。局部构造详图主要表示房屋某一局部构造做法和材料的组成,如墙身详图、楼梯详图等。构配件详图主要表示构配件本身的构造,如门、窗、花格等详图。

建筑详图具有以下特点:

1)图形详:图形采用较大比例绘制,各部分结构应表达详细,层次清楚,但又要详而不繁。

2)数据详:各结构的尺寸要标注完整齐全。

3)文字详:无法用图形表达的内容采用文字说明,要详尽清楚。

详图的表达方法和数量,可根据房屋构造的复杂程度而定。有的只用一个剖面详图就能表达清楚(如墙身详图),有的需加平面详图(如楼梯间、卫生间),或用立面详图(如门窗详图)。

(2)外墙身详图识读。外墙身详图实际上是建筑剖面图的局部放大图。它主要表示房屋的屋顶、檐口、楼层、地面、窗台、门窗顶、勒脚、散水等处的构造;楼板与墙的连接关系。外墙身详图的主要内容包括:

1)标注墙身轴线编号和详图符号。

2)采用分层文字说明的方法表示屋面、楼面、地面的构造。

3)表示各层梁、楼板的位置及与墙身的关系。

4)表示檐口部分如女儿墙的构造、防水及排水构造。

5)表示窗台、窗过梁(或圈梁)的构造情况。

6)表示勒脚部分如房屋外墙的防潮、防水和排水的做法。外墙身的防潮层,一般在室内底层地面下60mm左右处。外墙面下部有厚30mm的1：3水泥砂浆,层面为褐色水刷石的勒脚。墙根处有坡度5%的散水。

7)标注各部位的标高及高度方向和墙身细部的大小尺寸。

8)文字说明各装饰内、外表面的厚度及所用的材料。

外墙身详图阅读时应注意以下问题:

1)±0.000或防潮层以下的砖墙以结构基础图为施工依据,看墙身剖面图时,必须与基础图配合,并注意±0.000处的搭接关系及防潮层的做法。

2)屋面、地面、散水、勒脚等的做法、尺寸应和材料做法对照。

3)要注意建筑标高和结构标高的关系。建筑标高一般是指地面或楼面装修完成后上表面的标高,结构标高主要指结构构件的下皮或上皮标高。在预制楼板结构楼层剖面图中,一般只注明楼板的下皮标高。在建筑墙身剖面图中只注明建筑标高。

(3)楼梯详图识读。楼梯是房屋中比较复杂的构造,目前多采用预制或现浇钢筋混凝土结构。楼梯由楼梯段、休息平台和栏板(或栏杆)等组成。

楼梯详图一般包括平面图、剖面图及踏步栏杆详图等。它们表示出楼梯的形式;踏步、平台、栏杆的构造、尺寸、材料和做法。楼梯详图分为建筑详图与结构详图,并分别绘制。对于比较简单的楼梯,建筑详图和结构详图可以合并绘制,编入建筑施工图和结构施工图。

1)楼梯平面图。一般每一层楼都要画一张楼梯平面图。三层以上的房屋,若中间各层的楼梯位置及其梯段数、踏步数和大小相同时,通常只画底层、中间层和顶层三个平面图。

楼梯平面图实际是各层楼梯的水平剖面图,水平剖切位置应在每层上行第一梯段及门窗洞口的任一位置处。各层(除顶层外)被剖到的梯段,按"国标"规定,均在平面图中以一根45°折断线表示。

在各层楼梯平面图中应标注该楼梯间的轴线及编号,以确定其在建筑平面图中的位置。底层楼梯平面图还应注明楼梯剖面图的剖切符号。

平面图中要注出楼梯间的开间和进深尺寸、楼地面和平台面的标高及各细部的详细尺寸。通常把梯段长度尺寸与踏面数、踏面宽的尺寸合写在一起。

2)楼梯剖面图。假想用一铅垂平面通过各层的一个梯段和门窗洞将楼梯剖开,向另一未剖到的梯段方向投影,所得到的剖面图,即为楼梯剖面图。

楼梯剖面图表达出房屋的层数、楼梯梯段数、步级数以及楼梯形式,楼地面、平台的构造及与墙身的连接等。

若楼梯间的屋面没有特殊之处,一般可不画。

楼梯剖面图中还应标注地面、平台面、楼面等处的标高和梯段、楼层、门窗洞口的高度尺寸。楼梯高度尺寸注法与平面图梯段长度注法相同。如 $10 \times 150 = 1500$,10 为步级数,表示该梯段为 10 级,150 为踏步高度。

楼梯剖面图中也应标注承重结构的定位轴线及编号。对需画详图的部位注出详图索引符号。

3)节点详图。楼梯节点详图主要表示栏杆、扶手和踏步的细部构造。

三、结构施工图的识读

结构施工图是表示建筑物的承重构件(如基础、承重墙、梁、板、柱等)的布置、形状大小,内部构造和材料做法等的图纸。

结构施工图的主要用途:

(1)施工放线、构件定位、支模板、轧钢筋、浇筑混凝土、安装梁、板、柱等构件以及编制施工组织设计的依据;

(2)编制工程预算和工料分析的依据。

第二章　工程制图基础知识

建筑结构按其主要承重构件所采用的材料不同,一般可分为钢结构、木结构、砖石结构和钢筋混凝土结构等。不同的结构类型,其结构施工图的具体内容及编排方式也各有不同,但一般都包括以下三部分:①结构设计说明;②结构平面图;③构件详图。

结构构件的种类繁多,为了便于绘图和读图,在结构施工图中常用代号来表示构件的名称。构件代号一般用大写的汉语拼音字母表示。常用构件的名称代号见表2-4。

表2-4　　　　　　　　　常用构件代号

序号	名称	代号	序号	名称	代号	序号	名称	代号
1	板	B	19	圈梁	QL	37	承台	CT
2	屋面板	WB	20	过梁	GL	38	设备基础	SJ
3	空心板	KB	21	连系梁	LL	39	桩	ZH
4	槽形板	CB	22	基础梁	JL	40	挡土墙	DQ
5	折板	ZB	23	楼梯梁	TL	41	地沟	DG
6	密肋板	MB	24	框架梁	KL	42	柱间支撑	ZC
7	楼梯板	TB	25	框支梁	KZL	43	垂直支撑	CC
8	盖板或沟盖板	GB	26	屋面框架梁	WKL	44	水平支撑	SC
9	挡雨板或檐口板	YB	27	檩条	LT	45	梯	T
10	吊车安全走道板	DB	28	屋架	WJ	46	雨篷	YP
11	墙板	QB	29	托架	TJ	47	阳台	YT
12	天沟板	TGB	30	天窗架	CJ	48	梁垫	LD
13	梁	L	31	框架	KJ	49	预埋件	M—
14	屋面梁	WL	32	刚架	GJ	50	天窗端壁	TD
15	吊车梁	DL	33	支架	ZJ	51	钢筋网	W
16	单轨吊车梁	DDL	34	柱	Z	52	钢筋骨架	G
17	轨道连接	DGL	35	框架柱	KZ	53	基础	J
18	车挡	CD	36	构造柱	GZ	54	暗柱	AZ

注:1. 预制钢筋混凝土构件、现浇钢筋混凝土构件、钢构件和木构件,一般可直接采用本附录中的构件代号。在绘图中,当需要区别上述构件的材料种类时,可在构件代号前加注材料代号,并在图纸中加以说明。

2. 预应力钢筋混凝土构件的代号,应在构件代号前加注"Y—",如Y—DL表示预应力钢筋混凝土吊车梁。

当采用标准、通用图集中的构件时,应用该图集中的规定代号或型号注写。

1. 基础结构图识读

基础结构图或称基础图,是表示建筑物室内地面(±0.000)以下基础部分的平面布置和构造的图样,包括基础平面图、基础详图和文字说明等。

(1)基础平面图。

1)基础平面图的形成。基础平面图是假想用一个水平剖切面在地面附近将整幢房屋剖切后,向下投影所得到的剖面图(不考虑覆盖在基础上的泥土)。

基础平面图主要表示基础的平面位置,以及基础与墙、柱轴线的相对关系。在基础平面图中,被剖切到的基础墙轮廓要画成粗实线。基础底部的轮廓线画成细实线。基础的细部构造不必画出。它们将详尽地表达在基础详图上。图中的材料图例可与建筑平面图画法一致。

在基础平面图中,必须注出与建筑平面图一致的轴间尺寸。此外,还应注出基础的宽度尺寸和定位尺寸。宽度尺寸包括基础墙宽和大放脚宽;定位尺寸包括基础墙、大放脚与轴线的联系尺寸。

2)基础平面图的内容。基础平面图主要包括:

①图名、比例。

②纵横定位线及其编号(必须与建筑平面图中的轴线一致)。

③基础的平面布置,即基础墙、柱及基础底面的形状、大小及其与轴线的关系。

④断面图的剖切符号。

⑤轴线尺寸、基础大小尺寸和定位尺寸。

⑥施工说明。

(2)基础详图。基础详图是用放大的比例画出的基础局部构造图,它表示基础不同断面处的构造做法,详细尺寸和材料。基础详图的主要内容有:

1)轴线及编号。

2)基础的断面形状,基础形式,材料及配筋情况。

3)基础详细尺寸:表示基础的各部分长宽高,基础埋深,垫层宽度和厚度等尺寸;主要部位标高,如室内外地坪及基础底面标高等。

4)防潮层的位置及做法。

2. 楼层结构平面图识读

楼层结构平面图是假想沿着楼板面(结构层)把房屋剖开,所作的水平投影图。它主要表示楼板、梁、柱、墙等结构的平面布置,现浇楼板、梁等的构造、配筋以及各构件间的联结关系。一般由平面图和详图所组成。

3. 屋顶结构平面图识读

屋顶结构平面图是表示屋顶承重构件布置的平面图,它的图示内容与楼层结构平面图基本相同,对于平屋顶,因屋面排水的需要,承重构件应按一定坡度铺设,并设置天沟、上人孔、屋顶水箱等。

第二章 工程制图基础知识

四、钢筋混凝土构件结构详图识读

结构平面图只是表示房屋各楼层的承重构件的平面布置,而各构件的真实形状、大小、内部结构及构造并未表达出来。为此,还需画结构详图。

钢筋混凝土构件是指用钢筋混凝土制成的梁、板、桩、屋架等构件。按施工方法不同可分为现浇钢筋混凝土构件和预制钢筋混凝土构件两种。钢筋混凝土构件详图一般包括模板图、配筋图、预埋件详图及配筋表。配筋图又分为立面图、断面图和钢筋详图。主要用来表示构件内部钢筋的级别、尺寸、数量和配置,它是钢筋下料以及绑扎钢筋骨架的施工依据。模板图主要用来表示构件外形尺寸以及预埋件、预留孔的大小及位置,它是模板制作和安装的依据。

钢筋混凝土构件结构详图主要包括以下主要内容:
(1)构件详图的图名及比例。
(2)详图的定位轴线及编号。
(3)阅读结构详图,亦称配筋图。配筋图表明结构内部的配筋情况,一般由立面图和断面图组成。梁、柱的结构详图由立面图和断面图组成,板的结构图一般只画平面图或断面图。
(4)模板图,是表示构件的外形或预埋件位置的详图。
(5)构件构造尺寸、钢筋表。

五、建筑工程施工图常用图例

1. 总平面图图例

建筑工程施工图中常用总平面图图例见表 2-5。

表 2-5　　　　　　　　　总平面图图例

序号	名称	图例	备注
1	新建建筑物	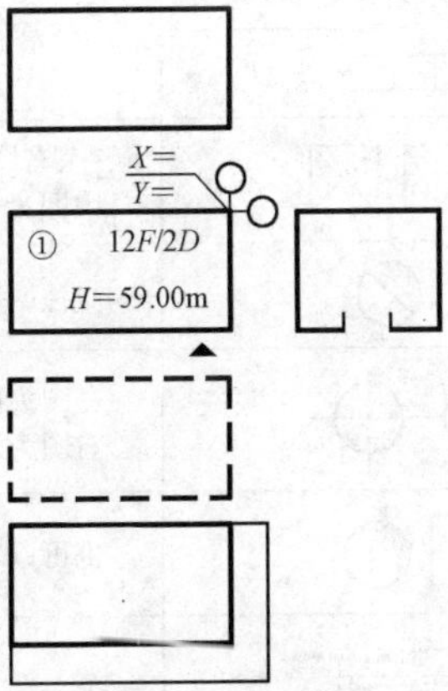 ① 12F/2D　H=59.00m　X=　Y=	新建建筑物以粗实线表示与室外地坪相接处±0.00 外墙定位轮廓线 建筑物一般以±0.00 高度处的外墙定位轴线交叉点坐标定位。轴线用细实线表示,并标明轴线号 根据不同设计阶段标注建筑编号,地上、地下层数,建筑高度,建筑出入口位置(两种表示方法均可,但同一图纸采用一种表示方法) 地下建筑物以粗虚线表示其轮廓 建筑上部(±0.00 以上)外挑建筑用细实线表示 建筑物上部连廊用细虚线表示并标注位置

续表

序号	名称	图例	备注
2	原有建筑物	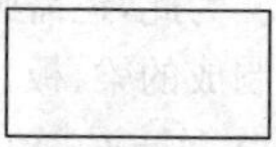	用细实线表示
3	计划扩建的预留地或建筑物		用中粗虚线表示
4	拆除的建筑物	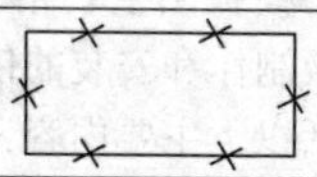	用细实线表示
5	建筑物下面的通道	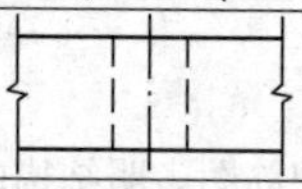	—
6	散状材料露天堆场	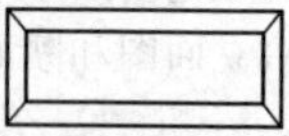	需要时可注明材料名称
7	其他材料露天堆场或露天作业场	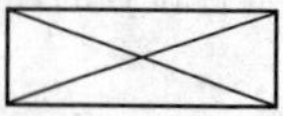	需要时可注明材料名称
8	铺砌场地	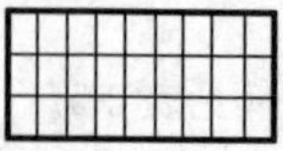	—
9	敞棚或敞廊	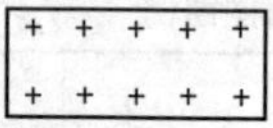	—
10	高架式料仓	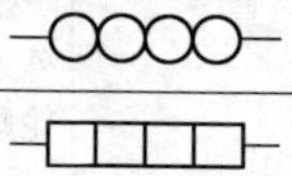	—
11	漏斗式贮仓		左、右图为底卸式 中图为侧卸式
12	冷却塔(池)	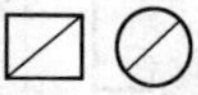	应注明冷却塔或冷却池
13	水塔、贮罐	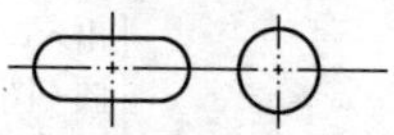	左图为卧式贮罐 右图为水塔或立式贮罐
14	水池、坑槽		也可以不涂黑
15	明溜矿槽(井)	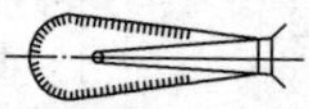	—

第二章 工程制图基础知识

续表

序号	名称	图例	备注
16	斜井或平硐	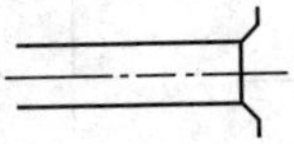	—
17	烟囱		实线为烟囱下部直径,虚线为基础,必要时可注写烟囱高度和上、下口直径
18	围墙及大门	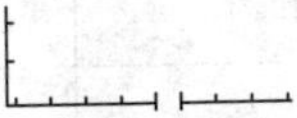	—
19	挡土墙	 5.00 / 1.50	挡土墙根据不同设计阶段的需要标注 墙顶标高 墙底标高
20	挡土墙上设围墙		—
21	台阶及无障碍坡道	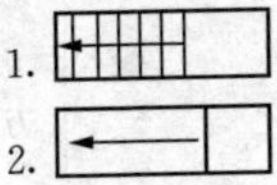 1. 2.	1. 表示台阶(级数仅为示意) 2. 表示无障碍坡道
22	露天桥式起重机	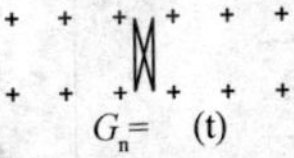 $G_n=$ (t)	起重机起重量 G_n,以吨计算 "+"为柱子位置
23	露天电动葫芦	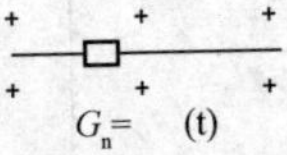 $G_n=$ (t)	起重机起重量 G_n,以吨计算 "+"为支架位置
24	门式起重机	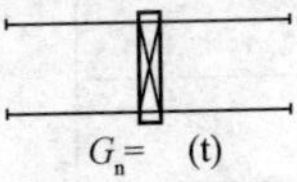 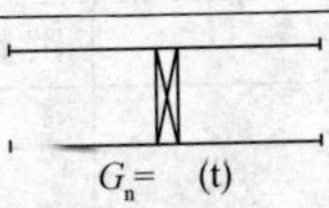 $G_n=$ (t) / $G_n=$ (t)	起重机起重量 G_n,以吨计算 上图表示有外伸臂 下图表示无外伸臂

续表

序号	名称	图例	备注
25	架空索道	 —Ⅰ———Ⅰ—	"Ⅰ"为支架位置
26	斜坡卷扬机道	 ┼┼┼┼┼	—
27	斜坡栈桥（皮带廊等）	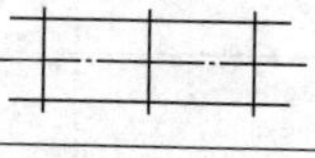	细实线表示支架中心线位置
28	坐标	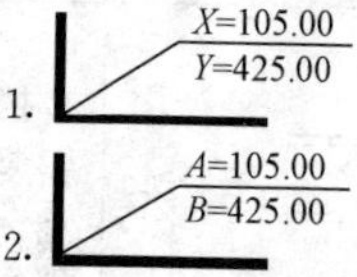 1. $X=105.00$ $Y=425.00$ 2. $A=105.00$ $B=425.00$	1. 表示地形测量坐标系 2. 表示自设坐标系 坐标数字平行于建筑标注
29	方格网交叉点标高	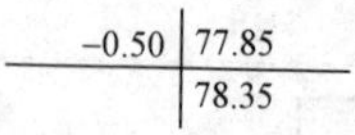 -0.50 | 77.85 　　　　78.35	"78.35"为原地面标高 "77.85"为设计标高 "-0.50"为施工高度 "-"表示挖方（"+"表示填方）
30	填方区、挖方区、未整平区及零线	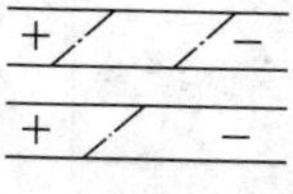 + / — + -·- —	"+"表示填方区 "-"表示挖方区 中间为未整平区 点划线为零点线
31	填挖边坡		—
32	分水脊线与谷线	  --◄-- --►--	上图表示脊线 下图表示谷线
33	洪水淹没线	 ------	洪水最高水位以文字标注
34	地表排水方向	 ╱ ╱	—

序号	名称	图例	备注
35	截水沟	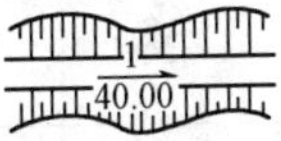	"1"表示1%的沟底纵向坡度,"40.00"表示变坡点间距离,箭头表示水流方向
36	排水明沟	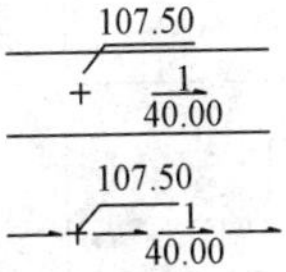	上图用于比例较大的图面 下图用于比例较小的图面 "1"表示1%的沟底纵向坡度,"40.00"表示变坡点间距离,箭头表示水流方向 "107.50"表示沟底变坡点标高(变坡点以"+"表示)
37	有盖板的排水沟	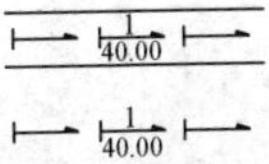	—
38	雨水口	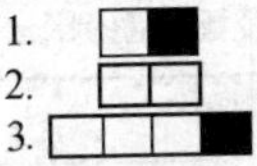	1. 雨水口 2. 原有雨水口 3. 双落式雨水口
39	消火栓井		—
40	急流槽		箭头表示水流方向
41	跌水		
42	拦水(闸)坝	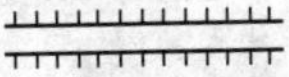	
43	透水路堤		边坡较长时,可在一端或两端局部表示
44	过水路面		—
45	室内地坪标高	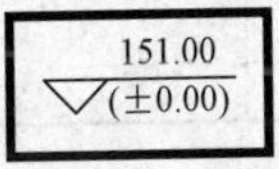	数字平行于建筑物书写

序号	名称	图例	备注
46	室外地坪标高	 ▼ 143.00	室外标高也可采用等高线
47	盲道		—
48	地下车库入口	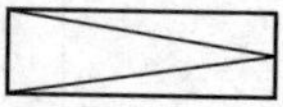	机动车停车场
49	地面露天停车场	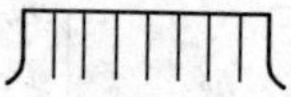	—
50	露天机械停车场	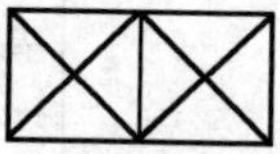	露天机械停车场

2. 建筑构造及配件图例

建筑施工图中常用构造及配件图例见表2-6。

表 2-6　　　　建筑构造及配件图例

序号	名称	图例	备注
1	墙体	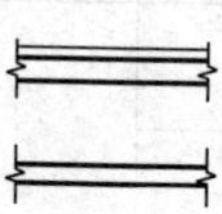	1. 上图为外墙，下图为内墙 2. 外墙粗线表示有保温层或有幕墙 3. 应加注文字或涂色或图案填充表示各种材料的墙体 4. 在各层平面图中防火墙宜着重以特殊图案填充表示
2	隔断		1. 加注文字或涂色或图案填充表示各种材料的轻质隔断 2. 适用于到顶与不到顶隔断
3	玻璃幕墙		幕墙龙骨是否表示由项目设计决定
4	栏杆		—

第二章 工程制图基础知识

续表

序号	名称	图例	备注
5	楼梯	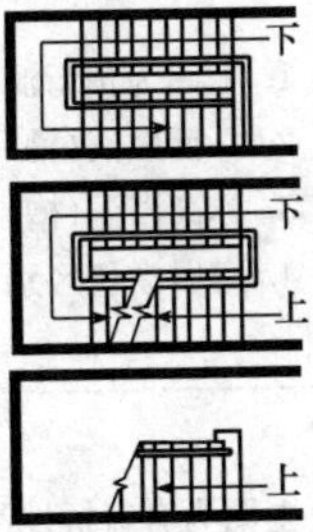	1. 上图为顶层楼梯平面，中图为中间层楼梯平面，下图为底层楼梯平面 2. 需设置幕墙扶手或中间扶手时，应在图中表示
6	坡道		长坡道 上图为两侧垂直的门口坡道，中图为有挡墙的门口坡道，下图为两侧找坡的门口坡道
7	台阶	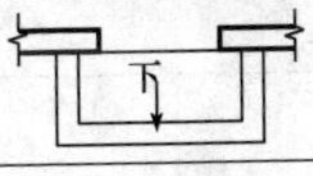	
8	平面高差	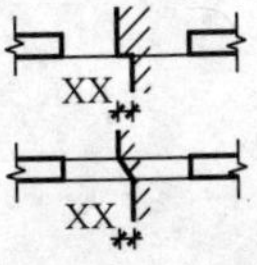	用于高差小的地面或楼面交接处，并应与门的开启方向协调
9	检查口	 	左图为可见检查口，右图为不可见检查口
10	孔洞	 	阴影部分亦可填充灰度或涂色代替
11	坑槽	 	—

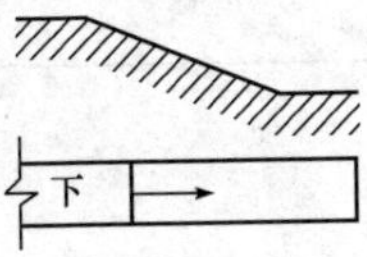

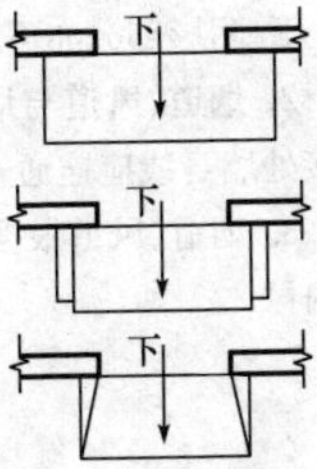

续表

序号	名称	图例	备注
12	墙预留洞、槽	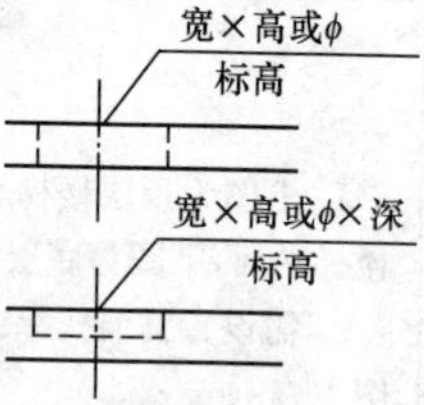 宽×高或φ 标高 / 宽×高或φ×深 标高	1. 上图为预留洞,下图为预留槽 2. 平面以洞(槽)中心定位 3. 标高以洞(槽)底或中心定位 4. 宜以涂色区别墙体和预留洞(槽)
13	地沟	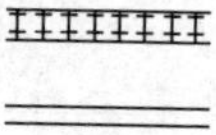	上图为有盖板地沟,下图为无盖板明沟
14	烟道	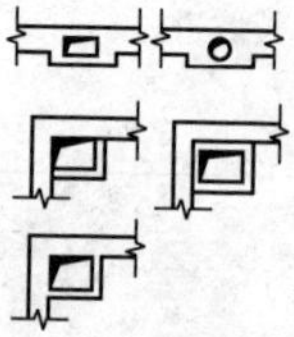	1. 阴影部分亦可填充灰度或涂色代替 2. 烟道、风道与墙体为相同材料,其相接处墙身线应连通 3. 烟道、风道根据需要增加不同材料的内衬
15	风道	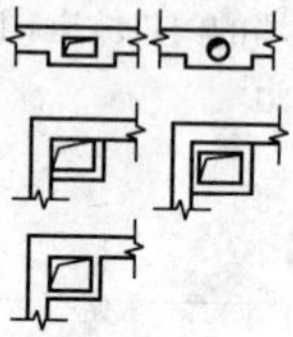	
16	新建的墙和窗	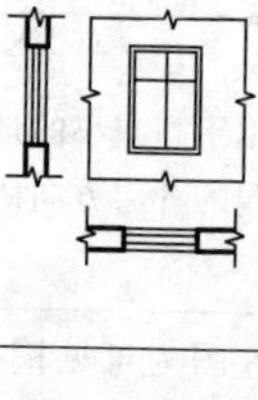	—
17	改建时保留的墙和窗	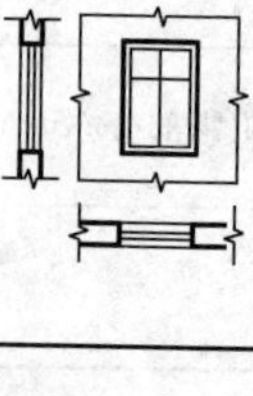	只更换窗,应加粗窗的轮廓线

第二章 工程制图基础知识

续表

序号	名称	图例	备注
18	拆除的墙	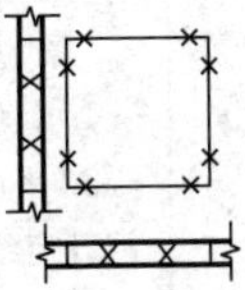	—
19	改建时在原有墙或楼板新开的洞	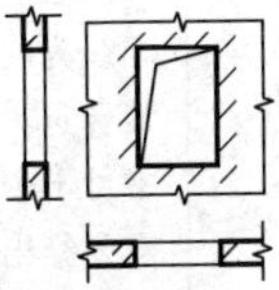	—
20	在原有墙或楼板洞旁扩大的洞	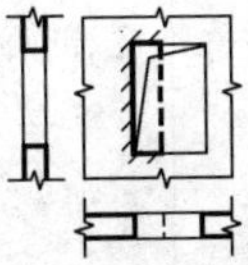	图示为洞口向左边扩大
21	在原有墙或楼板上全部填塞的洞	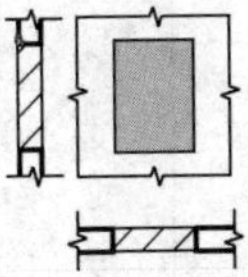	全部填塞的洞 图中立面填充灰度或涂色
22	在原有墙或楼板上局部填塞的洞	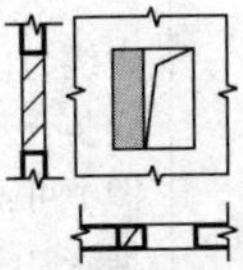	左侧为局部填塞的洞 图中立面填充灰度或涂色
23	空门洞	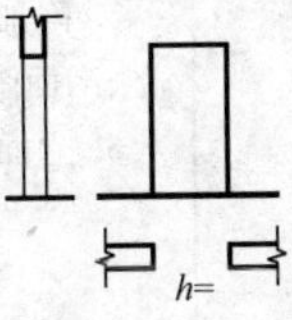	h 为门洞高度

续表

序号	名称	图例	备注
24	单面开启单扇门(包括平开或单面弹簧)	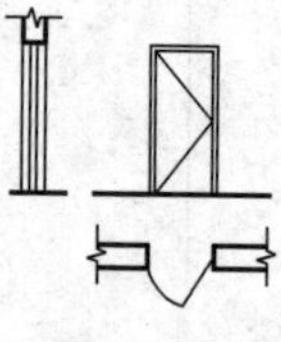	1. 门的名称代号用 M 表示 2. 平面图中,下为外,上为内门开启线为 90°、60° 或 45°,开启弧线宜绘出 3. 立面图中,开启线实线为外开,虚线为内开,开启线交角的一侧为安装合页一侧。开启线在建筑立面图中可不表示,在立面大样图中可根据需要绘出 4. 剖面图中,左为外,右为内 5. 附加纱扇应以文字说明,在平、立、剖面图中均不表示 6. 立面形式应按实际情况绘制
	双面开启单扇门(包括双面平开或双面弹簧)	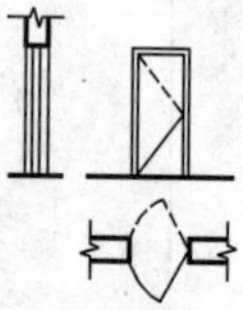	
	双层单扇平开门	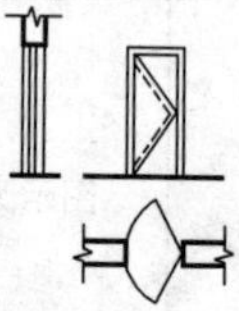	
25	单面开启双扇门(包括平开或单面弹簧)	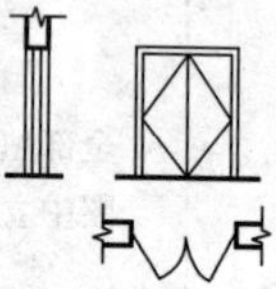	1. 门的名称代号用 M 表示 2. 平面图中,下为外,上为内门开启线为 90°、60° 或 45°,开启弧线宜绘出 3. 立面图中,开启线实线为外开,虚线为内开。开启线交角的一侧为安装合页一侧。开启线在建筑立面图中可不表示,在立面大样图中可根据需要绘出 4. 剖面图中,左为外,右为内 5. 附加纱扇应以文字说明,在平、立、剖面图中均不表示 6. 立面形式应按实际情况绘制
	双面开启双扇门(包括双面平开或双面弹簧)	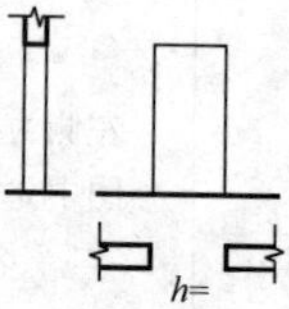 $h=$	
	双层双扇平开门	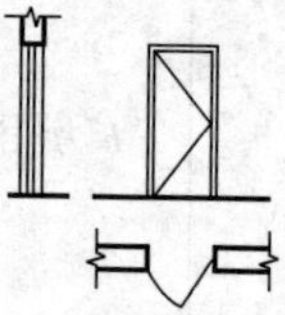	

续表

序号	名称	图例	备注
26	折叠门	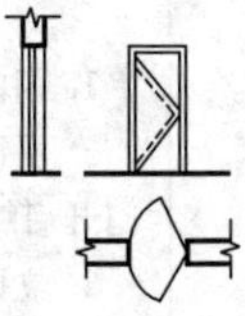	1. 门的名称代号用 M 表示 2. 平面图中,下为外,上为内 3. 立面图中,开启线实线为外开,虚线为内开,开启线交角的一侧为安装合页一侧 4. 剖面图中,左为外,右为内 5. 立面形式应按实际情况绘制
	推拉折叠门	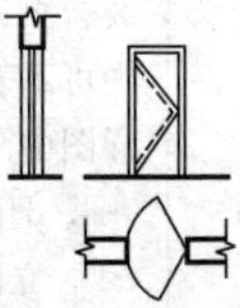	
27	墙洞外单扇推拉门	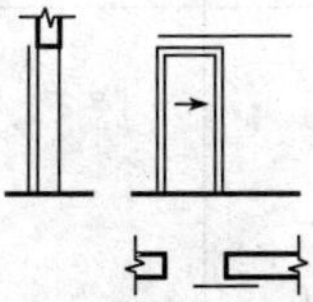	1. 门的名称代号用 M 表示 2. 平面图中,下为外,上为内 3. 剖面图中,左为外,右为内 4. 立面形式应按实际情况绘制
	墙洞外双扇推拉门	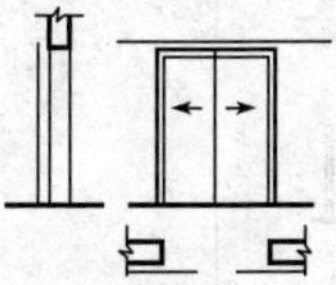	
	墙中单扇推拉门	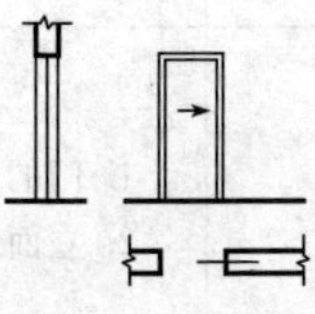	1. 门的名称代号用 M 表示 2. 立面形式应按实际情况绘制
	墙中双扇推拉门	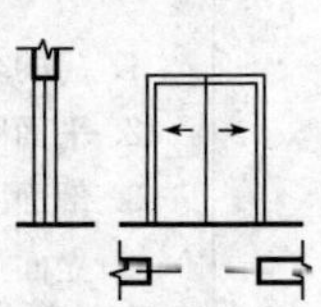	

续表

序号	名称	图例	备注
28	推杠门	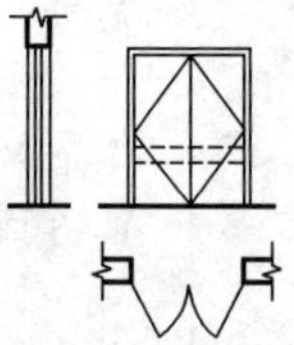	1. 门的名称代号用 M 表示 2. 平面图中,下为外,上为内 门开启线为 90°、60°或 45° 3. 立面图中,开启线实线为外开,虚线为内开,开启线交角的一侧为安装合页一侧。开启线在建筑立面图中可不表示,在室内设计门窗立面大样图中需绘出 4. 剖面图中,左为外,右为内 5. 立面形式应按实际情况绘制
29	门连窗	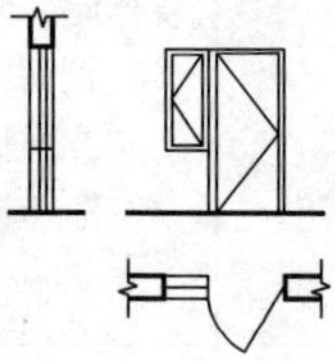	
30	旋转门	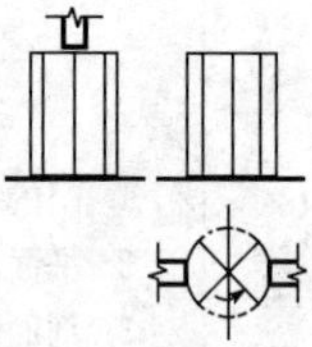	1. 门的名称代号用 M 表示 2. 立面形式应按实际情况绘制
	两翼智能旋转门	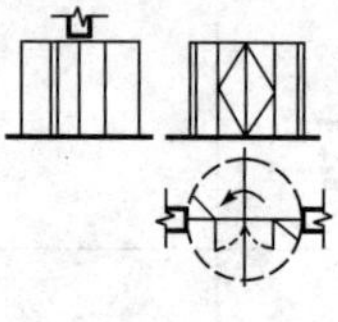	
31	自动门	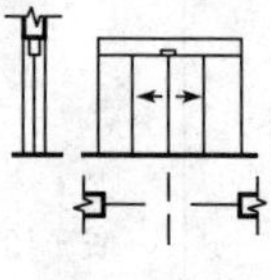	1. 门的名称代号用 M 表示 2. 立面形式应按实际情况绘制
32	折叠上翻门	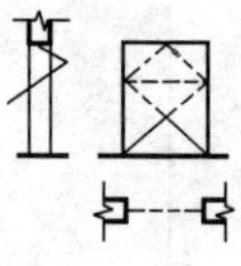	1. 门的名称代号用 M 表示 2. 平面图中,下为外,上为内 3. 剖面图中,左为外,右为内 4. 立面形式应按实际情况绘制

续表

序号	名称	图例	备注
33	提升门	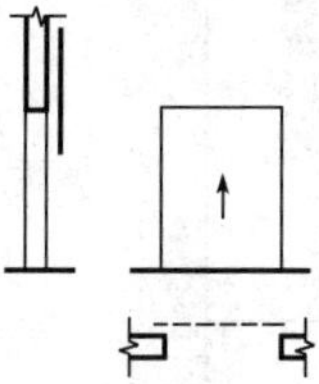	1. 门的名称代号用 M 表示 2. 立面形式应按实际情况绘制
34	分节提升门	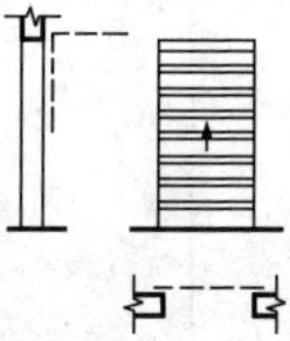	
35	人防单扇防护密闭门	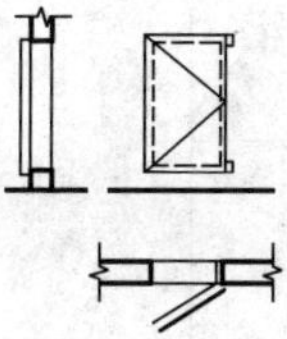	1. 门的名称代号按人防要求表示 2. 立面形式应按实际情况绘制
	人防单扇密闭门	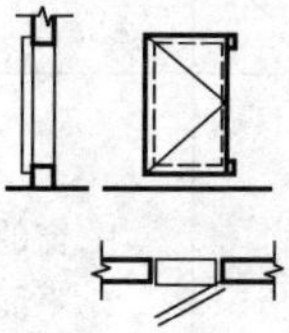	
36	人防双扇防护密闭门	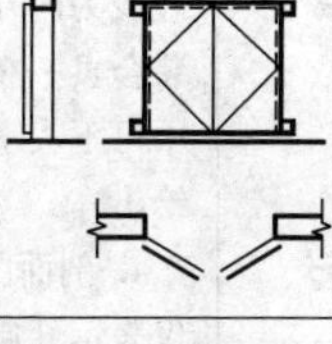	1. 门的名称代号按人防要求表示 2. 立面形式应按实际情况绘制
	人防双扇密闭门	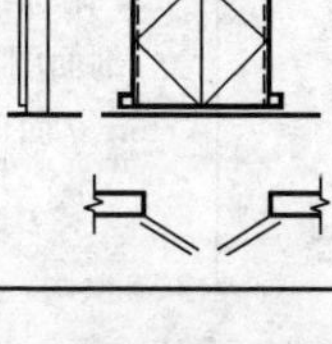	

续表

序号	名称	图例	备注
37	横向卷帘门	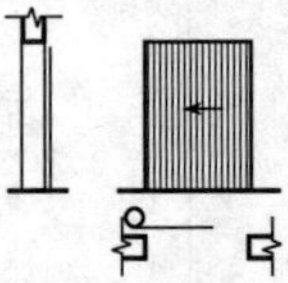	
	竖向卷帘门	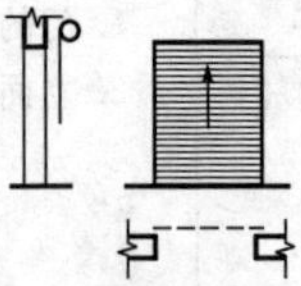	
	单侧双层卷帘门	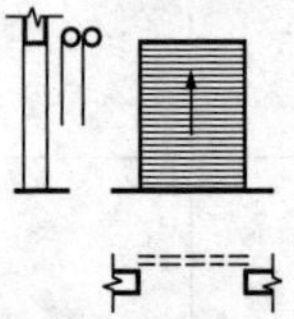	
	双侧单层卷帘门	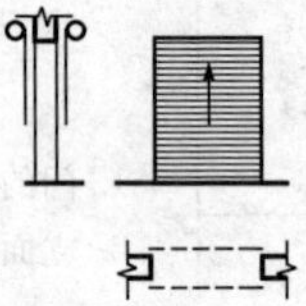	
38	固定窗	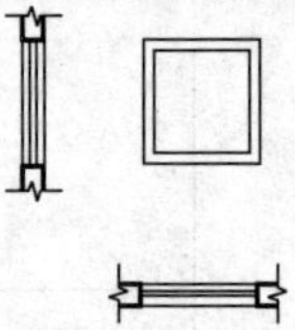	1. 窗的名称代号用 C 表示 2. 平面图中，下为外，上为内 3. 立面图中，开启线实线为外开，虚线为内开，开启线交角的一侧为安装合页一侧。开启线在建筑立面图中可不表示，在门窗立面大样图中需绘出 4. 剖面图中，左为外，右为内，虚线仅表示开启方向，项目设计不表示 5. 附加纱窗应以文字说明，在平、立、剖面图中均不表示 6. 立面形式应按实际情况绘制
39	上悬窗	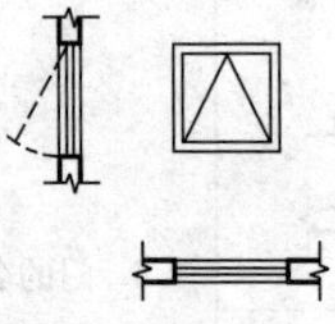	
	中悬窗	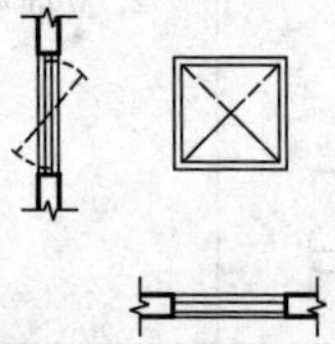	

续表

序号	名称	图例	备注
40	下悬窗	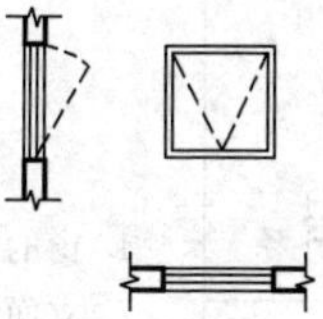	同上
41	立转窗	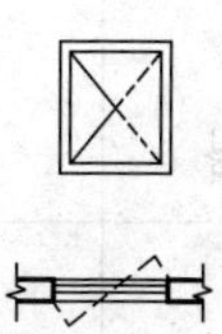	
42	内开平开内倾窗	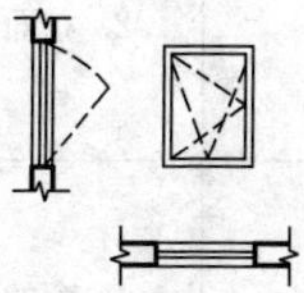	1. 窗的名称代号用C表示 2. 平面图中,下为外,上为内 3. 立面图中,开启线实线为外开,虚线为内开。开启线交角的一侧为安装合页一侧。开启线在建筑立面图中可不表示,在门窗立面大样图中需绘出 4. 剖面图中,左为外,右为内,虚线仅表示开启方向,项目设计不表示 5. 附加纱窗应以文字说明,在平、立、剖面图中均不表示 6. 立面形式应按实际情况绘制
43	单层外开平开窗	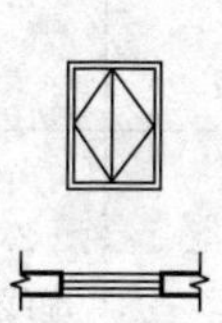	
	单层内开平开窗	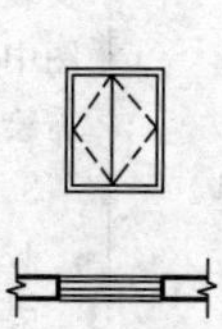	
	双层内外开平开窗	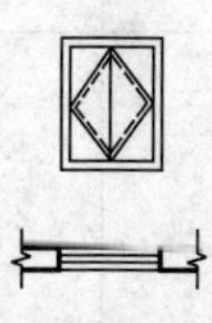	

续表

序号	名称	图例	备注
44	单层推拉窗	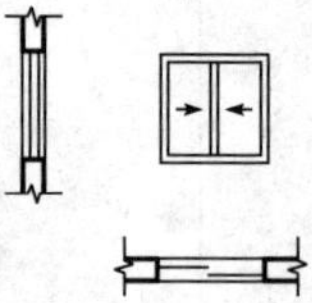	1. 窗的名称代号用C表示 2. 立面形式应按实际情况绘制
	双层推拉窗	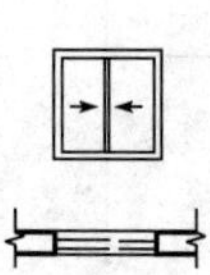	
45	上推窗	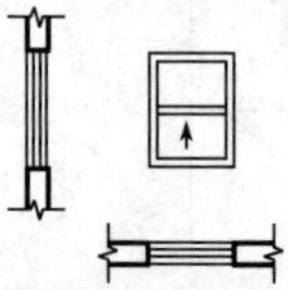	1. 窗的名称代号用C表示 2. 立面形式应按实际情况绘制
46	百叶窗	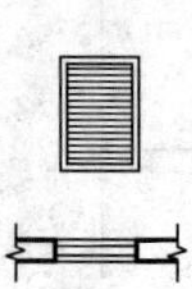	1. 窗的名称代号用C表示 2. 立面形式应按实际情况绘制
47	高窗	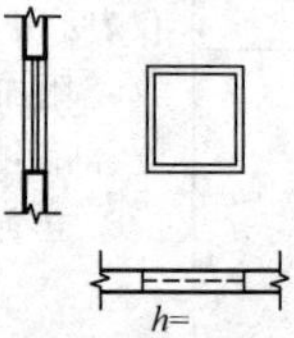	1. 窗的名称代号用C表示 2. 立面图中,开启线实线为外开,虚线为内开。开启线交角的一侧为安装合页一侧。开启线在建筑立面图中可不表示,在门窗立面大样图中需绘出 3. 剖面图中,左为外,右为内 4. 立面形式应按实际情况绘制 5. h 表示高窗底距本层地面高度 6. 高窗开启方式参考其他窗型
48	平推窗	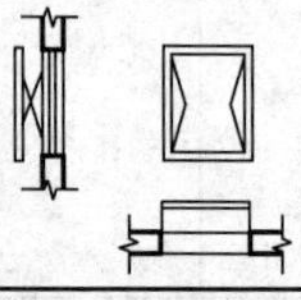	1. 窗的名称代号用C表示 2. 立面形式应按实际情况绘制

第三章 工程测量基本工具

第一节 简单的定位和放样工具

一、花杆

花杆是定位放样工作中必不可少的辅助工具(图3-1),作用是标定点位和指引方向。它的构造为空心铝合金圆杆或实心圆木杆,直径约为3cm左右,长度为1.5～3m不等,杆的下部为锥形铁脚,以便标定点位或插入地面,杆的外表面每隔20cm分别涂成红色和白色,称花杆。

在实际测量中花杆常被用于指引目标(标点)、定向、穿线。例如地面上有一点,以钉小钉的木桩标定在地面上,从较远处是无法看到此点的,那么在点上立一花杆并使锥尖对准该点,花杆竖直时,从远处看到花杆就相当于看到了该点,起到了导引目标的作用(标点)。

二、测钎

测钎由8号铅丝制成,长度为40cm左右,下部削尖以便插入地面,上部为6cm左右的环状,以便于手握。每12根为一束,测钎用于记录整尺段和卡链及临时标点使用,如图3-2所示。

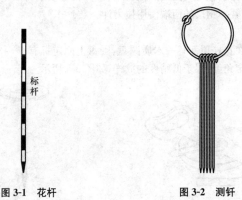

图3-1 花杆　　　　图3-2 测钎

三、皮尺

皮尺是卷式量具尺,端部有一铜环,使用时可从尺盒中拉出任意长度,用完后卷入盒内,方便携带,长度有20m、30m、50m三种,如图3-3所示。使用皮尺量距时,要有花杆和测钎的配合,当丈量距离大于尺长或虽然丈量距离小于尺长但地面起伏较大时,用花杆支撑尺段两端量距可引导方向以免量歪。

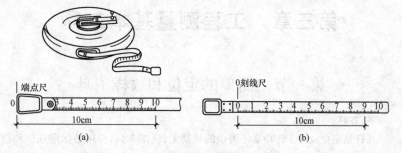

图 3-3 皮尺

四、钢尺

钢尺是用宽 10~15mm,厚 0.4mm 的低碳薄钢带制成。其表面每隔 1mm 刻有刻划,并每隔 10cm 有数字标记。卷式量距尺通过手柄卷入尺盒或带有手把的金属架上,端部有铜环,以便丈量时拉尺之用。使用时可从尺盒中拉出任意长度,用完后卷入盒内,如图 3-4 所示。

钢尺长度有 20m、30m、50m 三种。使用钢尺量距时要有经纬仪、花杆和测钎的配合进行。

钢尺因材质引起的伸缩性小,故一般量距精度比较高。一般常用于精密基线丈量,且丈量时分别在每尺段端点处钉木桩,并在桩顶上钉以用小刀刻痕的锌铁皮来准确读数;并在钢尺的两端使用拉力计。

五、方向盘

方向盘是在花杆顶部有一木质圆盘,圆盘上固定标有 0°~360°的分划,它的作用是概略测定角度,限于低精度的放样,如图 3-5 所示。

图 3-4 钢尺　　　　图 3-5 方向盘

六、方向架

方向架(也叫十字架或直角器),用于横断面测量或测横断面宽度时的定向。方向架一般为木质,有两根互相垂直弦杆,可上下移动,从而适应地形的变化。

上、下弦杆彼此垂直；顶部有一活动指针称方向杆，可转动360°。上、下弦杆和方向杆的两端分别钉以用以瞄准目标的小钉，如图3-6所示。

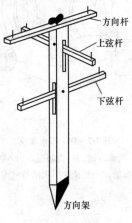

图 3-6　方向架

七、边坡样板

边坡样板可用作边坡放样定位，也常用于检测已修筑成的路堤、路堑、沟槽、河渠等边坡坡度是否符合设计要求。边坡样板一般由木料按边坡制成，可以适应两种不同边坡。如 1∶1.5 及 1∶2 坡度，可一板两用。

第二节　水准仪的构造和使用

一、DS_3 水准仪和水准尺

1. DS_3 水准仪的构造

图 3-7 为 DS_3（简称 S_3）型水准仪，主要由望远镜、水准器和基座三部分组成。

（1）望远镜。望远镜是用来瞄准不同距离的水准尺并进行读数的。如图 3-8 所示，它由物镜、对光透镜、对光螺旋、十字丝分划板以及目镜等组成。

物镜是用两片以上的透镜组组成，作用是目标成像在十字丝平面上，形成缩小的实像。旋转对光螺旋，可使不同距离目标的像清晰地位于十字丝分划板上。目镜也是由一组复合透镜组成，作用是将物镜所成的实像连同十字丝一起放大成虚像，转动目镜调焦螺旋，可使十字丝影像清晰，称为目镜调焦。

从望远镜内所看到的目标放大虚像的视角 β 与眼睛直接观察该目标的视角 α 的比值，称为望远镜的放大率，一般用 V 表示，即：

$$V = \beta/\alpha \tag{3-1}$$

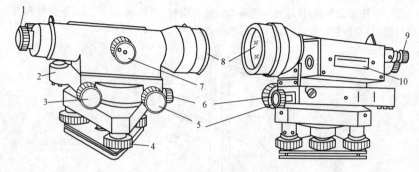

图 3-7 DS₃ 型水准仪

1—目镜对光螺旋;2—圆水准器;3—微倾螺旋;4—脚螺旋;5—微动螺旋;
6—制动螺旋;7—对光螺旋;8—物镜;9—水准管气泡观察窗;10—管水准器

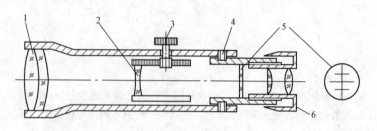

图 3-8 望远镜

1—物镜;2—对光透镜;3—对光螺旋;4—固定螺丝;5—十字丝分划板;6—目镜

DS_3 型水准仪望远镜的放大率一般为 25~30 倍。

十字丝分划板是安装在目镜筒内的一块光学玻璃板,上面刻有两条互相垂直的细线,称为十字丝。竖直的一条称为纵丝,水平的一条称为横丝或中丝,用以瞄准目标和读数用。与横丝平行的上、下两条对称的短线称为视距丝,用以测定距离。上视距丝简称为上丝,下视距丝简称为下丝。

物镜光心与十字丝交点的连线称为望远镜的视准轴,观测时的视线即为视准轴的延长线。

(2)水准器。DS_3 型水准仪水准器分为圆水准器(水准盒)和管水准器(水准管)两种,它们都是供整平仪器用的。

1)管水准器(水准管)。水准管是由玻璃圆管制成,上部内壁的纵向按一定半径磨成圆弧。

如图 3-9 所示,管内注满酒精和乙醚的混合液,经过加热、封闭、冷却后,管内形成一个气泡。水准管内表面的中点 O 为零点,通过零点作圆弧的纵向切线 LL

称为水准管轴。从零点向两侧每隔 2mm 刻一个分划,每 2mm 弧长所对的圆心角称为水准管分划值(或灵敏度):

$$\tau = \frac{2\rho''}{R} \tag{3-2}$$

$$\rho'' = 206265''$$

式中 τ——水准管分划值;
R——水准管的圆弧半径。

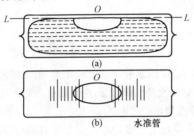

图 3-9 水准管

分划值的意义,可理解为当气泡移动 2mm 时,水准管轴所倾斜的角度,如图 3-10 所示。DS_3 型水准仪的水准分划值为 $20''/2mm$。

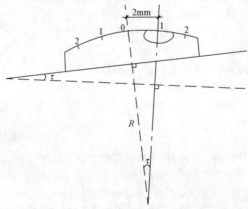

图 3-10 水准管分划值

为了提高精度,在水准管上方都装有棱镜,如图 3-11(a)所示,这样可使水准管气泡两端的半个气泡影像借助棱镜的反射作用转到望远镜旁的水准管气泡观察窗内。当两端的半个气泡影像错开时如图 3-11(b)所示,表示气泡没有居中,这时旋转微倾螺旋可使气泡居中,直至两端的半个气泡影像对齐,如图 3-11(c)所示。这种具有棱镜装置的水准管又称为符合水准管,它能提高气泡居中的精度。

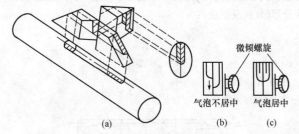

图 3-11 水准管的符合棱镜系统

2)圆水准器(水准盒)。圆水准器是由玻璃制成,呈圆柱状,如图 3-12 所示,上部的内表面为一个半径为 R 的圆球面,中央刻有一个小圆圈,它的圆心 O 是圆水准器的零点,通过零点和球心的连线(O 点的法线)LL',称为圆水准器轴。当气泡居中时,圆水准器轴即处于铅垂位置。圆水准器的分划值一般为 $5'/2mm \sim 10'/2mm$,灵敏度较低,只能用于粗略整平仪器,使水准仪的纵轴大致处于铅垂位置,便于用微倾螺旋使水准管的气泡精确居中。

(3)基座。基座呈三角形,由轴座、三个脚螺旋和连接板组成。仪器上部通过竖轴插入轴座内,由基座承托。转动脚螺旋调节圆水准器使气泡居中。整个仪器通过连接螺旋与三脚架相连接。

为了控制望远镜在水平方向转动,仪器还装有制动螺旋和微动螺旋。当旋紧制动螺旋时,仪器就固定不动,此时转动微动螺旋,可使望远镜在水平方向作微小的转动,用以精确瞄准目标。

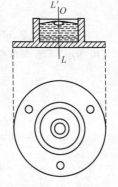

图 3-12 水准盒

2. 水准尺和尺垫

水准尺是由干燥的优质木材、玻璃钢或铝合金等材料制成。水准尺分为双面尺和塔尺两种,如图 3-13(a)、(b)所示。塔尺一般用于等外水准测量,长度有 2m 和 5m 两种,可以伸缩,尺面分划为 1cm 和 0.5cm 两种,每分米处注有数字,每米处也注有数字或以红黑点表示数,尺底为零。

双面水准尺,如图 3-13(a)所示,多用于三、四等水准测量,长度为 3m,为不能伸缩和折叠的板尺,且两根尺为一对,尺的两面均有刻画,尺的正面是黑色注记,反面为红色注记,故又称红黑面尺。黑面的底部都从零开始,而红面的底部一般是一根为 4.687m,另一根为 4.787m。

尺垫由一个三角形的铸铁制成。上部中央有一突起的半球体,如图 3-14 所示。为保证在水准测量过程中转点的高程不变,可将水准尺放在半球体的顶端

第三章 工程测量基本工具

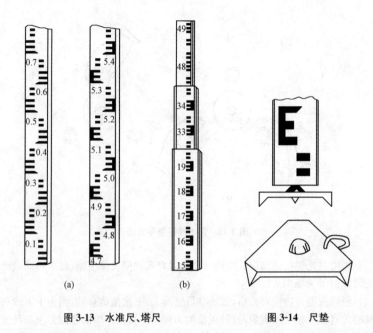

图 3-13 水准尺、塔尺　　　图 3-14 尺垫

3. DS_3 水准仪的使用

(1)架设仪器。在架设仪器处,打开三脚架,通过目测,使架头大致水平且高度适中(约在观测者的胸颈部),将仪器从箱中取出,用连接螺旋将水准仪固定在三脚架上。然后,根据圆水准器气泡的位置,上、下推拉,左、右微转脚架的第三只腿,使圆水准器的气泡尽可能位于靠近中心圈的位置,在不改变架头高度的情况下,放稳脚架的第三只腿。

(2)粗平。调节仪器脚螺旋使圆水准气泡居中,以达到水准仪的竖轴近似垂直,视线大致水平。其具体做法是:如图 3-15(a)所示,设气泡偏离中心于 a 处时,可以先选择一对脚螺旋①、②,用双手以相对方向转动两个脚螺旋,使气泡移至两脚螺旋连线的中间 b 处,如图 3-15(b)所示;然后,再转动脚螺旋③使气泡居中,如图 3-15(b)所示。如此反复进行,直至气泡严格居中。在整平中气泡移动方向始终与左手大拇指(或右手食指)转动脚螺旋的方向一致。

(3)瞄准。仪器粗略整平后,即用望远镜瞄准水准尺。其操作步骤如下:

1)目镜对光。将望远镜对向较明亮处,转动目镜对光螺旋,使十字丝调至最为清晰为止。

2)初步照准。放松照准部的制动螺旋,利用望远镜上部的照门和准星,对准水准尺,然后拧紧制动螺旋。

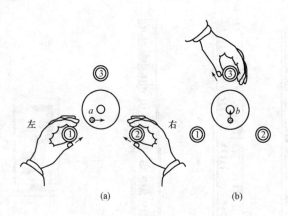

图 3-15　圆水准器整平方法

3)物镜对光和精确瞄准。先转动物镜对光螺旋使尺像清晰,然后转动微动螺旋使尺像位于视场中央。

4)消除视差。物镜对光后,眼睛在目镜端上、下微微地移动,因为十字丝和水准尺的像有相互移动的现象,这种现象称为视差。视差产生的原因是水准尺没有成像在十字丝平面上,如图 3-16 所示。视差的存在会影响观测读数的正确性,必须加以消除。消除视差的方法是先进行目镜调焦,使十字丝清晰,然后转动对光螺旋进行物镜对光,使水准尺像清晰。

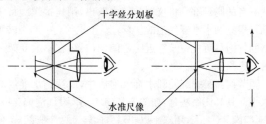

图 3-16　视差产生原因

(4)精平。精平是在读数前转动微倾螺旋使气泡居中,从而得到精确的水平视线。转动微倾螺旋时速度应缓慢,直至气泡稳定不动而又居中时为止。必须注意,当望远镜转到另一方向观测时,气泡不一定符合,应重新精平,符合气泡居中后才能读数。

(5)读数。当气泡符合后,立即用十字丝横丝在水准尺上读数。读数前要认清水准尺的注记特征。望远镜中看到的水准尺是倒像时,读数应自上而下,从小到大读取,直接读取 m、dm、cm、mm(为估读数)四位数字,图 3-17 的读数分别为 1.272m、5.958m、2.539m。读数后要立即检查气泡是否仍符合居中,否则,重新符合后读数。

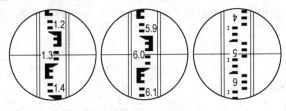

图 3-17 水准尺读数

二、DS_1 精密水准仪

1. 精密水准仪的构造

(1)构造特点(图 3-18)。

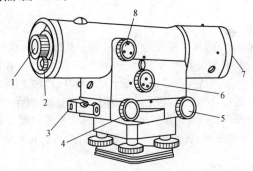

图 3-18 DS_1 型水准仪

1—目镜;2—测微读数显微镜;3—十字水准器;4—微倾螺旋;5—微动螺旋;
6—测微螺旋;7—物镜;8—对光螺旋

1)望远镜性能好,物镜孔径大于 40mm,放大率一般大于 40 倍。

2)望远镜筒和水准器套均用因瓦合金铸件构成,具有结构坚固,水准管轴与视准轴关系稳定的特点。

3)采用符合水准器,水准管的分划值为($6''\sim10''$)/2mm;对于自动安平水准仪,其安平精度一般不低于 $0.2''$。

4)为了提高读数精度,望远镜上装有平行玻璃测微器,最小读数为 0.1~0.05mm。

(2)平行玻璃板测微器。如图 3-19 所示,平行玻璃板测微器由平行玻璃板、测微分划尺、传动杆、测微螺旋和测微读数系统组成。平行玻璃板装在物镜前面,通过有齿条的传动杆与测微分划尺相连接,由测微读数显微镜读数。当转动测微螺旋时,传动杆带动平行玻璃板前后俯仰,而使视线上下平行移动,同时测微分划尺也随之移动。当平行玻璃板铅垂时,光线不产生平移;当平行玻璃板倾斜时,视线经平行玻璃板后则产生平行移动,移动的数值则由测微尺读数反映出来。

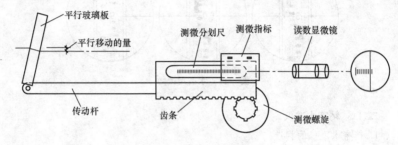

图 3-19 平行玻璃板测微器

2. 精密水准尺

精密水准尺(又叫因瓦水准尺)。尺的长度受外界温度、湿度影响很小,尺面平直,刻划精密、最大误差每米不大于 $\pm 0.1\text{mm}$,并附有足够精度的圆水准器。精密水准尺一般都是线条式分划,在木制的尺身中间凹槽内,装有厚1mm、宽26mm的因瓦带尺,尺底一端固定,另一端用弹簧拉紧,以保持因瓦带尺的平直和不受木质尺身伸缩的变化而变化。因瓦带尺上有左右两排分划,右边为基本分划,左边为辅助分划,彼此相差一个常数 K,相当于双面尺以供测量校核之用。

3. 精密水准仪的使用

精密水准仪的操作方法和普通水准仪基本相同,亦是粗平、瞄准、精平、读数四个步骤,但读数方法则不同。读数时,先转动微倾螺旋。从望远镜内观察使水准管气泡影像符合,再转动测微螺旋,使望远镜中的楔形丝夹住靠近的一条整分划线。其读数分为两部分:厘米以上的数由望远镜直接在尺上读取;厘米以下的数从测微读数显微镜中读取,估读至 0.01mm。

三、自动安平水准仪

1. 自动安平水准仪的构造

自动安平水准仪的构造如图 3-20 所示。

(1)原理。如图 3-21 所示,当视准轴水平时,物镜光心位于 O,十字丝交点位于 B,通过十字丝横丝在尺上的正确读数为 a。当视准轴倾斜一个微小角度 α(<10′)时,十字丝交点从 B 移至 A,通过十字丝横丝在尺上的读数,A 不再是水平视线的读数 a。为了能使十字丝横丝读数仍为水平视线的读数 a,可在望远镜的光

路上加一个补偿器,通过物镜光心的水平视线经过补偿器的光学原件后偏转一个 β 角,这样在 A 点处十字丝横丝仍可读得正确读数 a。由于 α 角和 β 角都是很小的角值,如果下式成立,即能达到补偿的目的:

$$f\alpha = S\beta$$

式中　S——补偿器到十字丝的距离;
　　　f——物镜到十字丝的距离。

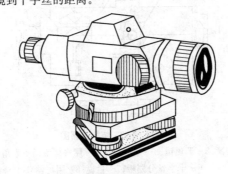

图 3-20　自动安平水准仪

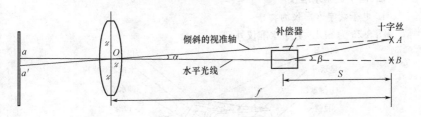

图 3-21　自动安平原理

(2)补偿器。如图 3-22 所示为 DZS_3 型自动安平水准仪的结构剖面图。在对光透镜与十字分划板之间安装一个补偿器,这个补偿器由固定在望远镜上的屋脊棱镜以及用金属丝悬吊的两块直角棱镜组成。当望远镜倾斜时,直角棱镜在重力摆作用下,作与望远镜相反的偏转运动,而且由于阻尼器的作用,很快会静止下来。

当视准轴水平时,水平光线进入物镜后经过第一个直角棱镜反射到屋脊棱镜,在屋脊棱镜内作三次反射后,到达另一直角棱镜,再经反射后光线通过十字丝的交点。

2.自动安平水准仪的使用

自动安平水准仪的使用方法与普通水准仪的使用方法大致一样,但也有不同之处。自动安平水准仪的操作方法与普通水准仪的操作方法不同的是,自动安平水准仪经过圆水准器粗平后,即可观测读数。对于 DZS_3 自动安平水准仪,在望远镜内设有警告指示窗。当警告指示窗全部呈绿色时,表明仪器竖轴倾斜在补偿器补偿范围内,即可进行读数。否则警告指示窗会出现红色,表明已超出补偿范围,应重新调整圆水准器。

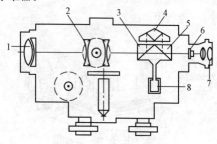

图 3-22　DZS_3 结构剖面图
1—物镜;2—调焦镜;3—直角棱镜;4—屋脊棱镜;5—直角镜;
6—十字丝分划板;7—目镜;8—阻尼器

四、电子数字水准仪

1. 电子数字水准仪的构造

图 3-23 为 SDL_{30} 数字水准仪外型。

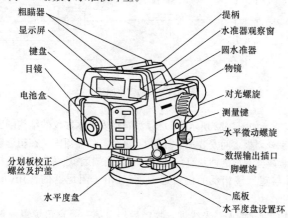

图 3-23　SDL_{30} 数字水准仪

2. 电子数字水准仪的使用

仪器使用前应将电池充电。充电开始后充电器指示灯开始闪烁,充电时间约

第三章　工程测量基本工具

为 2h,当指示灯不闪烁时完成充电。

电子数字水准仪操作步骤与自动安平水准仪基本相同,只是电子数字水准仪使用的是条码尺。当瞄准标尺,消除视差后按 Measure 键,仪器即自动读数。除此之外,仪器能将倒立在房间或隧道顶部的标尺识别,并以负数给出。电子数字水准仪也可与因瓦水准尺配合使用。

第三节　经纬仪的构造和使用

一、光学经纬仪的构造

工程上常用的有 J_6、DJ_2 两类,如图 3-24、图 3-25 所示。

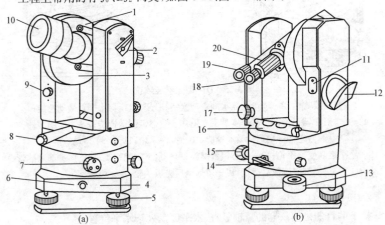

图 3-24　J_6 级光学经纬仪

1—粗瞄器;2—望远镜制动螺旋;3—竖盘;4—基座;5—脚螺旋;6—固定螺旋;
7—度盘变换手轮;8—光学对中器;9—自动归零旋钮;10—望远镜物镜;
11—指标差调位盖板;12—反光镜;13—圆水准器;14—水平制动螺旋;
15—水平微动螺旋;16—照准部水准管;17—望远镜微动螺旋;
18—望远镜目镜;19—读数显微镜;20—对光螺旋

二、经纬仪的使用

本书主要介绍 J_6 级光学经纬仪的使用方法。

1. 对中

对中的目的是使仪器的中心(竖轴)与测站点位于同一铅垂线上。

对中时,应先把三脚架张开,架设在测站点上,要求高度适宜,架头大致水平。然后挂上垂球,平移三脚架使垂球尖大致对准测站点。再将三脚架踏实,装上仪器,同时应把连接螺旋稍微松开,在架头上移动仪器精确对中,误差小于2mm,旋紧连接螺旋即可。

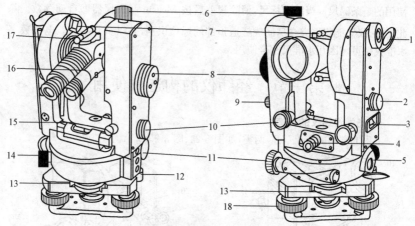

图 3-25　DJ_2 型光学经纬仪

1—竖盘反光镜;2—竖盘指标水准管观察镜;3—竖盘指标水准管微动螺旋;
4—光学对中器目镜;5—水平度盘反光镜;6—望远镜制动螺旋;7—光学瞄准器;
8—测微轮;9—望远镜微动螺旋;10—换像手轮;11—水平微动螺旋;
12—水平度盘变换手轮;13—中心锁紧螺旋;14—水平制动螺旋;15—照准部水准管;
16—读数显微镜;17—望远镜反光扳手轮;18—脚螺旋

2. 整平

整平的目的是使仪器的竖轴竖直,水平度盘处于水平位置。

整平时,松开水平制动螺旋,转动照准部,让水准管大致平行于任意两个脚螺旋的连接,如图 3-26(a)所示,两手同时向内或向外旋转这两个脚螺旋使气泡居中。气泡的移动方向与左手大拇指(或右手食指)移动的方向一致。将照准部旋转 90°,水准管处于原位置的垂直位置,如图 3-26(b)所示,用另一个脚螺旋使气泡居中。反复操作,直至照准部转到任何位置,气泡都居中为止。

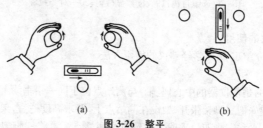

图 3-26　整平

第三章 工程测量基本工具

3. 使用光学对中器对中和整平

使用光学对中器对中,应与整平仪器结合进行。其操作步骤如下:

(1)将仪器置于测站点上,三个脚螺旋调至中间位置,架头大致水平,让仪器大致位于测站点的铅垂线上,将三脚架踩实。

(2)旋转光学对中器的目镜,看清分划板上圆圈,拉或推动目镜使测站点影像清晰。

(3)旋转脚螺旋让光学对中器对准测站点。

(4)利用三脚架的伸缩螺旋调整脚架的长度,使圆水准气泡居中。

(5)用脚螺旋整平照准部水准管。

(6)用光学对中器观察测站点是否偏离分划板圆圈中心。如果偏离中心,稍微松开三脚架连接螺旋,在架头上移动仪器,圆圈中心对准测站点后旋紧连接螺旋。

(7)重新整平仪器,直至光学对中器对准测站点为止。

4. 读数

(1)分微尺测微器及其读数方法。J_6级光学经纬仪采用分微尺测微器进行读数。这类仪器的度盘分划值为$1°$,按顺时针方向注记每度的度数。在读数显微镜的读数窗上装有一块带分划的分微尺,度盘上的分划线间隔经显微物镜放大后成像于分微尺上。图3-27读数显微镜内所看到的度盘和分微尺的影像,上面注有"H"(或水平)为水平度盘读数窗,注有"V"(或竖直)为竖直度盘读数窗,分微尺的长度等于放大后度盘分划线间隔$1°$的长度,分微尺分为60个小格,每小格为$1'$。分微尺每10小格注有数字,表示$0'、10'、20'、…、60'$,注记增加方向与度盘相反。读数装置直接读到$1'$,估读到$0.1'(6'')$。

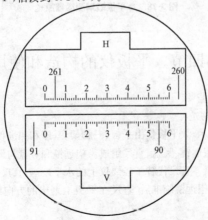

图3-27 分微尺读数窗

读数时,分微尺上的 0 分划线为指标线,它是度盘上的位置就是度盘读数的位置。如在水平度盘的读数窗中,分微尺的 0 分划线已超过 261°,水平度盘的读数应该是 261°多。所多的数值,再由分微尺的 0 分划线至度盘上 261°分划线之间有多少小格来确定。图 3-27 中为 4.4 格,故为 04′24″。水平度盘的读数应是 261°04′24″。

(2)单平板玻璃测微器及其读数方法。它的组成部分主要包括平板玻璃、测微尺、连接机构和测微轮。当转动测微轮时,平板玻璃和测微尺即绕同一轴作同步转动。如图 3-28(a)所示,光线垂直通过平板玻璃,度盘分划线的影像未改变原来位置,与未设置平板玻璃一样,此时测微尺上读数为零,如按设在读数窗上的双指标线读数应为 92°+a。转动测微轮,平板玻璃随之转动,度盘分划线的影像也就平行移动,当 92°分划线的影像夹在双指标线的中间时,如图 3-28(b)所示,度盘分划线的影像正好平行移动一个 a,而 a 的大小则可由与平板玻璃同步转动的测微尺上读出,其值为 18′20″。所以整个读数为 92°+18′20″=92°18′20″。

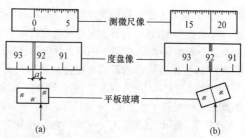

图 3-28 单平板玻璃测微器原理

第四节 平板仪的构造和使用

一、平板仪的构造

1. 大平板仪的构造

如图 3-29(a)所示,大平板仪由平板、三脚架、基座和照准仪及其附件组成。

照准仪主要由望远镜、竖盘、直尺组成。望远镜和竖盘与经纬仪的构造相似,可以用来作视距测量。直尺代替了经纬仪上的水平度盘,直尺边和望远镜的视准轴在同一竖直面内,望远镜瞄准后,直尺在平板上划出的方向线就是瞄准的直线方向。

如图 3-29(b)、(c)、(d)所示,大平板仪的附件有:

(1)对点器:用来对点,使平板上的点和相应地面点在同一条铅垂线上。

第三章 工程测量基本工具

(2)定向罗盘：初步定向，使平板仪图纸上的南北方向和实际南北方向接近一致。
(3)圆水准器：用来整平平板仪的平板。

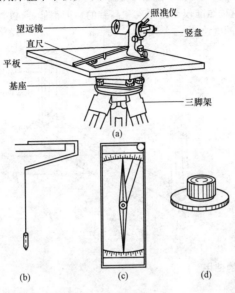

图 3-29 大平板仪
(a)大平板仪；(b)对点器；(c)定向罗盘；(d)圆水准器

2. 小平板仪的构造

如图 3-30 所示，小平板仪主要由三脚架、平板、照准仪、对点器和长盒磁针等组成。

图 3-30 小平板仪

照准仪如图 3-31 所示,由直尺、觇孔板和分划板组成。觇孔和分划板上的细丝可以照准目标,直尺可在平板上绘方向线。为了置平平板,照准仪的直尺上附有水准器。用这种照准仪测量距离和高差的精度很低,所以常和经纬仪配合使用,进行地形图的测绘。

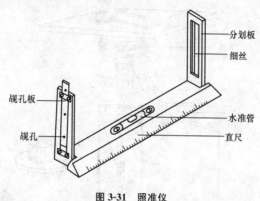

图 3-31 照准仪

二、平板仪的使用

1. 大平板仪的使用

(1)大平板仪的安置。

1)初步安置:将球面基座手柄穿入脚架头与螺纹盘连接,并用仪器箱内准备的扳棍拧紧,然后将绘图板通过螺纹与上盘连接可靠。再将图板用目估法大致定向、整平和对点,初步安置在测站点上,随后进行精确安置。

2)对点:将图纸上展绘的点置于地面上相应点的铅垂线上。对点时,用对点器金属框尖部对准图板上测站点对应的点,然后移动脚架使垂球尖对准地面上测站点。

3)整平:置圆水准器于图板中部,松开上手柄约半圈,调整图板使圆水泡居中,轻轻拧紧上手柄。

4)定向:将图板上已知方向与地面上相应方向一致。定向可先用方框罗盘初步定向,再用已知直线精密定向。

①罗盘定向:用方框罗盘定向时,将方框罗盘的侧边切于图上坐标格网的纵坐标线,转动图板直到磁针两端与罗盘零指标线对准为止。

②用已知直线定向:平板安置在 A 点上,已知直线 AB 定向,可将照准仪的直尺边紧贴在图板上相应的直线 ab 处,转动图板,使照准仪瞄准地面上 B 点,然后固定图板。图板定向对测图的精度影响极大,一般要求定向误差不大于图上的 0.2mm。

(2)大平板仪的使用。测图时,将大平板仪安置在测站点上,量取仪器高,即可测绘碎部点,用照准仪的直尺边紧贴图上的测站点,照准碎部点上所立的尺,沿直尺边绘出方向线(也可使照准仪的直尺边离开图上的测站点少许,照准碎部点上所立的尺,拉开直尺的平行尺使尺边通过图上的测站点,然后沿平行尺绘方向线),在尺上读取读数,由读数计算视距。然后使竖盘指标水准管气泡居中,读取竖盘读数,计算竖直角。根据视距测量公式就可计算出碎部点至测站点水平距离及碎部点的高程:

$$D = Kn\cos^2\alpha \tag{3-3}$$

$$H_p = H_站 + \frac{1}{2}Kn\sin 2\alpha + i - v \tag{3-4}$$

式中　D——碎部点至测站点的水平距离;
　　　K——乘常数,等于100;
　　　n——视距间隔,上、下丝读数之差;
　　　H_p——碎部点高程;
　　　$H_站$——测站点高程;
　　　α——竖直角;
　　　i——仪器高;
　　　v——中丝读数。

2. 小平板仪的使用

小平板仪一般是与经纬仪进行联合测图,其具体做法是:

(1)如图2-32所示,先将经纬仪置于距测站点$A1\sim 2m$处的B点,量取仪器高i,测出A、B两点间的高差,根据A点高程,求出B点高程。

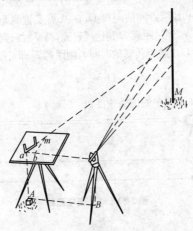

图3-32　小平板与经纬仪联合测图

(2)然后将小平板仪安置在 A 点上,经对点、整平、定向后,用照准仪直尺紧贴图上 a 点瞄准经纬仪的垂球线,在图板上沿照准仪的直尺绘出方向线,用尺量出 AB 的水平距离,在图上按测图比例尺从 A 沿所绘方向线定出 B 点在图上的位置 b。

(3)测绘碎部点 M 时,用照准仪直尺紧贴 a 点瞄准点 M,在图上沿直尺边绘出方向线 am,用经纬仪按视距测量方法测出视距间隔和竖直角,以此求出 BM 的水平距离和高差。根据 B 点高程,即可计算出 M 点高程。

(4)用两脚规按测图比例尺自图上 b 点量 BM 长度与 am 方向线交于 m 点,m 点即是碎部点 M 在图上的相应位置。

(5)将尺移至下一个碎部点,以同样方法进行测绘,待测绘出一定数量的碎部点后,即可根据实地的地貌勾绘等高线,用地物符号表示地物。

第五节 红外测距仪的构造和使用

一、红外测距仪的构造

1. 基本原理

红外测距仪以砷化镓发光二极管作为光源。若给砷化镓发光二极管注入一定的恒定电流,它发出的红外光的光强恒定不变;若改变注入电流的大小,砷化镓发光二极管发射的光强也随之变化,注入电流越大,光强越强,注入电流越小,光强越弱。若在发光二极管上注入的是频率为 f 的交变电流,则其光强也按频率 f 发生变化,这种光称为调制光。相位法测距仪发出的光就是连续的调制光。如图3-33所示,用测距仪测定 A、B 两点间的距离 D,在 A 点安置测距仪,在 B 点安置反射镜。由仪器发射调制光,经过距离 D 到达反射镜,经反射回到仪器接收系统。如果能测出调制光在距离 D 上往返传播的时间 t,则距离 D 即可按下式求得:

$$D = \frac{1}{2}ct \tag{3-5}$$

式中 c——调制光在大气中的传播速度。

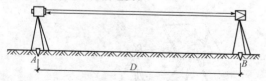

图 3-33 红外光电测距

2. 基本构造

(1)测距仪。图 3-34 为 D3030E/D2000 型红外测距仪,它的单棱镜测程为 1.5~1.8km,三棱镜测程为 2.5~3.2km,测距标准差为 $\pm(5+3\times10^{-6}D)$mm。

第三章 工程测量基本工具

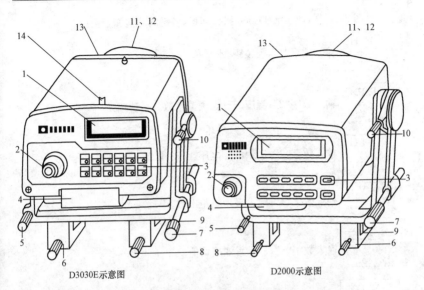

图 3-34 D3030E/D2000 红外测距仪

1—显示器；2—照准望远镜；3—键盘；4—电池；5—照准轴水平调整螺旋；6—座架；
7—俯仰螺旋；8—座架固定螺旋；9—间距调整螺丝；10—俯仰角锁定螺旋；
11—物镜；12—物镜罩；13—RS-232 接口；14—粗瞄器

图 3-35 为 D3030E/D2000 型红外测距仪的操作面板。测距及其他计算的操作均在操作面板上按键进行，有关的信号及测量和计算结果则显示在面板上方的显示窗中。

V. H.	T. P. C.	SIG	AVE	MSR	ENT
1 O	2 O	3 O	4 O	5 O	— O
X. Y. Z	X. Y. Z	S. H. V	SO	TRK	PWR
6 O	7 O	8 O	9 O	O	O

D3030E 键盘图

V. H.	T. P. C	SIG	AVE	MSR	ENT
1	2	3	4	5	—
X. Y. Z	X. Y. Z	S. H. V	SO	TRK	PWR
6	7	8	9		O

D2000 键盘图

图 3-35 D3030E/D2000 操作键盘

参见图 3-35 中 D3030E/D2000 操作面板,各键的功能如下:

| V.H 1 | 输入数字"1",天顶距、水平角。

| T.P.C 2 | 输入数字"2",温度、气压、棱镜常数。手动减光"-"。

| SIG 3 | 输入数字"3",显示电池电压、手动减光。

| AVE 4 | 输入数字"4",输入平均测距次数,手动减光"+"。

| MSR 5 | 输入数字"5",显示累加平均值。

| X.Y.Z 6 | 输入数字"6",测站点坐标和高程。

| X.Y.Z 7 | 输入数字"7",显示未知点坐标和高程,打开液晶照明。

| SHV 8 | 输入数字"8",S 斜距、H 平距、V 高差转换,关闭液晶照明。

| S O 9 | 输入数字"9",预置定线放样。

| TRK 0 | 输入数字"0",跟踪测距。

| ENT — | 输入符号"-",可输入、清除、复位数据。

| PWR | 电源开关,关机。

(2)棱镜反射镜。棱镜反射镜(简称棱镜),用红外测距仪测距时,棱镜是不可或缺的合作目标。

第三章 工程测量基本工具

构成反射棱镜的光学部分是直角光学玻璃锥体,它如同在正方体玻璃上切下的一角,如图 3-36 所示。图中 ABC 为透射面,呈等边三角形;另外三个面 ABD、BCD 和 CAD 为反射面,呈等腰直角三角形。反射面镀银,面与面之间相互垂直。这种结构的棱镜,无论光线从哪个方向入射透射面,棱镜必将入射光线反射回入射光的发射方向。所以测量时,只要棱镜的透射面大致垂直于测线方向,仪器便会得到回光信号。

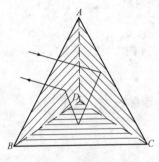

图 3-36 棱镜反射镜

二、红外测距仪的使用

D3030E/D2000 型测距仪的具体操作步骤如下。

1. 距离、高差测量

(1)按 $\boxed{PWR}$,校对机内各常数并自检。

(2)正常"Good"时,按 $\boxed{\begin{array}{c}T.P.C\\2\end{array}}$ 键,输入测量时温度值。

(3)按 $\boxed{\begin{array}{c}T.P.C\\2\end{array}}$ 键,输入测量气压值。

(4)按 $\boxed{\begin{array}{c}T.P.C\\2\end{array}}$ 键,输入棱镜常数。

(5)瞄准棱镜。

(6)连续测距,按 $\boxed{\begin{array}{c}MSR\\5\end{array}}$ 键,平均 3s 自动测量一次。

(7) 按 [V.H / 1] 键,输入天顶距,按度分秒次序输入。

(8) 按 [V.H / 1] 键,输入水平角。

(9) 按 [MSR / 5] 键,测斜距。

(10) 按 [SHV / 8] 键,测平距。

(11) 按 [SHV / 8] 键,测高差。

2. 坐标测量

(1) 置入天顶距(° ′ ″)。
(2) 置入坐标方位角(° ′ ″)。
(3) 输入测站点坐标和高程(X. Y. Z)。

1) 按 [X.Y.Z / 6] 键,预置 X 坐标,再按 [ENT / —] 键。

2) 按 [X.Y.Z / 6] 键,预置 Y 坐标,再按 [ENT / —] 键。

3) 按 [X.Y.Z / 6] 键,预置 Z 坐标,再按 [ENT / —] 键。

(4) 未知点坐标测量。

1) 按 [MSR / 5] 键,显示斜距。

2) 按 [X. Y. Z / 7] 键,显示 X 坐标。

3) 按 [X. Y. Z / 7] 键,显示 Y 坐标。

4) 按 [X. Y. Z / 7] 键,显示 Z 坐标。

第六节 全站仪的构造和使用

一、全站仪的主要特点

全站仪有以下主要特点：

(1)采用先进的同轴双速制、微动机构，使照准更加快捷、准确。

(2)具有完善的人机对话控制面板，由键盘和显示窗组成，除照准目标以外的各种测量功能和参数均可通过键盘来实现。仪器两侧均有控制面板，操作方便。

(3)设有双轴倾斜补偿器，可以自动对水平和竖直方向进行补偿，以消除竖轴倾斜误差的影响。

(4)机内设有测量应用软件，能方便地进行三维坐标测量、放样测量、后方交会、悬高测量、对边测量等多项工作。

(5)具有双路通视功能，仪器将测量数据传输给电子手簿式计算机，也可接受电子手簿和计算机的指令和数据。

二、全站仪的主要技术指标

全站仪的主要技术指标见表3-1。

表 3-1　　　　GTS—310 系列全站仪的主要技术指标

项目	仪器类型	GTS—311	GTS—312	GTS—313
放大倍数		30X	30X	30X
成像方式		正像	正像	正像
视场角		1°30′	1°30′	1°30′
最短视距		1.3m	1.3m	1.3m
角度(水平角、竖直角)最小显示		1″	1″	5″
角度(水平角、竖直角)标准差		±2″	±3″	±5″
自动安平补偿范围		±3′	±3′	±3′
测程(km)	单棱镜	2.4/2.7	2.2/2.5	1.6/1.9
	三棱镜	3.1/3.6	2.9/3.3	2.4/2.6
	九棱镜	3.7/4.4	3.6/4.2	3.0/3.6
测距标准差		$\pm(2+2\times10^{-6}D)$mm		
测距时间(精测)		3.0s(首次 4s)		
水准器分划值	圆水准器	10′/2mm		
	长水准器	30″/2mm		
使用温度范围		$-20 \sim +50$℃		

三、全站仪的构造

GTS—310 型全站仪的外貌和结构如图 3-37 所示,其结构与经纬仪相似。

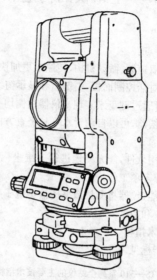

图 3-37 GTS—310 型全站仪

仪器的键盘设置情况如图 3-38 所示。键盘分为两部分,一部分为操作键,在显示屏的右上方,共有 6 个键。另一部分为功能键(软键),在显示屏的下方,共有 4 个键。现分别简述功能如下。

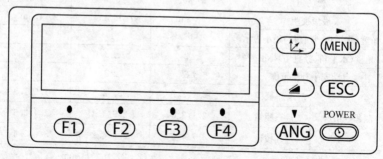

图 3-38 全站仪键盘

1. 操作键

操作键功能简述见表 3-2。

第三章 工程测量基本工具

表 3-2　　　　　　　　　　操作键

按键	名称	功能
⌄	坐标测量键	坐标测量模式
◢	距离测量键	距离测量模式
ANG	角度测量键	角度测量模式
MENU	菜单键	在菜单模式和正常测量模式之间切换,在菜单模式下设置应用测量与照明调节方式
ESC	退出键	·返回测量模式或上一层模式 ·从正常测量模式直接进入数据采集模式或放样模式
POWER	电源键	电源接通/切断 ON/OFF
F1~F4	软键(功能键)	相当于显示的软键信息

2. 功能键(软键)

全站仪功能键(软键)信息显示在显示屏的底行,软件功能相当于显示的信息(图 3-39)。

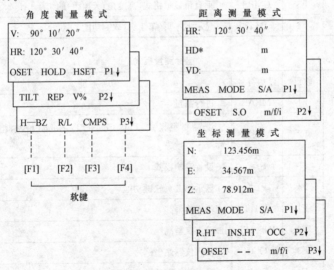

图 3-39　全站仪功能键

3. 测量模式

全站仪角度测量模式、坐标测量模式、距离测量模式的功能简述分别见表 3-3~表 3-5。

表 3-3　角度测量模式

页数	软键	显示符号	功　能
1	F1	OSET	水平角置为 0°00′00″
	F2	HOLD	水平角读数锁定
	F3	HSET	用数字输入设置水平角
	F4	P1↓	显示第 2 页软键功能
2	F1	TLLT	设置倾斜改正开或关(ON/OFF)(若选择 ON,则显示倾斜改正值)
	F2	REP	重复角度测量模式
	F3	V%	垂直角/百分度(%)显示模式
	F4	P2↓	显示第 3 页软键功能
3	F1	H-BZ	仪器每转动水平角 90°是否要发出蜂鸣声的设置
	F2	R/L	水平角右/左方向计数转换
	F3	CMPS	垂直角显示格式(高度角/天顶距)的切换
	F4	P3↓	显示下一页(第 1 页)软键功能

表 3-4　坐标测量模式

页数	软键	显示符号	功　能
1	F1	MEAS	进行测量
	F2	MODE	设置测距模式,Fine/Coarse/Tracking(精测/粗测/跟踪)
	F3	S/A	设置音响模式
	F4	P1↓	显示第 2 页软键功能
2	F1	R.HT	输入棱镜高
	F2	INS.HT	输入仪器高
	F3	OCC	输入仪器站坐标
	F4	P2↓	显示第 3 页软键功能
3	F1	OFSET	选择偏心测量模式
	F3	m/f/i	距离单位米/英尺/英寸切换
	F4	P3↓	显示下一页(第 1 页)软键功能

表 3-5　　　　　　　　　　距离测量模式

页数	软键	显示符号	功　能
1	F1	MEAS	进行测量
	F2	MODE	设置测距模式,Fine/Coarse/Tracking(精测/粗测/跟踪)
	F3	S/A	设置音响模式
	F4	P1↓	显示第 2 页软键功能
2	F1	OFSET	选择偏心测量模式
	F2	S.O	选择放样测量模式
	F3	m/f/i	距离单位米/英尺/英尺、英寸切换
	F4	P2↓	显示下一页(第1页)软键功能

第七节　罗盘仪的构造和使用

一、罗盘仪的构造

罗盘仪的构造如图 3-40 所示。

1. 望远镜

望远镜用于瞄准目标,由物镜、十字丝、目镜组成。使用时首先转动目镜进行调焦使十字丝清晰,然后用望远镜大致照准目标,再转动物镜对光螺旋使目标清晰,最后以十字丝竖丝精确对准目标。望远镜一侧为竖直度盘,可以测量竖直角。

2. 罗盘盒

罗盘盒如图 3-40(b)所示。罗盘盒内有磁针和刻度盘。磁针用于确定南北方向并用来指标读数,它安装在度盘中心顶针上,能自由转动,为减少顶针的磨损,不用时用磁针制动螺旋将磁针抬起,固定在玻璃盖上。磁针南端装有铜箍以克服磁倾角,使磁针转动时保持水平。由于观测时随望远镜转动的不是磁针(磁针永指南北),而是刻度盘,为了直接读取磁方位角,所以刻度盘以逆时针注记。

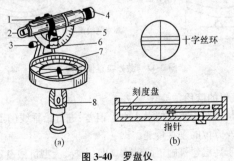

图 3-40　罗盘仪
1—望远镜制动螺旋;2—目镜;3—望远镜微动螺旋;4—物镜;
5—竖直度盘;6—竖直度盘指标;7—罗盘盒;8—球臼

3. 基座

基座是球臼结构,安装在三脚架上,松开球臼接头螺旋,摆动罗盘盒使水准气泡居中,此时刻度盘已处于水平位置,旋紧接头螺旋。

二、罗盘仪的使用

测定直线磁方位角的方法如下:

(1)安置罗盘仪于直线的一个端点,进行对中和整平。

(2)用望远镜瞄准直线另一端点的标杆。

(3)松开磁针制动螺旋,将磁针放下,待磁针静止后,磁针在刻度盘上所指的读数即为该直线的磁方位角。读数时当刻度盘的 0°刻划在望远镜的物镜一端,应按磁针北端读数;如果在目镜一端,则应按磁针南端读数。

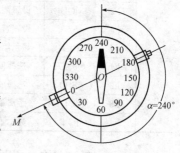

图 3-41 罗盘仪的使用

图 3-41 中刻度盘 0°刻划在物镜一端,应按北针读数,其磁方位角为 240°。

第八节 激光铅直仪的构造和使用

一、激光铅直仪的构造

激光铅直仪的构造如图 3-42 所示。

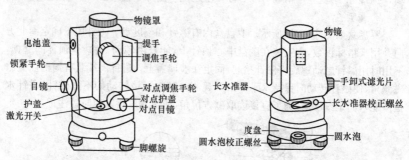

图 3-42 激光铅直仪的构造

二、激光铅直仪的使用

仪器用来测量相对铅垂线的微小水平偏差、进行铅垂线的点位传递、物体垂直轮廓的测量以及方位的垂直传递。

仪器广泛用于高层建筑施工、高塔、烟囱、电梯、大型机械设备的施工安装、工程监理和变形观测等。

激光铅直仪的使用方法如下所述。

第三章 工程测量基本工具

1. 对中、整平

在基准点上架设三脚架,使三脚架架头大致水平,将仪器安放在三脚架上,用脚螺旋使圆水准器及长水准器气泡居中,在三脚架架头上平移仪器使对点器对准基准点,此时长水准器气泡仍应居中,否则,平移仪器或伸缩三脚架架腿使长水准器气泡居中,同时光学对点器也能对准基准点。

2. 垂准测量

(1)瞄准目标。在测量处安放方格形激光靶。旋转望远镜目镜至能清晰看见分划板的十字丝,旋转调焦手轮,使激光靶清晰地成像在分划板的十字丝上,此时眼睛作上、下、左、右移动,激光靶的像与十字丝无任何相对位移即无视差。

(2)光学垂准测量。通过望远镜读取激光靶的读数,此数即为测量值。欲提高测量精度可按下列方法进行:旋转度盘,对好度盘0°,读取并记下激光靶刻线读数,分别旋转仪器到90°、180°、270°并分别读取并记下激光靶刻线读数,取上述四组读数的平均值即为其测量值。

(3)激光垂准测量。按下激光开关,此时应有激光发出,直接读取激光靶上激光光斑中心处的读数,此值即为测量值。

三、仪器的检验与校正

1. 望远镜视准轴与竖轴重合的检验和校正

望远镜视准轴与竖轴重合的检验和校正见表3-6。

表3-6 望远镜视准轴与竖轴重合的检验与校正

项目	内容
检验	在一定高度(高度越高,检验和校正越精确)处放一带十字线的方格纸,在方格纸下方架设仪器,使仪器精确照准方格纸的十字线,仪器转动180°,如果方格纸的十字线的像与望远镜十字丝有偏移,需进行校正
校正	打开仪器护盖,用左、右、上、下四个调整螺丝,校正偏离量的½。 反复检验和校正,直到仪器转到任意位置时,方格纸的十字线的像都与望远镜分划板十字丝严格重合,校正完毕,上好护盖

2. 光学对点器的检验和校正

光学对点器的检验和校正见表3-7。

表3-7 光学对点器的检验与校正

项目	内容
检验	在三脚架上安置仪器,在仪器下放一带十字线的方格纸,使仪器光学对点器分划板圆圈中心与方格纸的十字线中心重合,仪器转动180°,如果方格纸的十字线中心的像与对点器分划板中偏离量大于1mm,需要进行校正

项目	内 容
校正	打开仪器对点器的对点护盖,用左、右、上、下四个调整螺丝校正偏离量的½,反复检验和校正,直到仪器转到任意位置时,方格纸的十字丝的像都与对点器分划十字丝严格重合(偏离量不大于1mm),校正完毕,上好对点护盖

3. 激光光轴与望远镜视准轴同焦的检验和校正

激光光轴与望远镜视准轴同焦的检验和校正见表3-8。

表3-8 激光光轴与望远镜视准轴同焦的检验与校正

项目	内 容
检验	在一定高度(高度越高,检验和校正越精确)处放一带十字线的方格纸,在方格纸下方架设仪器,旋转望目镜至能清晰看见分划板的十字丝,旋转调焦手轮,使方格纸清晰地成像在分划板的十字丝上。此时眼睛作上、下、左、右移动,方格纸的像与十字丝无任何相对位移即无视差,这样,调焦完毕。按下激光开关,此时方格纸上的激光光斑应最小。微动调焦手轮使激光光斑最小,然后在望远镜处眼睛作上、下、左、右移动,方格纸的像与十字丝应无任何相对位移即无视差,如果有视差,应校正
校正	关闭激光,旋转望远镜至能清晰看见分划板的十字丝,旋转调焦手轮,使方格纸清晰地成像在分划的十字丝上,此时眼睛作上、下、左、右移动,方格纸的像与十丝无任何相对位移即无视差,这样,调焦完毕。按下激光开关,点亮激光,拧下护盖,拧下电池盖上的锁紧手轮,两手指按住激光护罩并向外取出激光护罩,松开紧定螺丝,微量调整激光座上的四个压紧螺丝,使方格纸上的激光光斑最小,反复检验和校正,直到符合要求为止。最后,拧紧紧定螺丝

4. 激光光轴与望远镜视准轴同轴的检验和校正

激光光轴与望远镜视准轴同轴的检验和校正见表3-9。

表3-9 激光光轴与望远镜视准轴同轴的检验与校正

项目	内 容
检验	在一定高度(高度越高,检验和校正越精确)处放一带十字线的方格纸,在方格纸下方架设仪器,旋转望远镜目镜至能清晰看见分划板的十字丝。旋转脚螺旋使仪器精确照准方格纸上的十字丝,按下激光开关,此时方格纸上的激光光斑中心应与方格纸的十字丝中心重合,否则应校正
校正	调整前、后、左、右四个激光校正螺丝,使激光光斑中心与方格纸的十字丝中心严格重合。最后,上好激光护罩,盖好护盖,装好电池盖并拧上电池盖上的锁紧手轮,套上可卸式滤光片

第四章 水准测量

第一节 水准测量的原理

一、测量原理

1. 高差法

如图 4-1 所示,要测出 B 点的高程 H_B,则在已知高程点 A 和待求高程点 B 上分别竖立水准尺,利用水准仪提供的水平视线在两尺上分别读数 a、b。a、b 的差值就是 A、B 两点间的高差,即:

$$h_{AB}=a-b \tag{4-1}$$

根据 A 点的高程 H_A 和高差 h_{AB},就可计算出 B 点的高程:

$$H_B=H_A+h_{AB} \tag{4-2}$$

式(4-2)是直接利用高差 h_{AB} 计算 B 点高程的方法称高差法。

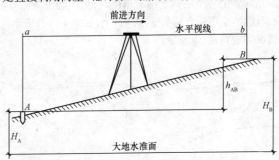

图 4-1 高差法示意图

2. 仪高法

除了高差法外,还经常采用仪器视线高 H_i 计算 B 点高程,称仪高法。即:

视线高程: $H_i=H_A+a$ (4-3)

B 点高程: $H_B=H_i-b$ (4-4)

当安置一次仪器要求测出若干个前视点的高程时,应采用仪高法,此法在建筑工程测量中被广泛应用。

二、几何水准测量的规律

(1)每站高差等于水平视线的后视读数减去前视读数。

(2)起点至闭点的高差等于各站高差的总和,也等于各站后视读数的总和减去前视读数的总和。

第二节 水准测量的方法

一、水准点

用水准测量的方法测定的高程控制点称为水准点,简记 BM。水准点可作为引测高程的依据。水准点永久性和临时性两种。永久性水准点是国家有关专业测量单位,按统一的精度要求在全国各地建立的国家等级的水准点。建筑工程中,通常需要设置一些临时性的水准点,这些点可用木桩打入地下,桩顶钉一个顶部为半球状的圆帽铁钉,也可以利用稳固的地物,如坚硬的岩石、房角等,作为高程起算的基准。

二、水准路线

由一系列水准点间进行水准测量所经过的路线,称为水准路线。根据测区情况和作业要求,水准路线可布设成以下几种形式:

(1)闭合水准路线。形成环形的水准路线,如图 4-2(a)所示。

(2)附合水准路线。在两个已知点之间布设的水准路线,如图 4-2(b)所示。

(3)支水准路线。由一个已知水准点出发,而另一端为未知点的水准路线。该路线既不自行闭合,也不附合到其他水准点上,如图 4-2(c)所示。为了成果检核,支水准路线必须进行往、返测量。

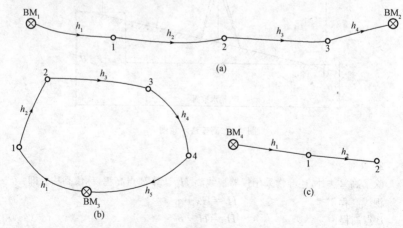

图 4-2 单一水准路线的三种布设形式

三、施测方法

1. 简单水准测量的观测程序

(1)在已知高程的水准点上立水准尺,作为后视尺。

第四章 水准测量

(2)在路线的前进方向上的适当位置放置尺垫,在尺垫上竖立水准尺作为前视尺。仪器距两水准尺间的距离基本相等,最大视距不大于150m。

(3)安置仪器,使圆水准器气泡居中。照准后视标尺,消除视差,用微倾螺旋调节水准管气泡并使其精确居中,用中丝读取后视读数,记入手簿。

(4)照准前视标尺,使水准管气泡居中,用中丝读取前视读数,并记入手簿。

(5)将仪器迁至第二站,同时,第一站的前视尺不动,变成第二站的后视尺,第一站的后视尺移至前面适当位置成为第二站的前视尺,按第一站相同的观测程序进行第二站测量。

(6)如此连续观测、记录,直至终点。

2. 复合水准测量的施测方法

在实际测量中,由于起点与终点间距离较远或高差较大,一个测站不能全部通视,需要把两点间距分成若干段,然后连续多次安置仪器,重复一个测站的简单水准测量过程,这样的水准测量称为复合水准测量,它的特点就是工作的连续性。

四、记录与计算

1. 高差法记录与计算

由图 4-3 可知,每安置一次仪器,便可测得一个高差,即:

$$h_1 = a_1 - b_1 = 1.520 - 0.895 = 0.625 \text{m}$$
$$h_2 = a_2 - b_2 = 1.390 - 1.260 = 0.130 \text{m}$$
$$h_3 = a_3 - b_3 = 1.431 - 1.510 = -0.079 \text{m}$$
$$h_4 = a_4 - b_4 = 0.829 - 1.356 = -0.527 \text{m}$$

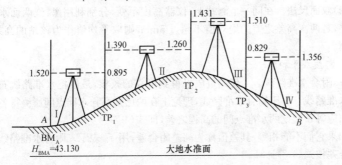

图 4-3 高差法计算

将以上各式相加,则:

$$\sum h = \sum a - \sum b \tag{4-5}$$

即 A、B 两点的高差等于各段高差的代数和,也等于后视读数的总和减去前视读数的总和。根据 BM_A 点高程和各站高差,可推算出各转点高程和 B 点高程:

$$H_{TP1}=43.130+0.625=43.755\text{m}$$
$$H_{TP2}=43.755+0.130=43.885\text{m}$$
$$H_{TP3}=43.885-0.079=43.806\text{m}$$
$$H_{B}=43.806-0.527=43.279\text{m}$$

最后由 B 点高程 H_B 减去 A 点高程 H_A,应等于 $\sum h$,即

$$H_B - H_A = \sum h \tag{4-6}$$

因而有

$$\sum a - \sum b = \sum h = H_{终} - H_{始} \tag{4-7}$$

2. 仪高法记录与计算

仪高法的施测步骤与高差法基本相同。

仪高法的计算方法与高差法不同,须先计算仪高 H_i,再推算前视点和中间点的高程。为了防止计算上的错误,还应进行计算检核,方法是:

$$\sum a - \sum b (\text{不包括中间点}) = H_{终} - H_{始} \tag{4-8}$$

五、水准测量的检核

1. 计算检核

式(4-7)和式(4-8)分别为记录中的计算检核式,若等式成立,说明计算正确,否则说明计算有错误。

2. 测站检核

(1)双仪高法。在同一个测站上,第一次测定高差后,变动仪器高度(大于0.1m以上),再重新安置仪器观测一次高差。两次所测高差的绝对值不超过5mm,取两次高差的平均值作为该站的高差,如果超过 5mm,则需重测。

(2)双面尺法。在同一个测站上,仪器高度不变,分别利用黑、红两面水准尺测高差,若两次高差之差的绝对值不超过 5mm,则取平均值作为该站的高差,否则重测。

3. 路线成果检核

(1)附合水准路线。为使测量成果得到可靠的校核,最好把水准路线布设成附合水准路线。对于附合水准路线,理论上在两已知高程水准点间所测得各站高差之和应等于起讫两水准点间的高程之差,即式(4-7)。

如果它们不能相等,其差值称为高差闭合差,用 f_h 表示。附合水准路线的高差闭合差按式(4-8)计算。

高差闭合差的大小在一定程度上反映了测量成果的质量。

(2)闭合水准路线。在闭合水准路线上也可对测量成果进行校核。对于闭合水准路线,因为它起始于同一个点,所以理论上全线各站高差之和应等于零,即

$$\sum h = 0 \tag{4-9}$$

如果高差之和不等于零,则其差值即 $\sum h$ 就是闭合水准路线的高差闭合差,即

$$f_h = \sum h \tag{4-10}$$

(3)支水准线路。支水准线路必须在起点、终点间用往返测进行校核。理论

第四章　水准测量

上往返测所得高差的绝对值应相等,但符号相反,或者是往返测高差的代数和应等于零,即

$$\sum h_{往} = -\sum h_{返} \tag{4-11}$$

或　　　　　　　　　　　$\sum h_{往} + \sum h_{返} = 0$

如果往返测高差的代数和不等于零,其值即为支水准线路的高差闭合差,即

$$f_h = \sum h_{往} + \sum h_{返} \tag{4-12}$$

有时也可以用两组并测来代替一组的往返测以加快工作进度。两组所得高差应相等,若不等,其差值即为支水准线路的高差闭合差。故

$$f_h = \sum h_1 - \sum h_2 \tag{4-13}$$

闭合差的大小反映了测量成果的精度。在各种不同性质的水准测量中,都规定了高差闭合差的限值即容许高差闭合差,用 $f_{h容}$ 表示。一般图根水准测量的容许高差闭合差为

$$\left.\begin{array}{l}平地: f_{h容} = \pm 40\sqrt{L}\,\text{mm} \\ 山地: f_{h容} = \pm 12\sqrt{n}\,\text{mm}\end{array}\right\} \tag{4-14}$$

式中　L——附合水准路线或闭合水准路线的总长,对支水准线路,L 为测段的长,均以千米为单位;

　　　n——整个线路的总测站数。

第三节　水准仪的检验和校正

一、轴线之间应满足的几何条件

1. 水准仪应满足的主要条件

水准仪应满足两个主要条件:①水准管轴应与望远镜的视准轴平行;②望远镜的视准轴不因调焦而变动位置。

第一个主要条件如不满足,那么水准管气泡居中后,水准管轴已经水平而视准轴却未水平,则不符合水准测量的基本原理。

第二个主要条件是为满足第一个条件而提出的。当望远镜在调焦时视准轴位置发生变动,就不能设想在不同位置的许多条视线都能够与一条固定不变的水准管轴平行。望远镜调焦在水准测量中是不可避免的,所以必须提出此项要求。

2. 水准仪应满足的次要条件

水准仪应满足两个次要条件:①圆水准器轴应与水准仪的竖轴平行;②十字丝的横丝应垂直于仪器的竖轴。

第一个次要条件的满足在于能迅速地整置好仪器,提高作业速度;也就是在圆水准器的气泡居中时,仪器的竖轴已基本处于竖直状态,使仪器旋转至任何位置都易于使水准管的气泡居中。

第二个次要条件的满足是当仪器竖轴已经竖直,在读取水准尺上的读数时就

不必严格用十字丝的交点,用交点附近的横丝读数也可以。

二、普通水准仪的检验与校正

1. 一般性检验

水准仪检验校正之前,应先进行一般性的检验,检查各主要部件是否能起有效的作用。安置仪器后,应检验望远镜成像是否清晰,物镜对光螺旋和目镜对光螺旋是否有效,制动螺旋、微动螺旋、微倾螺旋是否有效,脚螺旋是否有效,三脚架是否稳固等。如果发现有故障应及时修理。

2. 轴线几何条件的检验与校正

(1)圆水准器轴应平行于竖轴($L'L'/\!/VV$)(表 4-1)。

表 4-1   圆水准器轴的检验与校正

项目	内容
检验	安置仪器后,转动脚螺旋使圆水准器气泡居中,如图 4-4(a)所示,此时,圆水准器轴处于铅垂。然后将望远镜绕竖轴转 180°,如果气泡仍居中,说明条件满足。如果气泡偏离中心,如图 4-4(b)所示,则需要校正
校正	首先转动脚螺旋使气泡向中心方向移动偏距的一半,即 VV 处于铅垂位置,如图 4-4(c)所示。其余的一半用校正针拨动圆水准器的校正螺丝使气泡居中,则 $L'L'$ 也处于铅垂位置,如图 4-4(d)所示,则满足条件 $L'L'/\!/VV$

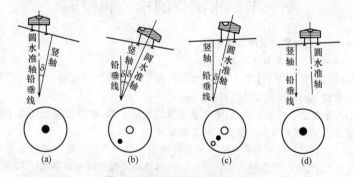

图 4-4 圆水准器轴的检验与校正

圆水准器下面有一个中心固定螺丝,在拨动校正螺丝之前,应该先稍松该螺丝后再按照圆水准器粗平的方法,用校正针拨动相邻的两个,再拨动另一个校正螺丝,使气泡居中。

此项校正一般都难以一次完成,因为校正量是目估的,则需反复检校,直到仪器旋转到任何方向,气泡均基本居中为止。校正完毕后务必将中心固定螺丝拧紧。

第四章 水准测量

(2) 十字丝横丝应垂直于竖轴(十字丝横丝$\perp VV$)(表4-2)。

表4-2　　　　　　　　　　十字丝的检验与校正

项目	内容
检验	整平仪器后用十字丝横丝的一端对准一个清晰固定点 M,如图4-5(a)所示,旋紧制动螺旋,再用微动螺旋,使望远镜缓慢移动,如果 M 点始终不离开横丝,如图4-5(b)所示,则说明条件满足。如果离开横丝,如图4-5(c)、(d)所示,则需要校正
校正	旋下十字丝护罩,松开十字丝分划板座固定螺丝,微微转动十字丝环,使横丝水平(M点不离开横丝为止),然后将固定螺丝拧紧,旋上护罩

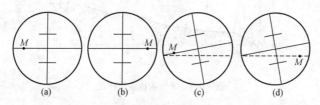

图4-5　十字丝的检验与校正

此项误差不明显时,可不必进行校正。工作中利用横丝的中央部分读数,以减少该项误差的影响。

(3) 水准管轴应平行于视准轴($LL \parallel CC$)(表4-3)。

表4-3　　　　　　　　　　水准管的检验与校正

项目	内容
检验	如图4-6(a)所示,在较平坦地段,相距约80m左右选择 A、B 两点,打下木桩标定点位,并立水准尺。用皮尺丈量定出 AB 的中间点 M,并在 M 点安置水准仪,用双仪高法两次测定 A 至 B 点的高差。当两次高差的较差不超过3mm时,取两次高差的平均值 $h_{平均}$ 作为两点高差的正确值。 然后将仪器置于距 A(后视点)2～3m处,再测定 AB 两点间高差,如图4-6(b)所示。因仪器离 A 点很近,故可以忽略 i 角对 a_2 的影响,A 尺上的读数 a_2 可以视为水平视线的读数。因此视线水平时的前视读数 b_2 可根据已知高差 $h_{平均}$ 和 A 尺读数 a_2 计算求得:$b_2 = a_2 - h_{AB}$。如果望远镜瞄准 B 点尺,视线精平时的读数 b'_2 与 b_2 相等,则条件满足,如果 $i'' = \dfrac{b'_2 - b_2}{D_{AB}} \times \rho''$ 的绝对值大于20″时,则仪器需要校正
校正	转动微倾螺旋使横丝对准的读数为 b_2,然后放松水准管左右两个校正螺丝,再一松一紧调节上、下两个校正螺丝,使水准管气泡居中(符合),最后再拧紧左右两个校正螺丝,此项校正仍需反复进行,直至达到要求为止

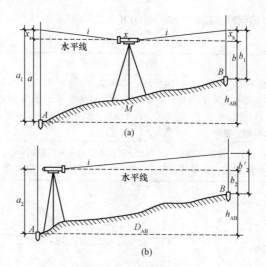

图 4-6 水准管的检验与校正

三、精密水准仪的检验和校正

精密水准仪的检验和校正见表 4-4。

表 4-4　　　　　　　　精密水准仪的检验和校正

项目	内　　容
圆水泡的校正	(1)目的 使圆水泡轴线垂直,以便安平。 (2)校正方法 用长水准管使纵轴确切垂直,然后校正之,使圆水泡气泡居中,其步骤如下:拨转望远镜使之垂直于一对水平螺旋,用圆水泡粗略安平,再用微倾螺旋使长水准气泡居中微倾螺旋之读数,拨转仪器 180°,倘气泡偏差,仍用微倾螺旋安平,又得一读数,旋转微倾螺旋至两读数之平均数。此时长水准轴线已与纵轴垂直。接着再用水平螺旋安平长水准管气泡居中,则纵轴即垂直。转动望远镜至任何位置气泡像符合差不大于 1mm。纵轴既已垂直,则校正圆水泡使气泡恰在黑圈内。在圆水泡的下面有 3 个校正螺旋,校正时螺旋不可旋得过紧,以免损坏水准盒
微倾螺旋上刻度指标差的改正	上述进行使长水准轴线与纵轴垂直的步骤中,曾得到微倾螺旋两数的平均数,当微倾螺旋对准此数时,则长水准轴线应与纵轴垂直,此数本应为零,倘不对零线,则有指标差,可将微倾螺旋外面周围三个小螺旋各松开半转,轻轻旋动螺旋头至指标恰指"0"线为止,然后重新旋紧小螺旋。在进行此项工作时,长水准必须始终保持居中,即气泡像保持符合状态
长水准的校正	(1)目的是使水准管轴平行于视准轴。 (2)步骤与普通水准仪的检验校正相同

第四节 水准测量误差的来源和影响

一、水准测量误差的来源

1. 仪器和工具的误差

(1)水准仪的误差。仪器经过检验校正后,还会存在残余误差,如微小的 i 角误差。当水准管气泡居中时,由于 i 角误差使视准轴不处于精确水平的位置,会造成在水准尺上的读数误差。在一个测站的水准测量中,如果使前视距与后视距相等,则 i 角误差对高差测量的影响可以消除。严格地检校仪器和按水准测量技术要求限制视距差的长度,是降低本项误差的主要措施。

(2)水准尺的误差。水准尺的分划不精确、尺底磨损、尺身弯曲都会给读数造成误差,因此必须使用符合技术要求的水准尺。

2. 整平误差

水准测量是利用水平视线测定高差的,当仪器没有精确整平,则倾斜的视线将使标尺读数产生误差。

$$\Delta = \frac{i}{\rho} \times D \tag{4-15}$$

由图 4-7 知,设水准管的分划值为 $30''$,如果气泡偏离半格(即 $i=15''$),则当距离为 50m 时,$\Delta=2.4$mm;当距离为 100m 时,$\Delta=4.8$mm;误差随距离的增大而变大。因此,在读数前,必须使符合水准气泡精确吻合。

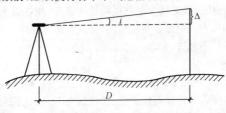

图 4-7 整平误差对读数的影响

3. 仪器和标尺升沉误差

(1)仪器下沉(或上升)所引起的误差。仪器下沉(或上升)的速度与时间成正比,如图 4-8(a)所示,从读取后视读数 a 到读取前视读数 b 时,仪器下沉了 Δ,则有:

$$h_1 = a_1 - (b_1 + \Delta)$$

为了减弱此项误差的影响,可以在同一测站进行第二次观测,而且第二次观测应先读前视读数 b_2,再读后视读数 a_2。则:

$$h_2 = (a_2 + \Delta) - b_2$$

取两次高差的平均值,即:

$$h = \frac{h_1 + h_2}{2} = \frac{(a_1 - b_1) + (a_2 - b_2)}{2}$$

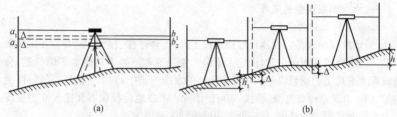

图 4-8 仪器和标尺升沉误差的影响

(a)仪器下沉;(b)尺子下沉

(2)尺子下沉(或上升)引起的误差。当往测与返测尺子下沉量是相同的,则由于误差符号相同,而往测与返测高差符号相反,因此,取往测和返测高差的平均值可消除其影响。

二、水准测量误差的影响

1. 读数误差的影响

(1)当尺像与十字丝分划板平面不重合时,眼睛靠近目镜微微上下移动,发现十字丝和目镜影像有相对运动,称为视差;视差可通过重新调节目镜和物镜调焦螺旋加以消除。

(2)估读误差与望远镜的放大率和视距长度有关,故各级水准测量所用仪器的望远镜放大率和最大视距都有相应规定,普通水准测量中,要求望远镜放大率在 20 倍以上,视线长不超过 150m。

2. 大气折光的影响

如图 4-9 所示,因为大气层密度不同,对光线产生折射,使视线产生弯曲,从而使水准测量产生误差。视线离地面愈近,视线愈长,大气折光的影响愈大。为消减大气折光的影响,只能采取缩短视线,并使视线离地面有一定的高度及前、后视的距离相等的方法。

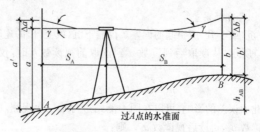

图 4-9 大气折光对高差的影响

第五章 角度测量

第一节 水平角观测

一、水平角测量原理

水平角是指地面上一点到两个目标的方向线在同一水平面上的垂直投影间的夹角,或是经过两条方向线的竖直面所夹的两面角。如图 5-1 所示,A,B,C 为地面三点,过 AB、AC 直线的竖直面,在水平面 P 上的交线 ab、ac 所夹的角 β,就是直线 AB 和 AC 之间的水平角。

综上所述,用于测量水平角的仪器,必须具备如下要求:
(1)能安置成水平位置的且全圆顺时针注记的刻度盘(称水平度盘,简称平盘),并且圆盘的中心一定要位于所测角顶点 A 的铅垂线上。
(2)有一个不仅能在水平方向转动,而且能在竖直方向转动的照准设备,使之能在过 AB、AC 的竖直面内瞄准目标。
(3)应有读取读数的指标线。望远镜瞄准目标后,利用指标线读取 AB、AC 方向线在相应水平度盘上的读数 a_1 与 b_1。

水平角角值 β＝右目标读数 b_1－左目标读数 a_1
若 $b_1 < a_1$,则 $\beta = b_1 + 360° - a_1$。水平角没有负值。
根据上述原理和要求制造的测角仪器叫做经纬仪。

二、测回法

具体观测步骤如下(图 5-2):
(1)<u>盘左位置</u>:松开照准部制动螺旋,瞄准左边的目标 A,对望远镜应进行调焦并消除视差,使测钎和标杆准确的夹在双竖丝中间,为了降低标杆或测钎竖立不直的影响,应尽量瞄准测钎和标杆的根部。读取水平度盘读数 $a_左$,并记录。
(2)顺时针方向转动照准部,用同样的方法瞄准目标 B,读取水平度盘读数 $b_左$。
(3)<u>盘右位置</u>:倒转望远镜,使盘左变成盘右。按上述方法先瞄准右边的目标 B,读记水平度盘读数 $b_右$。
(4)逆时针方向转动照准部,瞄准左边的目标 A,读记水平度盘读数 $a_右$。
以上操作为盘右半测回或下半测回,测得的角值为:

$$\beta_右 = b_右 - a_右$$

盘左和盘右两个半测回合在一起叫做一测回。两个半测回测得的角值的平均值就是一测回的观测结果,即:

$$\beta = (\beta_左 + \beta_右)/2$$

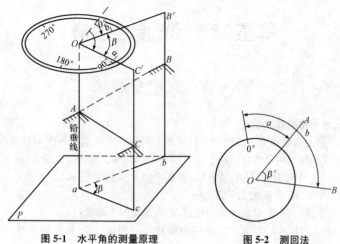

图 5-1 水平角的测量原理　　图 5-2 测回法

当水平角需要观测几个测回时,为了减低度盘分划误差的影响,在每一测回观测完毕之后,应根据测回数 n,将度盘起始位置读数变换 $180°/n$。再开始下一测回的观测。如果要测三个测回,第一测回开始时,度盘读数可配置在 0°稍大一些,在第二测回开始时,度盘读数可配置在 60°左右,在第三测回开始时,度盘读数应配置在 120°左右。

测回法观测记录见表 5-1。

表 5-1　　　　　　　　　测回法观测手簿

仪器等级:DJ_6　　　　仪器编号:　　　　　观测者:
观测日期　　　　　　　天　气:晴　　　　　记录者:

测站	测回数	竖盘位置	目标	水平度盘读数 (° ′ ″)	半测回角值 (° ′ ″)	半测回互差 (″)	一测回角值 (° ′ ″)	各测回平均角值 (° ′ ″)
O	1	左	A	0 02 17	48 33 06	18	48 33 15	48 33 03
			B	48 35 23				
		右	A	180 02 31	48 33 24			
			B	228 35 55				
	2	左	A	90 05 07	48 32 48	6	48 32 51	
			B	138 37 55				
		右	A	270 05 23	48 32 54			
			B	318 38 17				

第五章 角度测量

三、方向观测法

方向观测法,适用于3个以上方向所形成的多个角度测量。如图5-3所示,在测站O上,用方向观测法观测A、B、C、D各方向之间的水平角,可按下述操作步骤进行。

(1)盘左位置:先观测所选定的起始方向(又称零方向)A,再按顺时针方向依次观测B、C、D各方向,每观测一个方向均读取水平度盘读数并记入观测手簿。如果方向数超过三个,最后还要回到起始方向A,并读数记录。最后一步称为归零,A方向两次读数之差称为归零差。目的是为了检查水平度盘的位置在观测过程中是否发生变动。为盘左半测回或上半测回。

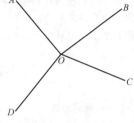

图 5-3 方向观测法

(2)盘右位置:倒转望远镜,按逆时针方向依次照准B、D、C、B、A各方向,并读取水平度盘读数,并记录。此为盘右半测回或下半测回。上、下半测回合起来为一测回,如果要观测n个测回,每测回仍应按$180°/n$的差值变换水平度盘的起始位置。

方向观测法记录见表5-2。

表 5-2　　　　　　　方向观测法观测手簿

仪器等级:DJ_2　　　仪器编号:　　　　　观测者:
观测日期　　　　　　天　气:晴　　　　　记录者:

测站	测回数	目标	读数 盘左 (° ′ ″)	读数 盘右 (° ′ ″)	2c (″)	平均读数 (° ′ ″)	归零方向值 (° ′ ″)	各测回归零方向值之平均值 (° ′ ″)
1	2	3	4	5	6	7	8	9
O	1	A	0 01 27	180 01 51	−24	(0 01 45) 0 01 42	0 00 00	
		B	43 25 17	223 25 37	−20	43 25 26	43 23 41	
		C	95 34 56	275 35 24	−28	95 35 08	95 33 23	
		D	150 00 33	330 01 02	−29	150 00 50	149 59 05	0 00 00
		A	0 01 37	180 02 01	−24	0 01 48		43 23 40
	2	A	90 00 38	270 01 07	−29	(90 00 47) 90 00 50	0 00 00	95 33 20 149 59 04
		B	133 24 13	313 24 41	−28	133 24 26	43 23 39	
		C	185 33 53	5 34 15	−22	185 34 05	95 33 18	
		D	239 59 36	60 00 00	−24	239 59 50	149 59 03	
		A	90 00 26	270 00 58	−32	90 00 44		

四、左、右角观测法

在导线测量中,如果只有两个方向时,可采用左、右角法,这样有利于消除测角中的系统误差。此方法是在总测回数中以奇数测回和偶数测回分别观测导线前进方向的左角和右角。左、右角的观测测回数各为总测回数的一半,度盘配置仍按原来的测回法的顺序,左、右角分别取中数后,取和与 360°的不符值不应大于限差要求。最后统一换算成左角或右角。

第二节 竖直角观测

一、观测原理

竖直角(垂直角)——观测目标的方向线与水平面间在同一竖直面内的夹角,通常用 α 表示,如图 5-4 所示。

(1)视线方向在水平线之上,竖直角为仰角,用 $+\alpha$ 表示。

(2)视线方向在水平线之下,竖直角为俯角,用 $-\alpha$ 表示。

竖直角值范围在 $-90°\sim +90°$ 之间。

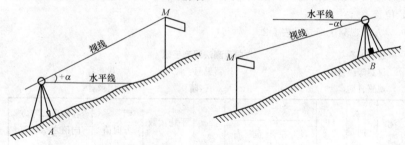

图 5-4 竖直角观测原理

二、竖直度盘的构造

(1)竖盘固定在望远镜横轴的一端,垂直于横轴,竖盘随望远镜的上下转动而转动。

(2)竖盘读数指标线不随望远镜的转动而变化。为使竖盘指标线在读数时处于正确位置,竖盘读数指标线与竖盘水准管固连在一起,由指标水准管微动螺旋控制。转动指标水准管微动螺旋可使竖盘水准管气泡居中,达到指标线处于正确位置的目的。

(3)通常情况下,水平方向(指标线处于正确位置的方向)都是一个已知的固定值(0°、90°、180°、270°四个值中的一个)。

三、竖直角的观测

(1)将经纬仪安置在测站点上,经对中整平后,量取仪器高。

第五章 角度测量

(2) 用盘左位置瞄准目标点,使十字丝中横丝切准目标的顶端或指定位置,调节竖盘指标水准管微动螺旋,使竖盘指标水准管气泡严格居中,并读取盘左读数 L 并记入手簿,为上半测回。

(3) 纵转望远镜,用盘右位置再瞄准目标点相同位置,调节竖盘指标水准管微动螺旋,使竖盘指标水准管气泡居中,读取盘右读数 R。

例观测一高处目标,盘左时读数为 $81°46'30''$,盘右时读数为 $278°10'30''$,可得:

$$\alpha = \frac{1}{2}(\alpha_左 + \alpha_右) = \frac{1}{2}(R - L - 180°)$$

$$= \frac{1}{2} \times (218°10'30'' - 81°46'30'' - 180°)$$

$$= +8°12'00''$$

其指标差: $x = \frac{1}{2}(L + R - 360°)$

$$= \frac{1}{2}(81°46'30'' + 218°10'30'' - 360°)$$

$$= -0°3'00''$$

又例如观测一低处目标,盘左时读数为 $96°26'40''$,盘右时读数为 $263°34'01''$,可得:

$$\alpha = \frac{1}{2}(\alpha_左 + \alpha_右) = \frac{1}{2}(R - L - 180°)$$

$$= \frac{1}{2} \times (263°34'01'' - 96°26'40'' - 180°)$$

$$= -6°26'19.5''$$

其指标差: $x = \frac{1}{2}(L + R - 360°)$

$$= \frac{1}{2} \times (96°26'40'' + 263°34'01'' - 360°)$$

$$= +0°00'20.5''$$

四、竖直角的计算

(1) 计算平均竖直角:盘左、盘右对同一目标各观测一次,组成一个测回。一测回竖直角值(盘左、盘右竖直角值的平均值即为所测方向的竖直角值):

$$\alpha = \frac{\alpha_L + \alpha_R}{2} \tag{5-1}$$

(2) 竖直角 $\alpha_左$ 与 $\alpha_右$ 的计算:如图 5-5 所示,竖盘注记方向有全圆顺时针和全圆逆时针两种形式。竖直角是倾斜视线方向读数与水平线方向值之差,根据所用仪器竖盘注记方向形式来确定竖直角计算公式。

确定方法是:盘左位置,将望远镜大致放平,看一下竖盘读数接近 $0°$、$90°$、

$180°$、$270°$中的哪一个,盘右水平线方向值为$270°$,然后将望远镜慢慢上仰(物镜端抬高),看竖盘读数是增加还是减少,如果是增加,则为逆时针方向注记$0°\sim360°$,竖直角计算公式为:

$$\left.\begin{array}{l}\alpha_{左}=L-90°\\ \alpha_{右}=270°-R\end{array}\right\} \quad (5-2)$$

如果是减少,则为顺时针方向注记$0°\sim360°$,竖直角计算公式为:

$$\left.\begin{array}{l}\alpha_{右}=90°-L\\ \alpha_{右}=R-270°\end{array}\right\} \quad (5-3)$$

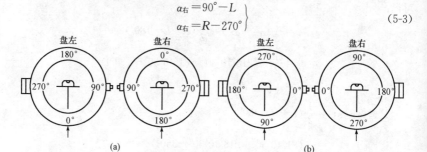

图 5-5　竖盘注记示意图
(a)全圆顺时针;(b)全圆逆时针

五、竖盘指标差

当视线水平且指标水准管气泡居中时,指标所指读数不是$90°$或$270°$,而是与$90°$或$270°$相差一个角值x(图 5-6)。也就是说,正镜观测时,实际的始读数为$x_{0左}=90°+x$,倒镜观测时,始读数为$x_{0右}=270°+x$。其差值x称为竖盘指标差,简称指标差。设此时观测结果的正确角值为$\alpha'_{左}$和$\alpha'_{右}$,得:

$$\alpha'_{左}=x_{0左}-L=(90°+x)-L \quad (5-4)$$

$$\alpha'_{右}=R-(x_{0左}+180°)=R-(270°+x) \quad (5-5)$$

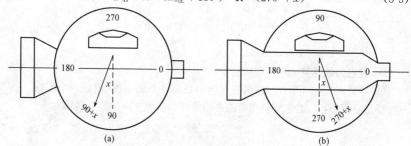

图 5-6　竖盘指标差
(a)盘左位置;(b)盘右位置

$$\alpha'_{左}=\alpha_{左}+x \quad (5-6)$$

第五章 角度测量

$$\alpha'_{右} = \alpha_{右} - x \tag{5-7}$$

将 $\alpha'_{左}$ 与 $\alpha'_{右}$ 取平均值,得:

$$\alpha = \frac{1}{2}(\alpha'_{左} + \alpha'_{右}) = \frac{1}{2}(\alpha_{左} + \alpha_{右}) \tag{5-8}$$

将式(5-7)与式(5-6)相减,并假设观测没有误差,这时 $\alpha'_{左} = \alpha'_{右} = \alpha$,指标差则为

$$x = \frac{1}{2}(\alpha_{右} - \alpha_{左}) = \frac{1}{2}(R + L - 360°) \tag{5-9}$$

六、竖直角的应用

1. 用视距法测定平距和高差

视线倾斜时的平距公式:

$$D = KL\cos^2\alpha \tag{5-10}$$

视线倾斜时的高差公式:

$$h = \frac{1}{2}KL\sin2\alpha + i - v \tag{5-11}$$

式中　K——视距乘常数,一般 $K = 100$;

L——尺间隔(上、下丝读数之差);

i——仪高;

v——中丝读数;

α——竖直角。

2. 间接求高程

在地形起伏较大不便于水准测量时或者工程中求其高大构筑物高程时,常采用三角高程测量法。如图 5-7 所示,要求烟囱 HF 的标高,可在离开烟囱底部 30m 左右的 E 点安置经纬仪,仰视望远镜,用中丝瞄准烟囱顶端 H 点,并测得竖直角 α_1,然后根据 EF 两点间距 D,即可求得高差 $h_1 = D\tan\alpha_1$,再把望远镜俯视,用中丝瞄准烟囱底部 F 点,并测得竖直角 α_2,则高差为 $h_2 = D\tan\alpha_2$,则烟囱高度 $H = h_1 + h_2$。

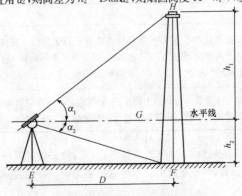

图 5-7　间接求高程示意图

第三节 经纬仪的检验和校正

一、经纬仪的四条轴线

如图 5-8 所示,经纬仪的主要轴线有:视准轴 CC、照准部水准管轴 LL、望远镜旋转轴(横轴)HH、照准部的旋转轴(竖轴)VV。

二、应满足的几何条件

经纬仪各主要轴线应满足下列条件:
(1) 竖轴应垂直于水平度盘且过其中心;
(2) 照准部管水准器轴应垂直于仪器竖轴($LL \perp VV$);
(3) 视准轴应垂直于横轴($CC \perp HH$);
(4) 横轴应垂直于竖轴($HH \perp VV$);
(5) 横轴应垂直于竖盘且过其中心。

三、经纬仪的检验与校正

1. 一般性检查

在检验与校正之前应对仪器外观各部位做全面检查。安置仪器后,应先检查仪器脚架各部分性能是否良好,然后检查仪器各螺丝是否有效,照准部和望远镜转动是否灵活,望远镜成像与读数系统成像是否清晰等,当确认各部分性能良好后,方可进行仪器的检校,否则应及时处理所发现的问题。

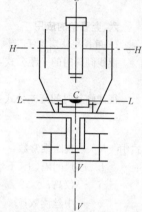

图 5-8 经纬仪主要轴线关系

2. 轴线几何条件的检验与校正

(1) 照准部水准管轴垂直于竖轴($LL \perp VV$)(表 5-3)。

表 5-3 照准部水准管轴垂直于竖轴的检验与校正

项目	内容
检验	初步整平仪器后,转动照准部使水准管平行于任意一对脚螺旋的连线,调节该两个脚螺旋,使水准管气泡居中,然后将照准部旋转 180°,若气泡仍然居中,表明条件满足($LL \perp VV$),否则需校正
校正	转动与水准管平行的两个脚螺旋,使气泡向中间移动偏离距离的 1/2,剩余的 1/2 偏离量用校正针拨动水准管的校正螺丝,达到使气泡居中

此项校正,由于是目估 1/2 气泡偏移量,因此,检验校正需反复进行,直至照准部旋转到任何位置,气泡偏离中央不超过一格为止,最后勿忘将旋松的校正螺丝旋紧。

(2) 十字丝竖丝垂直于横轴(表 5-4)。

第五章 角度测量

表 5-4　　　　　　　　十字丝竖丝垂直于横轴的检验与校正

项目	内容
检验	整平仪器后,用竖丝一端照准一个固定清晰的点状目标 P(图 5-9),拧紧望远镜和照准部制动螺旋,然后转动望远镜微动螺旋,如果该点始终不离开竖丝,则说明竖丝垂直于横轴,否则需要校正
校正	取下目镜端的十字丝分划板护盖,放松四个压环螺丝(图 5-10),微微转动十字丝环,使竖丝与照准点重合,直至望远镜上下微动时,P 点始终在竖丝上移动为止。然后拧紧四个压环螺丝,旋上护盖。若每次都用十字丝交点照准目标,即可避免此项误差

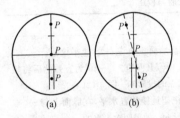

图 5-9　十字丝竖丝垂直于横轴检验

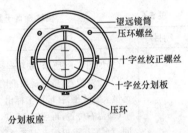

图 5-10　十字丝竖丝垂直于横轴校正

(3)望远镜视准轴垂直于横轴($CC \perp HH$)(表 5-5)。

表 5-5　　　　　　　　望远镜视准轴垂直于横轴的检验与校正

项目	内容
检验	(1)在较平坦地区,选择相距约 100m 的 A、B 两点,在 AB 的中点 O 安置经纬仪,在 A 点设置一个照准标志,B 点水平横放一根水准尺,使其大致垂直于 OB 视线,标志与水准尺的高度基本与仪器同高; (2)盘左位置视线大致水平照准 A 点标志,拧紧照准部制动螺旋,固定照准部,纵转望远镜在 B 尺上读数 B_1[图 5-11(a)];盘右位置再照准 A 点标志,拧紧照准部制动螺旋,固定照准部,再纵转望远镜在 B 尺上读数 B_2[图 5-11(b)]。若 B_1 与 B_2 为同一个位置的读数(读数相等),则表示 $CC \perp HH$,否则需校正
校正	如图 5-11(b)所示,由 B_2 向 B_1 点方向量取 $B_1B_2/4$ 的长度,定出 B_3 点,用校正针拨动十字丝环上的左、右两个校正螺丝,使十字丝交点对准 B_3 即可。校正后勿忘将旋松的螺丝旋紧。此项校正也需反复进行

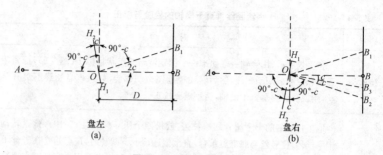

图 5-11 视准轴检验与校正

(4)横轴垂直于竖轴($HH \perp VV$)(表 5-6)。

表 5-6　　　　　　　　　横轴垂直于竖轴的检验与校正

项目	内　　容
检验	(1)如图 5-12 所示,安置经纬仪距较高墙面 30m 左右处,整平仪器; (2)盘左位置,望远镜照准墙上高处一点 M(仰角 30°～40°为宜),然后将望远镜大致放平,在墙面上标出十字丝交点的投影 m_1[图 5-12(a)]; (3)盘右位置,再照准 M 点,然后再把望远镜放置水平,在墙面上与 m_1 点同一水平线上再标出十字丝交点的投影 m_2,如果两次投点的 m_1 与 m_2 重合,则表明 $HH \perp VV$,否则需要校正
校正	首先在墙上标定出 $m_1 m_2$ 直线的中点 m[图 5-12(b)],用望远镜十字丝交点对准 m,然后固定照准部,再将望远镜上仰至 M 点附近,此时十字丝交点必定偏离 M 点,而在 M' 点,这时打开仪器支架的护盖,校正望远镜横轴一端的偏心轴承,使横轴一端升高或降低,移动十字丝交点,直至十字丝交点对准 M 点为止。对于光学经纬仪,横轴校正螺旋均由仪器外壳包住,密封性好,仪器出厂时又经过严格检查,若不是巨大振动或碰撞,横轴位置不会变动。一般测量前只进行此项检验,若必须校正,应由专业检修人员进行

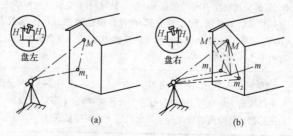

图 5-12 横轴垂直于竖轴检验与校正

第四节 水平角观测误差的来源和影响

一、水平角观测误差的来源

1. 仪器误差

仪器误差可分为两个方面：

(1)仪器制造加工不完善而引起的误差,主要有度盘刻划不均匀误差、照准部偏心差(照准部旋转中心与度盘刻划中心不一致)和水平度盘偏心差(度盘旋转中心与度盘刻划中心不一致),此类误差一般都很小,并且大多数都可以在观测过程中采取相应的措施消除或减弱它们的影响。

(2)仪器检验校正后的残余误差。它主要是仪器的三轴误差(即视准轴误差、横轴误差和竖轴误差),其中,视准轴误差和横轴误差,可通过盘左、盘右观测取平均值消除,而竖轴误差不能用正、倒镜观测消除。故,在观测前除应认真检验、校正照准部水准管外,还应仔细地进行整平。

2. 观测误差

(1)仪器对中误差。仪器对中时,垂球尖没有对准测站点标志中心,产生仪器对中误差。对中误差对水平角观测的影响与偏心距成正比,与测站点到目标点的距离成反比,所以要尽量减少偏心距,对边长越短且转角接近180°的观测更应注意仪器的对中。

(2)整平误差。因为照准部水准管气泡不居中,将导致竖轴倾斜而引起的角度误差,此项误差不能通过正倒镜观测消除。竖轴倾斜对水平角的影响,和测站点到目标点的高差成正比。所以,在观测过程中,特别是在山区作业时,应特别注意整平。

(3)目标偏心误差。测角时,通常用标杆或测钎立于被测目标点上作为照准标志,若标杆倾斜,而又瞄准标杆上部时,则使瞄准点偏离被测点产生目标偏心误差。目标偏心对水平角观测的影响与测站偏心距的影响相似。测站点到目标点的距离越短,瞄准点位置越高,引起的测角误差越大。在观测水平角时,应仔细地把标杆竖直,并尽量瞄准标杆底部。当目标较近,又不能瞄准其底部时,最好采用悬吊垂球,瞄准垂球线。

(4)瞄准误差。照准误差与人眼的分辨能力和望远镜放大率有关。一般,人眼的分辨率为60″。若借助于放大率为V倍的望远镜,则分辨能力就可以提高V倍,故照准误差为$60″/V$。DJ_6型经纬仪放大倍率一般为28倍,故照准误差大约为±2.1″。在观测过程中,若观测员操作不正确或视差没有消除,都会产生较大的照准误差。故观测时应仔细地做好调焦和照准工作。

(5)读数误差。该项误差主要取决于仪器的读数设备及读数的熟练程度。读数前要认清度盘以及测微尺的注字刻划特点,读数中要使读数显微镜内分划注字清晰。通常是以最小估读数作为读数估读误差，DJ_6型经纬仪读数估读最大误差为$\pm 6''$（或者$\pm 5''$）。

二、水平角观测误差的影响

角度观测是在外界中进行的，外界中各种因素都会对观测的精度产生影响。如，地面不坚实或刮风会使仪器不稳定；大气能见度的好坏和光线的强弱会影响照准和读数；温度变化使仪器各轴线几何关系发生变化等。要完全消除这些影响几乎是不可能的，只能采取一些措施，例如选择成像清晰、稳定的天气条件和时间段观测，观测中给仪器打伞，避免阳光对仪器直接照射等，以减弱外界不利因素的影响。

第六章 直线定向和距离测量

第一节 直线定向

一、标准方向线

1. 真子午线方向

通过地面上一点并指向地球南北极的方向线,称为该点的真子午线方向。真子午线方向是用天文测量方法测定的。指向北极星的方向可近似地作为真子午线的方向。

2. 磁子午线方向

通过地面上一点的磁针,在自由静止时其轴线所指的方向(磁南北方向),称为磁子午线方向。磁子午线方向可用罗盘仪测定。

由于地磁两极与地球两极不重合,致使磁子午线与真子午线之间形成一个夹角 δ,称为磁偏角。磁子午线北端偏于真子午线以东为东偏,δ 为正;以西为西偏,δ 为负。

3. 坐标纵轴方向

测量中通常以通过测区坐标原点的坐标纵轴为准,测区内通过任一点与坐标纵轴平行的方向线,称为该点的坐标纵轴方向。

二、方位角

通过测站的子午线与测线间顺时针方向的水平夹角。由于子午线方向有真北、磁北和坐标北(轴北)之分,故对应的方位角分别称为真方位角(用 A 表示)、磁方位角(用 A_m 表示)和坐标方位角(用 α 表示),如图 6-1 所示。为了标明直线的方向,通常在方位角的右下方标注直线的起终点,如 α_{12} 表示直线起点是 1,终点是 2,直线 1 到 2 的坐标方位角。方位角角值范围从 $0°\sim360°$ 恒为正值。

三、正、反坐标方位角

直线是有向线段,在平面上一直线的正、反坐标方位角如图 6-2 所示,地面上 1、2 两点之间的直线 1—2,可以在两个端点上分别进行直线定向。在 1 点上确定 1—2 直线的方位角为 α_{12} 在 2 点上确定 2—1 直线的方位角则为 α_{21}。称 α_{12} 为直线 1—2 的正方位角,α_{21} 为直线 1—2 的反方位角。同样,也可称 α_{21} 为直线 2—1 的正方位角,而 α_{12} 为直线 2—1 的反方位角。一般在测量工作中常以直线的前进方向为正方向,反之称为反方向。在平面直角坐标系中通过直线两端点的坐标纵轴方向彼此平行,因此正、反坐标方位角之间的关系式为:

$$\alpha_{反}=\alpha_{正}\pm180°\qquad(6-1)$$

当 $\alpha_\text{正} < 180°$ 时,上式用加 $180°$;
当 $\alpha_\text{正} > 180°$ 时,上式用减 $180°$。

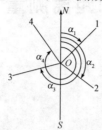

图 6-1　方位角示意图

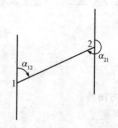

图 6-2　正反方位角示意图

四、象限角

由坐标纵轴的北端或南端起,顺时针或逆时针至某直线间所夹的锐角,并注出象限名称,称为该直线的象限角,以 R 表示,角值范围为 $0° \sim 90°$。

表 6-1　　　　　坐标方位角与象限角的换算关系表

直线方向	由坐标方位角推算象限角	由象限角推算坐标方位角
北东,第Ⅰ象限	$R = \alpha$	$\alpha = R$
南东,第Ⅱ象限	$R = 180° - \alpha$	$\alpha = 180° - R$
南西,第Ⅲ象限	$R = \alpha - 180°$	$\alpha = 180° + R$
北西,第Ⅳ象限	$R = 360° - \alpha$	$\alpha = 360° - R$

第二节　钢尺量距

一、直线定线

1. 目测定线

目测定线就是用目测的方法,用标杆将直线上的分段点标定出来。如图6-3所示,MN 是地面上互相通视的两个固定点,C、D……为待定分段点。定线时,先在 M、N 点上竖立标杆,测量员位于 M 点后 $1 \sim 2m$ 处,视线将 M、N 两标杆同一侧相连成线,然后指挥测量员乙持标杆在 C 点附近左右移动标杆,直至三根标杆的同侧重合到一起时为止。同法可定出 MN 方向上的其他分段点。定线时要将标杆竖直。在平坦地区,定线工作常与丈量距离同时进行,即边定线边丈量。

2. 过高地定线

如图 6-4 所示,M、N 两点在高地两侧,互不通视,欲在 MN 两点间标定直线,可采用逐渐趋近法。先在 M、N 两点上竖立标杆,甲、乙两人各持标杆分别选择 O_1 和 P_1 处站立,要求 N、P_1、O_1 位于同一直线上,且甲能看到 N 点,乙能看到 M 点。可先由甲站在 O_1 处指挥乙移动至 NO_1 直线上的 P_1 处。然后,由站在 P_1 处的乙指挥甲移动至 AP_1 直线上的 O_2 点,要求 O_2 能看到 N 点,接着再由站在 O_2 处的甲指挥乙移至能看到 M 点的 P_2 处,这样逐渐趋近,直到 O、P、N 在一直线上,同时 M、O、P 也在一直线上,这时说明 M、O、P、N 均在同一直线上。

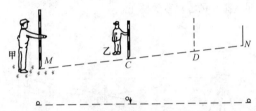

图 6-3 目测定线

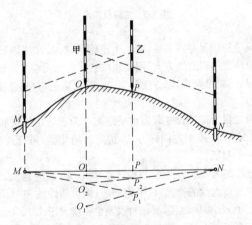

图 6-4 过高地定线

3. 经纬仪定线

若量距的精度要求较高或两端点距离较长时,宜采用经纬仪定线,如图 6-5 所示,欲在 MN 直线上定出 1、2、3、…点。在 M 点安置经纬仪,对中、整平后,用十字丝交点瞄准 N 点标杆根部尖端,然后制动照准部,望远镜可以上、下移动,并根据定点的远近进行望远镜对光,指挥标杆左右移动,直至 1 点标杆下部尖端与竖丝重合为止。其他 2、3、…点的标定,只需将望远镜的俯角变化,即可定出。

二、距离丈量

1. 平坦地面的距离丈量

沿地面直接丈量水平距离,可先在地面定出直线方向,然后逐段丈量,则直线的水平距离按下式计算:

$$D = n \cdot l + q \tag{6-2}$$

式中 l——钢尺的一整尺段长,m;

n——整尺段数;

q——不足一整尺的零尺段的长,m。

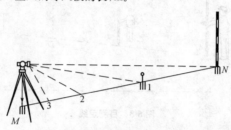

图 6-5　经纬仪定线

丈量时后尺手持钢尺零点一端,前尺手持钢尺末端,常用测钎标定尺段端点位置。丈量时应注意沿着直线方向,钢尺须拉紧伸直而无卷曲。直线丈量时尽量以整尺段丈量,最后丈量余长,以方便计算。丈量时应记清楚整尺段数,或用测钎数表示整尺段数。

在平坦地面丈量所得的长度即为水平距离。为了防止错误和提高丈量距离的精度,需要从 N 至 M 按上述同样方法,边定线边丈量,进行返测。以往、返各丈量一次称为一个测回。

相对误差分母越大,则 K 值越小,精度越高;反之,精度越低。量距精度取决于工程的要求和地面起伏的情况,在平坦地区,钢尺量距的相对误差一般不应大于 1/2000;在量距较困难的地区,其相对误差也不应大于 1/1000。

2. 倾斜地面的距离丈量

(1) 平量法。如图 6-6 所示,丈量由 M 向 N 进行,后尺手将尺的零端对准 M 点,前尺手将尺抬高,并且目估使尺子水平,用垂球尖将尺段的末端投于 MN 方向线地面上,再插以测钎。依次进行,丈量 MN 的水平距离。若地面倾斜较大,将钢尺整尺拉平有困难时,可将一尺段分成几段来平量。

(2) 斜量法。当倾斜地面的坡度比较均匀时,如图 6-7 所示,可沿斜面直接丈量出 MN 的倾斜距离 D',测出地面倾斜角 α 或 MN 两点间的高差 h,按下式计算 MN 的水平距离 D

$$D = D' \cos \alpha \tag{6-3}$$

第六章　直线定向和距离测量

$$D=\sqrt{D'^2-h^2} \tag{6-4}$$

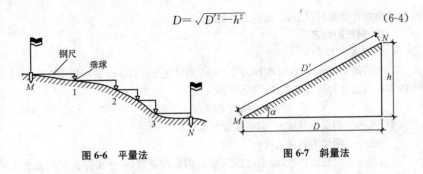

图 6-6　平量法　　　　　　　　图 6-7　斜量法

三、钢尺的精密量距

1. 尺长改正

由于钢尺的名义长度和实际长度不一致，丈量时就会产生误差。设钢尺在标准温度、标准拉力下的实际长度为 l，名义长度为 l_0，则一整尺的尺长改正数为：

$$\Delta l = l - l_0$$

每量 1m 的尺长改正数为：

$$\Delta l_{\text{米}} = \frac{l-l_0}{l_0}$$

丈量 D' 距离的尺长改正数为：

$$\Delta l_l = \frac{l-l_0}{l_0} \cdot D' \tag{6-5}$$

钢尺的实长大于名义长度时，尺长改正数为正，反之为负。

2. 温度改正

钢尺量距时的温度和标准温度不同引起的尺长变化进行的距离改正称温度改正。

一般钢尺的线膨胀系数采用 $\alpha = 1.25 \times 10^{-5}$ 或者写成 $\alpha = 0.0000125/(\text{m}\cdot\text{℃})$，表示钢尺温度每变化 1℃时，每 1m 钢尺将伸长（或缩短）0.0000125m，所以尺段长 L_i 的温度改正数为：

$$\Delta L_i = \alpha(t-t_0)L_i \tag{6-6}$$

3. 倾斜改正

设量得的倾斜距离为 D'，两点间测得高差为 h，将 D' 改算成水平距离 D 需加倾斜改正 Δl_h，一般用下式计算：

$$\Delta l_h = -\frac{h^2}{2D'} \tag{6-7}$$

倾斜改正数 Δl_h 永远为负值。

4. 计算全长

将改正后的各尺段长度加起来即得 MN 段的往测长度，同样还需返测 MN

段长度并计算相对误差,以衡量丈量精度。

四、钢尺的检定

1. 尺长方程式

所谓尺长方程式,在标准拉力下(30m 钢尺用 100N,50m 钢尺用 150N)钢尺的实长与温度的函数关系式。其形式为:

$$l_t = l_0 + \Delta l + \alpha l_0 (t - t_0) \tag{6-8}$$

式中　l_t——钢尺在温度 t℃时的实际长度;

l_0——钢尺的名义长度;

Δl——尺长改正数,即钢尺在温度 t_0 时的改正数,等于实际长度减去名义长度;

α——钢尺的线膨胀系数,其值取为 1.25×10^{-5}/℃;

t_0——钢尺检定时的标准温度(20℃);

t——钢尺使用时的温度。

2. 尺长检定方法

(1)与标准尺比长。钢尺检定最简单的方法:将欲检定的钢尺与检定过的已有尺长方程式的钢尺进行比较(认定它们的线膨胀系数相同),求出尺长改正数,再进一步求出欲检定钢尺的尺长方程式。

【例 5-1】　设标准尺的尺长方程式为 $L_{t标} = 30 + 0.003 + 1.25 \times 10^{-5} \times 30(t - 20℃)(m)$

被检定的钢尺,多次丈量标准长度为 29.997m,从而求得被检定钢尺的尺长方程式:

$$L_{t检} = L_{t标} + (30 - 29.997) = 30 + 0.003 + 1.25 \times 10^{-5} \times 30(t - 20℃) + 0.003$$
$$= 30 + 0.006 + 1.25 \times 10^{-5} \times 30(t - 20℃)(m)$$

(2)将被检定钢尺与基准线长度进行实量比较。在测绘单位已建立的校尺场上,利用两固定标间的已知长度 D 作为基准线来检定钢尺的方法是:将被检钢尺在规定的标准拉力下多次丈量(至少往返各三次)基线 D 的长度,求得其平均值 D'。测定检定时的钢尺温度,然后通过计算即可求出在标准温度 $t_0 = 25℃$时的尺长改正数,并求得该尺的尺长方程式。

【例 5-2】　设已知基准线长度为 140.306m,用名义长度为 30m 的钢尺在温度 $t = 9℃$时,多次丈量基准线长度的平均值 140.326m,试求钢尺在 $t_0 = 25℃$的尺长方程式。

【解】　被检定钢尺在 9℃时,整尺段的尺长改正数 $\Delta L = \dfrac{140.306 - 140.326}{140.326}$ $\times 30 = -0.0043$m,则被检定钢尺在 9℃时的尺长方程式为: $L_t = 30 - 0.0043 + 1.25 \times 10^{-5} \times 30(t - 9)$;然后求得被检定钢尺在 25℃时的长度为: $L_{20} = 30 - 0.0043 + 1.25 \times 10^{-5} \times 30 \times (25 - 9) = 30 + 0.0017$,则被检定钢尺在 25℃时的尺长方程

第六章 直线定向和距离测量

式为：
$$L_t = 30 + 0.0017 + 1.25 \times 10^{-5} \times 30(t-25)$$

钢尺送检后，根据给出的尺长方程式，利用式中的第二项可知实际作业中，整尺段的尺长改正数。利用式中第三项可求出尺段的温度改正数。

第三节 视距测量

一、视距测量原理

1. 视线水平时计算水平距离与高差的公式

如图 6-8 所示，A、B 两点间的水平距离 D 与高差 h 分别为：

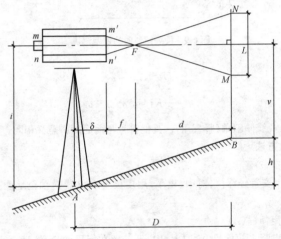

图 6-8 视线水平时的视距测量

$$D = KL \qquad (6-9)$$
$$h = i - v \qquad (6-10)$$

式中　D——仪器到立尺点间的水平距离；

　　　K——视距乘常数，通常为 100；

　　　L——望远镜上下丝在标尺上读数的差值，称视距间隔或尺间隔；

　　　h——A、B 点间高差（测站点与立尺点之间的高差）；

　　　i——仪器高（地面点至经纬仪横轴或水准仪视准轴的高度）；

　　　v——十字丝中丝在尺上读数。

水准仪视线水平是根据水准管气泡居中来确定。经纬仪视线水平，是根据在竖盘水准管气泡居中时，用竖盘读数为 90°或 270°来确定。

2. 视线倾斜时计算水平距离和高差的公式

如图 6-9 所示，A、B 两点间的水平距离 D 与高差 h 分别为：

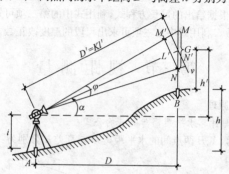

图 6-9 视线倾斜时的视距测量

$$D = KL\cos^2\alpha \tag{6-11}$$

$$h = \frac{1}{2}KL\sin 2\alpha + i - v \tag{6-12}$$

式中 α——视线倾斜角（竖直角）。其他符号与前面所讲意义相同。

二、测量方法

1. 量仪高(i)

在测站上安置经纬仪，对中、整平，用皮尺量取仪器横轴至地面点的铅垂距离，取至厘米。

2. 求视距间隔(L)

对准 B 点竖立的标尺，读取上、中、下三丝在标尺的读数，读至毫米。上、下丝相减求出视距间隔 L 值。中丝读数 v 用以计算高差。

3. 计算(α)

转动竖盘水准管微动螺旋，使竖盘水准管气泡居中，读取竖盘读数，并计算 α。

4. 计算(D 和 h)

最后将上述 i、L、v、α 四个量代入式(6-11)和式(6-12)，计算 AB 两点间的水平距离 D 和高差 h。

三、测量误差

1. 用视距丝读取尺间隔的误差

视距丝的读数是影响视距精度的重要因素，视距丝的读数误差与尺子最小分划的宽度，距离的远近，成像清晰情况有关。在视距测量中一般根据测量精度要求来限制最远视距。

2. 标尺倾斜误差

视距计算的公式是在视距尺严格垂直的条件下得到的。如果视距尺发生倾斜,将给测量带来不可忽视的误差影响,故测量时立尺要尽量竖直。在山区作业时,由于地表有坡度而给人以一种错觉,使视距尺不易竖直,因此,应采用带有水准器装置的视距尺。

3. 视距乘常数 K 的误差

通常认定视距乘常数 $K=100$,但由于视距丝间隔有误差,视距尺有系统性刻划误差,以及仪器检定的各种因素影响,都会使 K 值不为 100。K 值一旦确定,误差对视距的影响是系统性的。

4. 外界条件的影响

(1) 大气竖直折光的影响。大气密度分布是不均匀的,特别在晴天接近地面部分密度变化更大,使视线弯曲,给视距测量带来误差。根据试验,只有在视线离地面超过 1m 时,折光影响才比较小。

(2) 空气对流使视距尺的成像不稳定。此现象在晴天,视线通过水面上空和视线离地表太近时较为突出,成像不稳定造成读数误差的增大,对视距精度影响很大。

(3) 风力使尺子抖动。如果风力较大使尺子不易立稳而发生抖动,分别用两根视距丝读数又不可能严格在同一个时候进行,所以对视距间隔将产生影响。

第四节 坐标正算与反算

一、坐标正算

坐标正算计算方法见表 6-2。

表 6-2　　　　　　　　　　坐标正算

项目	内容
定义	根据已知点的坐标,已知边长及该边的坐标方位角,计算未知点的坐标的方法,称为坐标正算
公式	如图 6-13 所示,A 为已知点,坐标为 x_A、y_A,已知 AB 边长为 D_{AB},坐标方位角为 α_{AB},要求 B 点坐标 x_B、y_B。由图 6-13 可知 $$\left.\begin{array}{l}x_B=x_A+\Delta x_{AB}\\ y_B=y_A+\Delta y_{AB}\end{array}\right\} \quad (6\text{-}13)$$ 其中 $$\left.\begin{array}{l}\Delta x_{AB}=D_{AB}\cdot\cos\alpha_{AB}\\ \Delta y_{AB}=D_{AB}\cdot\sin\alpha_{AB}\end{array}\right\} \quad (6\text{-}14)$$ 式中,sin 和 cos 的函数值随着 α 所在象限的不同有正、负之分,因此,坐标增量同样具有正、负号。其符号与 α 角值的关系见表 6-3

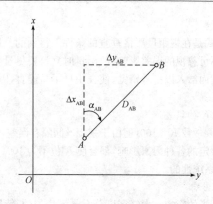

图 6-13 坐标正、反算

表 6-3 坐标增量的正负号

象限	方向角 α	cosα	sinα	Δx	Δy
Ⅰ	0°～90°	+	+	+	+
Ⅱ	90°～180°	−	+	−	+
Ⅲ	180°～270°	−	−	−	−
Ⅳ	270°～360°	+	−	+	−

二、坐标反算

坐标反算计算方法见表 6-4。

表 6-4 坐标反算

项目	内 容
定义	根据两个已知点的坐标求算出两点间的边长及其方位角,称为坐标反算
公式	由图 6-13 可知 $D_{AB}=\sqrt{\Delta x_{AB}^2+\Delta y_{AB}^2}=\sqrt{(x_B-x_A)^2+(y_B-y_A)^2}$ (6-15) $\alpha_{AB}=\arctan\dfrac{\Delta y_{AB}}{\Delta x_{AB}}=\arctan\dfrac{y_B-y_A}{x_B-x_A}$ (6-16) 注意,在用计算器按式(6-16)计算坐标方位角时,得到的角值只是象限角,还必须根据坐标增量的正负,按表 6-3 决定坐标方位角所在象限,再将象限角换算为坐标方位角

第七章 地形测量

第一节 地形图概述

一、地形图的概念

地球表面形状复杂,物体种类繁多,地势形态各异,总的来说可分为地物和地貌两大类。地物是指地球表面上轮廓明显,具有固定性的物体。地物又分为人工地物(如道路,房屋等)和自然地物(如江河,湖泊等)。地貌是指地球表面高低起伏的形态(如高山,丘陵,平原,洼地等)。地物和地貌统称为地形。

地形图就是将地面上一系列地物和地貌特征点的位置,通过综合取舍,垂直投影到水平面上,按一定比例缩小,并使用统一规定的符号绘制成的图纸。地形图不但表示地物的平面位置,还用特定符号和高程注记表示地貌情况。因为地形图客观形象地反映了地面的实际情况,可在图上量取数据,获取资料,方便于设计和应用。特别是大比例尺(1∶500、1∶1000、1∶2000、1∶5000)地形图是进行规划、设计和应用的重要基础资料。

二、地形图的比例尺

1. 表示方法

地形图上任一线段的长度 d 与地面上相应线段的实际水平距离 D 之比,称为地形图比例尺。地形图比例尺通常用分子为 1 的分数式 $1/M$ 来表示,其中"M"称为比例尺分母。显然有:

$$\frac{d}{D}=\frac{1}{M}=\frac{1}{D/d} \tag{7-1}$$

式中,M 越小,比例尺越大,图上所表示的地物、地貌越详尽;相反,M 越大,比例尺越小,图上所表示的地物、地貌越粗略。

2. 分类

(1)数字比例尺。数字比例尺即在地形图上直接用数字表示的比例尺,如上所述,用 $1/M$ 表示的比例尺。数字比例尺一般注记在地形图下方中间部位。

(2)图式比例尺。图式比例尺常绘制在地形图的下方,用以直接量度图内直线的水平距离,根据量测精度又可分为直线比例尺和复式比例尺,如图 7-1 所示。

采用图式比例尺的优点是:量距直接方便而不必再进行换算;比例尺随图纸按同一比例伸缩,从而明显减小因图纸伸缩而引起的量距误差。地形图绘制时所采用的三棱比例尺也属于图式比例尺。

3. 比例尺精度

人们用肉眼能分辨的图上最小距离是 0.1mm。所以,地形图上 0.1mm 所代表的实地水平距离,称为比例尺精度。比例尺精度＝0.1mm×比例尺分母。

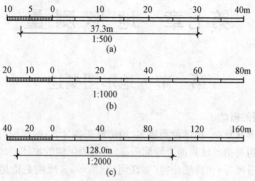

图 7-1 直线比例尺

几种常用大比例尺地形图的比例尺精度,见表 7-1 所列。可以看出,比例尺越大,其比例尺精度越小,地形图的精度就越高。

表 7-1 　　　　　　大比例尺地形图的比例尺精度

比例尺	1∶500	1∶1000	1∶2000	1∶5000
比例尺精度	0.05	0.10	0.20	0.50

4. 地形图测图比例尺的选用

地形图测图的比例尺,可根据工程的设计阶段、规模大小和管理的需要,按表 7-2 选用。

表 7-2 　　　　　　测图比例尺的选用

比例尺	用　　　途
1∶5000	可行性研究、总体规划、厂址选择、初步设计等
1∶2000	可行性研究、初步设计、矿山总图管理、城镇详细规划等
1∶1000	初步设计、施工图设计;城镇、工矿总图管理;竣工验收等
1∶500	

注:1. 对于精度要求较低的专用地形图,可按小一级比例尺地形图的规定进行测绘或利用小一级比例尺地形图放大成图。
　　2. 对于局部施测大于 1∶500 比例尺的地形图,除另有要求外,可按 1∶500 地形图测量的要求执行。

三、地形图的分幅和编号

为了方便测绘、管理和使用地形图,需要将各种比例尺的地形图进行统一的

第七章　地形测量

分幅与编号,并注在地形图上方的中间部位。地形图的分幅和编号,应满足下列要求:

(1)地形图的分幅,可采用正方形或矩形方式。
(2)图幅的编号,宜采用图幅西南角坐标的千米数表示。
(3)带状地形图或小测区地形图可采用顺序编号。
(4)对于已施测过地形图的测区,也可沿用原有的分幅和编号。

四、地形及地形图的分类

1. 地形的分类

地形按地面倾角(α)的大小,可分为平坦地、丘陵地、山地、高山地。

(1)平坦地:$\alpha < 3°$。
(2)丘陵地:$3° \leqslant \alpha \leqslant 10°$。
(3)山地:$10° \leqslant \alpha \leqslant 25°$。
(4)高山地:$\alpha \geqslant 25°$。

2. 地形图的分类

地形图可分为数字地形图和纸质地形图,其特征见表 7-3。

表 7-3　　　　　地形图的分类特征

特征	分　类	
	数字地形图	纸质地形图
信息载体	适合计算机存取的介质等	纸质
表达方法	计算机可识别的代码系统和属性特征	线划、颜色、符号、注记等
数字精度	测量精度	测量及图解精度
测绘产品	各类文件:如原始文件、成果文件、图形信息数据文件等	纸图、必要时附细部点成果表
工程应用	借助计算机及其外部设备	几何作图

五、地形图的其他要素

1. 图廓

图廓是地形图的边界线,由内、外图廓线组成。外图廓线是一幅图的最外边界线,以粗实线表示;内图廓线是测量边界线是图幅的实际范围,内图廓之内绘有 10cm 间隔互相垂直交叉的 5mm 短线,称为坐标格网线。内外图廓线间隔 12mm,其间注明坐标值,如图 7-2 所示。

2. 图名

地形图应标注图名,通常以图幅内最著名的地名、厂矿企业或村庄的名称作为图名。图名一般标注在地形图北图廓外上方中央。

3. 图号

图号是保管和使用地形图时,为使图纸有序存放、检索和使用而将地形图按统一规定进行编号。大比例尺地形图通常是以该图幅西南角点的纵、横坐标公里数编号。对测区较小且只测一种比例尺图时,通常采用数字顺序编号,数字编号顺序是由左到右,由上到下的顺序编号。图号注记在图名的正下方。

4. 接图表

接图表是本图幅与相邻图幅之间位置关系的示意简表,表上注有邻接图幅的图名或图号,读图或用图时根据接合图表可迅速找到与本图幅相邻的有关地形图,并可用它来拼接相邻图幅。

5. 注记

在外图廓线之外,应当注记测量所使用的平面坐标系统、高程系统、此例尺、测绘单位、测绘者、测绘日期等注明。

六、地形图测量的要求

(1)地形测量的基本精度要求,应符合下列规定:

1)地形图图上地物点相对于邻近图根点的点位中误差,不应超过表 7-4 的规定。

表 7-4　　　　　　　　图上地物点的点位中误差

区域类型	点位中误差(mm)
一般地区	0.8
城镇建筑区、工矿区	0.6
水域	1.5

注:1. 隐蔽或施测困难的一般地区测图,可放宽 50%。

2. 1:500 比例尺水域测图,其他比例尺的大面积平坦水域或水深超出 20m 的开阔水域测图,根据具体情况,可放宽至 2.0mm。

2)等高(深)线的插求点或数字高程模型格网点相对于邻近图根点的高程中误差,不应超过表 7-5 的规定。

表 7-5　　　等高(深)线插求点或数字高程模型格网点的高程中误差

	地形类别	平坦地	丘陵地	山地	高山地
一般地区	高程中误差(m)	$\frac{1}{3}h_d$	$\frac{1}{2}h_d$	$\frac{2}{3}h_d$	$1h_d$
水域	水底地形倾角 α	$\alpha<3°$	$3°\leqslant\alpha<10°$	$10°\leqslant\alpha<25°$	$\alpha\geqslant25°$
	高程中误差(m)	$\frac{1}{2}h_d$	$\frac{2}{3}h_d$	$1h_d$	$\frac{3}{2}h_d$

注:1. h_d 为地形图的基本等高距/m。

2. 对于数字高程模型,h_d 的取值应以模型比例尺和地形类别按表 7-6 取用。

3. 隐蔽或施测困难的一般地区测图,可放宽 50%。

4. 当作业困难、水深大于 20m 或工程精度要求不高时,水域测图可放宽 1 倍。

第七章 地形测量

3) 工矿区细部坐标点的点位和高程中误差,不应超过表 7-6 的规定。

表 7-6　　　　　细部坐标点的点位和高程中误差

地物类别	点位中误差(cm)	高程中误差(cm)
主要建(构)筑物	5	2
一般建(构)筑物	7	3

4) 地形点的最大点位间距,不应大于表 7-7 的规定。

表 7-7　　　　地形点的最大点位间距　　　　(单位:m)

	比例尺	1:500	1:1000	1:2000	1:5000
	一般地区	15	30	50	100
水域	断面间	10	20	40	100
	断面上测点间	5	10	20	50

注:水域测图的断面间距和断面的测点间距,根据地形变化和用图要求,可适当加密或放宽。

5) 地形图上高程点的注记,当基本等高距为 0.5m 时,应精确至 0.01m;当基本等高距大于 0.5m 时,应精确至 0.1m。

(2) 地形图图式和地形图要素分类代码的使用,应满足下列要求:

1) 地形图图式,应采用现行国家标准《国家基本比例尺地图图式　第 1 部分:1:500 1:1000　1:2000 地形图图式》(GB/T 20257.1—2007)和《国家基本比例尺地图图式第 2 部分:1:5000　1:10000 地形图图式》(GB/T 20257.2—2006)。

2) 地形图要素分类代码,宜采用现行国家标准《基础地理信息要素分类与代码》(GB/T 13923—2006)。

3) 对于图式和要素分类代码的不足部分可自行补充,并应编写补充说明。对于同一个工程或区域,应采用相同的补充图式和补充要素分类代码。

(3) 地形测图,可采用全站仪测图、GPS-RTK 测图和平板测图等方法,也可采用各种方法的联合作业模式或其他作业模式。在网络 RTK 技术的有效服务区作业,宜采用该技术,但应满足地形测量的基本要求。

(4) 数字地形测量软件的选用,宜满足下列要求:

1) 适合工程测量作业特点。

2) 满足精度要求、功能齐全、符号规范。

3) 操作简便、界面友好。

4) 采用常用的数据、图形输出格式。对软件特有的线型、汉字、符号,应提供相应的库文件。

5) 具有用户开发功能。

6) 具有网络共享功能。

(5) 计算机绘图所使用的绘图仪的主要技术指标,应满足大比例尺成图精度的要求。

(6) 地形图应经过内业检查、实地的全面对照及实测检查。实测检查量不应少于测图工作量的 10%,检查的统计结果,应满足表 7-4~表 7-6 的规定。

第二节 地形图符号及图例

一、地貌符号

1. 等高线

等高线是地面上高程相等的各相邻点连成的闭合曲线。如图 7-2 所示,有一高地被等间距的水平面 P_1、P_2 和 P_3 所截,故各水平面与高地的相应的截线,就是等高线。将各水平面上的等高线沿铅垂方向投影到一个水平面上,并按规定的比例尺缩绘到图纸上,便得到用等高线来表示的该高地的地貌图。等高线的形状是由高地表面形状来决定的,用等高线来表示地貌是一种很形象的方法。

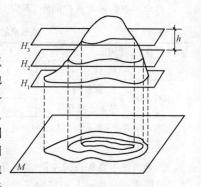

图 7-2 等高线示意图

2. 等高距与等高线平距

相邻两条等高线之间的高差,称为等高距,用 h 表示。在同一幅图内,等高距一定是相同的。等高距的大小是根据地形图的比例尺,地面坡度及用图目的而选定的。等高线的高程必须是所采用的等高距的整数倍,如果某幅图采用的等高距为 3m,则该幅图的高程必定是 3m 的整数倍,如 30m、60m……而不能是 31m、61m 或 66.5m 等。

地形图中的基本等高距,应符合表 7-8 的规定。

表 7-8　　　　　　　地形图的基本等高距　　　　　　　(单位:m)

地形类别	比例尺			
	1:500	1:1000	1:2000	1:5000
平坦地	0.5	0.5	1	2
丘陵地	0.5	1	2	5
山地	1	1	2	5
高山地	1	2	2	5

注:1. 一个测区同一比例尺,宜采用一种基本等高距。
　　2. 水域测图的基本等深距,可按水底地形倾角所比照地形类别和测图比例尺选择。

第七章 地形测量

相邻等高线之间的水平距离,称为等高线平距,用 d 表示。在不同地方,等高线平距不同,它决定于地面坡度的大小,地面坡度感大,等高线平距感小,相反,坡度感小,等高线平距感大;若地面坡度均匀,则等高线平距相等。如图 7-3 所示。

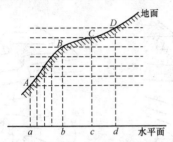

图 7-3　等高距与地面坡度的关系

3. 几种典型的等高线

(1)山头和洼地的等高线。等高线上所注明的高程,内圈等高线比外圈等高线所注的高程大时,表示山头,如图 7-4 所示。山头和洼地的等高线都是一组闭合的曲线组成的,地形图上区分它们的方法是:内圈等高线比外圈等高线所注高程小时,表示洼地,如图 7-5 所示。另外,还可使用示坡线表示,示坡线是指示地面斜坡下降方向的短线,一端与等高线连接并垂直于等高线,表示此端地形高,不与等高线连接端地形低。

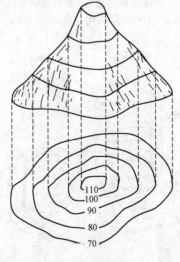

图 7-4　山地

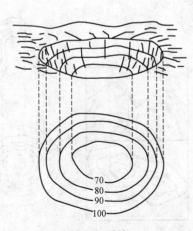

图 7-5　洼地

(2)山脊和山谷的等高线。山脊是从山顶到山脚凸起部分。山脊最高点的连线称为山脊线或分水线,如图7-6所示。两山脊之间延伸而下降的凹棱部分称为山谷。山谷内最低点的连线称为山谷线或合水线,如图7-7所示。山脊线和山谷线统称地性线。

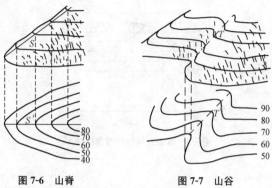

图 7-6　山脊　　　　图 7-7　山谷

(3)鞍部的等高线。相邻两个山头之间的低凹处形似马鞍状的部分,称为鞍部。通常来说,鞍部既是山谷的起始高点,又是山脊的终止低点。所以,鞍部的等高线是两组相对的山脊与山谷等高线的组合,如图7-8所示。

(4)悬崖与陡崖。峭壁是山区的坡度极陡处,如果用等高线表示非常密集,因此采用峭壁符号来代表这一部分等高线,如图7-9(a)所示。垂直的陡坡叫断崖,这部分等高线几乎重合在一起,因此在地形图上通常用锯齿形的符号来表示,如图7-9(b)所示。山头上部向外凸出,腰部洼进的陡坡称为悬崖,它上部的等高线投影在水平面上与下部的等高线相交,下部凹进的等高线用虚线来表示,如图7-9(c)所示。

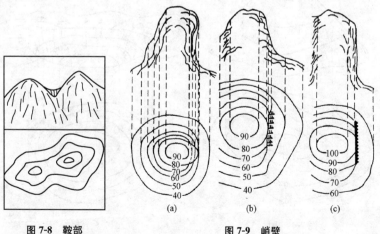

图 7-8　鞍部　　　　图 7-9　峭壁

第七章 地形测量

4. 等高线的分类

(1) 基本等高线。基本等高线是按基本等高距测绘的等高线(称首曲线)通常在地形图中用细实线描绘。

(2) 加粗等高线。为了计算高程方便起见,每隔 4 条首曲线(每 5 倍基本等高距)加粗描绘一条等高线,叫做加粗等高线,又称计曲线。

(3) 半距等高距。当首曲线不足以显示局部地貌特征时,可以按 1/2 基本等高距描绘等高线,叫做半距等高线,又称间曲线。以长虚线表示,描绘时可不闭合。

(4) 辅助等高线。当首曲线和间曲线仍不足以显示局部地貌特征时,还可以按 1/4 基本等高距描绘等高线,叫做辅助等高线,又称助曲线。常用短虚线表示,描绘时也可不闭合。

5. 等高线的特性

(1) 同一条等高线上各点的高程必相等。

(2) 等高线为一闭合曲线,如不在本幅图内闭合,则在相邻的其他图幅内闭合。但间曲线和助曲线作为辅助线,可以在图幅内中断。

(3) 除悬崖、峭壁外,不同高程的等高线不能相交。

(4) 山脊与山谷的等高线与山脊线和山谷线成正交关系,即过等高线与山脊线或山谷线的交点作等高线的切线,始终与山脊线或山谷线垂直。

(5) 在同一幅图内,等高线平距的大小与地面坡度成反比。平距大,地面坡度缓;平距小,则地面坡度陡;平距相等,则坡度相同。倾斜地面上的等高线是间距相等的平行直线。

二、地物符号

地物符号见表 7-9。

表 7-9　　　　　　　　　地物符号

符号名称		1∶500　1∶1000　1∶2000
高程点及其注记		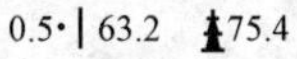 0.5·│63.2　♟75.4
山洞	依比例尺的	⌒
	不依比例尺的	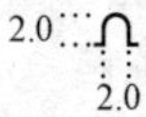 2.0 ⌒ 2.0
地类界		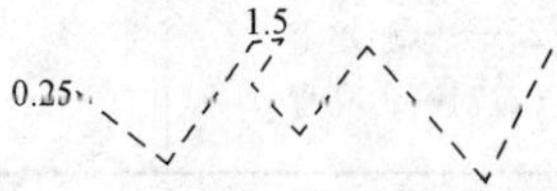 0.25· ⋀⋁⋀⋁ (1.5)

符号名称		1∶500　1∶1000　1∶2000
独立树	阔叶	 3.0 ⊙ 1.5 / 0.7
	针叶	 3.0 ▲ / 0.7
行树		⊥ 10.0 ⊥ 1.0 ○　○　　○　　○
耕地	水稻田	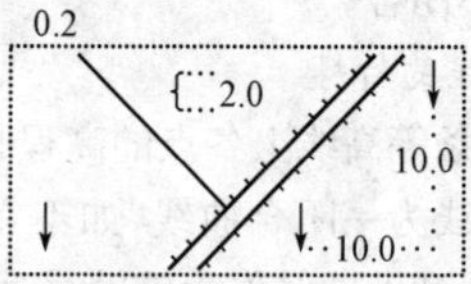 0.2 / 2.0 / 10.0 / 10.0
	旱地	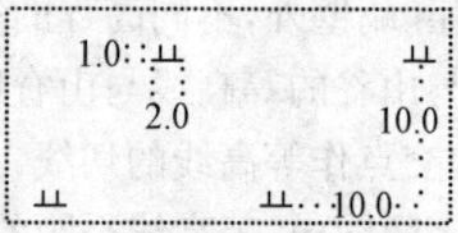 1.0 ⊥　　⊥ / 2.0　　10.0 / ⊥　　10.0
	菜地	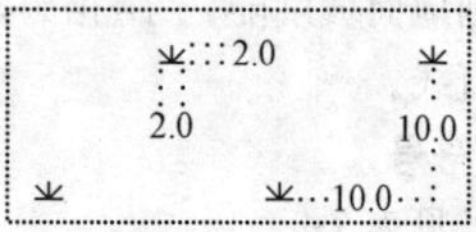 ⋆ 2.0 ⋆ / 2.0　　10.0 / ⋆　　⋆ 10.0
三角点	凤凰山—点名 394.468—高程	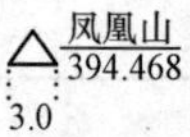 △ 凤凰山/394.468 3.0
小三角点	横山—点名 95.93—高程	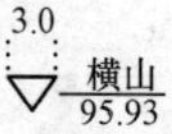 3.0 ▽ 横山/95.93
图根点	埋石的 N16——点号 84.46——高程	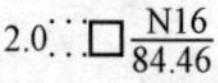 2.0 ▫ N16/84.46
	不埋石的 25——点号 62.74——高程	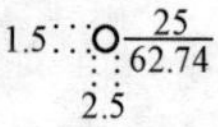 1.5 ○ 25/62.74 2.5

第七章 地形测量

续表

符号名称		1∶500　1∶1000　1∶2000	
水准点	Ⅱ京石5—点名 32.804—高程	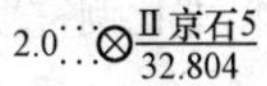 2.0 ⊗ Ⅱ京石5 / 32.804	
台阶		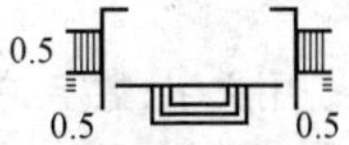 0.5 … 0.5	
温室、菜窖、花房		 ⟩温⟨	
纪念像、纪念碑		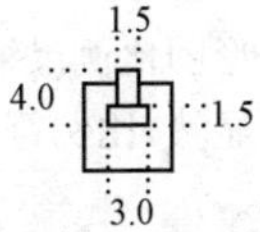 1.5　4.0　1.5　3.0	
烟囱		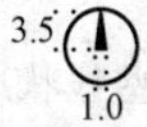 3.5 ○ 1.0	
电力线	高压	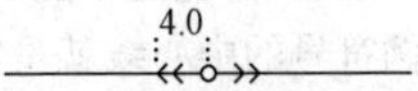 4.0　⊶⊷	
	低压	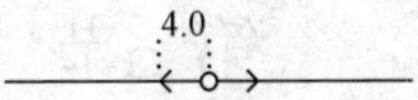 4.0　⊶→	
消火栓		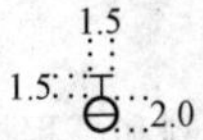 1.5　1.5 ⊕ 2.0	
管线—地下检修井	上水	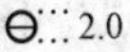 ⊖ 2.0	
	下水	 ⊕ 2.0	
	不明用途	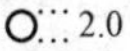 ○ 2.0	
围墙	砖、石及混凝土墙	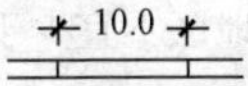 ⊢ 10.0 ⊣	0.5　10.0　0.3
	土墙	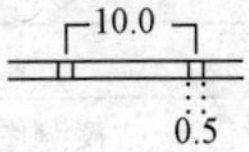 10.0　0.5	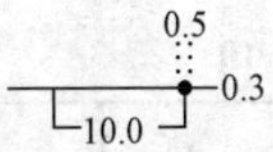
栅栏、栏杆		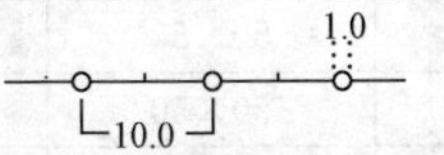 1.0　10.0	
铁路		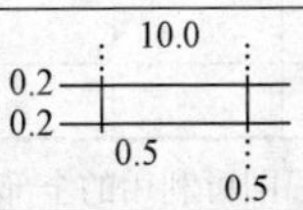 0.2　10.0　0.5	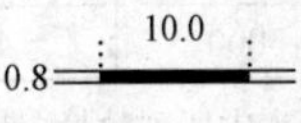 10.0　0.8

1. 非比例符号

有些重要地物，因为其尺寸较小，无法按照地形图比例尺缩小并表示到地形图上，只能用规定的符号来表示，称为非比例符号。如测量控制点、独立树、电杆、水塔、水井等。显然，非比例符号只能表示地物的实地位置，而不能反映出地物的形状与大小。

2. 注记符号

地物注记就是用文字、数字或特定的符号对地形图上的地物作补充和说明，如图上注明的地名、控制点名称、高程、房屋层数、河流名称、深度、流向等。

3. 比例符号

将地物按照地形图比例尺缩绘到图上的符号，称为比例符号。例如房屋、农田、湖泊、草地等。显然，比例符号不仅能反映出地物的平面位置，而且能反映出地物的形状与大小。

4. 半比例符号

对于地面上的某些线状地物，如围墙、栅栏、小路、电力线、管线等，其长度可以按测图比例尺绘制，而宽度不能按比例尺绘制，表示这种地物的符号称为半比例符号。半比例符号的中心线就是实际地物中心线。

第三节　图根控制测量

一、一般规定

(1) 图根平面控制和高程控制测量，可同时进行，也可分别施测。图根点相对于邻近等级控制点的点位中误差不应大于图上 0.1mm，高程中误差不应大于基本等高距的 1/10。

(2) 对于较小测区，图根控制可作为首级控制。

(3) 图根点点位标志宜采用木（铁）桩，当图根点作为首级控制或等级点稀少时，应埋设适当数量的标石。

(4) 解析图根点的数量，一般地区不宜少于表 7-10 的规定。

表 7-10　　　　　一般地区解析图根点的数量

测图比例尺	图幅尺寸(cm)	解析图根点数量(个)		
		全站仪测图	GPS-RTK 测图	平板测图
1∶500	50×50	2	1	8
1∶1000	50×50	3	1~2	12
1∶2000	50×50	4	2	15
1∶5000	40×40	6	3	30

注：表中所列数量，是指施测该幅图可利用的全部解析控制点数量。

第七章 地形测量

(5)图根控制测量内业计算和成果的取位,应符合表 7-11 的规定。

表 7-11　　　　　　　　内业计算和成果的取位要求

各项计算修正值 (″或 mm)	方位角计算值 (″)	边长及坐标 计算值(m)	高程计算值 (m)	坐标成果 (m)	高程成果 (m)
1	1	0.001	0.001	0.01	0.01

二、图根高程控制

(1)图根高程控制,可采用图根水准、电磁波测距三角高程等测量方法。
(2)图根水准测量,应符合下列规定:
1)起算点的精度,不应低于四等水准高程点。
2)图根水准测量的主要技术要求,应符合表 7-12 的规定。

表 7-12　　　　　　　　图根水准测量的主要技术要求

每千米高差 全中误差 (mm)	附合路线 长度(km)	水准仪 型号	视线长 度(m)	观测次数		往返较差、附合或 环线闭合差(mm)	
				附合或闭合路线	支水准路线	平地	山地
20	≤5	DS10	≤100	往一次	往返各一次	$40\sqrt{L}$	$12\sqrt{n}$

注:1. L 为往返测段、附合或环线水准路线的长度(km);n 为测站数。
　　2. 当水准路线布设成支线时,其路线长度不应大于 2.5km。

(3)图根电磁波测距三角高程测量,应符合下列规定:
1)起算点的精度,不应低于四等水准高程点。
2)图根电磁波测距三角高程的主要技术要求,应符合表 7-13 的规定。

表 7-13　　　　　　图根电磁波测距三角高程的主要技术要求

每千米高差全 中误差(mm)	附合路线 长度(km)	仪器精度 等级	中丝法 测回数	指标差 较差(″)	垂直角 较差(″)	对向观测高差 较差(mm)	附合或环形 闭合差(mm)
20	≤5	6″级仪器	2	25	25	$80\sqrt{D}$	$40\sqrt{\sum D}$

注:D 为电磁波测距边的长度(km)。

3)仪器高和觇标高的量取,应精确至 1mm。

三、图根平面控制

(1)图根平面控制,可采用图根导线、极坐标法、边角交会法和 GPS 测量等方法。
(2)图根导线测量,应符合下列规定:
1)图根导线测量,宜采用 6″级仪器 1 测回测定水平角。其主要技术要求,不应超过表7-14 的规定。

表 7-14　　　　　　　图根导线测量的主要技术要求

导线长度(m)	相对闭合差	测角中误差(″)		方位角闭合差(″)	
		一般	首级控制	一般	首级控制
$\leq \alpha \times M$	$\leq 1/(2000\times\alpha)$	30	20	$60\sqrt{n}$	$40\sqrt{n}$

注：1. α 为比例系数,取值宜为 1,当采用 1：500、1：1000 比例尺测图时,其值可在 1～2 之间选用。

2. M 为测图比例尺的分母;但对于工矿区现状图测量,不论测图比例尺大小,M 均应取值为 500。

3. 隐蔽或施测困难地区导线相对闭合差可放宽,但不应大于 $1/(1000\times\alpha)$。

2)在等级点下加密图根控制时,不宜超过 2 次附合。

3)图根导线的边长,宜采用电磁波测距仪器单向施测,也可采用钢尺单向丈量。

4)图根钢尺量距导线,还应符合下列规定：

①对于首级控制,边长应进行往返丈量,其较差的相对误差不应大于 1/4000。

②量距时,当坡度大于 2%、温度超过钢尺检定温度范围±10℃或尺长修正大于 1/10000 时,应分别进行坡度、温度和尺长的修正。

③当导线长度小于规定长度的 1/3 时,其绝对闭合差不应大于图上 0.3mm。

④对于测定细部坐标点的图根导线,当长度小于 200m 时,其绝对闭合差不应大于 13cm。

(3)对于难以布设附合导线的困难地区,可布设成支导线。支导线的水平角观测可用 6″级经纬仪施测左、右角各 1 测回,其圆周角闭合差不应超过 40″。边长应往返测定,其较差的相对误差不应大于 1/3000。导线平均边长及边数,不应超过表 7-15 的规定。

表 7-15　　　　　　　图根支导线平均边长及边数

测图比例尺	平均边长(m)	导线边数
1：500	100	3
1：1000	150	3
1：2000	250	4
1：5000	350	4

(4)极坐标法图根点测量,应符合下列规定：

1)宜采用 6″级全站仪或 6″级经纬仪加电磁波测距仪,角度、距离 1 测回测定。

2)观测跟差,不应超过表 7-16 的规定。

第七章 地形测量

表 7-16　　　　　极坐标法图根点测量限差

半测回归零差(″)	两半测回角度较差(″)	测距读数较差(mm)	正倒镜高程较差(m)
≤20	≤30	≤20	≤$h_d/10$

注：h_d 为基本等高距(m)。

3）测设时，可与图根导线或二级导线一并测设，也可在等级控制点上独立测设。独立测设的后视点，应为等级控制点。

4）在等级控制点上独立测设时，也可直接测定图根点的坐标和高程，并将上、下两半测回的观测值取平均值作为最终观测成果，其点位误差应满足要求。

5）极坐标法图根点测量的边长，不应大于表 7-17 的规定。

表 7-17　　　　　极坐标法图根点测量的最大边长

比例尺	1：500	1：1000	1：2000	1：5000
最大边长(m)	300	500	700	1000

6）使用时，应对观测成果进行充分校核。

(5)图根解析补点，可采用有校核条件的测边交会、测角交会、边角交会或内外分点等方法。当采用测边交会和测角交会时，其交会角应在 30°～150°之间，观测限差应满足表 7-16 的要求。分组计算所得坐标较差，不应大于图上 0.2mm。

(6)GPS 图根控制测量，宜采用 GPS-RTK 方法直接测定图根点的坐标和高程。GPS-RTK 方法的作业半径不宜超过 5km，对每个图根点均应进行同一参考站或不同参考站下的两次独立测量，其点位较差不应大于图上 0.1mm，高程较差不应大于基本等高距的 1/10。

第四节　地形图的测绘

一、测图前的准备工作

1. 一般要求

(1)地形测图开始前，应做好下列准备工作：

1)编写技术设计书。
2)抄录控制点平面及高程成果。
3)在原图纸上绘制图廓线和展绘所有控制点。
4)检查和校正仪器。
5)踏勘了解测区的地形情况、平面和高程控制点的位置及完好情况。
6)拟定作业计划。

(2)测图使用的仪器和工具应符合下列规定：

1)测量仪器视距乘常数应在 100±0.1 以内。直接量距使用的皮尺等除测图前检验外,作业过程中还应经常检验。测图中因测量仪器视距乘常数不等于 100 或量距的尺长改正引起的量距误差,在图上大于 0.1mm 时,应加以改正。

2)垂直度盘指标差不应超过±2′。

3)比例尺尺长误差不应超过 0.2mm。

4)量角器直径不应小于 20cm,偏心差不应大于 0.2mm。

5)坐标展点器的刻划误差不应超过 0.2mm。

(3)地形测图应充分利用控制点和图根点。当图根点密度不足时,除应用内外分点法(外分点不应超过后视长度)外,还可根据具体情况采用图解交会或图解支点等方法增补测站点。

(4)地形测图时仪器的设置及测站上的检查应符合下列规定:

1)仪器对中的偏差,不应大于图上 0.05mm。

2)以较远的一点标定方向,用其他点进行检核。采用平板仪测绘时,检核偏差不应大于图上 0.3mm;采用经纬仪测绘时,其角度检测值与原角值之差不应大于 2′。每站测图过程中,应随时检查定向点方向,采用平板仪测绘时,偏差不应大于图上 0.3mm;采用经纬仪测绘时,归零差不应大于 4′。

3)检查另一测站高程,其较差不应大于 1/5 基本等高距。

4)采用量角器配合经纬仪测图,当定向边长在图上短于 10cm 时,应以正北或正南方向作起始方向。

(5)平板测图的视距长度,不应超过表 7-18 的规定。

表 7-18　　　　　　　平板测图的最大视距长度

比例尺	最大视距长度(m)			
	一般地区		城镇建筑区	
	地物	地形	地物	地形
1∶500	60	100	—	70
1∶1000	100	150	80	120
1∶2000	180	250	150	200
1∶5000	300	350	—	—

注:1. 垂直角超过±10°范围时,视距长度应适当缩短;平坦地区成像清晰时,视距长度可放长 20%。

2. 城镇建筑区 1∶500 比例尺测图,测站点至地物点的距离应实地丈量。

3. 城镇建筑区 1∶5000 比例尺测图不宜采用平板测图。

2. 图纸准备

由于测绘地形图时是将地形情况按比例缩绘在图纸上,使用地形图时也是按

第七章 地形测量

比例在图上量出相应地物之间的关系。故测图用纸的质量要高,伸缩性要小。否则,图纸的变形就会使图上地物、地貌及其相互位置产生变形。现在,测图多用厚度 0.07～0.10mm、经过热定型处理、变形率小于 0.2％的聚酯薄膜,其主要优点是透明度好、伸缩性小、不怕潮湿和牢固耐用,并可直接在底图上着墨复晒蓝图,加快出图速度。若没有聚酯薄膜,应选用优质绘图纸测图。

3. 绘制坐标网格

为了把控制点准确地展绘在图纸上,应先在图纸上精确地绘制 10cm×10cm 的直角坐标方格网,然后根据坐标方格网展绘控制点。坐标格网的绘制常用对角线法如图 7-10 所示。

坐标格网绘成后,应立即进行检查,各方格网实际长度与名义长度之差不应超过 0.2mm,图廓对角线长度与理论长度之差不应超过 0.3mm。如超过限差,应重新绘制。

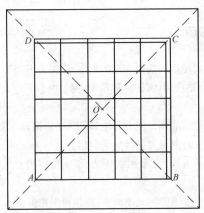

图 7-10 绘制坐标格网示意图

4. 控制点展绘

展绘时,先根据控制点的坐标,确定其所在的方格,如图 7-11 所示,控制点 A 点的坐标为 $x_A = 647.44$m,$y_A = 634.90$m,由其坐标值可知 A 点的位置在 $plmn$ 方格内。然后用 1:1000 比例尺从 P 和 n 点各沿 pl、nm 线向上量取 47.44m,得 c、d 两点;从 p、l 两点沿 pn、lm 量取 34.90m,得 a、b 两点;连接 ab 和 cd,其交点即为 A 点在图上的位置。同法,将其余控制点展绘在图纸上,并按《地形图图式》的规定,在点的右侧画一横线,横线上方注点名,下方注高程,如图 7-11 中的 1、2、3……各点。

控制点展绘完成后,必须进行校核。其方法是用比例尺量出各相邻控制点之间的距离,与控制测量成果表中相应距离比较,其差值在图上不得超过 0.3mm,否则应重新展点。

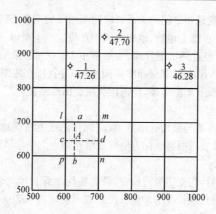

图 7-11 展点示意图

二、地形图测绘方法

1. 全站仪测图

(1) 全站仪测图所使用的仪器和应用程序,应符合下列规定:

1) 宜使用 6″级全站仪,其测距标称精度,固定误差不应大于 10mm,比例误差系数不应大于 5ppm。

2) 测图的应用程序,应满足内业数据处理和图形编辑的基本要求。

3) 数据传输后,宜将测量数据转换为常用数据格式。

(2) 全站仪测图的方法,可采用编码法、草图法或内外业一体化的实时成图法等。

(3) 当布设的图根点不能满足测图需要时,可采用极坐标法增设少量测站点。

(4) 全站仪测图的仪器安置及测站检核,应符合下列要求:

1) 仪器的对中偏差不应大于 5mm,仪器高和反光镜高的量取应精确至 1mm。

2) 应选择较远的图根点作为测站定向点,并施测另一图根点的坐标和高程,作为测站检核。检核点的平面位置较差不应大于图上 0.2mm,高程较差不应大于基本等高距的 1/5。

3) 作业过程中和作业结束前,应对定向方位进行检查。

(5) 全站仪测图的测距长度,不应超过表 7-19 的规定。

(6) 数字地形图测绘,应符合下列要求:

1) 当采用草图法作业时,应按测站绘制草图,并对测点进行编号。测点编号应与仪器的记录点号相一致。草图的绘制,宜简化标示地形要素的位置、属性和相互关系等。

第七章 地形测量

表 7-19　　　　　全站仪测图的最大测距长度

比例尺	最大测距长度(m)	
	地物点	地形点
1∶500	160	300
1∶1000	300	500
1∶2000	450	700
1∶5000	700	1000

2)当采用编码法作业时,宜采用通用编码格式,也可使用软件的自定义功能和扩展功能建立用户的编码系统进行作业。

3)当采用内外业一体化的实时成图法作业时,应实时确立测点的属性、连接关系和逻辑关系等。

4)在建筑密集的地区作业时,对于全站仪无法直接测量的点位,可采用支距法、线交会法等几何作图方法进行测量,并记录相关数据。

(7)当采用手工记录时,观测的水平角和垂直角宜读记至秒,距离宜读记至cm,坐标和高程的计算(或读记)宜精确至 1cm。

(8)全站仪测图,可按图幅施测,也可分区施测。按图幅施测时,每幅图应测出图廓线外 5mm;分区施测时,应测出区域界线外图上 5mm。

(9)对采集的数据应进行检查处理,删除或标注作废数据、重测超限数据、补测错漏数据。对检查修改后的数据,应及时与计算机联机通信,生成原始数据文件并做备份。

2. GPS-RTK 测图

(1)作业前,应搜集下列资料:

1)测区的控制点成果及 GPS 测量资料。

2)测区的坐标系统和高程基准的参数,包括:参考椭球参数,中央子午线经度,纵、横坐标的加常数,投影面正常高,平均高程异常等。

3)WGS-84 坐标系与测区地方坐标系的转换参数及 WGS-84 坐标系的大地高基准与测区的地方高程基准的转换参数。

(2)转换关系的建立,应符合下列规定:

1)基准转换,可采用重合点求定参数(七参数或三参数)的方法进行。

2)坐标转换参数和高程转换参数的确定宜分别进行;坐标转换位置基准应一致,重合点的个数不少于 4 个,且应分布在测区的周边和中部;高程转换可采用拟合高程测量的方法。

3)坐标转换参数也可直接应用测区 GPS 网二维约束平差所计算的参数。

4)对于面积较大的测区,需要分区求解转换参数时,相邻分区应不少于 2 个重合点。

5)转换参数宜采取多种点组合方式分别计算,再进行优选。

(3)转换参数的应用,应符合下列规定:

1)转换参数的应用,不应超越原转换参数的计算所覆盖的范围,且输入参考站点的空间直角坐标,应与求取平面和高程转换参数(或似大地水准面)时所使用的原 GPS 网的空间直角坐标成果相同,否则,应重新求取转换参数。

2)使用前,应对转换参数的精度、可靠性进行分析和实测检查。检查点应分布在测区的中部和边缘。检测结果,平面较差不应大于 5cm,高程较差不应大于 $30\sqrt{D}$ mm(D 为参考站到检查点的距离,单位为 km);超限时,应分析原因并重新建立转换关系。

3)对于地形趋势变化明显的大面积测区,应绘制高程异常等值线图,分析高程异常的变化趋势是否同测区的地形变化相一致。当局部差异较大时,应加强检查,超限时,应进一步精确求定高程拟合方程。

(4)参考站点位的选择,应符合下列规定:

1)应根据测区面积、地形地貌和数据链的通信覆盖范围,均匀布设参考站。

2)参考站站点的地势应相对较高,周围无高度角超过 15°的障碍物和强烈干扰接收卫星信号或反射卫星信号的物体。

3)参考站的有效作业半径,不应超过 10km。

(5)参考站的设置,应符合下列规定:

1)接收机天线应精确对中、整平。对中误差不应大于 5mm;天线高的量取应精确至 1mm。

2)正确连接天线电缆、电源电缆和通信电缆等;接收机天线与电台天线之间的距离,不宜小于 3m。

3)正确输入参考站的相关数据,包括:点名、坐标、高程、天线高、基准参数、坐标高程转换参数等。

4)电台频率的选择,不应与作业区其他无线电通信频率相冲突。

(6)流动站的作业,应符合下列规定:

1)流动站作业的有效卫星数不宜少于 5 个,PDOP 值应小于 6,并应采用固定解成果。

2)正确的设置和选择测量模式、基准参数、转换参数和数据链的通信频率等,其设置应与参考站相一致。

3)流动站的初始化,应在比较开阔的地点进行。

4)作业前,宜检测 2 个以上不低于图根精度的已知点。检测结果与已知成果的平面较差不应大于图上 0.2mm,高程较差不应大于基本等高距的 1/5。

5)作业中,如出现卫星信号失锁,应重新初始化,并经重合点测量检查合格后,方能继续作业。

第七章 地形测量

6)结束前,应进行已知点检查。
7)每日观测结束,应及时转存测量数据至计算机并做好数据备份。
(7)分区作业时,各应测出界线外图上 5mm。
(8)不同参考站作业时,流动站应检测一定数量的地物重合点。点位较差不应大于图上 0.6mm,高程较差不应大于基本等高距的 1/3。
(9)对采集的数据应进行检查处理,删除或标注作废数据、重测超限数据、补测错漏数据。

3. 经纬仪测绘法
(1)碎部点的选择。碎部点的正确选择是保证成图质量和提高测图效率的关键。碎部点应尽量选在地物、地貌的特征点上。

测量地貌时,碎部点应选择在最能反映地貌特征的山脊线、山谷线等地性线上,根据这些特征点的高程勾绘等高线,就能得到与地貌最为相似的图形。

测量地物时,碎部点应选择在决定地物轮廓线上的转折点、交叉点、弯曲点及独立地物的中心点等,如房的角点、道路的转折点、交叉点等。这些点测定之后,将它们连接起来,即可得到与地面物体相似的轮廓图形。由于地物的形状极不规则,故一般规定主要地物凹凸部分在图上大于 0.4mm 均应表示出来。在地形图上小于 0.4mm,可用直线连接。

(2)测绘步骤。
1)安置仪器。如图 7-12 所示,在测站点 A 上安置经纬仪(包括对中、整平),测定竖盘指标差 x(一般应小于 $1'$),量取仪器高 i,设置水平度盘读数为 $0°00'00''$,后视另一控制点 B,则 AB 称为起始方向,记入手簿。

将图板安置在测站近旁,目估定向,以便对照实地绘图。连接图上相应控制点 A、B,并适当延长,得图上起始方向线 AB。然后,用小针通过量角器圆心的小孔插在 A 点,使量角器原心固定在 A 点上。

2)定向。置水平度盘读数为 $0°00'00''$,并后视另一控制点 B,即起始方向 AB 的水平度盘读数为 $0°00'00''$(水平度盘的零方向),此时复测器扳手在上或将度盘变换手轮盖扣紧。

3)立尺。立尺员将标尺依次立在地物或地貌特征点上(如图 7-12 中的 1 点),立尺前,应根据测区范围和实地情况,立尺员、观测员与测量员共同商定跑尺路线,选定立尺点,做到不漏点、不废点,同时立尺员在现场应绘制地形点草图,对各种地物、地貌应分别指定代码,供绘图员参考。

4)观测、记录与计算。观测员将经纬仪瞄准碎部点上的标尺,使中丝读数 v 在 i 值附近,读取视距间隔 KL,然后使中丝读数 v 等于 i 值,再读竖盘读数 L 和水平角 β,记入测量手簿,并依据下列公式计算水平距离 D 与高差 h:

$$D = KL\cos^2\alpha \tag{7-2}$$

$$h = \frac{1}{2}KL\sin 2\alpha + i - v \tag{7-3}$$

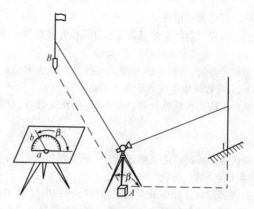

图 7-12　经纬仪测绘法示意图

5) 展绘碎部点。如图 7-13 所示,将量角器底边中央小孔精确对准图上测站 a 点处,并用小针穿过小孔固定量角器圆心位置。转动量角器,使量角器上等于 β 角值的刻划线对准图上的起始方向 ab(相当于实地的零方向 AB),此时量角器的零方向即为碎部点 1 的方向,然后根据测图比例尺按所测得的水平距离 D 在该方向上定出点 1 的位置,并在点的右侧注明其高程。地形图上高程点的注记,字头应朝北。

4. 数字地形图的编辑处理

(1) 数字地形图编辑处理软件的应用,应符合下列规定:

1) 首次使用前,应对软件的功能、图形输出的精度进行全面测试。满足要求和工程需要后,方能投入使用。

2) 使用时,应严格按照软件的操作要求作业。

(2) 观测数据的处理,应符合下列规定:

1) 观测数据应采用与计算机联机通信的方式,转存至计算机并生成原始数据文件;数据量较少时也可采用键盘输入,但应加强检查。

2) 应采用数据处理软件,将原始数据文件中的控制测量数据、地形测量数据和检测数据进行分离(类),并分别进行处理。

3) 对地形测量数据的处理,可增删和修改测点的编码、属性和信息排序等,但不得修改测量数据。

4) 生成等高线时,应确定地性线的走向和断裂线的封闭。

(3) 地形图要素应分层表示。分层的方法和图层的命名对同一工程宜采用统一格式,也可根据工程需要对图层部分属性进行修改。

(4) 使用数据文件自动生成的图形或使用批处理软件生成的图形,应对其进行必要的人机交互式图形编辑。

第七章 地形测量

(5)数字地形图中各种地物、地貌符号、注记等的绘制、编辑,可按纸质地形图的相关要求进行。当不同属性的线段重合时,可同时绘出,并采用不同的颜色分层表示(对于打印输出的纸质地形图可择其主要表示)。

(6)数字地形图的分幅,除满足前述相关规定外,还应满足下列要求:

1)分区施测的地形图,应进行图幅裁剪。分幅裁剪时(或自动分幅裁剪后),应对图幅边缘的数据进行检查、编辑。

2)按图幅施测的地形图,应进行接图检查和图边数据编辑。图幅接边误差应符合规定。

3)图廓及坐标格网绘制,应采用成图软件自动生成。

(7)数字地形图的编辑检查,应包括下列内容:

1)图形的连接关系是否正确,是否与草图一致、有无错漏等。

2)各种注记的位置是否适当,是否避开地物、符号等。

3)各种线段的连接、相交或重叠是否恰当、准确。

4)等高线的绘制是否与地性线协调、注记是否适宜、断开部分是否合理。

5)对间距小于图上 0.2mm 的不同属性线段,处理是否恰当。

6)地形、地物的相关属性信息赋值是否正确。

5. 纸质地形图的绘制

(1)轮廓符号的绘制,应符合下列规定:

1)依比例尺绘制的轮廓符号,应保持轮廓位置的精度。

2)半依比例尺绘制的线状符号,应保持主线位置的几何精度。

3)不依比例尺绘制的符号,应保持其主点位置的几何精度。

(2)居民地的绘制,应符合下列规定:

1)城镇和农村的街区、房屋,均应按外轮廓线准确绘制。

2)街区与道路的衔接处,应留出 0.2mm 的间隔。

(3)水系的绘制,应符合下列规定:

1)水系应先绘桥、闸,其次绘双线河、湖泊、渠、海岸线、单线河,然后绘堤岸、陡岸、沙滩和渡口等。

2)当河流遇桥梁时应中断;单线沟渠与双线河相交时,应将水涯线断开,弯曲交于一点。当两双线河相交时,应互相衔接。

(4)交通及附属设施的绘制,应符合下列规定:

1)当绘制道路时,应先绘铁路,再绘公路及大车路等。

2)当实线道路与虚线道路、虚线道路与虚线道路相交时,应实部相交。

3)当公路遇桥梁时,公路和桥梁应留出 0.2mm 的间隔。

(5)等高线的绘制,应符合下列规定:

1)应保证精度,线划均匀、光滑自然。

2)当图上的等高线遇双线河、渠和不依比例尺绘制的符号时,应中断。

(6)境界线的绘制,应符合下列规定:

1)凡绘制有国界线的地形图,必须符合国务院批准的有关国境界线的绘制规定。

2)境界线的转角处,不得有间断,并应在转角上绘出点或曲折线。

(7)各种注记的配置,应分别符合下列规定:

1)文字注记,应使所指示的地物能明确判读。一般情况下,字头应朝北。道路河流名称,可随现状弯曲的方向排列。各字侧边或底边,应垂直或平行于线状物体。各字间隔尺寸应在 0.5mm 以上;远间隔的也不宜超过字号的 8 倍。注字应避免遮断主要地物和地形的特征部分。

2)高程的注记,应注于点的右方,离点位的间隔应为 0.5mm。

3)等高线的注记字头,应指向山顶或高地,字头不应朝向图纸的下方。

(8)外业测绘的纸质原图,宜进行着墨或映绘,其成图应墨色黑实光润、图面整洁。

(9)每幅图绘制完成后,应进行图面检查和图幅接边、整饰检查,发现问题及时修改。

第五节 地形图的测绘内容

一、一般地区地形测图

(1)一般地区宜采用全站仪或 GPS-RTK 测图,也可采用平板测图。

(2)各类建(构)筑物及其主要附属设施均应进行测绘。居民区可根据测图比例尺大小或用图需要,对测绘内容和取舍范围适当加以综合。临时性建筑可不测。

建(构)筑物宜用其外轮廓表示,房屋外廓以墙角为准。当建(构)筑物轮廓凸凹部分在1:500比例尺图上小于 1mm 或在其他比例尺图上小于 0.5mm 时,可用直线连接。

(3)独立性地物的测绘,能按比例尺表示的,应实测外廓,填绘符号;不能按比例尺表示的,应准确表示其定位点或定位线。

(4)管线转角部分,均应实测。线路密集部分或居民区的低压电力线和通信线,可选择主干线测绘;当管线直线部分的支架、线杆和附属设施密集时,可适当取舍;当多种线路在同一杆柱上时,应择其主要表示。

(5)交通及附属设施,均应按实际形状测绘。铁路应测注轨面高程,在曲线段应测注内轨面高程;涵洞应测注洞底高程。

1:2000 及 1:5000 比例尺地形图,可适当舍去车站范围内的附属设施。小路可选择测绘。

(6)水系及附属设施,宜按实际形状测绘。水渠应测注渠顶边高程;堤、坝应

第七章　地形测量

测注顶部及坡脚高程;水井应测注井台高程;水塘应测注塘顶边及塘底高程。当河沟、水渠在地形图上的宽度小于1mm时,可用单线表示。

(7)地貌宜用等高线表示。崩塌残蚀地貌、坡、坎和其他地貌,可用相应符号表示。山顶、鞍部、凹地、山脊、谷底及倾斜变换处,应测注高程点。露岩、独立石、土堆、陡坎等,应注记高程或比高。

(8)植被的测绘,应按其经济价值和面积大小适当取舍,并应符合下列规定:

1)农业用地的测绘按稻田、旱地、菜地、经济作物地等进行区分,并配置相应符号。

2)地类界与线状地物重合时,只绘线状地物符号。

3)梯田坎的坡面投影宽度在地形图上大于2mm时,应实测坡脚;小于2mm时,可量注比高。当两坎间距在1∶500比例尺地形图上小于10mm、在其他比例尺地形图上小于5mm或坎高小于基本等高距的1/2时,可适当取舍。

4)稻田应测出田间的代表性高程,当田埂宽在地形图上小于1mm时,可用单线表示。

(9)地形图上各种名称的注记,应采用现有的法定名称。

二、城镇建筑区地形测图

(1)城镇建筑区宜采用全站仪测图,也可采用平板测图。

(2)各类的建(构)筑物、管线、交通等及其相应附属设施和独立性地物的测量,应按一般地区地形测图的有关规定。

(3)房屋、街巷的测量,对于1∶500和1∶1000比例尺地形图,应分别实测;对于1∶2000比例尺地形图,小于1m宽的小巷,可适当合并;对于1∶5000比例尺地形图,小巷和院落连片的,可合并测绘。

街区凸凹部分的取舍,可根据用图的需要和实际情况确定。

(4)各街区单元的出入口及建筑物的重点部位,应测注高程点;主要道路中心在图上每隔5cm处和交叉、转折、起伏变换处,应测注高程点;各种管线的检修井,电力线路、通信线路的杆(塔),架空管线的固定支架,应测出位置并适当测注高程点。

(5)对于地下建(构)筑物,可只测量其出入口和地面通风口的位置和高程。

三、水域地形测量

(1)水深测量可采用回声测深仪、测深锤或测深杆等测深工具。测深点定位可采用GPS定位法、无线电定位法、交会法、极坐标法、断面索法等。

测深点宜按横断面布设,断面方向宜与岸线(或主流方向)相垂直。

(2)水深测量方法应根据水下地形状况、水深、流速和测深设备合理选择。测深点的深度中误差,不应超过表7-20的规定。

表 7-20　　　　　　　　　测深点深度中误差

水深范围(m)	测深仪器或工具	流速(m/s)	测点深度中误差(m)
0~4	宜用测深杆	—	0.10
0~10	测深锤	<1	0.15
1~10	测深仪	—	0.15
10~20	测深仪或测深锤	<0.5	0.20
>20	测深仪	—	$H\times 1.5\%$

注:1. H 为水深/m。

2. 水底树林和杂草丛生水域不适合使用回声测探仪。

3. 当精度要求不高、作业特殊困难、用测深锤测深流速大于表中规定或水深大于 20m 时,测点深度中误差可放宽 1 倍。

(3)水域地形测量与陆上地形测量应互相衔接。作业应充分利用岸上经检查合格的控制点;当控制点的密度不能满足工程需要时,应布设适当数量的控制点。

(4)在水下环境不明的区域进行水域地形测量时,必须了解测区的礁石、沉船、水流和险滩等水下情况。作业中,如遇有大风、大浪,应停止水上作业。

(5)水尺的设置应能反映全测区内水面的瞬时变化,并应符合下列规定:

1)水尺的位置,应避开回流、壅水、行船和风浪的影响,尺面应顺流向岸。

2)一般地段 1.5~2.0km 设置一把水尺。山区峡谷、河床复杂、急流滩险河段及海域潮汐变化复杂地段,300~500m 设置一把水尺。

3)河流两岸水位差大于 0.1m 时,应在两岸设置水尺。

4)测区范围不大且水面平静时,可不设置水尺,但应于作业前后测量水面高程。

5)当测区距离岸边较远且岸边水位观测数据不足以反映测区水位时,应增设水尺。

(6)水位观测的技术要求,应符合下列规定:

1)水尺零点高程的联测,不低于图根水准测量的精度。

2)作业期间,应定期对水尺零点高程进行检查。

3)水深测量时的水位观测,宜提前 10min 开始推迟 10min 结束;作业中,应按一定的时间间隔持续观测水尺,时间间隔应根据水情、潮汐变化和测图精度要求合理调整,以 10~30min 为宜;水面波动较大时,宜读取峰、谷的平均值,读数精确至 1cm。

4)当水位的日变化小于 0.2m 时,可于每日作业前后各观测一次水位,取其平均值作为水面高程。

(7)水深测量宜采用有模拟记录的测深仪或具有模拟记录的数字测深仪进行作业,并应符合下列规定:

第七章 地形测量

1)工作电压与额定电压之差,直流电源不应超过 10%,交流电源不应超过 5%。

2)实际转速与规定转速之差不应超出±1%,超出时应加修正。

3)电压与转速调整后,应在深、浅水处作停泊与航行检查,当有误差时,应绘制误差曲线图予以修正。

4)测深仪换能器可安装在距船头 1/3~1/2 船长处,入水深度以 0.3~0.8m 为宜。入水深度应精确量至 1cm。

5)定位中心应与测深仪换能器中心设置在一条垂线上,其偏差不得超过定位精度的 1/3,否则应进行偏心改正。

6)每次测量前后,均应在测区平静水域进行测深比对,并求取测深仪的总改正数。比对可选用其他测深工具进行。对既有模拟记录又有数字记录的测深仪进行检查时,应使数字记录与模拟记录一致,二者不一致时以模拟记录为准。

7)测深过程应实测水温及水中含盐度,并进行深度改正。

8)测量过程中船体前后左右摇摆幅度不宜过大。当风浪引起测深仪记录纸上的回声线波形起伏值,在内陆水域大于 0.3m、海域大于 0.5m 时,宜暂停测深作业。

(8)测深点的水面高程,应根据水位观测值进行时间内插和位置内插,当两岸水位差较大时,还应进行横比降改正。

(9)交会法、极坐标法定位,应符合下列规定:

1)测站点的精度,不应低于图根点的精度。

2)作业中和结束前,均应对起始方向进行检查,其允许偏差,经纬仪应小于 1′,平板仪宜为图上 0.3mm,超限时应予改正。

3)交会法定位的交会角宜控制在 30°~150°之间。

(10)断面索法定位,索长的相对误差应小于 1/200。

(11)无线电定位,应根据仪器的实际精度、测区范围、精度要求及地形特征合理配置岸台;岸台的个数及分布,应满足水域地形测图的需要。

(12)GPS 定位宜采用 GPS-RTK 或 GPS-RTD(DGPS)方式;当定位精度符合工程要求时,也可采用后处理差分技术。定位的主要技术要求,应符合下列规定:

1)参考站点位的选择和设置,应符合规定。

2)船台的流动天线,应牢固地安置在船侧较高处并与金属物体绝缘,天线位置宜与测深仪换能器处于同一垂线上。

3)流动接收机作业的有效卫星数不宜少于 5 个,PDOP 值应小于 6。

4)GPS-RTK 流动接收机的测量模式、基准参数、转换参数和数据链的通信频率等,应与参考站相一致,并应采用固定解成果。

5)每日水深测量作业前、结束后,应将流动 GPS 接收机安置在控制点上进行定位检查;作业中,发现问题应及时进行检验和比对。

6)定位数据与测深数据应同步,否则应进行延时改正。

(13)当采用 GPS-RTK 定位时,也可采用无验潮水深测量方式,但天线高应量至换能器底部并精确至 1cm。

(14)测深过程中或测深结束后,应对测深断面进行检查。检查断面与测深断面宜垂直相交,检查点数不应少于 5%。检查断面与测深横断面相交处,图上 1mm 范围内水深点的深度较差,不应超过表 7-21 的规定。

表 7-21　　　　　　　　　深度检查较差的限差

水深 H(m)	$H \leqslant 20$	$H > 20$
深度检查较差的限差(m)	0.4	$0.02 \times H$

第六节　地形图的修测与编绘

一、地形图的修测

(1)修测前应了解原图施测质量,收集有关资料,并到实地进行踏勘,从而制定修测方案。

(2)对修测图应先检查图廓方格网的变化,当图纸伸缩使方格网实际长度与名义长度之差超过 0.2mm 时,应采用适当方法进行纠正。

(3)修测工作应利用原有的邻近图根点和测有坐标的固定地物点设站进行。

(4)当局部地区地物变动不大时,可利用原有经过校核、位置准确的地物点,进行装测或设站修测。修测后的地物不应再作为修测新地物的依据。

(5)有下列情况之一者,应先补设图根控制点再进行修测:

1)地物变动面积较大或周围地物关系控制不足。

2)补测新建的住宅楼群或独立的高大建筑物。

3)修测丘陵地、山地及高山地的地貌。

(6)修测平地高程点宜从邻近的高程控制点引测;局部地区的少量高程点,也可利用三个固定的高程点作为依据进行补测,其高程较差不得超过 10cm,并取用平均值。

(7)地形图的修测,应符合下列规定:

1)新测地物与原有地物的间距中误差,不得超过图上 0.6mm。

2)地形图的修测方法,可采用全站仪测图法和支距法等。

3)当原有地形图图式与现行图式不符时,应以现行图式为准。

4)地物修测的连接部分,应从未变化点开始施测;地貌修测的衔接部分应施测一定数量的重合点。

5) 除对已变化的地形、地物修测外,还应对原有地形图上已有地物、地貌的明显错误或粗差进行修正。
6) 修测完成后,应按图幅将修测情况作记录,并绘制略图。
(8) 纸质地形图的修测,宜将原图数字化再进行修测;如在纸质地形图上直接修测,应符合下列规定:
1) 修测时宜用实测原图或与原图等精度的复制图。
2) 当纸质图图廓伸缩变形不能满足修测的质量要求时,应予以修正。
3) 局部地区地物变动不大时,可利用经过校核、位置准确的地物点进行修测。使用图解法修测后的地物不应再作为修测新地物的依据。

二、地形图的编绘

(1) 地形图的编绘,应选用内容详细、现势性强、精度高的已有资料,包括图纸、数据文件、图形文件等进行编绘。
(2) 编绘图应以实测图为基础进行编绘,各种专业图应以地形图为基础结合专业要求进行编绘;编绘图的比例尺不应大于实测图的比例尺。
(3) 地形图编绘作业,应符合下列规定:
1) 原有资料的数据格式应转换成同一数据格式。
2) 原有资料的坐标、高程系统应转换成编绘图所采用的系统。
3) 地形图要素的综合取舍,应根据编绘图的用途、比例尺和区域特点合理确定。
4) 编绘图应采用现行图式。
5) 编绘完成后,应对图的内容、接边进行检查,发现问题应及时修改。

第七节 地形图的识读与应用

一、地形图的识读

1. 图廓外的注记识读

根据图外的注记,了解图名、编号、图的比例尺、所采用的坐标和高程系统、图的施测时间等内容,确定图幅所在位置,图幅所包括的长、宽和面积等,根据施测时间可以确定该图幅是否能全面反映现实状况,是否需要修测与补测等。

2. 地貌和地物的识读

地物和地貌是地形图阅读的重要事项。读图时应先了解和记住部分常用的地形图图式,熟悉各种符号的确切含义,掌握地物符号的分类;要能根据等高线的特性及表示方法判读各种地貌,将其形象化、立体化;读图时应当纵观全局,仔细阅读地形图上的地物,如控制点、居民点、交通路线、通讯设备、农业状况和文化设施等,了解这些地物的分布、方向、面积及性质。

二、地形图的应用

1. 在图上确定某点坐标

在大比例尺地形图上画有 10cm×10cm 的坐标方格网,并在图廓西、南边上注有方格的纵横坐标值,如图 7-13 所示,要求 p 点的平面直角坐标(x_p, y_p),可先将 p 点所在坐标方格网用直线连接,得正方形 $abcd$,过 p 点分别作平行于 x 轴和 y 轴的两条直线 mn 和 kl,然后用分规截取 ak 和 an 的图上长度,再依比例尺算出 ak 和 an 的实地长度值。

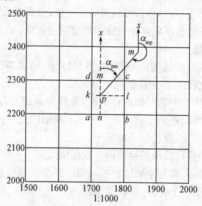

图 7-13 地形基本应用示意图(一)

设算出 $ak=520\text{m}, an=260\text{m}$,则 p 点的坐标为:

$$x_p = x_a + ak = 2200 + 520 = 2720\text{m}$$
$$y_p = y_a + an = 1700 + 260 = 1960\text{m}$$

为了检核,还应量出 dk 和 bn 的长度。如果考虑到图纸伸缩的影响,可按内插法计算:

$$x_p = x_a + (10/ad) \times ak$$
$$y_p = y_a + (10/ad) \times an \tag{7-4}$$

2. 在图上确定某点的高程

地形图上任一点的高程,可以根据等高线及高程标记来确定,如图 7-14 所示,如果某点 A 正好在等高线上,则其高程与所在的等高线高程相同,即 $H_A=104.0\text{m}$。如果所求点不在等高线上,如图 7-14 中的 B 点,而位于 106m 和 108m 两条等高线之间,则可过 B 点作一条大致垂直于相邻等高线的线段 mn,量取 mn 的长度,再量取 mB 的长度,若分别为 9.5mm 和 3mm,已知等高距 $h=2\text{m}$,则 B 点的高程 H_B 可按比例内插求得:

$$H_B = H_m + \frac{mB}{mn} \cdot h = 106 + \frac{3}{9.5} \times 2 = 106.6\text{m} \tag{7-5}$$

第七章 地形测量

在图上求某点的高程时,通常可以根据相邻两等高线的高程目估确定。例如图 7-14 中 mB 约为 mn 的 3/10,故 B 点高程可估计为 106.6m。因为,《工程测量规范》(GB 50026—2007)中规定,在平坦地区等高线的高程中误差不应超过 1/3 等高距;丘陵地区不应超过 1/2 等高距;山地不应超过 2/3 等高距,高山地不应超过一个等高距。也就是说,如果等高距为 1m,则平坦地区等高线本身的高程误差允许到 0.3m,丘陵地区为 0.5m,山地为 0.67m,高山地可达 1m。显然,所求高程精度低于等高线本身的精度,而目估误差与此相比,是微不足道的。所以,用目估确定点的高程是可行的。

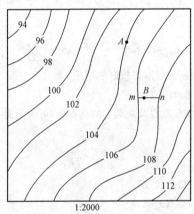

图 7-14 地形图基本应用示意图(二)

3. 在图上确定两点间的距离

(1)直接量测。用卡规在图上直接卡出线段长度,再与图示比例尺比量,即可得其水平距离。也可以用毫米尺量取图上长度并按比例尺换算为水平距离,但后者会受图纸伸缩的影响,误差相应较大。但图纸上绘有图示比例尺时,用此方法较为理想。

(2)根据直线两端点的坐标计算水平距离。为了消除图纸变形和量测误差的影响,尤其当距离较长时,可用两点的坐标计算距离,以提高精度。如图 7-14 所示,欲求直线 mn 的水平距离,首先按式(7-4)求出两点的坐标值 x_m、y_m 和 x_n、y_n,然后按下式计算水平距离

$$D_{mn} = \sqrt{(x_n - x_m)^2 + (y_n - y_m)^2} \tag{7-6}$$

4. 在图上确定某直线的坐标方位角

如图 7-14 所示,欲求图上直线 mn 的坐标方位角,有下列两种方法。

(1)图解法。当精度要求不高时,可用图解法用量角器在图上直接量取坐标

方位角。如图所示,先过 m、n 两点分别精确地作坐标方格网纵线的平行线,然后用量角器的中心分别对中 m、n 两点量测直线 mn 的坐标方位角 α'_{nm} 和 nm 的坐标方位角 α'_{nm}。

同一直线的正、反坐标方位角之差为 $180°$,所以可按下式计算

$$\alpha_{mn} = \frac{1}{2}(\alpha'_{nm} + \alpha'_{nm} \pm 180°) \tag{7-7}$$

上述方法中,通过量测其正、反坐标方位角取平均值是为了减小量测误差,提高量测精度。

(2)解析法。先求出 m、n 两点的坐标,然后再按下式计算直线 mn 的坐标方位角

$$\alpha_{mn} = \arctan\frac{x_n - y_m}{x_n - x_m} = \arctan\frac{\Delta y_{mn}}{\Delta x_{mn}} \tag{7-8}$$

当直线较长时,解析法可取得较好的结果。

5. 在图上确定直线的坡度

在图上求得直线的长度以及两端点的高程后,可按下式计算该直线的平均坡度 i。

$$i = \frac{h}{dM} = \frac{h}{D} \tag{7-9}$$

式中　d——指图上量得的长度;

　　　h——指直线两端点的高差;

　　　M——指地形图比例尺分母;

　　　D——指该直线的实地水平距离。

坡度通常用千分率或百分率表示,"＋"为上坡,"－"为下坡。

第八节　地形图在工程建设中的应用

一、按预定方向绘制纵断面图

如图 7-15(a)所示,欲沿地形图上 AB 方向绘制断面图,可首先在绘图纸或方格纸上绘制 AB 水平线,如图 7-15(b),过 A 点作 AB 的垂线作为高程轴线。然后在地形图上用卡规自 A 点分别卡出 M 点至 1、2、3……B 各点的水平距离,并分别在图 7-15 上自 A 点沿 AB 方向截出相应的 1、2……B 等点。再在地形图上读取各点的高程,按高程比例尺向上作垂线。最后,用光滑的曲线将各高程顶点连接起来,即得 AB 方向的纵断面图。

纵断面图是显示沿指定方向地球表面起伏变化的剖面图。在各种线路工程设计中,为了进行填挖土(石)方量的概算、以及合理地确定线路的纵坡等,都需要

第七章 地形测量

了解沿线路方向的地面起伏情况,而利用地形图绘制沿指定方向的纵断面图最为简便,因而得到广泛应用。

二、在地形图上按限制坡度选择最短线路

如图 7-16 所示,设从 M 点到高地 N 点要选择一条路线,要求其坡度不大于 5%(限制坡度)。设计用的地形图比例尺为 1∶2000,等高距为 1m。为了满足限制坡度的要求,根据公式计算出该路线经过相邻等高线之间的最小水平距离 d 为

$$d=\frac{h}{i \cdot M}=\frac{1}{0.05 \times 2000}=0.01\text{m}=1\text{cm}$$

于是,以 M 点为圆心,以 d 为半径画弧交 81m 等高线于点 1,再以点 1 为圆心,以 d 为半径画弧,交 82m 等高线于点 2,依此类推,直到 N 点附近为止。然后连接 A、1、2……N,便在图上得到符合限制坡度的路线。这只是 M 到 N 点的路线之一,为了便于选线比较,还需另选一条路线,如 A、$1'$、$2'$……N。同时考虑其他因素,如少占或不占农田,建筑费用最少,避开不良地质等进行修改,以便确定线路的最佳方案。

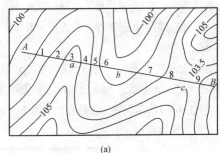

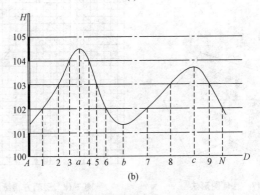

图 7-15 按预定方向绘制纵断面图

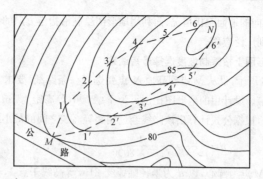

图 7-16 按限制坡度选择最短线路示意图

三、量算图形面积

1. 几何图形法

如图 7-17 所示,如果图形是由直线连接而成的闭合多边形,则可将多边形分割成若干个三角形或梯形,利用三角形或梯形计算面积的公式计算出各简单图形的面积,最后求得各简单图形的面积总和即为多边形的面积。

2. 透明方格网法

如图 7-18 所示,对于曲线包围的不规则图形,可利用绘有边长为 1mm(或 2mm)正方形格网的透明纸蒙在图纸上,统计出图形所围的方格整数格和不完整格数,一般将不完整格作半格计,从而算出图形在地形图上的面积,最后依据地形图比例尺计算出该图形的实地面积。

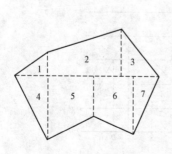

图 7-17 几何图形法

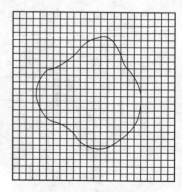

图 7-18 透明方格纸法

第七章 地形测量

3. 平行线法

如图 7-19 所示,利用绘有间隔 h 为 1mm 或 2mm 平行线的透明纸,覆盖在地形图上,则图形被分割成许多高为 h 的等高近似梯形,再量测各梯形的中线 l(图 9-19 中虚线)的长度,则该图形面积为:

$$S = h \sum l_i \qquad (7\text{-}10)$$

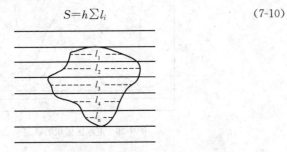

图 7-19 平行线法

式中 h——近似梯形的高;
l_i——各方格的中线长。

最后将图上面积 S 依比例尺换算成实地面积。

4. 求积仪法

求积仪是一种专门供图上量算面积的仪器,其优点是操作简便、速度快、适用于任意曲线图形的面积量算,且能保证一定的精度。

使用数字求积仪进行面积测量时,先将欲测面积的地形图水平放置,并试放仪器在图形轮廓的中间偏左处,使跟踪臂的描迹镜上下移动时,能达到图形轮廓线的上下顶点,并使动极轴与跟踪臂大致垂直,然后在图形轮廓线上标记起点,测量时,先打开电源开关,用手握住跟踪臂描迹镜,使描迹镜中心点对准起点,按下 STAR 键后沿图形轮廓线顺时针方向移动,准确地跟踪一周后回到起点,再按 A-VER 键,则显示器显示出所测量图形的面积值。若想得到实际面积值,测量前可选择平方米(m^2)或平方千米(km^2),并将比例尺分母输入计算器,当测量一周回到起点时,可得所测图形的实地面积。

四、确定汇水区面积

山脊线又称为分水线,即落在山脊上的雨水必然要向山脊两旁流下。根据这种原理,只要将某地区的一些相邻山脊线连接起来就构成汇水面积的界线,它所包围的面积就称为汇水面积。如图 7-20 所示,由山脊线 AB、BC、CD、DE、EA 所围成的面积就是汇水面积。

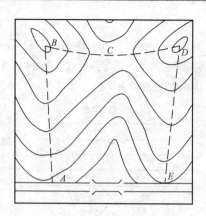

图 7-20 汇水区面积的确定

五、根据地形图平整场地

1. 设计成水平场地

如图 7-21 为一幅 1∶1000 比例尺的地形图,假设要求将原地貌按挖填土方量平衡的原则改造成平面,其步骤如下:

(1)绘制方格网,并求出各方格点的地面高。

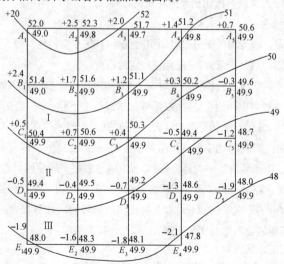

图 7-21 水平场地平整示意图

(2)计算设计高程。

第七章　地形测量

1)先将每一方格顶点的高程加起来除以 4,得到各方格的平均高程,再把每个方格的平均高程相加除以方格总数,就得到设计高程 $H_{设}$,即:

$$H_{设} = \frac{H_1 + H_2 + \cdots + H_i}{H} \tag{7-11}$$

式中　H_i——每一方格的平均高程;
　　　n——方格总数。

2)从设计高程 $H_{设}$ 的计算方法和图 7-22 可以看出:方格网的角点 A_1、A_5、D_5、E_4、E_1 的高程只用了一次,边点 A_2、A_3、A_4、B_1、B_5、C_1、C_5、D_1、E_2、E_3 点的高程用了两次,拐点 D_4 的高程用了三次,而中间点 B_2、B_3、B_4、C_2、C_3、C_4、D_2、D_3 点的高程都用了四次,若以各方格点对 $H_{设}$ 的影响大小(实际上就是各方格点控制面积的大小)作为"权"的标准,如把用过 i 次的点的权定为 i,则设计高程的计算公式可写为:

$$H_{设} = \frac{\sum P_i H_i}{\sum P_i} \tag{7-12}$$

式中　P_i——相应各方格点 i 的权。

(3)计算挖、填数值。根据设计高程和各方格顶点的高程,可以计算出每一方格顶点的挖、填高度,即

$$挖、填高度 = 地面高程 - 设计高程 \tag{7-13}$$

将图中各方格顶点的挖、填高度写于相应方格顶点的左上方,如 $+2.1$、-0.7 等。正号为挖深,负号为填高。

(4)绘出挖、填边界线。在地形图上根据等高线,用目估法内插出高程为 49.9m 的高程点,即填挖边界点,叫零点。连接相邻零点的曲线称为填挖边界线。在填挖边界线一边为填方区域,另一边为挖方区域。零点和填挖边界线是计算土方量和施工的依据。

(5)计算挖、填土(石)方量。计算填、挖土(石)方量有两种情况:一种是整个方格全填(或挖)方,如图中方格Ⅰ、Ⅲ;另一种是既有挖方,又有填方的方格,如图中的Ⅱ。

2. 设计成一定坡度的倾斜地面

(1)绘制方格网,并求出各方格点的地面高程。与设计成水平场地同法绘制方格网,并将各方格点的地面高程注于图上。图 7-22 中方格边长为 20m。

(2)根据挖、填平衡的原则,确定场地重心点的设计高程。根据填挖土(石)方量平衡,按式(7-12)计算整个场地几何图形重心点的高程为设计高程。用图 7-22 中数据计算 $H_{设} = 80.26\text{m}$。

(3)确定方格点设计高程。重心点及设计高程确定以后,根据方格点间距和设计坡度,自重心点起沿方格方向,向四周推算各方格点的设计高程。

(4)确定挖、填边界线。在地形图上首先确定填挖零点。连接相邻零点的曲

线,称为填挖边界线。在填挖边界线一边为填方区域,另一边为挖方区域。零点和填挖边界线是计算土方量和施工的依据。

(5)计算方格点挖、填数值。根据图7-22中地面高程与设计高程值,按式(7-13)计算各方格点挖、填数值,并注于相应点的左上角。

(6)计算挖、填方量。根据方格点的填、挖数,可按上述方法,确定填挖边界线,并分别计算各方格内的填、挖方量及整个场地的总填、挖方量。

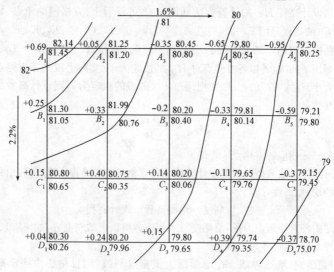

图7-22 倾斜场地平整示意图

第八章 控制测量

第一节 控制测量基础

一、平面控制测量

(1)平面控制网的建立,可采用卫星定位测量、导线测量、三角形网测量等方法。

(2)平面控制网精度等级的划分,卫星定位测量控制网依次为二、三、四等和一、二级,导线及导线网依次为三、四等和一、二、三级,三角形网依次为二、三、四等和一、二级。

(3)平面控制网的布设,应遵循下列原则:

1)首级控制网的布设,应因地制宜,且适当考虑发展;当与国家坐标系统联测时,应同时考虑联测方案。

2)首级控制网的等级,应根据工程规模、控制网的用途和精度要求合理确定。

3)加密控制网,可越级布设或同等级扩展。

(4)平面控制网的坐标系统,应在满足测区内投影长度变形不大于2.5cm/km 的要求下,作下列选择:

1)采用统一的高斯投影 3°带平面直角坐标系统。

2)采用高斯投影 3°带,投影面为测区低偿高程面或测区平均高程面的平面直角坐标系统;或任意带,投影面为 1985 国家高程基准面的平面直角坐标系统。

3)小测区或有特殊精度要求的控制网,可采用独立坐标系统。

4)在已有平面控制网的地区,可沿用原有的坐标系统。

5)厂区内可采用建筑坐标系统。

二、高程控制测量

(1)高程控制测量精度等级的划分,依次为二、三、四、五等。各等级高程控制宜采用水准测量,四等及以下等级可采用电磁波测距三角高程测量,五等也可采用 GPS 拟合高程测量。

(2)首级高程控制网的等级,应根据工程规模、控制网的用途和精度要求合理选择。首级网应布设成环形网,加密网宜布设成附合路线或结点网。

(3)测区的高程系统,宜采用 1985 国家高程基准。在已有高程控制网的地区测量时,可沿用原有的高程系统;当小测区联测有困难时,也可采用假定高程系统。

(4)高程控制点间的距离,一般地区应为1~3km,工业厂区、城镇建筑区宜小于 1km。但一个测区及周围至少应有 3 个高程控制点。

第二节 平面控制测量

一、导线测量

1. 导线布设形式

(1)闭合导线。如图 8-1 所示,从一个已知点 B 出发,经过若干个导线点 1、2、3、4,又回到原已知点 B 上,形成一个闭合多边形,称为闭合导线。

(2)附合导线。如图 8-2 所示,从一个已知点 B 和已知方向 AB 出发,经过若干个导线点 1、2、3,最后附合到另一个已知点 C 和已知方向 CD 上,称为附合导线。

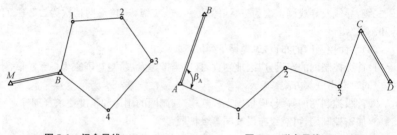

图 8-1 闭合导线　　　　图 8-2 附合导线

(3)支导线。如图 8-3 所示,导线从一个已知点出发,经过 1~2 个导线点既不回到原已知点上,又不附合到另一已知点上,称为支导线。由于支导线无检核条件,故导线点不宜超过 2 个。

(4)无定向附合导线。如图 8-4 所示,由一个已知点 A 出发,经过若干个导线点 1、2、3,最后附合到另一个已知点 B 上,但起始边方位角不知道,且起、终两点 A、B 不通视,只能假设起始边方位角,这样的导线称为无定向附合导线。其适用于狭长地区。

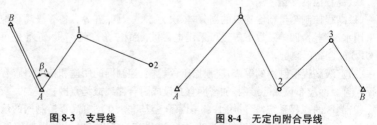

图 8-3 支导线　　　　图 8-4 无定向附合导线

2. 导线测量的技术要求

(1)各等级导线测量的主要技术要求应符合表 8-1 的规定。

第八章 控制测量

表 8-1　　　　　　　　导线测量的主要技术要求

等级	导线长度 (km)	平均边长 (km)	测角中误差 (″)	测距中误差 (mm)	测距相对中误差	测回数 1″级仪器	测回数 2″级仪器	测回数 6″级仪器	方位角闭合差 (″)	导线全长相对闭合差
三等	14	3	1.8	20	1/150000	6	10	—	$3.6\sqrt{n}$	≤1/55000
四等	9	1.5	2.5	18	1/80000	4	6	—	$5\sqrt{n}$	≤1/35000
一级	4	0.5	5	15	1/30000	—	2	4	$10\sqrt{n}$	≤1/15000
二级	2.4	0.25	8	15	1/14000	—	1	3	$16\sqrt{n}$	≤1/10000
三级	1.2	0.1	12	15	1/7000	—	1	2	$24\sqrt{n}$	≤1/5000

注：1. 表中 n 为测站数。

　　2. 当测区测图的最大比例尺为 1∶1000 时，一、二、三级导线的导线长度、平均边长可适当放长，但最大长度不应大于表中规定相应长度的 2 倍。

（2）当导线平均边长较短时，应控制导线边数不超过表 8-1 相应等级导线长度和平均边长算得的边数；当导线长度小于表 8-1 规定长度的 1/3 时，导线全长的绝对闭合差不应大于 13cm。

（3）导线网中，结点与结点、结点与高级点之间的导线段长度不应大于表 8-1 中相应等级规定长度的 0.7 倍。

3. 导线测量的外业

（1）踏勘选点。在去测区踏勘选点之前，先到有关部门收集原有地形图，高一级控制点的坐标和高程。以及这些已知点的位置详图。在原有地形图上拟定导线网布设的初步方案，然后到实地踏勘修改并确定导线点位。

1）导线网的布设应符合下列规定：
①导线网用作测区的首级控制时，应布设成环形网，且宜联测 2 个已知方向。
②加密网可采用单一附合导线或结点导线网形式。
③结点间或结点与已知点间的导线段宜布设成直伸形状，相邻边长不宜相差过大，网内不同环节上的点也不宜相距过近。

2）导线点位的选定，应符合下列规定：
①点位应选在土质坚实、稳固可靠、便于保存的地方，视野应相对开阔，便于加密、扩展和寻找。
②相邻点之间应通视良好，其视线距障碍物的距离，三、四等不宜小于 1.5m；四等以下宜保证便于观测，以不受旁折光的影响为原则。
③当采用电磁波测距时，相邻点之间视线应避开烟囱、散热塔、散热池等发热体及强电磁场。
④相邻两点之间的视线倾角不宜过大。

⑤充分利用旧有控制点。
⑥导线点应有足够的密度,分布要均匀,便于控制整个测区。
⑦导线边长应大致相等,尽量避免相邻边长相差悬殊,以保证和提高测角精度。

(2)距离测量。

1)一级及以上等级控制网的边长,应采用中、短程全站仪或电磁波测距仪测距,一级以下也可采用普通钢尺量距。

2)测距仪器的标称精度,按式(8-1)表示。

$$m_D = a + b \times D \tag{8-1}$$

式中 m_D——测距中误差(mm);
a——标称精度中的固定误差(mm);
b——标称精度中的比例误差系数(mm/km);
D——测距长度(km)。

3)测距仪器及相关的气象仪表,应及时校验。当在高海拔地区使用空盒气压表时,宜送当地气象台(站)校准。

4)各等级控制网边长测距的主要技术要求,应符合表 8-2 的规定。

表 8-2 测距的主要技术要求

平面控制网等级	仪器精度等级	每边测回数 往	每边测回数 返	一测回读数较差 (mm)	单程各测回较差 (mm)	往返测距较差 (mm)
三等	5mm级仪器	3	3	≤5	≤7	≤2(a+b×D)
三等	10mm级仪器	4	4	≤10	≤15	≤2(a+b×D)
四等	5mm级仪器	2	2	≤5	≤7	≤2(a+b×D)
四等	10mm级仪器	3	3	≤10	≤15	≤2(a+b×D)
一级	10mm级仪器	2	—	≤10	≤15	—
二、三级	10mm级仪器	1	—	≤10	≤15	—

注:1. 测回是指照准目标一次,读数 2~4 次的过程。
2. 困难情况下,边长测距可采取不同时间段测量代替往返观测。

5)测距作业,应符合下列规定:

①测站对中误差和反光镜对中误差不应大于 2mm。

②当观测数据超限时,应重测整个测回,如观测数据出现分群时,应分析原因,采取相应措施重新观测。

③四等及以上等级控制网的边长测量,应分别量取两端点观测始末的气象数据,计算时应取平均值。

④测量气象元素的温度计宜采用通风干湿温度计,气压表宜选用高原型空盒

第八章 控制测量

气压表;读数前应将温度计悬挂在离开地面和人体 1.5m 以外阳光不能直射的地方,且读数精确至 0.2℃;气压表应置平,指针不应滞阻,且读数精确至 50Pa。

⑤当测距边用电磁波测距三角高程测量方法测定的高差进行修正时,垂直角的观测和对向观测高差较差要求,可按五等电磁波测距三角高程测量的有关规定放宽 1 倍执行。

6)普通钢尺量距的主要技术要求,应符合表 8-3 的规定。

表 8-3　　　　　　　普通钢尺量距的主要技术要求

等级	边长量距较差相对误差	作业尺数	量距总次数	定线最大偏差(mm)	尺段高差较差(mm)	读定次数	估读值至(mm)	温度读数值至(℃)	同尺各次或同段various尺的较差(mm)
二级	1/20000	1~2	2	50	≤10	3	0.5	0.5	≤2
三级	1/10000	1~2	2	70	≤10	2	0.5	0.5	≤3

注:1. 最距边长应进行温度、坡度和尺长改正。
　　2. 当检定钢尺时,其相对误差不应大于 1/100000。

(3)水平角观测。

1)水平角观测所使用的全站仪、电子经纬仪和光学经纬仪,应符合下列相关规定:

①照准部旋转轴正确性指标:管水准器气泡或电子水准器长气泡在各位置的读数较差,1″级仪器不应超过 2 格,2″级仪器不应超过 1 格,6″级仪器不应超过 1.5 格。

②光学经纬仪的测微器行差及隙动差指标:1″级仪器不应大于 1″,2″级仪器不应大于 2″。

③水平轴不垂直于垂直轴之差指标:1″级仪器不应超过 10″,2″级仪器不应超过 15″,6″级仪器不应超过 20″。

④补偿器的补偿要求,在仪器补偿器的补偿区间,对观测成果应能进行有效补偿。

⑤垂直微动旋转使用时,视准轴在水平方向上不产生偏移。

⑥仪器的基座在照准部旋转时的位移指标:1″级仪器不应超过 0.3″,2″级仪器不应超过 1″,6″级仪器不应超过 1.5″。

⑦光学(或激光)对中器的视轴(或射线)与竖轴的重合度不应大于 1mm。

2)水平角观测宜采用方向观测法,并符合下列规定:

①方向观测法的技术要求,不应超过表 8-4 的规定。

②当观测方向不多于 3 个时,可不归零。

③当观测方向多于 6 个时,可进行分组观测。分组观测应包括两个共同方向

(其中一个为共同零方向)。其两组观测角之差,不应大于同等级测角中误差的 2 倍。分组观测的最后结果,应按等权分组观测进行测站平差。

④各测回间应配置度盘。

⑤水平角的观测值应取各测回的平均数作为测站成果。

表 8-4　　　　　　　水平角方向观测法的技术要求

等级	仪器精度等级	光学测微器两次重合读数之差(″)	半测回归零差(″)	一测回内 2C 互差(″)	同一方向值各测回较差(″)
四等及以上	1″级仪器	1	6	9	6
	2″级仪器	3	8	13	9
一级及以下	2″级仪器	—	12	18	12
	6″级仪器	—	18		24

注:1. 全站仪、电子经纬仪水平角观测时不受光学测微器两次重合读数之差指标的限制。

2. 当观测方向的垂直角超过±3°的范围时,该方向 2C 互差可按相邻测回同方向进行比较,其值应满足表中一测回内 2C 互差的限值。

3) 三、四等导线的水平角观测,当测站只有两个方向时,应在观测总测回中以奇数测回的度盘位置观测导线前进方向的左角,以偶数测回的度盘位置观测导线前进方向的右角。左右角的测回数为总测回数的一半。但在观测右角时,应以左角起始方向为准变换度盘位置,也可用起始方向的度盘位置加上左角的概值在前进方向配置度盘。

左角平均值与右角平均值之和与 360°之差,不应大于表 8-4 中相应等级导线测角中误差的 2 倍。

4) 水平角观测的测站作业,应符合下列规定:

①仪器或反光镜的对中误差不应大于 2mm。

②水平角观测过程中,气泡中心位置偏离整置中心不宜超过 1 格。四等及以上等级的水平角观测,当观测方向的垂直角超过±3°的范围时,宜在测回间重新整置气泡位置。有垂直轴补偿器的仪器,可以受此款的限制。

③如受外界因素(如震动)的影响,仪器的补偿器无法正常工作或超出补偿器的补偿范围时,应停止观测。

④当测站或照准目标偏心时,应在水平角观测前或观测后测定归心元素。测定时,投影示误三角形的最长边,对于标石、仪器中心的投影不应大于 5mm,对于

第八章 控制测量

照准标志中心的投影不应大于10mm。投影完毕后，除标石中心外，其他各投影中心均应描绘两个观测方向。角度元素应量至15′，长度元素应量至1mm。

5)水平角观测误差超限时，应在原来度盘位置上重测，并应符合下列规定：

①一测回内2C互差或同一方向值各测回较差超限时，应重测超限方向，并联测零方向。

②下半测回归零差或零方向的2C互差超限时，应重测该测回。

③若一测回中重测方向数超过总方向数的1/3时，应重测该测回。当重测的测回数超过总测回数的1/3时，应重测该站。

6)首级控制网所联测的已知方向的水平角观测，应按首级网相应等级的规定执行。

(4)联测。如图8-5所示，导线与高级控制网连接时，需观测连接角 $\beta_A\beta_1$ 和连接边 D_{A1} ，用于传递坐标方位角和坐标。若测区及附近无高级控制点，在经过主管部门同意后，可用罗盘仪观测导线起始边的方位角，并假定起始点的坐标为起算数据。

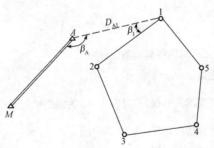

图 8-5 联测示意图

4.导线测量的内业计算

(1)导线测量数据处理。

1)当观测数据中含有偏心测量成果时，应首先进行归心改正计算。

2)水平距离计算，应符合下列规定：

①测量的斜距，须经气象改正和仪器的加、乘常数改正后才能进行水平距离计算。

②两点间的高差测量，宜采用水准测量。当采用电磁波测距三角高程测量时，其高差应进行大气折光改正和地球曲率改正。

③水平距离可按式(8-2)计算：

$$D_p = \sqrt{S^2 - h^2} \tag{8-2}$$

式中　D_p——测线的水平距离(m)；
　　　S——经气象及加、乘常数等改正后的斜距(m)；
　　　h——仪器的发射中心与反光镜的反射中心之间的高差(m)。

3)导线网水平角观测的测角中误差，应按式(8-3)计算：

$$m_\beta = \sqrt{\frac{1}{N}\left[\frac{f_\beta f_\beta}{n}\right]} \tag{8-3}$$

式中　f_β——导线环的角度闭合差或附合导线的方位角闭合差(″)；
　　　n——计算 f_β 时的相应测站数；
　　　N——闭合环及附合导线的总数。

4)测距边的精度评定，应按式(8-4)和式(8-5)计算；当网中的边长相差不大时，可按式(8-6)计算网的平均测距中误差。

①单位权中误差：

$$\mu = \sqrt{\frac{[Pdd]}{2n}} \tag{8-4}$$

式中　d——各边往、返测的距离较差(mm)；
　　　n——测距边数。
　　　P——各边距离的先验权，其值为 $\frac{1}{\sigma_D^2}$，σ_D 为测距的先验中误差，可按测距仪器的标称精度计算。

②任一边的实际测距中误差：

$$m_{Di} = \mu\sqrt{\frac{1}{P_i}} \tag{8-5}$$

式中　m_{Di}——第 i 边的实际测距中误差(mm)；
　　　P_i——第 i 边距离测量的先验权。

③网的平均测距中误差：

$$m_{Di} = \sqrt{\frac{[dd]}{2n}} \tag{8-6}$$

式中　$m_D i$——平均测距中误差(mm)。

5)测距边长度的归化投影计算，应符合下列规定：
①归算到测区平均高程面上的测距边长度，应按式(8-7)计算：

第八章 控制测量

$$D_H = D_p \left(1 + \frac{H_p - H_m}{R_A}\right) \tag{8-7}$$

式中 D_H——归算到测区平均高程面上的测距边长度(m);

D_p——测线的水平距离(m);

H_p——测区的平均高程(m);

H_m——测距边两端点的平均高程(m);

R_A——参考椭球体在测距边方向法截弧的曲率半径(m)。

② 归算到参考椭球面上的测距边长度,应按式(8-8)计算:

$$D_0 = D_p \left(1 - \frac{H_m + h_m}{R_A + H_m + h_m}\right) \tag{8-8}$$

式中 D_0——归算到参考椭球面上的测距边长度(m);

h_m——测区大地水准面高出参考椭球面的高差(m)。

③ 测距边在高斯投影面上的长度,应按式(8-9)计算:

$$D_g = D_0 \left(1 + \frac{y_m^2}{2R_m^2} + \frac{\Delta y^2}{24R_m^2}\right) \tag{8-9}$$

式中 D_g——测距边在高斯投影面上的长度(m);

y_m——测距边两端点横坐标的平均值(m);

R_m——测距边中点处在参考椭球面上的平均曲率半径(m);

Δy——测距边两端点横坐标的增量(m)。

6) 一级及以上等级的导线网计算,应采用严密平差法;二、三级导线网,可根据需要采用严密或简化方法平差。当采用简化方法平差时,成果表中的方位角和边长应采用坐标反算值。

7) 平差后的精度评定,应包含有单位权中误差、点位误差椭圆参数或相对点位误差椭圆参数、边长相对中误差或点位中误差等。当采用简化平差时,平差后的精度评定,可作相应简化。

8) 内业计算中数字取位,应符合表 8-5 的规定。

表 8-5　　　　　　内业计算中数字取位要求

等级	观测方向值及各项修正数(″)	边长观测值及各项修正数(m)	边长与坐标(m)	方位角(″)
三、四等	0.1	0.001	0.001	0.1
一级及以下	1	0.001	0.001	1

(2) 闭合导线的计算。图 8-6 所示的闭合导线为例,介绍闭合导线内业计算的步骤,具体运算过程及结果参见表 8-6。

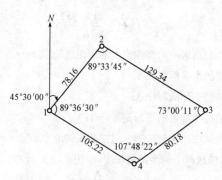

图 8-6 闭合导线草图

计算之前,首先将导线草图中的点号、角度的观测值、边长的量测值以及起始边的方位角、起始点的坐标等填入"闭合导线坐标计算表"中,见表 8-6 中的第 1 栏、第 2 栏、第 6 栏、第 5 栏的第一项、第 13、14 栏的第一项所示。然后按以下步骤进行计算:

1)角度闭合差的计算与调整。闭合导线在几何上是一个 n 边形,其内角和的理论值为:

$$\sum \beta_{\text{理}} = (n-2) \times 180° \tag{8-10}$$

但在实际观测过程中,由于存在着误差,使实测的多边形的内角和不等于上述的理论值,二者的差值称为闭合导线的角度闭合差,习惯以 f_β 表示。即有:

$$f_\beta = \sum \beta_{\text{测}} - \sum \beta_{\text{理}} = \sum \beta_{\text{测}} - (n-2) \times 180° \tag{8-11}$$

式中 $\sum \beta_{\text{理}}$——转折角的理论值;

$\sum \beta_{\text{测}}$——转折角的外业观测值。

如果 $f_\beta > f_{\beta\text{容许}}$,则说明角度闭合差超限,不满足精度要求,应返工重测直到满足精度要求;如果 $f_\beta \leqslant f_{\beta\text{容许}}$,则说明所测角度满足精度要求,在此情况下,可将角度闭合差进行调整。因为各角观测均在相同的观测条件下进行,所以可认为各角产生的误差相等。因此,角度闭合差调整的原则是:将 f_β 以相反的符号平均分配到各观测角中,若不能均分,一般情况下,将余数分配给短边的夹角,即各角度的改正数为:

$$v_\beta = -f_\beta/n$$

则各转折角调整以后的值(又称为改正值)为:

$$\beta = \beta_{\text{测}} + v_\beta \tag{8-12}$$

第八章 控制测量

表8-6 闭合导线坐标计算表

点号	观测角 β (° ′ ″)	改正数 (″)	改正后值 (° ′ ″)	坐标方位角 α(° ′ ″)	距离 D /m	纵坐标增量 Δx 计算值 /m	纵坐标增量 Δx 改正数 /cm	纵坐标增量 Δx 改正后 /m	横坐标增量 Δy 计算值 /m	横坐标增量 Δy 改正数 /cm	横坐标增量 Δy 改正后 /m	坐标值 x/m	坐标值 y/m	点号
1	2	3	4	5	6	7	8	9	10	11	12	13	14	15
1	89 33 45	+18	89 34 03	45 30 00	78.16	+54.78	+2	+54.80	+55.75	−1	55.74	320.00	280.00	1
2	73 00 11	+18	73 00 29	135 55 57	129.34	−92.93	+3	−92.90	+89.96	−3	+89.93	374.80	335.74	2
3	107 48 22	+18	107 48 40	242 55 28	80.18	−36.50	+2	−36.48	−71.39	−1	−71.40	281.90	425.67	3
4	89 36 30	+18	89 36 48	315 06 48	105.22	+74.55	+3	+74.58	−74.25	−2	−74.27	245.42	354.27	4
1				45 30 00								320.00	280.00	1
Σ	359 58 48	+72	360 00 00		392.90	−0.10	+0.10	0.00	+0.07	−0.07	0.00			

辅助计算

$f_\beta = \Sigma\beta_测 - \Sigma\beta_理 = 359°58'48'' - 360° = -72''$

$f_容 = \pm 60''\sqrt{4} = \pm 120''\ (f_\beta < f_容)$

$f_x = \Sigma\Delta_x = -0.10\text{m}$

$f_y = \Sigma\Delta_y = +0.07\text{m}$

$f_D = \sqrt{f_x^2 + f_y^2} = 0.12\text{m}$

$K = \dfrac{|f_D|}{\Sigma D} = \dfrac{0.12}{392.90} \approx \dfrac{1}{3\,270}\ (K < K_容)$

调整后的内角和必须等于理论值,即 $\sum\beta=(n-2)\times 180°$。

2) 导线边坐标方位角的推算。根据起始边的已知坐标方位角及调整后的各内角值,可以推导出,前一边的坐标方位角 $\alpha_{前}$ 与后一边的坐标方位角 $\alpha_{后}$ 的关系式:

$$\alpha_{前}=\alpha_{后}\pm\beta\mp 180°\qquad(8\text{-}13)$$

但在具体推算时要注意以下几点:

① 上式中的"$\pm\beta\mp 180°$"项,若 β 角为左角,则应取"$+\beta-180°$";若 β 角为右角,则应取"$-\beta+180°$"。

② 如用公式推导出来的 $\alpha_{前}<0°$ 则应加上 $360°$;若 $\alpha_{前}>360°$,则应减去 $360°$,使各导线边的坐标方位角在 $0°\sim 360°$ 的取值范围内。

③ 起始边的坐标方位角最后也能推算出来,推算值应与原已知值相等,否则推算过程有误。

3) 坐标增量的计算。一导线边两端点的纵坐标(或横坐标)之差,称为该导线边的纵坐标(或横坐标)增量,常以 Δx(或 Δy)表示。

设 i、j 为两相邻的导线点,量两点之间的边长为 D_{ij},已根据观测角调整后的值推出了坐标方位角为 α_{ij},应当由三角几何关系可计算出 i、j 两点之间的坐标增量(在此称为观测值)Δx_{ij} 和 Δy_{ij},分别为:

$$\Delta x_{ij测}=D_{ij}\cdot\cos\alpha_{ij}$$
$$\Delta y_{ij测}=D_{ij}\cdot\sin\alpha_{ij}\qquad(8\text{-}14)$$

4) 坐标增量闭合差的计算与调整。因闭合导线从起始点出发经过若干个导线点以后,最后又回到了起始点,其坐标增量之和的理论值为零,如图 8-7(a)所示。即:

$$\sum\Delta x_{ij理}=0$$
$$\sum\Delta y_{ij理}=0\qquad(8\text{-}15)$$

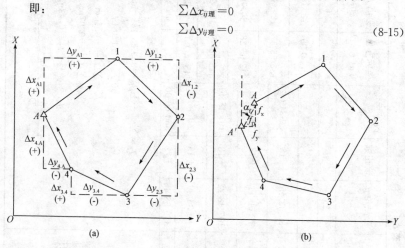

图 8-7 闭合导线坐标增量及闭合差

第八章 控制测量

实际上从式(8-5)中可以看出,坐标增量由边长 D_{ij} 和坐标方位角 α_{ij} 计算而得,但是边长同样存在误差,从而导致坐标增量带有误差,即坐标增量的实测值之和 $\sum \Delta x_{ij测}$ 和 $\sum \Delta y_{ij测}$ 一般情况下不等于零,这就是坐标增量闭合差,通常以 f_x 和 f_y 表示,如图 8-7(b)所示,即:

$$\begin{cases} f_x = \sum \Delta x_{ij测} \\ f_y = \sum \Delta y_{ij测} \end{cases} \tag{8-16}$$

由于坐标增量闭合差存在,根据计算结果绘制出来的闭合导线图形不能闭合,如图 8-7(b)所示,不闭合的缺口距离,称为导线全长闭合差,通常以 f_D 表示。按几何关系,用坐标增量闭合差可求得导线全长闭合差 f_D。

$$f_D = \sqrt{f_x^2 + f_y^2} \tag{8-17}$$

导线全长闭合差 f_D 是随着导线的长度增大而增大,导线测量的精度是用导线全长相对闭合差 K(即导线全长闭合差 f_D 与导线全长 $\sum D$ 之比值)来衡量的,即:

$$K = \frac{f_D}{\sum D} = \frac{1}{\sum D / f_D} \tag{8-18}$$

导线全长相对闭合差 K 常用分子是 1 的分数形式表示。

若 $K \leqslant K_容$ 表明测量结果满足精度要求,可将坐标增量闭合差反符号后,按与边长成正比的方法分配到各坐标增量上去,从而得到各纵、横坐标增量的改正值,以 ΔX_{ij} 和 ΔY_{ij} 表示:

$$\begin{cases} \Delta X_{ij} = \Delta x_{ij测} + v_{\Delta x_{ij}} \\ \Delta Y_{ij} = \Delta y_{ij测} + v_{\Delta y_{ij}} \end{cases} \tag{8-19}$$

式中的 $v_{\Delta x_{ij}}$、$v_{\Delta y_{ij}}$ 分别称为纵、横坐标增量的改正数,即:

$$\begin{cases} v_{\Delta x_{ij}} = -\frac{f_x}{\sum D} D_{ij} \\ v_{\Delta y_{ij}} = -\frac{f_y}{\sum D} D_{ij} \end{cases} \tag{8-20}$$

5)导线点坐标计算。根据起始点的已知坐标和改正后的坐标增量 ΔX_{ij} 和 ΔY_{ij},可按下列公式依次计算各导线点的坐标:

$$\begin{cases} x_j = x_i + \Delta X_{ij} \\ y_j = y_i + \Delta Y_{ij} \end{cases} \tag{8-21}$$

(3)附合导线的计算。

1)角度闭合差的计算。附合导线首尾有两条已知坐标方位角的边,如图 8-2 中的 BA 边和 CD 边,称之为始边和终边,由于已测得导线各个转折角的大小,所以,可以根据起始边的坐标方位角及测得的导线各转折角,推算出终边的坐标方位角。这样导线终边的坐标方位角有一个原已知值 $\alpha_终$,还有一个由始边坐标方位和测得的各转折角推算值 $\alpha'_终$。由于测角存在误差,导致二个数值的不相等,二值之差即为附合导线的角度闭合差 f_β。

即:
$$f_\beta = \alpha'_终 - \alpha_终 = \alpha_始 - \alpha_终 \pm \sum\beta \mp n \times 180° \tag{8-22}$$

2)坐标增量闭合差的计算。附合导线的首尾各有一个已知坐标值的点,如图 8-4 所示的 A 点和 C 点,称之为始点和终点。附合导线的纵、横坐标增量的代数和,在理论上应等于终点与终点的纵、横坐标差值,即:

$$\begin{cases} \sum \Delta x_{ij理} = x_终 - x_始 \\ \sum \Delta y_{ij理} = y_终 - y_始 \end{cases} \tag{8-23}$$

但由于量边和测角有误差,根据观测值推算出来的纵、横坐标增量之代数和: $\sum \Delta x_{ij测}$ 和 $\sum \Delta y_{ij测}$,与理论值通常是不相等的,二者之差即为纵、横坐标增量闭合差:

$$\begin{cases} f_x = \sum \Delta x_{ij测} - (x_终 - x_始) \\ f_y = \sum \Delta y_{ij测} - (y_终 - y_始) \end{cases} \tag{8-24}$$

(4)支导线计算。由于支导线既不回到原起始点上,又不附合到另一个已知点上,所以在支导线计算中也就不会出现两种矛盾:

1)观测角的总和与导线几何图形的理论值不符的矛盾,即角度闭合差。

2)从已知点出发,逐点计算各点坐标,最后闭合到原出发点或附合到另一个已知点时,其推算的坐标值与已知坐标值不符的矛盾,即坐标增量闭合差。支导线没有检核限制条件,不需要计算角度闭合差和坐标增量闭合差,只要根据已知边的坐标方位角和已知点的坐标,把外业测定的转折角和转折边长,直接代入式(8-13)和式(8-14)计算出各边方位角及各边坐标增量,最后推算出待定导线点的坐标。

所以,支导线只适用于图根控制补点使用。

二、三角形网测量

1. 三角形网测量的主要技术要求

(1)各等级三角形网测量的主要技术要求,应符合表 8-7 的规定。

表 8-7　　　　　　　三角形网测量的主要技术要求

等级	平均边长(km)	测角中误差(″)	测边相对中误差	最弱边边长相对中误差	测回数			三角形最大闭合差(″)
					1″级仪器	2″级仪器	6″级仪器	
二等	9	1	≤1/250000	≤1/120000	12	—		3.5
三等	4.5	1.8	≤1/150000	≤1/70000	6	9		7
四等	2	2.5	≤1/100000	≤1/40000	4	6		9
一级	1	5	≤1/40000	≤1/20000		2	4	15
二级	0.5	10	≤1/20000	≤1/10000		1	2	30

注:当测区测图的最大比例尺为 1:1000 时,一、二级网的平均边长可适当放长,但不应大于表中规定长度的 2 倍。

第八章 控制测量

(2)三角形网中的角度宜全部观测,边长可根据需要选择观测或全部观测;观测的角度和边长均应作为三角形网中的观测量参与平差计算。

(3)首级控制网定向时,方位角传递宜联测2个已知方向。

(4)三角形网的布设,应符合下列要求:

1)首级控制网中的三角形,宜布设为近似等边三角形。其三角形的内角不应小于30°;当受地形条件限制时,个别角可放宽,但不应小于25°。

2)加密的控制网,可采用插网、线形网或插点等形式。

3)三角形网点位的选定,除应符合上述导线测量点位选定的有关规定外,二等网视线距障碍物的距离不宜小于2m。

2. 三角形网观测

(1)三角形网的水平角观测,宜采用方向观测法。二等三角形网也可采用全组合观测法。

(2)三角形网的水平角观测,除满足表8-7的规定外,其他要求按上述导线测量的有关规定执行。

(3)二等三角形网测距边的边长测量除满足表8-7和表8-8外,其他技术要求按上述导线测量的有关规定执行。

表8-8　　　　　二等三角形网边长测量主要技术要求

平面控制网等级	仪器精度等级	每边测回数		一测回读数较差(mm)	单程各测回较差(mm)	往返较差(mm)
		往	返			
二等	5mm级仪器	3	3	≤5	≤7	$\leq 2(a+b \cdot D)$

注:1. 测回是指照准目标一次,读数2~4次的过程。
　　2. 根据具体情况,测边可采取不同时间段测量代替往返观测。

(4)三等及以下等级的三角形网测距边的边长测量,除满足表8-7外,其他要求按上述导线测量的有关规定执行。

(5)二级三角形网的边长也可采用钢尺量距,按表8-3执行。

3. 三角形网测量数据处理

(1)当观测数据中含有偏心测量成果时,应首先进行归心改正计算。

(2)三角形网的测角中误差,应按式(8-25)计算:

$$m_\beta = \sqrt{\frac{WW}{3n}} \quad (8\text{-}25)$$

式中　m_β——测角中误差(″);
　　　W——三角形闭合差(″);
　　　n——三角形的个数。

(3)水平距离计算和测边精度评定按前述导线测量中水平距离计算和测边精度评定的有关规定执行。

(4)当测区需要进行高斯投影时,四等及以上等级的方向观测值,应进行方向改化计算。四等网也可采用简化公式。

方向改化计算公式:

$$\delta_{1,2} = \frac{\rho}{6R_m^2}(x_1-x_2)(2y_1+y_2) \tag{8-26}$$

$$\delta_{2,1} = \frac{\rho}{6R_m^2}(x_2-x_1)(y_1+2y_2) \tag{8-27}$$

方向改化简化计算公式:

$$\delta_{1,2} = -\delta_{2,1} = \frac{\rho}{2R_m^2}(x_1-x_2)y_m \tag{8-28}$$

式中 $\delta_{1,2}$——测站点1向照准点2观测方向的方向改化值(″);

$\delta_{2,1}$——测站点2向照准点1观测方向的方向改化值(″);

x_1、y_1、x_2、y_2——1,2两点的坐标值(m);

R_m——测距边中点处在参考椭球面上的平均曲率半径(m);

y_m——1,2两点的横坐标平均值(m)。

(5)高山地区二、三等三角形网的水平角观测,如果垂线偏差和垂直角较大,其水平方向观测值应进行垂线偏差的修正。

(6)测距边长度的归化投影计算,按前述导线测量的有关规定执行。

(7)三角形网外业观测结束后,应计算网的各项条件闭合差。各项条件闭合差不应大于相应的限值。

1)角—极条件自由项的限值。

$$W_j = 2\frac{m_\beta}{\rho}\sqrt{\sum\cot^2\beta} \tag{8-29}$$

式中 W_j——角—极条件自由项的限值;

m_β——相应等级的测角中误差(″);

β——求距角。

2)边(基线)条件自由项的限值。

$$W_b = 2\sqrt{\frac{m_\beta^2}{\rho^2}\sum\cot^2\beta + \left(\frac{m_{S_1}}{S_1}\right)^2 + \left(\frac{m_{S_2}}{S_2}\right)^2} \tag{8-30}$$

式中 W_b——边(基线)条件自由项的限值;

$\frac{m_{S_1}}{S_1}$、$\frac{m_{S_2}}{S_2}$——起始边边长相对中误差。

3)方位角条件自由项的限值。

$$W_f = 2\sqrt{m_{a1}^2 + m_{a2}^2 + nm_\beta^2} \tag{8-31}$$

式中 W_f——方位角条件自由项的限值(″);

m_{a1}、m_{a2}——起始方位角中误差(″);

n——推算路线所经过的测站数。

第八章 控制测量

4) 固定角自由项的限值。

$$W_g = 2\sqrt{m_g^2 + m_\beta^2} \quad (8\text{-}32)$$

式中 W_g——固定角自由项的限值($''$);

m_g——固定角的角度中误差($''$)。

5) 边—角条件的限值。

三角形中观测的一个角度与由观测边长根据各边平均测距相对中误差计算所得的角度限差,应按下式进行检核:

$$W_r = 2\sqrt{2\left(\frac{m_D}{D}\rho\right)^2(\cot^2\alpha + \cot^2\beta + \cot\alpha\cot\beta) + m_\beta^2} \quad (8\text{-}33)$$

式中 W_r——观测角与计算角的角值限差($''$);

m_D——各边平均测距相对中误差;

α、β——三角形中观测角之外的另两个角;

m_β——相应等级的测角中误差($''$)。

6) 边—极条件自由项的限值。

$$W_z = 2\rho\frac{m_D}{D}\sqrt{\sum\alpha_w^2 + \sum\alpha_f^2} \quad (8\text{-}34)$$

$$\alpha_w = \cot\alpha_i + \cot\beta_i \quad (8\text{-}35)$$

$$\alpha_f = \cot\alpha_i \pm \cot\beta_{i-1} \quad (8\text{-}36)$$

式中 W_z——边—极条件自由项的限值($''$);

α_w——与极点相对的外围边两端的两底的余切函数之和;

α_f——中点多边形中与极点相连的辐射边两侧的相邻底角的余切函数之和;四边形中内辐射边两侧的相邻底角的余切函数之和以及外侧的两辐射边的相邻底角的余切函数之差;

i——三角形编号。

(8) 三角形网平差时,观测角(或观测方向)和观测边均应视为观测值参与平差。

(9) 三角形网内业计算中数字取位,二等应符合表8-9的规定,其余各等级应符合表8-5的规定。

表8-9　　　　　　三角形网内业计算中数字取位要求

等级	观测方向值及各项修正数($''$)	边长观测值及各项修正数(m)	边长与坐标(m)	方位角($''$)
二等	0.01	0.0001	0.001	0.01

三、卫星定位测量

1. 卫星定位测量的技术要求

(1) 各等级卫星定位测量控制网的主要技术指标,应符合表8-10的规定。

表 8-10　　　卫星定位测量控制网的主要技术要求

等级	平均边长 (km)	固定误差 A (mm)	比例误差系数 B (mm/km)	约束点间的边长相对中误差	约束平差后最弱边相对中误差
二等	9	≤10	≤2	≤1/250000	≤1/120000
三等	4.5	≤10	≤5	≤1/150000	≤1/70000
四等	2	≤10	≤10	≤1/100000	≤1/40000
一级	1	≤10	≤20	≤1/40000	≤1/20000
二级	0.5	≤10	≤40	≤1/20000	1/10000

(2) 各等级控制网的基线精度,按式(8-37)计算。

$$\sigma = \sqrt{A^2 + (B \cdot d)^2} \quad (8-37)$$

式中　σ——基线长度中误差(mm);

　　　A——固定误差(mm);

　　　B——比例误差系数(mm/km);

　　　d——平均边长(km)。

(3) 卫星定位测量控制网观测精度的评定,应满足下列要求:

1) 控制网的测量中误差,按式(8-38)计算:

$$m = \sqrt{\frac{1}{3N}\left[\frac{WW}{n}\right]} \quad (8-38)$$

式中　m——控制网的测量中误差(mm);

　　　N——控制网中异步环的个数;

　　　n——异步环的边数;

　　　W——异步环环线全长闭合差(mm)。

2) 控制网的测量中误差,应满足相应等级控制网的基线精度要求,并符合式(8-39)的规定。

$$m \leqslant \sigma \quad (8-39)$$

(4) 卫星定位测量控制网的布设,应符合下列要求:

1) 应根据测区的实际情况、精度要求、卫星状况、接收机的类型和数量以及测区已有的测量资料进行综合设计。

2) 首级网布设时,宜联测 2 个以上高等级国家控制点或地方坐标系的高等级控制点;对控制网内的长边,宜构成大地四边形或中点多边形。

3) 控制网应由独立观测边构成一个或若干个闭合环或附合路线;各等级控制网中构成闭合环或附合路线的边数不宜多于 6 条。

4) 各等级控制网中独立基线的观测总数,不宜少于必要观测基线数的 1.5 倍。

第八章 控制测量

5)加密网应根据工程需要,在满足精度要求的前提下可采用比较灵活的布网方式。

6)对于采用 GPS-RTK 测图的测区,在控制网的布设中应顾及参考站点的分布及位置。

(5)卫星定位测量控制点位的选定,应符合下列要求:

1)点位应选在土质坚实、稳固可靠的地方,同时要有利于加密和扩展,每个控制点至少应有一个通视方向。

2)点位应选在视野开阔,高度角在 15°以上的范围内,应无障碍物;点位附近不应有强烈干扰接收卫星信号的干扰源或强烈反射卫星信号的物体。

3)充分利用符合要求的旧有控制点。

2. GPS 观测

(1)GPS 控制测量作业的基本技术要求,应符合表 8-11 的规定。

表 8-11　　　　GPS 控制测量作业的基本技术要求

等级		二等	三等	四等	一级	二级
接收机类型		双频	双频或单频	双频或单频	双频或单频	双频或单频
仪器标称精度		10mm+2ppm	10mm+5ppm	10mm+5ppm	10mm+5ppm	10mm+5ppm
观测量		载波相位	载波相位	载波相位	载波相位	载波相位
卫星高度角(°)	静态	≥15	≥15	≥15	≥15	≥15
	快速静态	—	—	—	≥15	≥15
有效观测卫星数	静态	≥5	≥5	≥4	≥4	≥4
	快速静态	—	—	—	≥5	≥5
观测时段长度(min)	静态	30~90	20~60	15~45	10~30	10~30
	快速静态	—	—	—	10~15	10~15
数据采样间隔(s)	静态	10~30	10~30	10~30	10~30	10~30
	快速静态	—	—	—	5~15	5~15
点位几何图形强度因子 PDOP		≤6	≤6	≤6	≤8	≤8

(2)对于规模较大的测区,应编制作业计划。

(3)GPS控制测量测站作业,应满足下列要求:

1)观测前,应对接收机进行预热和静置,同时应检查电池的容量、接收机的内存和可储存空间是否充足。

2)天线安置的对中误差,不应大于2mm;天线高的量取应精确至1mm。

3)观测中,应避免在接收机近旁使用无线电通信工具。

4)作业同时,应做好测站记录,包括控制点点名、接收机序列号、仪器高、开关机时间等相关的测站信息。

3. GPS测量数据处理

(1)基线解算,应满足下列要求:

1)起算点的单点定位观测时间,不宜少于30min。

2)解算模式可采用单基线解算模式,也可采用多基线解算模式。

3)解算成果,应采用双差固定解。

(2)GPS控制测量外业观测的全部数据应经同步环、异步环和复测基线检核,并应满足下列要求:

1)同步环各坐标分量闭合差及环线全长闭合差,应满足式(8-40)~式(8-44)的要求:

$$W_x \leqslant \frac{\sqrt{n}}{5}\sigma \quad (8\text{-}40)$$

$$W_y \leqslant \frac{\sqrt{n}}{5}\sigma \quad (8\text{-}41)$$

$$W_z \leqslant \frac{\sqrt{n}}{5}\sigma \quad (8\text{-}42)$$

$$W = \sqrt{W_x^2 + W_y^2 + W_z^2} \quad (8\text{-}43)$$

$$W \leqslant \frac{\sqrt{3n}}{5}\sigma \quad (8\text{-}44)$$

式中 n——同步环中基线边的个数;

W——同步环环线全长闭合差(mm)。

2)异步环各坐标分量闭合差及环线全长闭合差,应满足式(8-45)~式(8-49)的要求:

$$W_x \leqslant 2\sqrt{n}\sigma \quad (8\text{-}45)$$

$$W_y \leqslant 2\sqrt{n}\sigma \quad (8\text{-}46)$$

$$W_z \leqslant 2\sqrt{n}\sigma \qquad (8\text{-}47)$$

$$W = \sqrt{W_x^2 + W_y^2 + W_z^2} \qquad (8\text{-}48)$$

$$W \leqslant 2\sqrt{3n}\sigma \qquad (8\text{-}49)$$

式中 n——异步环中基线边的个数；

W——异步环环线全长闭合差(mm)。

3)复测基线的长度较差,应满足式(8-50)的要求：

$$\Delta d \leqslant 2\sqrt{2}\sigma \qquad (8\text{-}50)$$

(3)当观测数据不能满足检核要求时,应对成果进行全面分析,并舍弃不合格基线,但应保证舍弃基线后,所构成异步环的边数不应超过上述卫星定位测量技术要求第4条第3款的规定。否则,应重测该基线或有关的同步图形。

(4)外业观测数据检验合格后,应按规定对GPS网的观测精度进行评定。

(5)GPS测量控制网的无约束平差,应符合下列规定：

1)应在WGS-84坐标系中进行三维无约束平差。并提供各观测点在WGS-84坐标系中的三维坐标、各基线向量三个坐标差观测值的改正数、基线长度、基线方位及相关的精度信息等。

2)无约束平差的基线向量改正数的绝对值,不应超过相应等级的基线长度中误差的3倍。

(6)GPS测量控制网的约束平差,应符合下列规定：

1)应在国家坐标系或地方坐标系中进行二维或三维约束平差。

2)对于已知坐标、距离或方位,可以强制约束,也可加权约束。约束点间的边长相对中误差,应满足表8-11中相应等级的规定。

3)平差结果,应输出观测点在相应坐标系中的二维或三维坐标、基线向量的改正数、基线长度、基线方位角等,以及相关的精度信息。需要时,还应输出坐标转换参数及其精度信息。

4)控制网约束平差的最弱边边长相对中误差,应满足表8-11中相应等级的规定。

第三节 高程控制测量

一、水准测量

1. 水准测量主要技术要求

(1)水准测量的主要技术要求,应符合表8-12的规定。

表 8-12　　　　　　　　　水准测量的主要技术要求

等级	每千米高差全中误差(mm)	路线长度(km)	水准仪型号	水准尺	观测次数		往返较差、附合或环线闭合差	
					与已知点联测	附合或环线	平地(mm)	山地(mm)
二等	2	—	DS1	因瓦	往返各一次	往返各一次	$4\sqrt{L}$	—
三等	6	≤50	DS1	因瓦	往返各一次	往一次	$12\sqrt{L}$	$4\sqrt{n}$
			DS3	双面		往返各一次		
四等	10	≤16	DS3	双面	往返各一次	往一次	$20\sqrt{L}$	$6\sqrt{n}$
五等	15	—	DS3	单面	往返各一次	往一次	$30\sqrt{L}$	—

注：1. 结点之间或结点与高级点之间，其路线的长度，不应大于表中规定的 0.7 倍。
　　2. L 为往返测段、附合或环线的水准路线长度(km)；n 为测站数。
　　3. 数字水准仪测量的技术要求和同等级的光学水准仪相同。

(2) 水准测量所使用的仪器及水准尺，应符合下列规定：

1) 水准仪视准轴与水准管轴的夹角 i，DS1 型不应超过 15″；DS3 型不应超过 20″。

2) 补偿式自动安平水准仪的补偿误差 $\Delta\alpha$ 对于二等水准不应超过 0.2″，三等不应超过 0.5″。

3) 水准尺上的米间隔平均长与名义长之差，对于因瓦水准尺，不应超过 0.15mm；对于条形码尺，不应超过 0.10mm；对于木质双面水准尺，不应超过 0.5mm。

2. 水准观测

(1) 水准观测，应在标石埋设稳定后进行。各等级水准观测的主要技术要求，应符合表 8-13 的规定。

表 8-13　　　　　　　　　水准观测的主要技术要求

等级	水准仪型号	视线长度(m)	前后视的距离较差(m)	前后视的距离较差累积(m)	视线离地面最低高度(m)	基、辅分划或黑、红面读数较差(mm)	基、辅分划或黑、红面所测高差较差(mm)
二等	DS1	50	1	3	0.5	0.5	0.7
三等	DS1	100	3	6	0.3	1.0	1.5
	DS3	75				2.0	3.0

第八章 控制测量

续表

等级	水准仪型号	视线长度(m)	前后视的距离较差(m)	前后视的距离较差累积(m)	视线离地面最低高度(m)	基、辅分划或黑、红面读数较差(mm)	基、辅分划或黑、红面所测高差较差(mm)
四等	DS3	100	5	10	0.2	3.0	5.0
五等	DS3	100	近似相等	—	—	—	—

注：1. 二等水准视线长度小于20m时，其视线高度不应低于0.3m。

2. 三、四等水准采用变动仪器高度观测单面水准尺时，所测两次高差较差，应与黑面、红面所测高差之差的要求相同。

3. 数字水准仪观测，不受基、辅分划或黑、红面读数较差指标的限制，但测站两次观测的高差较差，应满足表中相应等级基、辅分划或黑、红面所测高差较差的限值。

(2)两次观测高差较差超限时应重测。重测后，对于二等水准应选取两次异向观测的合格结果，其他等级则应将重测结果与原测结果分别比较，较差均不超过限值时，取三次结果的平均数。

(3)当水准路线需要跨越江河(湖塘、宽沟、洼地、山谷等)时，应符合下列规定：

1)水准作业场地应选在跨越距离较短、土质坚硬、密实便于观测的地方；标尺点须设立木桩。

2)两岸测站和立尺点应对称布设。当跨越距离小于200m时，可采用单线过河；大于200m时，应采用双线过河并组成四边形闭合环。往返较差、环线闭合差应符合表8-12的规定。

3)水准观测的主要技术要求，应符合表8-14的规定。

表 8-14　　　　　跨河水准测量的主要技术要求

跨越距离(m)	观测次数	单程测回数	半测回远尺读数次数	测回差(mm) 三等	测回差(mm) 四等	测回差(mm) 五等
<200	往返各一次	1	2	—	—	—
200~400	往返各一次	2	3	8	12	25

注：1. 一测回的观测顺序：先读近尺，再读远尺，仪顺搬至对岸后，不动焦距先读远尺，再读近尺。

2. 当采用双向观测时，两条跨河视线长度宜相等，两岸岸上长度宜相等，并大于10m；当采用单向观测时，可分别在上午、下午各完成半数工作量。

4)当跨越距离小于200m时，也可采用在测站上变换仪器高度的方法进行，两次观测高差较差不应超过 7mm,取其平均值作为观测高差。

3. 水准观测数据的处理

水准测量的数据处理,应符合下列规定:

(1)当每条水准路线分测段施测时,应按式(8-51)计算每千米水准测量的高差偶然中误差,其绝对值不应超过表 8-12 中相应等级每千米高差全中误差的 1/2。

$$M_\Delta = \sqrt{\frac{1}{4n}\left[\frac{\Delta\Delta}{L}\right]} \qquad (8\text{-}51)$$

式中 M_Δ——高差偶然中误差(mm);

       Δ——测段往返高差不符值(mm);

       L——测段长度(km);

       n——测段数。

(2)水准测量结束后,应按式(8-52)计算每千米水准测量高差全中误差,其绝对值不应超过表 8-12 中相应等级的规定。

$$M_W = \sqrt{\frac{1}{N}\left[\frac{WW}{L}\right]} \qquad (8\text{-}52)$$

式中 M_W——高差全中误差(mm);

       W——附合或环线闭合差(mm);

       L——计算各 W 时,相应的路线长度(km);

       N——附合路线和闭合环的总个数。

(3)当二、三等水准测量与国家水准点附合时,高山地区除应进行正常位水准面不平行修正外,还应进行其重力异常的归算修正。

(4)各等级水准网,应按最小二乘法进行平差并计算每千米高差全中误差。

(5)高程成果的取值,二等水准应精确至 0.1mm,三、四、五等水准应精确至 1mm。

4. 三、四等水准测量

三、四等水准测量,能够应用于建立小区域首级高程控制网。三、四等水准测量的起算点高程应尽量从附近的一、二等水准点引测,如果测区附近没有国家一、二等水准点,则在小区域范围内可采用闭合水准路线建立独立的首级高程控网,假定起算点的高程。

三、四等水准测量一般采用双面尺法观测。

(1)观测程序。

第八章　控制测量

1) 三等水准测量每测站照准标尺分划顺序。

① 后视标尺黑面,精平,读取上、下、中丝读数,记为(A)、(B)、(C)。

② 前视标尺黑面,精平,读取上、下、中丝读数,记为(D)、(E)、(F)。

③ 前视标尺红面,精平,读取中丝读数,记为(G)。

④ 后视标尺红面,精平,读取中丝读数,记为(H)。

三等水准测量测站观测顺序简称为:"后－前－前－后"(或黑－黑－红－红),其优点是可消除或减弱仪器和尺垫下沉误差的影响。

2) 四等水准测量每测站照准标尺分划顺序。

① 后视标尺黑面,精平,读取上、下、中丝读数,记为(A)、(B)、(C)。

② 后视标尺红面,精平,读取中丝读数,记为(D)。

③ 前视标尺黑面,精平,读取上、下、中丝读数,记为(E)、(F)、(G)。

④ 前视标尺红面,精平,读取中丝读数,记为(H)。

四等水准测量测站观测顺序简称为:"后－后－前－前"(或黑－红－黑－红)。

(2) 测站计算与校核。

1) 视距计算。

后视距离：　　　　$(I)=[(A)-(B)]×100$

前视距离：　　　　$(J)=[(D)-(E)]×100$

前、后视距差：　　　$(K)=(I)-(J)$

前、后视距累积差：本站$(L)=$本站$(K)+$上站(L)

2) 同一水准尺黑、红面中丝读数校核。

前尺：　　　　　　$(M)=(F)+K_1-(G)$

后尺：　　　　　　$(N)=(C)+K_2-(H)$

3) 高差计算及校核。

黑面高差：　　　　$(O)=(C)-(F)$

红面高差：　　　　$(P)=(H)-(G)$

校核计算:红、黑面高差之差　$(Q)=(O)-[(P)±0.100]$

或　　　　　　　　$(Q)=(N)-(M)$

高差中数：　　　　$(R)=[(O)+(P)±0.100]/2$

在测站上,当后尺红面起点为 4.687m,前尺红面起点为 4.787m 时,取 $+0.1000$;反之,取 -0.1000。

4)每页计算校核。

①高差部分。每页上、后视红、黑面读数总和与前视红、黑面读数总和之差,应等于红、黑面高差之和,还应等于该页平均高差总和的两倍,即

对于测站数为偶数的页为
$$\Sigma[(C)+(H)]-\Sigma[(F)+(G)]=\Sigma[(O)+(P)]=2\Sigma(R)$$

对于测站数为奇数的页为:
$$\Sigma[(C)+(H)]-\Sigma[(F)+(G)]=\Sigma[(O)+(P)]=2\Sigma(R)\pm 0.100$$

②视距部分。末站视距累积差值:
$$末站(L)=\Sigma(I)-\Sigma(J)$$
$$总视距=\Sigma(I)+\Sigma(J)$$

(3)成果计算与校核。在每个测站计算无误后,并且各项数值都在相应的限差范围之内时,根据每个测站的平均高差,利用已知点的高程,推算出各水准点的高程。

二、三角高程测量

1. 三角高程测量原理

三角高程测量,是根据两点间的水平距离和竖直角计算两点的高差,然后求出所求点的高程。

如图 8-8 所示,在 M 点安置仪器,用望远镜中丝瞄准 N 点觇标的顶点,测得竖直角 α,并量取仪器高 i 和觇标高 v,若测出 M、N 两点间的水平距离 D,则可求得 M、N 两点间的高差,即:

$$h_{MN}=D \cdot \tan\alpha+i-v \tag{8-53}$$

N 点高程为:

$$H_N=H_M+D \cdot \tan\alpha+i-v \tag{8-54}$$

三角高程测量一般应采用对向观测法,如图 8-8 所示,即由 M 向 N 观测称为直觇,再由 N 向 M 观测称为反觇,直觇和反觇称为对向观测。采用对向观测的方法可以减弱地球曲率和大气折光的影响。对向观测所求得的高差较差不应大于 $0.1D$(D 为水平距离,以 km 为单位,其结果以 m 为单位)。取对向观测的高差中数为最后结果,即:

$$h_{中}=\frac{1}{2}(h_{AB}-h_{BA}) \tag{8-55}$$

公式(8-55)适用于 M、N 两点距离较近(小于 300m)的三角高程测量,此时水准面可近似看成平面,视线视为直线。当距离超过 300m 时,就要考虑地球曲率

第八章 控制测量

及观测视线受大气折光的影响。

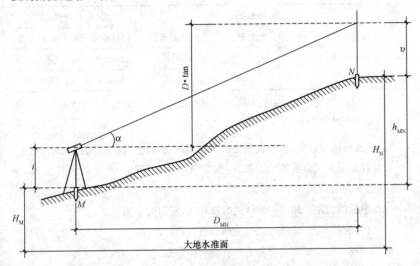

图 8-8 三角高程测量原理

2. 电磁波测距三角高程测量

(1)电磁波测距三角高程测量,宜在平面控制点的基础上布设成三角高程网或高程导线。

(2)电磁波测距三角高程测量的主要技术要求,应符合表 8-15 的规定。

表 8-15 电磁波测距三角高程测量的主要技术要求

等级	每千米高差全中误差(mm)	边长(km)	观测方式	对向观测高差较差(mm)	附合或环形闭合差(mm)
四等	10	≤1	对向观测	$40\sqrt{D}$	$20\sqrt{\Sigma D}$
五等	15	≤1	对向观测	$60\sqrt{D}$	$30\sqrt{\Sigma D}$

注:1. D 为测距边的长度(km)。
2. 起讫点的精度等级,四等应起讫于不低于三等水准的高程点上,五等应起讫于不低于四等的高程点上。
3. 路线长度不应超过相应等级水准路线的长度限值。

(3)电磁波测距三角高程观测的技术要求,应符合下列规定:
1)电磁波测距三角高程观测的主要技术要求,应符合表 8-16 的规定。

表 8-16　电磁波测距三角高程观测的主要技术要求

等级	垂直角观测				边长测量	
	仪器精度等级	测回数	指标差较差(″)	测回较差(″)	仪器精度等级	观测次数
四等	2″级仪器	3	≤7″	≤7″	10mm 级仪器	往返各一次
五等	2″级仪器	2	≤10″	≤10″	10mm 级仪器	往一次

注：当采用 2″级光学经纬仪进行垂直角观测时，应根据仪器的垂直角检测精度，适当增加测回数。

2) 垂直角的对向观测，当直觇完成后应即刻迁站进行返觇测量。

3) 仪器、反光镜或觇牌的高度，应在观测前后各量测一次并精确至 1mm，取其平均值作为最终高度。

(4) 电磁波测距三角高程测量的数据处理，应符合下列规定：

1) 直返觇的高差，应进行地球曲率和折光差的改正。

2) 平差前，应按规定计算每千米高差全中误差。

3) 各等级高程网，应按最小二乘法进行平差并计算每千米高差全中误差。

4) 高程成果的取值，应精确至 1mm。

三、GPS 拟合高程测量

(1) GPS 拟合高程测量，仅适用于平原或丘陵地区的五等及以下等级高程测量。

(2) GPS 拟合高程测量宜与 GPS 平面控制测量一起进行。

(3) GPS 拟合高程测量的主要技术要求，应符合下列规定：

1) GPS 网应与四等或四等以上的水准点联测。联测的 GPS 点，宜分布在测区的四周和中央。若测区为带状地形，则联测的 GPS 点应分布于测区两端及中部。

2) 联测点数，宜大于选用计算模型中未知参数个数的 1.5 倍，点间距宜小于 10km。

3) 地形高差变化较大的地区，应适当增加联测的点数。

4) 地形趋势变化明显的大面积测区，宜采取分区拟合的方法。

5) GPS 观测的技术要求，应按有关规定执行；其天线高应在观测前后各量测一次，取其平均值作为最终高度。

(4) GPS 拟合高程计算，应符合下列规定：

1) 充分利用当地的重力大地水准面模型或资料。

第八章 控制测量

2)应对联测的已知高程点进行可靠性检验,并剔除不合格点。

3)对于地形平坦的小测区,可采用平面拟合模型;对于地形起伏较大的大面积测区,宜采用曲面拟合模型。

4)对拟合高程模型应进行优化。

5)GPS 点的高程计算,不宜超出拟合高程模型所覆盖的范围。

(5)对 GPS 点的拟合高程成果,应进行检验。检测点数不少于全部高程点的 10%且不少于 3 个点;高差检验,可采用相应等级的水准测量方法或电磁波测距三角高程测量方法进行,其高差较差不应大于 $30\sqrt{D}$ mm(D 为检查路线的长度,单位为 km)。

第九章 地籍测量

第一节 地籍测量概述

一、地籍测量的概念

地籍测量是为获取和表达地籍信息所进行的测绘工作。其基本内容是测定土地及其附着物的位置、权属界线、类型、面积等。具体内容如下:

(1)进行地籍控制测量,测设地籍基本控制点和地籍图根控制点。

(2)测定行政区划界线和土地权属界线的界址点坐标。

(3)测绘地籍图,测算地块和宗地的面积。

(4)进行土地信息的动态监测,进行地籍变更测量,包括地籍图的修测、重测和地籍簿册的修编,以保证地籍成果资料的现势性与正确性。

(5)根据土地整理、开发与规划的要求,进行有关的地籍测量工作。

像其他测量工作一样,地籍测量也遵循一般的测量原则,即"先控制后碎部、从高级到低级、由整体到局部"的原则。

二、地籍测量的任务

地籍测量的具体任务有:

(1)地籍控制测量。

(2)对土地进行分类和编号。

(3)土地权属调查、土地利用状况调查和界址调查。

(4)地籍要素的测量、地籍图的编绘和面积量算。

(5)变更地籍测量。

三、地籍测量的特点

地籍测量的特点有:

(1)地形测量测绘的对象是地物和地貌,地形图是以等高线表示地貌的。地籍测量测绘的对象是土地及其附属物,是通过测量与调查工作来确定土地及其附属物的权属、位置、数量、质量和用途等状况,测绘的内容比较广泛。地籍图一般不表示高程。

(2)地籍图中地物点的精度要求与地形图的精度要求基本相同,但是界址点的精度要求较高,如一级界址点相对于邻近图根控制点的点位中误差不超过 $\pm 0.05m$。若用图解的方法,根本达不到精度要求,需采用解析法测定界址点。此外,面积量算的精度要求也较高。

(3)地籍测量的成果产品有地籍图、宗地图、界址点坐标册、面积量算表、各种

第九章 地籍测量

地籍调查资料等,无论从数量上还是从产品的规格上,都比地形测量多。

(4)地形图的修测是定期的,周期较长。而地籍图变更较快,任何一宗地,当其权属、用途等发生变更时,应及时修测,以保持地籍资料的连续性和现势性。

(5)地籍测量成果经土管部门确认后,便具有法律效力,而地形测量成果无此作用。

四、地籍测量的目的

地籍测绘的目的是获取和表述不动产的权属、位置、形状、数量等有关信息,为不动产产权管理、税收、规划、市政、环境保护、统计等多种用途提供定位系统和基础资料。

五、地籍测量的基本精度

1. 地籍控制点的精度

地籍平面控制点相对于起算点的点位中误差不超过±0.05m。

2. 界址点的精度

界址点的精度分三级,等级的选用应根据土地价值、开发利用程度和规划的长远需要而定。各级界址点相对于邻近控制点的点位误差和间距超过50m的相邻界址点间的间距误差不超过表9-1的规定;间距未超过50m的界址点间的间距误差限差不应超过式(9-1)计算结果。

$$\Delta D = \pm(m_j + 0.02 m_j D) \tag{9-1}$$

式中　m_j——相应等级界址点规定的点位中误差,m;

　　　D——相邻界址点间的距离,m;

　　　ΔD——界址点坐标计算的边长与实量边长较差的限差,m。

表 9-1　　　　　　　界址点的精度

界址点的等级	界址点相对于邻近控制点点位误差和相邻界址点间的间距误差限制	
	限差(m)	中误差(m)
一	±0.10	±0.05
二	±0.20	±0.10
三	±0.30	±0.15

3. 建筑物角点的精度

需要测定建筑物角点的坐标时,建筑物角点坐标的精度等级和限差执行与界址点相同的标准;不要求测定建筑物角点坐标时应将建筑物按下述4.中所要求的精度表示于地籍图上。

4. 地籍图的精度

地籍图的精度应优于相同比例尺地形图的精度。地籍图上坐标点的最大展点误差不超过图上±0.1mm,其他地物点相对于邻近控制点的点位中误差不超过图上±0.5mm,相邻地物点之间的间距中误差不超过图上±0.4mm。

第二节 地籍调查

一、地籍调查的内容与要求

地籍调查的基本内容包括：地块权属、土地利用类别、土地等级、建筑物状况等。

地籍调查的基本要求：

(1) 地籍要素调查以地块为单元进行。

(2) 调查前应收集有关测绘、土地划拨、地籍档案、土地等级评估及标准地名等资料。

(3) 调查内容应逐一填记在调查表或地籍测量草图中，见表 9-2。

表 9-2　　　　　　城镇地籍要素调查表

市		区(县)		地籍区		地籍子区		地块	
权属主（单位或个人）				住址					
法人或代理人									
地块座落				所在图幅					
四至									
地块预编号		地块编号		利用类别				土地等级	
权属性质				地块面积					
建筑物状况	幢号	(1)	(2)	(3)	(4)	(5)	(6)	(7)	(8)	(9)
	层数									
	结构									
共用土地情况									

界址点(线)情况									
界址点号	界标类型			界址线类别		界址线位置		指认界线人	
	钢钉	混凝土	石灰柱	喷涂	界标间距	墙壁	围墙	内	中	外	本地块	相邻地块号	指界者

调查记事

调查者：_____　　调查日期：____年____月____日

第九章 地籍测量

二、地块与编号

1. 地块

(1)地块是地籍的最小单元,是地球表面上一块有边界、有确定权属主和利用类别的土地。一个地块只属于一个产权单位,一个产权单位可包含一个或多个地块。

(2)地块以地籍子区为单元划分。

2. 地块编号

(1)地块编号按省、市、区(县)、地籍区、地籍子区、地块六级编立。

(2)地籍区是以市行政建制区的街道办事处或镇(乡)的行政辖区为基础划定;根据实际情况,可以街坊为基础将地籍区再划分为若干个地籍子区。

(3)编号方法:省、市、区(县)的代码采用《中华人民共和国行政区划代码》(GB 2260—2002)规定的代码。

地籍区和地籍子区均以两位自然数字从 01~99 依序编列;当未划分地籍子区时,相应的地籍子区编用"00"表示,在此情况下地籍区也代表地籍子区。

地块编号以地籍子区为编号区,采用 5 位自然数字从 1~99999 依序编列;以后新增地块接原编号顺序连续编立。

三、地块权属调查

1. 调查内容

(1)地块权属是指地块所有权或使用权的归属。

(2)地块权属调查包括:地块权属性质、权属主名称、地块座落和四至,以及行政区域界线和地理名称。

2. 界址点、线的调查

界址点、线调查是依据有关条件关系和法律文件,在实地对地块界址点、线进行判识。

四、土地利用类别调查

1. 土地利用分类标准

土地利用分类标准依照表 9-3。

2. 调查方法

(1)土地利用类别调查以地块为单位调记一个主要利用类别。综合使用的楼房按地坪上第一层的主要利用类别调记,如第一层为车库,可按第二层利用类别调记。

(2)地块内如有几个土地利用类别时,以地类界符号标出分界线,分别调注利用类别。

五、土地等级调查

1. 土地等级标准

土地等级标准执行当地有关部门制定的土地等级标准。

2. 调查方法

(1)土地等级调查在地块内调注,地块内土地等级不同时,则按不同土地等级分别调记。

(2)对尚未制定土地等级标准的地区,暂不调记。

表 9-3　　　　　　　城镇土地利用分类标准

一级类型		二级类型		含　义
编号	名称	编号	名称	
10	商业金融业用地			指商业服务业、旅游业、金融保险业等用地。
		11	商业服务业	指各种商店、公司、修理服务部、生产资料供应站、饭店、旅社、对外经营的食堂、文印誊写社、报刊门市部、蔬菜销转运站等用地。
		12	旅游业	指主要为旅游业服务的宾馆、饭店、大厦、乐园、俱乐部、旅行社、旅游商店、友谊商店等用地。
		13	金融保险业	指银行、储蓄所、信用社、信托公司、证券交易所、保险公司等用地。
20	工业、仓储用地			指工业、仓储用地。
		21	工业	指独立设置的工厂、车间、手工业作坊、建筑安装的生产场地、排渣(灰)场等用地
		22	仓储	指国家、省(自治区、直辖市)及地方的储备、中转、外贸、供应等各种仓库、油库、材料堆积场及其附属设备等用地。
30	市政用地			指市政公用设施、绿化用地。
		31	市政公用设施	指自来水厂、泵站、污水处理厂、变电(所)站、煤气站、供热中心、环卫所、公共厕所、火葬场、消防队、邮电局(所)及各种管线工程专用地段等用地。
		32	绿化	指公园、动植物园、陵园、风景名胜、防护林、水源保护林以及其他公共绿地等用地。

第九章 地籍测量

续表

一级类型		二级类型		含　义
编号	名称	编号	名称	
40	公共建筑用地			指文化、体育、娱乐、机关、科研、设计、教育、医卫等用地。
		41	文、体、娱	指文化馆、博物馆、图书馆、展览馆、纪念馆、体育场馆、俱乐部、影剧院、游乐场、文艺体育团体等用地。
		42	机关、宣传	指党政事业机关及工、青、妇等群众组织驻地，广播电台、电视台、出版社、报社、杂志社等用地。
		43	科研、设计	指科研、设计机构用地。如研究院(所)、设计院及其试验室、试验场等用地。
		44	教育	指大专院校、中等专业学校、职业学校、干校、党校、中、小学校、幼儿园、托儿所、业余进修院(校)、工读学校等用地。
		45	医卫	指医院、门诊部、保健院(站)、疗养院(所)、救护、血站、卫生院、防治所、检疫站、防疫站、医学化验、药品检验等用地。
50	住宅用地			指供居住的各类房屋用地。
60	交通用地			指铁路、民用机场、港口码头及其他交通用地。
		61	铁路	指铁路线路及场站、地铁出入口等用地
		62	民用机场	指民用机场及其附属设施用地
		63	港口码头	指专供客、货运船停靠的场所用地
		64	其他交通	指车场(站)、广场、公路、街、巷、小区内的道路等用地。
70	特殊用地			指军事设施、涉外、宗教、监狱等用地。
		71	军事设施	指军事设施用地。包括部队机关、营房、军用工厂、仓库和其他军事设施等用地。
		72	涉外	指外国使馆、驻华办事处等用地。
		73	宗教	指专门从事宗教活动的庙宇、教堂等宗教用地。
		74	监狱	指监狱用地。包括监狱、看守所、劳改场(所)等用地。

续表

一级类型		二级类型		含义
编号	名称	编号	名称	
80	水域用地			指河流、湖泊、水库、坑塘、沟渠、防洪堤坝等用地。
90	农用地			指水田、菜地、旱地、园地等用地。
		91	水田	指筑有田埂(坎)可以经常蓄水用于种植水稻等水生作物的耕地。
		92	菜地	指以种植蔬菜为主的耕地,包括温室、塑料大棚等用地。
		93	旱地	指水田、菜地以外的耕地。包括水浇地和一般旱地。
		94	园地	指种植以采集果、叶、根、茎等为主的集约经营的多年生木本和草本作物、覆盖度大于50%或每亩株数大于合理株数70%的土地、包括果树苗圃等用地。
100	其他用地			指各种未利用土地、空闲地等其他用地

六、建筑物状况调查

1. 建筑物状况调查内容

建筑物状况调查包括:地块内建筑物的结构和层数。

2. 建筑物层数

建筑物层数是指建筑物的自然层数,从室内地坪以上计算,采光窗在地坪以上的半地下室且高度在 2.2m 以上的算层数。地下室、假层、附层(夹层)、假楼(暗楼)、装饰性塔楼不算层数。

3. 建筑物结构

建筑物结构根据建筑物的梁、柱、墙等主要承重构件的建筑材料划分类别,类别划分标准依照表 9-4 执行。

表 9-4 建筑物结构分类标准

类型		内容
编号	名称	
1	钢结构	承重的主要构件是用钢材料建造的,包括悬索结构
2	钢、钢筋混凝土结构	承重的主要构件是用钢、钢筋混凝土建造的。如一幢房屋一部分梁柱采用钢、钢筋混凝土构架建造

续表

编号	类型名称	内 容
3	钢筋混凝土结构	承重的主要构件是用钢筋混凝土建造的。包括薄壳结构、大模板现浇结构及使用滑模、开板等先进施工方法施工的钢筋混凝土结构的建筑物
4	混合结构	承重的主要构件是用钢筋混凝土和砖木建造的。如一幢房屋的梁是用钢筋混凝土制成，以砖墙为承重墙，或者梁是用木材建造，柱是用钢筋混凝土建造
5	砖木结构	承重的主要构件是用砖、木材建造的，如一幢房屋是木制房架、砖墙、木柱建造的
6	其他结构	凡不属于上述结构的房屋都归此类。如竹结构、砖拱结构、窑洞等

第三节　地籍测量

一、地籍测量内容

(1)根据地块权属调查结果确定地块边界后，参照表9-5设置界址点标志。

表9-5　　　　　　　　　　界址种类和适用范围

种类	适用范围
混凝土界址标志 石灰界址标志	在较为空旷的界址点和占地面积较大的机关、团体、企业、事业单位的界址点应埋设或现场浇筑混凝土界址标志，泥土地面也可埋设石灰界址标志
带铝帽的钢钉界址标志	在坚硬的路面或地面上的界址点应钻孔浇筑或钉设带铝帽的钢钉界址标志
带塑料套的钢棍界址标志 喷漆界址标志	以坚固的房墙(角)或围墙(角)等永久性建筑物处的界址点应钻孔浇筑带塑料套的钢棍界址标志，也可设置喷漆界址标志

(2)界址点标志设置后，按照下述二、中的测量方法进行地籍要素测量。
(3)地籍测量的对象主要包括：

1）界址点、线以及其他重要的界标设施；
2）行政区域和地籍区、地籍子区的界线；
3）建筑物和永久性的构筑物；
4）地类界和保护区的界线。

二、地籍测量方法

1. 极坐标法

(1)采用极坐标法时，由平面控制网的一个已知点或自由设站的测站点，通过测量方向和距离，来测定目标点的位置。

(2)界址点和建筑物角点的坐标一般应有两个不同测站点测定的结果。

(3)位于界线上或界线附近的建筑物角点应直接测定。对矩形建筑物，可直接测定三个角点，另一个角点通过计算求出。

(4)避免由不同线路的控制点对间距很短的相邻界址点进行测量。

(5)个别情况下，现有控制点不能满足极坐标法测量时，可测设辅助控制点。

(6)极坐标法测量可用全站型电子速测仪，也可用经纬仪配以光电测距仪或其他符合精度要求的测量设备。

2. 正交法

正交法又称直角坐标法，它是借助测线和短边支距测定目标点的方法。

正交法使用钢尺丈量距离配以直角棱镜作业。支距长度不得超过一个尺长。

正交法测量使用的钢尺必须经计量检定合格。

三、界址点

1. 界址点编号

界址点的编号，以高斯、克吕格的一个整公里格网为编号区，每个编号区的代码以该公里格网西南角的横纵坐标公里值表示。点的编号在一个编号区内从1～99999连续顺编，点的完整编号由编号区代码、点的类别代码、点号三部分组成，编号形式如下：

×××××××××	×	×××××
编号区代码	类别代码	点的编号
（9位）	（1位）	（5位）

编号区代码由9位数组成，第1、2位数为高斯坐标投影带的带号或代号，第3位数为横坐标的百公里数，第4、5位数为纵坐标的千公里和百公里数，第6、7位和第8、9位数分别为横坐标和纵坐标的十公里和整公里数。

类别代码用1位数表示，其中：

3——表示界址点；

4——表示建筑物角点。

点的编号用5位数表示，从1～99999连续顺编。

第九章 地籍测量

2. 界址点坐标成果表

界址点坐标测量完成后,应按表 9-6 的格式编制界址点坐标成果表,界址点坐标按界址点号的顺序编列。

表 9-6　　　　　　　　　界址点坐标成果表

地籍子区_____

界址点编号		标志类型	界址点坐标(m)		备注
公里网号	点号		X	Y	

填表者_____年_____月_____日　　检查者_____年_____月_____日

注:界址点坐标成果表一般以地籍子区为单位装订成册。

四、地籍测量草图

1. 地籍测量草图的作用

地籍测量草图是地块和建筑物位置关系的实地记录。在进行地籍要素测量时,应根据需要绘制测量草图。

2. 地籍测量草图的内容

地籍测量草图的内容根据测绘方法而定,一般应表示下列内容:

(1)上述的地籍要素测量对象。
(2)平面控制网点及控制点点号。
(3)界址点和建筑物角点。
(4)地籍区、地籍子区与地块的编号;地籍区和地籍子区名称。
(5)土地利用类别。
(6)道路及水域。
(7)有关地理名称;门牌号。
(8)观测手簿中所有未记录的测定参数。
(9)为检校而量测的线长和界址点间距。
(10)测量草图符号的必要说明。
(11)测绘比例尺;精度等级;指北方向线。
(12)测量日期;作业员签名。
3.地籍测量草图的图纸

地籍测量草图图纸规格,原则上用16开幅面;对于面积较大的地块,也可用8开幅面。草图用纸可选用防水纸、聚酯薄膜及其他合适的书写材料。

4.地籍测量草图的比例尺

地籍测量草图选择合适的概略比例尺,使其内容清晰易读。在内容较集中的地方可移位描绘。

5.地籍测量草图的绘制要求

地籍测量草图应在实地绘制,测量的原始数据不得涂改或擦拭。

6.地籍测量草图图式

地籍测量草图的图式符号按《地籍图图式》(CH 5003—1994)执行。

五、地籍图绘制

1.地籍图的作用

地籍图是不动产地籍的图形部分。地籍图应能与地籍册、地籍数据集一起,为不动产产权管理、税收、规划等提供基础资料。

2.地籍图应表示的基本内容
(1)界址点、界址线。
(2)地块及其编号。
(3)地籍区、地籍子区编号,地籍区名称。
(4)土地利用类别。
(5)永久性的建筑物和构筑物。
(6)地籍区与地籍子区界。
(7)行政区域界。
(8)平面控制点。
(9)有关地理名称及重要单位名称。

(10)道路和水域。

根据需要,在考虑图面清晰的前提下,可择要表示一些其他要素。

3. 地籍图的形式

地籍图采用分幅图形式。

地籍图幅面规格采用 50cm×50cm。

4. 地籍图的分幅与编号

(1)地籍图的分幅。地籍图的图廓以高斯-克吕格坐标格网线为界。1:2000 图幅以整公里格网线为图廓线;1:1000 和 1:500 地籍图在 1:2000 地籍图中划分,划分方法如图 9-1 所示。

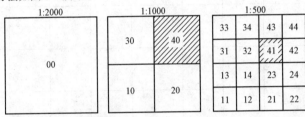

图 9-1　地籍图的分幅和代码

(2)地籍图编号。地籍图编号以高斯-克吕格坐标的整公里格网为编号区,由编号区代码加地籍图比例尺代码组成,编号形式如下:

完整编号　　　　×××××××××　　　　××
简略编号　　　　××××　　　　　　　　××
编号区代码　　　地籍图比例尺代码

编号区代码由 9 位数组成,地籍图比例尺代码由 2 位数组成,按图 9-1 规定执行。

在地籍图上标注地籍图编号时可采用简略编号,简略编号略去编号区代码中的百公里和百公里以前的数值。

第四节　面积量算和地籍修测

一、概述

1. 面积量算的内容

面积量算系指水平面积量算,其内容包括地块面积量算和土地利用面积量算。

2. 面积量算的单位

面积计算单位为平方米,计算取值到小数后一位。参照表 9-7 填写。

表 9-7　　　　　　　　　　面积量算表

图幅号_____　　　　　　　　　　　　面积计量单位_____

地籍区号	地籍子区号	地块号	地类号	面积量测值	较差	面积平均值	土地面积	备注
				1				
				2				
				1				
				2				
				1				
				2				
				1				
				2				
				1				
				2				
				1				
				2				
				1				
				2				
		合计						

计算者：_____　　　检查者：_____　　　日期：___年___月___日

二、面积量算的方法与精度估算

1. 坐标解析法

(1) 面积按式 (9-2) 计算：

$$\left. \begin{array}{l} P = \dfrac{1}{2}\sum\limits_{1}^{n} X_i (Y_{i+1} - Y_{i-1}) \\ 或\ P = \dfrac{1}{2}\sum\limits_{1}^{n} Y_i (X_{i-1} - X_{i+1}) \end{array} \right\} \qquad (9\text{-}2)$$

式中　P——量算面积，m^2；

　　　X_i, Y_i——界址点坐标，m；

　　　n——界址点个数；

　　　i——界址点序号，按顺时针方向顺编。

(2) 面积中误差按式 (9-3) 计算：

第九章 地籍测量

$$m_p = \pm m_j \sqrt{\frac{1}{8} \sum_1^n [(X_{i-1} - X_{i-1})^2 + (Y_{i-1} - Y_{i-1})^2]} \quad (9\text{-}3)$$

式中 　m_p——面积中误差，m^2；

　　　m_j——相应等级界址点规定的点位中误差，m。

2. 实地量距法

(1)对于规则图形，可根据实地丈量的距离直接计算面积；对于不规则图形，则应将其分割成简单的几何图形(如矩形、梯形、三角形等)后再分别计算面积并相加。

(2)面积中误差按式(9-4)计算：

$$m_p = \pm(0.04\sqrt{P} + 0.003P) \quad (9\text{-}4)$$

式中 　P——量算的面积，m^2。

3. 图解法

(1)图解法是指用光电面积量测法、求积仪法、几何图形法等在地籍图上量算面积。图解法量算面积应独立量两次，以两次量取结果的中数作为最后的面积值。

(2)两次面积量算的较差不得超过式(9-5)规定：

$$\Delta P \leqslant 0.0003 M \sqrt{P} \quad (9\text{-}5)$$

式中 　ΔP——两次量算面积较差，m^2；

　　　P——量算面积，m^2；

　　　M——比例尺分母。

(3)对于图上面积小于 $5cm^2$ 的地块，不得使用图解法量算其面积。

三、地籍修测

1. 修测内容

(1)地籍修测包括地籍册的修正、地籍图的修测以及地籍数据的修正。

(2)地籍修测应进行地籍要素调查、外业实地测绘，同时调整界址点号和地块号。

2. 修测的方法

(1)地籍修测应根据变更资料，确定修测范围，根据平面控制点的分布情况，选择测量方法并制定施测方案。

(2)修测可在地籍原图的复制件上进行。

(3)修测之后，应对有关的地籍图、表、簿、册等成果进行修正，使其符合相关规范的要求。

3. 面积变更

(1)一地块分割成几个地块，分割后各地块面积之和与原地块面积的不符值应在规定限差之内。

(2)地块合并的面积，取被合并地块面积之和。

4.修测后地籍编号的变更与处理

(1)地块号。地块分割以后,原地块号作废,新增地块号按地块编号区内的最大地块号续编。

(2)界址点号、建筑物角点号。新增的界址点和建筑物角点的点号,分别按编号区内界址点或建筑物角点的最大点号续编。

四、变更地籍测量

1. 定义

变更地籍测量是指当土地登记的内容(权属、用途等)发生变更时,根据申请变更登记内容进行实地调查、测量,并对宗地档案及地籍图、表进行变更与更新。其目的是为了保证地籍资料的现势性与可靠性。

2. 程序

变更地籍测量的程序是:

(1)资料器材准备。

(2)发送变更地籍测量通知书。

(3)实地进行变更地籍调查、测量。

(4)地籍档案整理和更新。

3. 方法

变更地籍测量一般应采用解析法。暂不具备条件的,可采用部分解析法或图解法。变更地籍测量精度不得低于原测量精度。对涉及划拨国有土地使用权补办出让手续的,必须采用解析法进行变更地籍测量。

第十章　工程施工测量基础

第一节　施工测量概述

一、施工测量的概念

在进行建筑、道路、桥梁和管道等工程建设时，都要经过勘测、设计、施工这三个阶段。前面所讲的地形测量，都是为各种工程进行规划设计提供必要的资料。在设计工作完成后，就要在实地进行施工。在施工阶段所进行的测量工作，称为施工测量，又称测设或放样。

二、施工测量的任务

施工测量的任务是根据施工需要将设计图纸上的建(构)筑物的平面和高程位置，按一定的精度和设计要求，用测量仪器测设在地面上，作为施工的依据，并在施工过程中进行一系列的测量工作，以衔接和指导各工序间的施工。

三、施工测量的内容

施工测量是施工的先导，贯穿于整个施工过程中。内容包括从施工前的场地平整、施工控制网的建立，到建(构)筑物的定位和基础放线；以及工程施工中各道工序的细部测设，构件与设备安装的测设工作；在工程竣工后，为了便于管理、维修和扩建，还需进行竣工测量，绘制竣工平面图；有些高大和特殊的建(构)筑物在施工期间和建成后还要定期进行变形观测，以便积累资料，掌握变形规律，为工程设计、维护和使用提供资料。

四、施工测量的特点

1. 测量精度要求较高

为了满足较高的施工测量精度要求，应使用经过检校的测量仪器和工具进行测量作业，测量作业的工作程序应符合"先整体后局部、先控制后细部"的一般原则，内业计算和外业测量时均应细心操作，注意复核，以防出错，测量方法和精度应符合相关的测量规范和施工规范的要求。

对同类建筑物和构筑物来说，测设整个建筑物和构筑物的主轴线，以便确定其相对其他地物的位置关系时，其测量精度要求可相对低一些；而测设建筑物和构筑物内部有关联的轴线，以及在进行构件安装放样时，精度要求则相对高一些；如果要对建筑物和构筑物进行变形观测，为了发现位置和高程的微小变化量，测量精度要求更高。

2. 测量与施工进度关系密切

施工测量直接为工程的施工服务，一般每道工序施工前都要进行放样测量，为了不影响施工的正常进行,应按照施工进度及时完成相应的测量工作。特别是现代工程项目,规模大,机械化程度高,施工进度快,对放样测量的密切配合提出了更高的要求。

在施工现场,各工序经常交叉作业,运输频繁,并有大量土方填挖和材料堆放工作,使测量作业的场地条件受到影响,视线被遮挡,测量桩点被破坏等。所以,各种测量标志必须埋设稳固,并设在不易破坏和碰动的位置,除此之外还应经常检查,如有损坏,应及时恢复,以满足施工现场测量的需要。

第二节 测设的基本工作

一、水平距离的测设

1. 钢尺测设法

当已知方向在现场已用直线标定,且测设的已知水平距离小于钢卷尺的长度时,测设的一般方法很简单,只需将钢尺的零端与已知始点对齐,沿已知方向水平拉紧直钢尺,在钢尺上读数等于已知水平距离的位置定点即可。为了校核和提高测设精度,可将钢尺移动 10~20cm,用钢尺始端的另一个读数对准已知始点,再测设一次,定出另一个端点,若两次点位的相对误差在限差以内,则取两次端点的平均位置作为端点的最后位置。如图 10-1 所示,M 为已知起点,M 至 N 为已知方向,D 为已知水平距离,P' 为第一次测设所定的端点,P'' 为第二次测设所定的端点,则 P' 和 P'' 的中点 P 即为最后所定的点。MP 即为所要测设的水平距离 D。

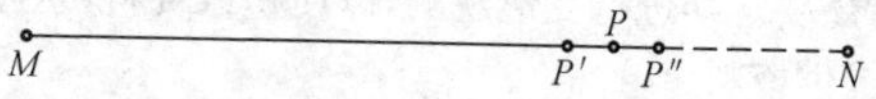

$$M \quad\quad\quad\quad\quad\quad\quad \begin{matrix}P\\P' \quad P''\end{matrix} \text{-----} N$$

图 10-1 测距仪测设水平距离

若已知方向在现场已用直线标定,而已知水平距离大于钢卷尺的长度,则沿已知方向依次水平丈量若干个尺段,在尺段读数之和等于已知水平距离处定点即可。为了校核和提高测设精度,同样应进行两次测设,然后取中定点,方法同上。

当已知方向没有在现场标定出来,只是在较远处给出的另一定向点时,则要先定线再量距。对建筑工程来说,若始点与定向点的距离较短,一般可用拉一条细线绳的方法定线,若始点与定向点的距离较远,则要用经纬仪定线,方法是将经纬仪安置在 A 点上,对中整平,照准远处的定向点,固定照准部,望远镜视线即为已知方向,沿此方向边定线边量距,使终点至始点的水平距离等于要测设的水平距离,并且位于望远镜的视线上。

2. 电磁波测距仪测设法

由于电磁波测距仪的普及,目前水平距离的测设,尤其是长距离的测设多采

第十章 工程施工测量基础

用电磁波测距仪或全站仪。如图 10-2 所示,安置测距仪于 M 点,瞄准 MN 方向,指挥装在对中杆上的棱镜前后移动,使仪器显示值略大于测设的距离,定出 N' 点。在 N' 点安置反光棱镜,测出竖直角 α 及斜距 L(必要时加测气象改正),计算水平距离 $D' = L \cdot \cos\alpha$,求出 D' 与应测设的水平距离 D 之差 $\Delta D = D - D'$。根据 ΔD 的符号在实地用钢尺沿测设方向将 N' 改正至 N 点,并用木桩标定其点位。为了检核,应将反光镜安置于 N 点,再实测 MN 距离,其不符值应在限差之内,否则应再次进行改正,直至符合限差为止。若用全站仪测设,仪器可直接显示水平距离,则更为简便。

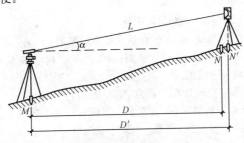

图 10-2 测距仪测设水平距离

二、水平角的测设

1. 直接测设法

如图 10-3 所示,设 O 为地面上的已知点,OA 为已知方向,要顺时针方向测设已知水平角 β,测设方法是:

(1)在 O 点安置经纬仪,对中整平。

(2)盘左状态瞄准 A 点,调水平度盘配置手轮,使水平度盘读数为 $0°0'00''$,然后旋转照准部,当水平度盘读数为 β 时,固定照准部,在此方向上合适的位置定出 B' 点。

(3)倒转望远镜成盘右状态,用同上的方法测设 β 角,定出 B'' 点。

(4)取 B' 和 B'' 的中点 B,则 $\angle AOB$ 就是要测设的水平角。

2. 精确测设法

当测设水平角的精度要求较高时,应采用作垂线改正的方法,如图 10-4 所示。在 O 点安置经纬仪,先用一般方法测设 β 角值,在地面上定出 C' 点,再用测回法观测 $\angle AOC'$ 几个测回(测回数由精度要求决定),取各测回平均值为 β_1,即 $\angle AOC' = \beta_1$,当 β 和 β_1 的差值 $\Delta\beta$ 超过限差($\pm 10''$)时,需进行改正。根据 $\Delta\beta$ 和 OC' 的长度计算出改正值 CC',即

$$CC' = OC' \times \tan\Delta\beta = OC' \times \frac{\Delta\beta}{\rho} \tag{10-1}$$

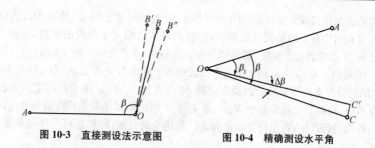

图 10-3　直接测设法示意图　　图 10-4　精确测设水平角

式中,$\rho=206265''$;$\Delta\beta$ 以秒($''$)为单位。

过 C' 点作 OC' 的垂线,再以 C' 点沿垂线方向量取 CC',定出 C 点,则 $\angle AOC$ 就是要测设的 β 角。当 $\Delta\beta=\beta-\beta_1>0$ 时,说明 $\angle AOC$ 偏小,应从 OC' 的垂线方向向外改正;反之,应向内改正。

【例 10-1】　已知地面上 A、O 两点,要测设直角 $\angle AOC$。

【解】　在 O 点安置经纬仪,盘左盘右测直角取中数得 C' 点,量得 $OC'=$60m,用测回法观测三个测回,测得 $\angle AOC'=88°50'29''$。

$$\Delta\beta=90°00'00''-88°50'29''=1°9'31''$$

$$CC'=OC'\times\frac{\Delta\beta}{\rho}=60\times\frac{4171''}{206265''}=1.21\text{m}$$

过 C' 点作 OC' 的垂线 $C'C$ 向外量 $C'C=1.21$m 定得 C 点,则 $\angle AOC$ 为直角。

3. 简易方法测设直角

(1)勾股定理法测设直角。如图 10-5 所示,勾股定理指直角三角形斜边(弦)的平方等于对边(股)与底边(勾)的平方和,即

$$c^2=a^2+b^2$$

据此原理,只要使现场上一个三角形的三条边长满足上式,该三角形即为直角三角形,从而得到我们想要测设的直角。

(2)中垂线法测设直角。如图 10-6 所示,AB 是现场上已有的一条边,要过 P 点测设与 AB 成 $90°$ 的另一条边,可用钢尺在直线 AB 上定出与 P 点距离相等的两个临时点 A' 和 B',再分别以 A' 和 B' 为圆心,以大于 PA' 的长度为半径,画圆弧相交于 C 点,则 PC 为 $A'B'$ 的中垂线,即 PC 与 AB 成 $90°$。

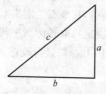

图 10-5　勾股定理法测设直角

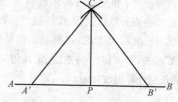

图 10-6　中垂线法测设直角

第十章 工程施工测量基础

三、高程测设

1. 视线高程法

如图 10-7 所示，欲根据某水准点的高程 H_R，测设 A 点，使其高程为设计高程 H_A。则 A 点尺上应读的前视读数为

$$b_{应} = (H_R + a) - H_A \tag{10-2}$$

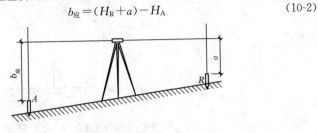

图 10-7 视线高程法

测设方法如下：

(1) 安置水准仪于 R,A 中间，整平仪器。

(2) 后视水准点 R 上的立尺，读得后视读数为 a，则仪器的视线高 $H_i = H_R + a$。

(3) 将水准尺紧贴 A 点木桩侧面上下移动，直至前视读数为 $b_{应}$ 时，在桩侧面沿尺底画一横线，此线即为 A 点的设计高程的位置。

【例 10-2】 R 为水准点，$H_R = 14.650$m，A 为建筑物室内地坪±0.000 待测点，设计高程 $H_A = 14.810$m，若后视读数 $a = 1.040$m，试求 A 点尺读数为多少时尺底就是设计高程 H_A。

【解】 $b_{应} = H_R + a - H_A = 14.650 + 1.040 - 14.810 = 0.880$m

如果地面坡度较大，无法将设计高程在木桩顶部或一侧标出时，可立尺于桩顶，读取桩顶前视，根据下式计算出桩顶改正数：

桩顶改正数 = 桩顶前视 - 应读前视

假如应读前视读数是 1.700m，桩顶前视读数是 1.140m，则桩顶改正数为 -0.560m，表示设计高程的位置在自桩顶往下量 0.560m 处，可在桩顶上注"向下 0.560m"即可。如果改正数为正，说明桩顶低于设计高程，应自桩顶向上量改正数得设计高程。

2. 高程传递法

如图 10-8 所示，为深基坑的高程传递，将钢尺悬挂在坑边的木杆上，下端挂 10kg 重锤，在地面上和坑内各安置一台水准仪，分别读取地面水准点 A 和坑内水准点 P 的水准尺读数 a_1 和 a_2，并读取钢尺读数 b_1 和 b_2，则可根据已知地面水准点 A 的高程 H_A，按下式求得临时水准点 P 的高程 H_P：

$$H_P = H_A + a_1 - (b_1 - b_2) - a_2 \tag{10-3}$$

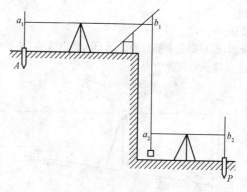

图 10-8　高程传递法(一)

为了进行检核,可将钢尺位置变动 10～20cm,同法再次读取这四个数,两次求得的高程相差不得大于 3mm。

从低处向高处测设高程的方法与此类似。如图 10-9 所示,已知低处水准点 A 的高程 H_A,需测设高处 P 的设计高程 H_P,先在低处安置水准仪,读取读数 a_1 和 b_1,再在高处安置水准仪,读取读数 a_2,则高处水准尺的应读读数 b_2 为:

$$b_2 = H_A + a_1 + (a_2 - b_1) - H_P \tag{10-4}$$

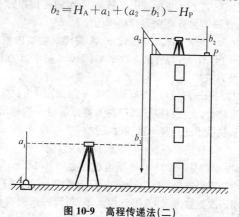

图 10-9　高程传递法(二)

3. 简易高程测设法

在施工现场,当距离较短,精度要求不太高时,施工人员常利用连通管原理,用一条装了水的透明胶管,代替水准仪进行高程测设,方法如下:

如图 10-10 所示,设墙上有一个高程标志 M,其高程为 H_M,想在附近的另

第十章　工程施工测量基础

一面墙上,测设另一个高程标志 P,其设计高程为 H_p。将装了水的透明胶管的一端放在 M 点处;另一端放在 P 点处,两端同时抬高或者降低水管,使 M 端水管水面与高程标志对齐,在 P 处与水管水面对齐的高度作一临时标志 P',则 P' 高程等于 H_M,然后根据设计高程与已知高程的差 $h = H_p - H_M$,以 P' 为起点垂直往上(h 大于 0 时)或往下(h 小于 0 时)量取 h,作标志 P,则此标志的高程为设计高程。

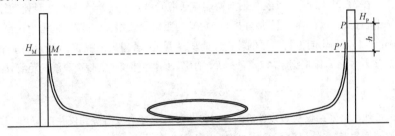

图 10-10　简易高程测设法示意图

四、测设直线

1. 两点间测设直线

(1)一般测设法。如果两点之间能通视,且在其中一个点上能安置经纬仪,故可用经纬仪定线法进行测设。先在其中一个点上安置经纬仪,照准另一个点,固定照准部,再根据需要,在现场合适的位置立测钎,用经纬仪指挥测钎左右移动,直到恰好与望远镜竖丝重合时定点,该点即位于 AB 直线上,同法依次测设出其他直线点如图 10-11 所示。如果需要的话,可在每两个相邻直线点之间用拉白线、弹墨线和撒灰线的方法,在现场将此直线标绘出来,作为施工的依据。

如果经纬仪与直线上的部分点不通视,例如图 10-12 中深坑下面的 P_1、P_2 点,则可先在与 P_1、P_2 点通视的地方(如坑边)测设一个直线点 C,再搬站到 C 点测设 P_1、P_2 点。

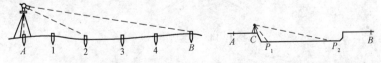

图 10-11　两点间通视的直线测设　　图 10-12　部分点不通视的直线测设

(2)正倒镜投点法。如果两点之间不通视,或者两个端点均不能安置经纬仪,可采用正倒镜投点法测设直线。如图 10-13 所示,M、N 为现场上互不通视的两个点,需在地面上测设以 M、N 为端点的直线,测设方法如下:

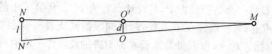

图 10-13　正倒镜投点法测设直线

在 M、N 之间选一个能同时与两端点通视的 O 点处安置经纬仪，尽量使经纬仪中心在 M、N 的连线上，最好是与 M、N 的距离大致相等。盘左（也称为正镜）瞄准 M 点并固定照准部，再倒转望远镜观察 N 点，若望远镜视线与 N 点的水平偏差为 $N'=l$，则根据距离 ON 与 MN 的比，计算经纬仪中心偏离直线的距离 d：

$$d = l \cdot \frac{ON}{MN} \tag{10-5}$$

然后将经纬仪从 O 点往直线方向移动距离 d，重新安置经纬仪并重复上述步骤的操作，使经纬仪中心逐次往直线方向趋近。

最后，当瞄准 M 点，倒转望远镜便正好瞄准 N 点，不过这并不等于仪器一定就在 MN 直线上，这是因为仪器存在误差。因此还需要用盘右（也称为倒镜）瞄准 M 点，再倒转望远镜，看是否也正好瞄准 N 点。

正倒镜投点法的关键是用逐渐趋近法将仪器精确安置在直线上，在实际工作中，为了减少通过搬动脚架来移动经纬仪的次数，提高作业效率，在安置经纬仪时，可按图 10-14 所示的方式安置脚架，使一个脚架与另外两个脚架中点的连线与所要测设的直线垂直，当经纬仪中心需要往直线方向移动的距离不太大（10～20cm 以内）时，可通过伸缩该脚架来移动经纬仪，当移动的距离更小（2～3cm 以内）时，只需在脚架头上移动仪器即可。

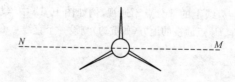

图 10-14　安置脚架

(3) 直线加吊锤法。当距离较短时，也可用一条细线绳，连接两个端点便得到所要测设的直线。如果地面高低不平，或者局部有障碍物，应将细线绳抬高，以免碰线，此时要用吊锤线将地面点引至适宜的高度再拉线，拉好线后，还要用吊锤线将直线引到地面上，用细线绳和吊锤线测设直线。

2. 延长已知线

(1)顺延法。在 A 点安置经纬仪，照准 B 点，抬高望远镜，用视线(纵丝)指挥在现场上定出 C 点即可。这个方法与两点间测设直线的一般方法基本一样，由于测设的直线点在两端点以外，故更要注意测设精度问题。延长线长度一般不要超过已知直线的长度，否则误差较大，当延长线长度较长或地面高差较大时，应用盘左盘右各测设一次。

(2)倒延法。当 O 点无法安置经纬仪，或者当 ON 距离较远，使从 O 点用顺延法测设 N 点的照准精度降低时，可以用倒延法测设。如图 10-15 所示，在 M 点安置经纬仪，照准 O 点，倒转望远镜，用视线指挥在现场上定出 N，点，为了消除仪器误差，应用盘左和盘右各测设一次，取两次的中点。

图 10-15　倒延法测设直线

(3)平行线法。当延长直线上不通视时，可用测设平行线的方法，通过障碍物。如图 10-16 所示，OM 是已知直线，先在 O 点和 M 点以合适的距离 d 作垂线，得 O' 和 M'，再将经纬仪安置在 O'（或 M')，用顺延法(或倒延法)测设 $O'M'$ 直线的延长线，得 N' 和 P'，然后分别在 N' 和 P' 以距离 d 作垂线，得 N 和 P，则 NP 是 OM 的延长线。

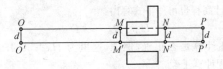

图 10-16　平行线法测设直线

五、测设坡度线

1. 水平视线法

当坡度不大时，可采用水平视线法。如图 10-17 所示，A、B 为设计坡度线的两个端点，A 点设计高程为 $H_A=56.480\text{m}$，坡度线长度(水平距离)为 $D=110\text{m}$，设计坡度为 $i=-1.4\%$，要求在 AB 方向上每隔距离 $d=15\text{m}$ 打一个木桩，并在木桩上定出一个高程标志，使各相邻标志的连线符合设计坡度。设附近有一水准点 M，其高程为 $H_M=56.125\text{m}$，测设方法如下：

(1)在地面上沿 AB 方向，依次测设间距为 d 的中间点 1、2、3、4、5、6、7，在点上打好木桩。

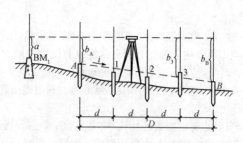

图 10-17　水平视线法测设坡度线

(2)计算各桩点的设计高程：

先计算按坡度 i 每隔距离 d 相应的高差

$$h = i \cdot d = -1.4\% \times 15 = -0.21\text{m}$$

再计算各桩点的设计高程，其中

第1点：　　　　$H_1 = H_A + h = 56.480 - 0.21 = 56.270\text{m}$

第2点：　　　　$H_2 = H_1 + h = 56.270 - 0.21 = 56.060\text{m}$

……

同法算出其他各点设计高程 $H_3 = 55.850\text{m}$，$H_4 = 55.640\text{m}$，$H_5 = 55.430\text{m}$，$H_6 = 55.220\text{mm}$，$H_7 = 55.010\text{mm}$，最后根据 H_7 和剩余的距离计算 B 点设计高程

$$H_B = 55.010 + (-1.4\%) \times (110 - 105) = 54.940\text{m}$$

注意，B 点设计高程也可用下式算出：

$$H_B = H_A + i \cdot D$$

用来检核上述计算是否正确，例如，这里为 $H_B = 56.480 - 1.4\% \times 110 = 54.940\text{m}$，说明高程计算正确。

(3)在合适的位置(与各点通视,距离相近)安置水准仪，后视水准点上的水准尺，设读数 $a = 0.866\text{m}$，先计算仪器视线高

$$H_视 = H_M + a = 56.125 + 0.866 = 56.991\text{m}$$

再根据各点设计高程，依次计算测设各点时的应读前视读数，例如 A 点为

$$b_A = H_视 - H_A = 56.991 - 56.480 = 0.511\text{m}$$

1号点为

$$b_1 = H_视 - H_1 = 56.991 - 56.270 = 0.721\text{m}$$

同理得 $b_2 = 0.931\text{m}$，$b_3 = 1.141\text{m}$，$b_4 = 1.351\text{m}$，$b_5 = 1.561\text{m}$，$b_B = 1.701\text{m}$。

(4)水准尺依次贴靠在各木桩的侧面，上下移动尺子，直至尺读数为 b 时，沿尺底在木桩上画一横线，该线即在 AB 坡度线上。也可将水准尺立于桩顶上，读前视读数 b'，再根据应读读数和实际读数的差 $l = b - b'$，用小钢尺自桩顶往下量取高度 l 画线。

2. 倾斜视线法

当坡度较大时,坡度线两端高差太大,不便按水平视线法测设,这里可采用倾斜视线法。如图 10-18 所示,A,B 为设计坡度线的两个端点,A 点设计高程为 $H_A=131.600m$,坡度线长度(水平距离)为 $D=70m$,设计坡度为 $i=-10\%$,附近有一水准点 M,其高程为 $H_M=131.950m$,测设方法如下:

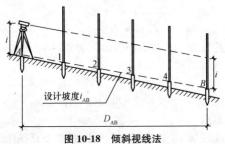

图 10-18 倾斜视线法

(1)根据 A 点设计高程、坡度 i 及坡度线长度 D,计算 B 点设计高程,即

$$H_B = H_A + i \cdot D$$
$$= 131.600 - 10\% \times 70$$
$$= 124.600m$$

(2)按测设已知高程的一般方法,将 A,B 两点的设计高程测设在地面的木桩上。

(3)在 A 点(或 B 点)上安置水准仪,使基座上的一个脚螺旋在 AB 方向上,其余两个脚螺旋的连线与 AB 方向垂直,如图 10-19 所示,粗略对中并调节与 AB 方向垂直的两个脚螺旋基本水平,量取仪器高 l。通过转动 AB 方向上的脚螺旋和微倾螺旋,使望远镜十字丝横丝对准 B 点(或 A 点)水准尺上等于仪器高处,此时仪器的视线与设计坡度线平行。

(4)在 AB 方向的中间各点 $1、2、3、\cdots$ 的木桩侧面立水准尺,上下移动水准尺,直至尺上读数等于仪器高时,沿尺底在木桩上画线,则各桩画线的连线就是设计坡度线。

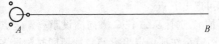

图 10-19 安置水准仪

第三节 测设点位的方法

一、直角坐标法

当施工场地有彼此垂直的建筑基线或建筑方格网,待测设的建(构)筑物的轴线平行而又靠近基线或方格网边线时,常用直角坐标法测设点位。

如图 10-20 所示，A、B、C、D 点是建筑方格网顶点，其坐标值已知，P、S、R、Q 为拟测设的建筑物的四个角点，在设计图纸上已给定四角的坐标，现用直角坐标法测设建筑物的四个角桩。测设步骤如下：

(1) 根据 A 点和 P 点的坐标计算测设数据 a 和 b，其中 a 是 P 到 AB 的垂直距离，b 是 P 到 AC 的垂直距离，算式为：

$$a = x_P - x_A$$
$$b = y_P - y_A$$

例如，若 A 点坐标为 (568.255, 256.468)，P 点的坐标为 (602.300, 298.400)，则代入上式得：

$$a = 602.300 - 568.255 = 34.045\text{m}$$
$$b = 298.400 - 256.468 = 41.932\text{m}$$

(2) 现场测设 P 点

1) 如图 10-20(b) 所示，安置经纬仪于 A 点，照准 B 点，沿视线方向测设距离 $b = 41.932$m，定出点 1。

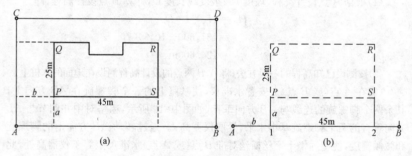

图 10-20 直角坐标法

2) 安置经纬仪于点 1，照准 B 点，逆时针方向测设 90°角，沿视线方向测设距离 $a = 34.045$m，即可定出 P 点。

也可根据现场情况，选择从 A 往 C 方向测设距离 a 定点，然后在该点测设 90°角，最后再测设距离 b，在现场定出 P 点。如要同时测设多个坐标点，只需综合应用上述测设距离和测设直角的操作步骤，即可完成。

设已知建筑物与建筑方格网平行，长边为 45m，短边为 25m，要求在现场测设建筑物的四个角点 P、Q、R、S。可先按上述步骤①定出点 1，并继续沿 AB 视线方向测设距离 45m，定出点 2，然后在点 1 安置经纬仪，测设 90°角，沿视线方向测设距离 a，定出 P 点，继续沿视线方向测设距离 25m，定出 Q 点，同法在点 2 安置经纬仪测设 S 点和 R 点。为了检核，用钢尺丈量水平距离 QR 和 PS，检查与建筑物的尺寸是否相等；再在现场的四个角点安置经纬仪，测量水平角，检核四个大角是

第十章 工程施工测量基础

否为 90°。

直角坐标法计算简单,在建筑物与建筑基线或建筑方格网平行时应用得较多,但测设时设站较多,只适用于施工控制为建筑基线或建筑方格网,并且便于量边的情况。

二、极坐标法

1. 极坐标法的计算方法

极坐标法是根据水平角和水平距离测设点的平面位置的方法。如图 10-21 所示,$A、B$ 点是现场已有的测量控制点,其坐标为已知,P 点为待测设的点,其坐标为已知的设计坐标,测设方法如下:

(1)根据 $A、B$ 点和 P 点来计算测设数据 D_{AP} 和 β,测站为 A 点,其中 D_{AP} 是 $A、P$ 之间的水平距离,β 是 A 点的水平角 $\angle PAB$。

根据坐标反算公式,水平距离 D_{AP} 为:

$$D_{AP} = \sqrt{\Delta x_{AP}^2 + \Delta y_{AP}^2} \tag{10-6}$$

式中,$\Delta x_{AP} = x_P - x_A$,$\Delta y_{AP} = y_P - y_A$。

水平角 $\angle PAB$ 为

$$\beta = \alpha_{AP} - \alpha_{AB} \tag{10-7}$$

式中,α_{AB} 为 AB 的坐标方位角,α_{AP} 为 AP 的坐标方位角,其计算式为:

$$\alpha_{AB} = \arctan \frac{\Delta y_{AB}}{\Delta x_{AB}} \tag{10-8}$$

$$\alpha_{AP} = \arctan \frac{\Delta y_{AP}}{\Delta x_{AP}} \tag{10-9}$$

(2)现场测设 P 点。安置经纬仪于 A 点,瞄准 B 点;顺时针方向测设 β 角定出 AP 方向,由 A 点沿 AP 方向用钢尺测设水平距离 D 即得 P 点。

【例 10-3】如图 10-21 所示。已知 $x_A = 110.00\text{m}$,$y_A = 110.00\text{m}$,$x_B = 70.00\text{m}$,$y_B = 140.00\text{m}$,$x_P = 130.00\text{m}$,$y_P = 140.00\text{m}$。求测设数据 β,D_{AP}。

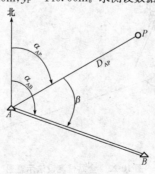

图 10-21　极坐标法

【解】 将已知数据代入式(10-6)和式(10-7)可计算得

$$\alpha_{AB} = \arctan\frac{y_B - y_A}{x_B - x_A} = \arctan\frac{140.00 - 110.00}{70.00 - 110.00}$$

$$= \arctan\frac{3}{-4} = 143°7'48''$$

$$\alpha_{AP} = \arctan\frac{y_P - y_A}{x_P - x_A} = \arctan\frac{140.00 - 110.00}{130.00 - 110.00}$$

$$= \arctan\frac{3}{2} = 56°18'35''$$

$$\beta = \alpha_{AB} - \alpha_{AP} = 143°7'48'' - 56°18'35'' = 86°49'13''$$

$$D_{AP} = \sqrt{(x_P - x_A)^2 + (y_P - y_A)^2}$$

$$= \sqrt{(130.00 - 110.00)^2 + (140.00 - 110.00)^2} = \sqrt{20^2 + 30^2} = 36.06\text{m}$$

2. 全站仪极坐标法测设点位

(1)在某点安置全站仪,对中整平,开机自检与初始化,输入当时的温度和气压,将测量模式切换到"放样"。

(2)输入某点坐标作为测站坐标,照准另一个控制点,输入另一点坐标作为后视点坐标,或者直接输入后视方向的方位角。

(3)输入待测设点的坐标,全站仪自动计算测站至该点的设计方位角和水平距离,转动照准部时,屏幕上显示出当前视线方向与设计方向之间的水平夹角,当该夹角接近0时,制动照准部,转动水平微动螺旋使夹角为$0°00'00''$此时视线方向即为设计方向,如图10-22所示。

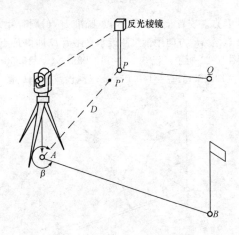

图 10-22　全站仪测设法示意图

第十章 工程施工测量基础

(4)指挥棱镜立于视线方向上,按"测设"键,全站仪即测量出测站至棱镜的水平距离,并计算出该距离与设计距离的差值,在屏幕上显示出来。一般差值为正表示棱镜立得偏远了,应往测站方向移动,差值为负表示棱镜立得偏近了,应往远离测站方向移动。

(5)观测员通过对讲机将距离偏差值通知持镜员,持镜员按此数据往近处或远处移动棱镜,并立于全站仪望远镜视线方向上,然后观测员按"测设"键重新观测。

三、角度交会法

角度交会法是在两个控制点上用两台经纬仪测设出两个已知数值的水平角,交会出点的平面位置。为提高放样精度,通常用三个控制点上放置三台经纬仪进行交会。此法适用于待测设点离控制点较远或量距较困难的地区。在桥梁等工程中,常采用此法。

如图 10-23 所示,A、B、C 为控制点,P 为待测设点,其坐标均为已知,测设方法如下:

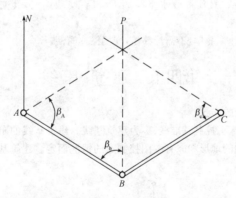

图 10-23 角度交会法

(1)根据 A、B 点和 P 点的坐标计算测设数据 β_A 和 β_B,即水平角 $\angle PAB$ 和水平角 $\angle PBA$,其中:

$$\beta_A = \alpha_{AB} - \alpha_{AP}$$
$$\beta_B = \alpha_{BP} - \alpha_{BA}$$

(2)现场测设 P 点。在 A 点安置经纬仪,照准 B 点,逆时针测设水平角 β_A,定出一条方向线,在 B 点安置另一台经纬仪,照准 A 点,顺时针测设水平角 β_B,定出另一条方向线,两条方向线的交点的位置就是 P 点。在现场立一根测钎,由两台仪器指挥,前后左右移动,直到两台仪器的纵丝能同时照准测钎,在该点设置标志得到 P 点。

四、距离交会法

距离交会法是在两个控制点上各测设已知长度交会出点的平面位置。距离交会法适用于场地平坦,量距方便,且控制点离待测设点的距离不超过一整尺长的地区。

如图 10-24 所示,P 是待测设点,其设计坐标已知,附近有 A、B 两个控制点,其坐标也已知,测设方法如下:

(1) 根据 A、B 点和 P 点的坐标计算测设数据 D_1、D_2,即 P 点至 A、B 的水平距离,其中:

$$\begin{cases} D_{D_1} = \sqrt{\Delta x_{D_1}^2 + \Delta y_{D_1}^2} \\ D_{D_2} = \sqrt{\Delta x_{D_2}^2 + \Delta y_{D_2}^2} \end{cases} \quad (10\text{-}10)$$

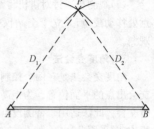

图 10-24 距离交会法

(2) 现场测设 P 点。在现场用一把钢尺分别从控制点 A、B 以水平距离 D_1、D_2 为半径画圆弧,其交点即为 P 点的位置。也可用两把钢尺分别从 A、B 量取水平距离 D_1、D_2 摆动钢尺,其交点即为 P 点的位置。

距离交会法计算简单,不需经纬仪,现场操作简便。

第四节　建筑基线

一、建筑基线的布置

建筑场地的施工控制基准线,称为建筑基线。建筑基线的布置,主要根据建筑物的分布、场地的地形和原有测图控制点的情况而定。建筑基线的布设形式,如图 10-25 所示。

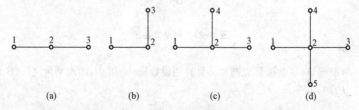

图 10-25　建筑基线的布设形式
(a) 三点直线形;(b) 三点直角形;(c) 四点丁字形;(d) 五点十字形

二、测设建筑基线的方法

1. 根据控制点测设

如图 10-26 所示,欲测设一条由 M、O、N 三个点组成的"一"字形建筑基线,先根据邻近的测图控制点1、2,采用极坐标法将三个基线点测设到地面上,得M'、O'、N'三点,然后在O'点安置经纬仪,观测$\angle M'O'N'$,检查其值是否为$180°$,如果角度误差大于$\pm 10''$,说明不在同一直线上,应进行调整。调整时将M'、O'、N'沿与基线垂直的方向移动相等的距离l,得到位于同一直线上的M、O、N三点,l的计算如下:

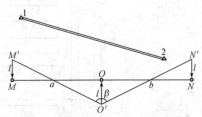

图10-26 "一"字形建筑基线

设M、O距离为m,N、O距离为n,$\angle M'O'N'=\beta$,则有

$$l=\frac{mn}{m+n}\left(90°-\frac{\beta}{2}\right)''\frac{1}{\rho''} \tag{10-11}$$

式中$\rho''=206265''$。

例如,图10-26中$m=115\text{m}$,$n=170\text{m}$,$\beta=179°40'10''$。则

$$l=\frac{115\times 170}{115+170}\times\left(90°-\frac{179°40'10''}{2}\right)''\times\frac{1}{206265}$$
$$=0.19(\text{m})$$

调整到一条直线上后,用钢尺检查M、O和N、O的距离与设计值是否一致,若偏差大于$1/10000$,则以O点为基准,按设计距离调整M、N两点。

如果是如图10-27所示的"L"形建筑基线,测设M'、O、N'三点后,在O点安置经纬仪检查$\angle M'ON'$是否为$90°$,如果偏差值$\Delta\beta$大于$\pm 20''$,则保持O点不动,按精密角度测设时的改正方法,将M'和N'各改正$\Delta\beta/2$,其中A'、B'改正偏距L_M、L_N的算式分别为:

$$\begin{cases} L_M=MO\cdot\dfrac{\Delta\beta}{2\rho''} \\ L_N=NO\cdot\dfrac{\Delta\beta}{2\rho''} \end{cases} \tag{10-12}$$

M'和N'沿直线方向上的距离检查与改正方法同"一"字形建筑基线。

2. 根据边界桩测设建筑基线

在城市中,建筑用地的边界线,是由城市测绘部门根据经审准的规划图测设的,又称为"建筑红线",其界桩可作为测设建筑基线的依据。

如图10-28中的1、2、3点的为建筑边界桩,1—2线与2—3线互相垂直,根据

边界线设计"L"形建筑基线 MON。测设时采用平行线法,以距离 d_1 和 d_2,将 M、O、N 三点在实地标定出来,再用经纬仪检查基线的角度是否为 $90°$,用钢尺检查基线点的间距是否等于设计值,必要时对 M、N 进行改正,即可得到符合要求的建筑基线。

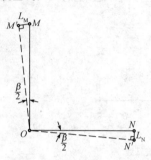

图 10-27　"L"形建筑基线

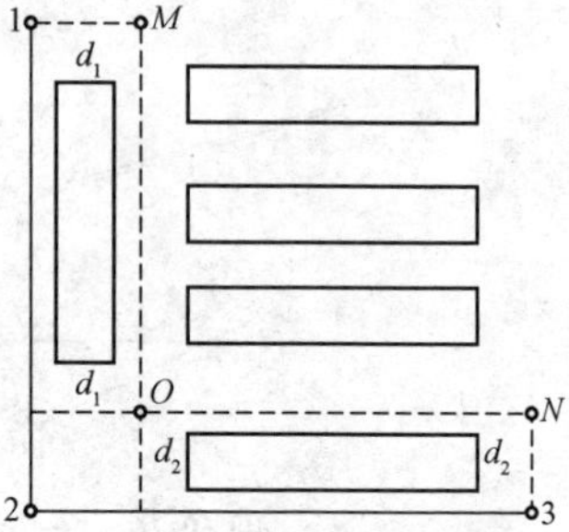

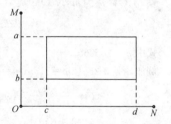

图 10-28　根据边界桩测设建筑基线

3. 根据建筑物测设建筑基线

在建筑基线附近有永久性的建筑物,并且建筑物的主轴线平行于基线时,可以根据建筑物测设建筑基线,如图 10-29 所示,采用拉直线法,沿建筑物的四面外墙延长一定的距离,得到直线 ab 和 cd,延长这两条直线得其交点 O,然后安置经纬仪于 O 点,分别延长 ba 和 cd,使之符合设计长度,得到 M 和 N 点,再用上面所述方法对 M 和 N 进行调整便得到两条互相垂直的基线。

图 10-29　根据建筑物测设建筑基线

第五节　建筑方格网

一、建筑方格网的布置

由正方形或矩形的格网组成的建筑场地的施工控制网,称为建筑方格网,其适用于大型的建筑场地。建筑方格网的布置,应根据建筑设计总平面图上各种建筑物、道路、管线的分布情况,并结合现场地形情况而拟定。布置建筑方格网时,先要选定两条互相垂直的主轴线,图 10-30 中的 AOB 和 COD,再全面布设格网。

1. 布置类型

格网的形式,可布置成正方形或矩形。当建筑场地占地面积较大时,通常是分两级布设,首级为基本网,先测设十字形、口字形或田字形的主轴线,然后再加密次级的方格网。当场地面积不大时,尽量布置成全方格网。

第十章 工程施工测量基础

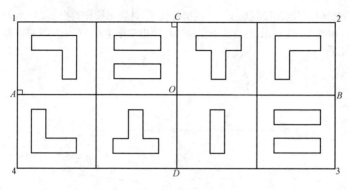

图 10-30 建筑方格网

2. 布置要求

(1)方格网的主轴线,应布设在整个建筑场地的中央,其方向应与主要建筑物的轴线平行或垂直,并且长轴线上的定位点不得少于 3 个。主轴线的各端点应延伸到场地的边缘,以便控制整个场地。主轴线上的点位,必须建立永久性标志,以便长期保存。

(2)当方格网的主轴线选定后,就可根据建筑物的大小和分布情况而加密格网。在选定格网点时,应以简单、实用为原则,在满足测角、量距的前提下,格网点的点数应尽量减少。方格网的转折角应严格为 90°,相邻格网点要保持通视,点位要能长期保存。

建筑方格网的主要技术要求,可参见表 10-1 的规定。

表 10-1　　　　　建筑方格网的主要技术要求

等级	边长(m)	测角中误差(″)	边长相对中误差
一级	100~300	5	≤1/30000
二级	100~300	8	≤1/20000

二、建筑方格网的测设

1. 主轴线的测设

由于建筑方格网是根据场地主轴线布置的,因此在测设时,应首先根据场地原有的测图控制点,测设出主轴线的三个主点。

如图 10-31 所示,Ⅰ、Ⅱ、Ⅲ三点为附近已有的测图控制点,其坐标已知;M、O、N 三点为选定的主轴线上的主点,其坐标可算出,则根据三个测图控制点 1、2、3,采用极坐标法就可测设出 M、O、N 三个主点。

测设三个主点的过程:先将 M、O、N 三点的施工坐标换算成测图坐标;再根据它们的坐标与测图控制点 1、2、3 的坐标关系,计算出放样数据 β_1、β_2、β_3 和 D_1、D_2、D_3,如图 10-31 所示;然后用极坐标法测设出三个主点 M、O、N 的概略位置为 M'、O'、N'。

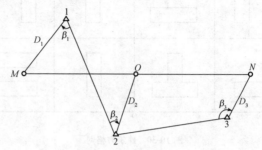

图 10-31 主轴线的测设

当三个主点的概略位置在地面上标定出来后,要检查三个主点是否在一条直线上。由于测量误差的存在,使测设的三个主点 M'、O'、N' 不在一条直线上,如图 10-32 所示,故安置经纬仪于 O' 点上,精确检测 $\angle M'O'N'$ 的角值 β,如果检测角 β 的值与 180°之差,超过了表 10-1 规定的容许值,则需要对点位进行调整。

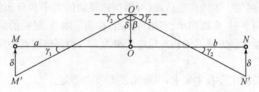

图 10-32 调整三个主点的位置

调整三个主点的位置时,应先根据三个主点间的距离 a 和 b 按下列公式计算调整值 δ,即:

$$\delta = \frac{ab}{a+b}\left(90° - \frac{\beta}{2}\right)\frac{1}{\rho} \tag{10-13}$$

将 M'、O'、N' 三点沿与轴线垂直方向移动一个改正值 δ,但 O' 点与 M'、N' 两点移动的方向相反,移动后得 M、O、N 三点。为了保证测设精度,应再重复检测 $\angle MON$,如果检测结果与 180°之差仍旧超过限差时,需再进行调整,直到误差在容许值以内为止。

除了调整角度之外,还要调整三个主点间的距离。先丈量检查 MO 及 ON 间的距离,若检查结果与设计长度之差的相对误差大于表 10-1 的规定,则以 O 点为准,按设计长度调整 M、N 两点。调整需反复进行,直到误差在容许值以内为止。

当主轴线的三个主点 M、O、N 定位好后,就可测设与 MON 主轴线相垂直的另一条主轴线 COD。如图 10-33 所示,将经纬仪安置在 O 点上,照准 A 点,分别向左、向右测设 90°;并根据 CO 和 OD 间的距离,在地面上标定出 C、D 两点的概略位置为 C'、D';然后分别精确测出 $\angle MOC'$ 及 $\angle MOD'$ 的角值,其角值与 90°之差为 ε_1 和 ε_2,若 ε_1 和 ε_2 大于表 10-2 的规定,则按下列公式求改正数 l,即

$$l = L \cdot \varepsilon_1 / \varepsilon_2 \qquad (10\text{-}14)$$

式中,L 为 OC' 或 OD' 的距离;ε_1、ε_2 单位为秒(″)。

根据改正数,将 C'、D' 两点分别沿 OC'、OD' 的垂直方向移动 l_1、l_2;得 C、D 两点。然后检测 $\angle COD$,其值与 180°之差应在规定的限差之内,否则需要再次进行调整。

2. 方格网点的测设

主轴线确定后,先进行主方格网的测设,然后在主方格网内进行方格网的加密。

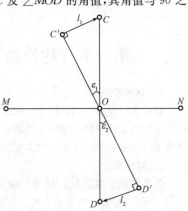

图 10-33 测设主轴线 COD

主方格网的测设,采用角度交会法定出格网点。其作业过程:用两台经纬仪分别安置在 M、C 两点上,均以 O 点为起始方向,分别向左、向右精确地测设出 90°角,在测方方向上交会 1 点,交点 1 的位置确定后,进行交角的检测和调整,同法测设出主方格网点 2、3、4,这样就构成了田字形的主方格网,当主方格网测定后,以主方格网点为基础,进行加密其余各格网点。

方格网水平角的观测可采用方向观测法,其主要技术要求应符合表 10-2 的规定。

表 10-2　　　　　　水平角观测的主要技术要求

等级	仪器精度等级	测角中误差(″)	测回数	半测回归零差(″)	一测回内2C互差(″)	各测回方向较差(″)
一级	1″级仪器	5	2	≤6	≤9	≤6
	2″级仪器	5	3	≤8	≤13	≤9
二级	2″级仪器	8	2	≤12	≤18	≤12
	6″级仪器	8	4	≤18	≤—	≤24

第十一章 工业与民用建筑施工测量

第一节 建筑施工测量前的准备工作

一、熟悉图纸

设计图纸是施工测量的主要依据,测设前应充分熟悉各种有关的设计图纸,以便了解施工建筑物与相邻地物的相互关系,以及建筑物本身的内部尺寸关系,准确无误地获取测设工作中所需要的各种定位数据。

二、现场踏勘

为了解施工现场上地物、地貌以及现有测量控制点的分布情况,应进行现场踏勘,以便根据实际情况考虑测设方案。

三、确定测设方案

在熟悉设计图纸、掌握施工计划和施工进度的基础上,结合现场条件和实际情况,拟定测设方案。测设方案包括测设方法、测设步骤、采用的仪器工具、精度要求、时间安排等。

四、准备测设数据

在每次现场测设之前,应根据设计图纸和测量控制点的分布情况,准备好相应的测设数据并对数据进行检核,需要时还可绘出测设略图,把测设数据标注在略图上,使现场测设时更方便快速,并减少出错的可能。

第二节 建筑物的定位与放线

一、建筑物的定位

1. 根据控制点定位

如果待定位建筑物的定位点设计坐标是已知的,且附近有高级控制点可供利用,则可根据实际情况选用极坐标法、角度交会法或距离交会法来测设定位点。三种方法中,极坐标法适用性最强,是用得最多的一种定位方法。

2. 根据建筑方格网和建筑基线定位

如果待定位建筑物的定位点设计坐标是已知的,并且建筑场地已设有建筑方格网或建筑基线,可利用直角坐标法测设定位点,当然也可用极坐标法等其他方法进行测设,但直角坐标法所需要的测设数据的计算较为方便,在用经纬仪和钢尺实地测设时,建筑物总尺寸和四大角的精度容易控制和检核。

第十一章 工业与民用建筑施工测量

3. 根据与原有建筑物和道路的关系定位

(1)根据与原有建筑物的关系定位。

1)如图11-1(a)所示,拟建建筑物的外墙边线与原有建筑的外墙边线在同一条直线上,两栋建筑物的间距为15m,拟建建筑物四周长轴为45m,短轴为20m,轴线与外墙边线间距为0.15m,可按下述方法测设其四个轴线交点:

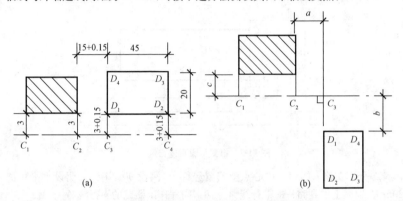

(a)　　　　　　　　　　　　　(b)

图 11-1　根据与原有建筑物的关系定位

①沿原有建筑物的两侧外墙拉线,用钢尺顺线从墙角往外量一段较短的距离(这里设为3m),在地面上定出 C_1 和 C_2 两个点,C_1 和 C_2 的连线即为原有建筑物的平行线。

②在 C_1 点安置经纬仪,照准 C_2 点,用钢尺从 C_2 点沿视线方向量 15m+0.15m,在地面上定出 C_3,再从 C_3 点沿视线方向量 45m,在地面上定出 C_4 点,C_3 和 C_4 的连线即为拟建建筑物的平行线,其长度等于长轴尺寸。

③在 C_3 点安置经纬仪,照准 C_4,逆时针测设 90°,在视线方向上量 3m+0.15m,在地面上定出 D_1 点,再从 D_1 点沿视线方向量 20m,在地面上定出 D_4 点。同理,在 C_4 点安置经纬仪,照准 C_3 点,顺时针测设 90°,在视线方向上量 3m+0.15m,在地面上定出 D_2 点,再从 D_2 点沿视线方向量 20m,在地面上定出 D_3 点。则 D_1、D_2、D_3 和 D_4 点即为拟建建筑物的四个定位轴线点。

④在 D_1、D_2、D_3 和 D_4 点上安置经纬仪,检核四个大角是否为 90°,用钢尺丈量四条轴线的长度,检核长轴是否为 45m,短轴是否为 20m。

2)如果是如图 11-1(b)所示的情况,则在得到原有建筑物的平行线并延长到 C_3 点后,应在 C_3 点测设 90°并量距,定出 D_1 和 D_2 点,得到拟建建筑物的一条长轴,再分别在 D_1 和 D_2 点测设 90°并量距,定出另一条长轴上的 D_4 和 D_3 点。注意不能先定短轴的两个点(例如 D_1 和 D_4 点),再在这两个点上设站测设另一条短轴上的两个点(例如 D_2 和 D_3 点),否则误差容易超限。

(2)根据与原有道路的关系定位。如图 11-2 所示,拟建建筑物的轴线与道路中心线平行,轴线与道路中心线的距离见图,测设方法如下:

1)在每条道路上选两个合适的位置,分别用钢尺测量该处道路宽度,其宽度的 1/2 处即为道路中心点,如此得到路一中心线的两个点 D_1 和 D_2,同理得到路二中心线的两个点 D_3 和 D_4。

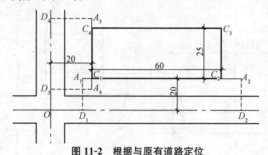

图 11-2　根据与原有道路定位

2)分别在路一的两个中心点上安置经纬仪,测设 90°,用钢尺测设水平距离 20m,在地面上得到路一的平行线 $A_1—A_2$,同理作出路二的平行线 $A_3—A_4$。

3)用经纬仪内延或外延这两条线,其交点即为拟建建筑物的第一个定位点 C_1,再从 C_1 沿长轴方向量 60m,得到第二个定位点 C_2。

4)分别在 C_1 和 C_2 点安置经纬仪,测设直角和水平距离 25m,在地面上定出 C_3 和 C_4 点。在 C_1、C_2、C_3 和 C_4 点上安置经纬仪,检核角度是否为 90°,用钢尺丈量四条轴线的长度,检核长轴是否为 60m,短轴是否为 25m。

二、建筑物放线

1. 测设细部轴线交点

如图 11-3 所示,1 轴、5 轴、A 轴和 G 轴是建筑物的四条外墙主轴线,其交点 A1、G1、A5 和 G5 是建筑物的定位点,这些定位点已在地面上测设完毕并打好桩点,各主次轴线间隔见图 11-3,现欲测设次要轴线与主轴线的交点。

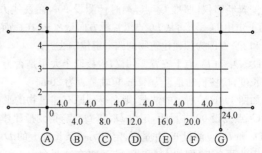

图 11-3　测设细部轴线交点

第十一章 工业与民用建筑施工测量

在A1点安置经纬仪,照准G1点,把钢尺的零端对准A1点,沿视线方向拉钢尺,在钢尺上读数等于A轴和B轴间距(4.0m)的地方打下木桩,打的过程中要经常用仪器检查桩顶是否偏离视线方向,并不时拉一下钢尺,钢尺读数是否还在桩顶上,如有偏移要及时调整。打好桩后,用经纬仪视线指挥在桩顶上画一条纵线,再拉好钢尺,在读数等于轴间距处画一条横线,两线交点即1轴与B轴的交点。

在测设1轴与C轴的交点C1时,方法同上,注意仍然要将钢尺的零端对准A1点,并沿视线方向拉钢尺,而钢尺读数应为A轴和C轴间距(8.0m),这种做法可以减小钢尺对点误差,避免轴线总长度增长或减短。如此依次测设A轴与其他有关轴线的交点。测设完最后一个交点后,用钢尺检查各相邻轴线桩的间距是否等于设计值,误差应小于1/3000。

测设完A轴上的轴线点后,用同样的方法测设5轴、A轴和C轴上的轴线点。如果建筑物尺寸较小,也可用拉细线绳的方法代替经纬仪定线,然后沿细线绳拉钢尺量距。

2. 引测轴线
(1)龙门板法。
1)如图11-4所示,在建筑物四角和中间隔墙的两端,距基槽边线约2m以外,牢固地埋设大木桩,称为龙门桩,并使桩的一侧平行于基槽。

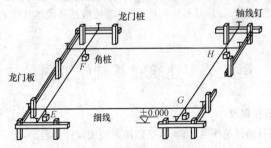

图11-4 龙门桩示意图

2)根据附近水准点,用水准仪将±0.000标高测设在每个龙门桩的外侧上,并画出横线标志。如果现场条件不允许,也可测设比±0.000高或低一定数值的标高线,同一建筑物最好只用一个标高,如因地形起伏大用两个标高时,一定要标注清楚,以免使用时发生错误。

3)在相邻两龙门桩上钉设木板,称为龙门板,龙门板的上沿应和龙门桩上的横线对齐,使龙门板的顶面标高在一个水平面上,并且标高为±0.000,或比±0.000高或低一定的数值,龙门板顶面标高的误差应在±5mm以内。

4)根据轴线桩,用经纬仪将各轴线投测到龙门板的顶面,并钉上小钉作为轴线标志,称为轴线钉,投测误差应在±5mm以内。对小型的建筑物,也可用拉细线绳的方法延长轴线,再钉上轴线钉,如事先已打好龙门板,可在测设细部轴线的同时钉设轴线钉,以减少重复安置仪器的工作量。

5) 用钢尺沿龙门板顶面检查轴线钉的间距,其相对误差不应超过1/3000。

(2) 轴线控制桩法。由于龙门板需要较多木料,而且占用场地,使用机械开挖时容易被破坏,因此也可以在基槽或基坑外各轴线的延长线上测设轴线控制桩,作为以后恢复轴线的依据。即使采用了龙门板,为了防止被碰动,对主要轴线也应测设轴线控制桩。

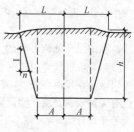

图 11-5 基槽开挖

轴线控制桩的引测主要采用经纬仪法,当引测到较远的地方时,要注意采用盘左和盘右两次投测取中法来引测,以减少引测误差和避免错误的出现。

(3) 确定开挖边线。先按基础剖面图给出的设计尺寸,计算基槽的开挖宽度,如图 11-5 所示。

$$L = A + nh \tag{11-1}$$

式中 A 为基底宽度,可由基础剖面图查取,h 为基槽深度,n 为边坡坡度的分母。然后根据计算结果,在地面上以轴线为中线往两边各量出 $L/2$,拉线并撒上白灰,即为开挖边线。如果是基坑开挖,则只需按最外围墙体基础的宽度及放坡确定开挖边线。

第三节 建筑物基础施工测量

一、基槽开挖深度

为了控制基槽开挖深度,当基槽挖到接近槽底设计高程时,应在槽壁上测设一些水平桩,使水平桩的上表面离槽底设计高程为某一整分米数,用以控制挖槽深度,也可作为槽底清理和打基础垫层时掌握标高的依据。

水平桩可以是木桩也可以是竹桩,测设时,以画在龙门板或周围固定地物的±0.000 标高线为已知高程点,用水准仪进行测设,小型建筑物也可用连通水管法进行测设。水平桩上的高程误差应在±10mm 以内。

例如图 11-6 所示,设龙门板顶面标高为±0.000,槽底设计标高为 -2.5m,水平桩高于槽底 0.6m,即水平桩高程为 -1.9m,用水准仪后视龙门板顶面上的水准尺,读数 $a=1.280$m,则水平桩上标尺的应有读数为

$$0 + 1.280 - (-1.9) = 3.180 \text{m}$$

测设时沿槽壁上下移动水准尺,当读数为 3.180m 时沿尺底水平地将桩打进

第十一章 工业与民用建筑施工测量

槽壁,然后检核该桩的标高,如超限便进行调整,直至误差在规定范围以内。

二、垫层标高控制

垫层面标高的测设可以水平桩为依据在槽壁上弹线,也可在槽底打入垂直桩,使桩顶标高等于垫层面的标高。如果垫层需安装模板,可以直接在模板上弹出垫层面的标高线。

如果是机械开挖,一般是一次挖到设计槽底或坑底的标高,因此要在施工现场安置水准仪,边挖边测,随时指挥挖土机调整挖土深度,使槽底或坑底的标高略高于设计标高(一般为10cm,留给人工清土)。挖完后,为了给人工清底和打垫层提供标高依据,还应在槽壁或坑壁上打水平桩,水平桩的标高一般为垫层面的标高。当基坑底面积较大时,为便于控制整个底面的标高,应在坑底均匀地打一些垂直桩,使桩顶标高等于垫层面的标高。

三、在垫层上投测中心线

垫层打好后,根据龙门板上的轴线钉或轴线控制桩,用经纬仪或用拉线挂吊锤的方法,把轴线投测到垫层面上,并用墨线弹出基础中心线和边线,以便砌筑基础或安装基础模板。

四、基础标高

基础墙的标高一般是用基础"皮数杆"来控制的,皮数杆是用一根木杆做成,在杆上注明±0.000的位置,按照设计尺寸将砖和灰缝的厚度,分皮从上往下一一画出来,此外还应注明防潮层和预留洞口的标高位置,如图11-7所示。

如图11-7所示,立皮数杆时,可先在立杆处打一木桩,用水准仪在木桩侧面测设一条高于垫层设计标高某一数值(如0.2m)的水平线,然后将皮数杆上标高相同的一条线与木桩上的水平线对齐,并用铁钉把皮数杆和木桩钉在一起,这样立好皮数杆后,即可作为砌筑基础墙的标高依据。

对于采用钢筋混凝土的基础,可用水准仪将设计标高测设于模板上。

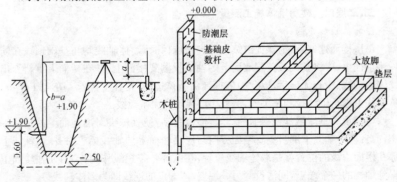

图11-6 基槽水平桩测设　　　　图11-7 基础皮数杆

第四节 墙体施工测量

一、首层楼房墙体施工测量

1. 墙体轴线测设

基础工程结束后,应对龙门板或轴线控制桩进行检查复核,防止基础施工期间发生碰动移位。复核无误后,可根据轴线控制桩或龙门板上的轴线钉,用经纬仪法或拉线法,把首层楼房的墙体轴线测设到防潮层上,并弹出墨线,然后用钢尺检查墙体轴线的间距和总长是否等于设计值,用经纬仪检查外墙轴线四个主要交角是否等于90°。符合要求后,把墙轴线延长到基础外墙侧面上并弹线和做出标志,作为向上投测各层楼房墙体轴线的依据。同时还应把门、窗和其他洞口的边线,也可在基础外墙侧面上做出标志。

墙体砌筑前,根据墙体轴线和墙体厚度,弹出墙体边线,照此进行墙体砌筑。砌筑到一定高度后,用吊锤线将基础外墙侧面上的轴线引测到地面以上的墙体上,以免基础覆土后看不见轴线标志。如果轴线处是钢筋混凝土柱,故可在拆柱模后将轴线引测到柱身上。

2. 墙体标高测设

墙体砌筑时,其标高用墙身"皮数杆"控制。在皮数杆上根据设计尺寸,按砖和灰缝厚度画线,并标门、窗、过梁、楼板等的标高位置。杆上标高注记从±0.000向上增加。

墙身皮数杆一般立在建筑物的拐角和内墙处,固定在木桩或基础墙上。为了便于施工,采用里脚手架时,皮数杆立在墙的外边;采用外脚手架时,皮数杆应立在墙里边。立皮数杆时,先用水准仪在立杆处的木桩或基础墙上测设出±0.000标高线,测量误差在±3mm以内,然后把皮数杆上的±0.000线与该线对齐,用吊锤校正并用钉钉牢,必要时可在皮数杆上加两根钉斜撑,以保证皮数杆的稳定。

二、二层以上楼房墙体施工测量

1. 墙体轴线投测

每层楼面建好后,为保证继续往上砌筑墙体时,墙体轴线均与基础轴线在同一铅垂上,应将基础或首层楼面上的轴线投测到楼面上,并在楼面上重新弹出墙体的轴线,检查无误后,以此为依据弹出墙体边线,再往上砌筑。在此工作中,从下往上进行轴线投测是关键,一般多层建筑常用吊锤线。

将较重的垂球悬挂在楼面的边缘,慢慢移动,使垂球尖对准地面上的轴线标志,或者使吊锤线下部沿垂直墙面方向与底层墙面上的轴线标志对齐,吊锤线上部在楼面边线的位置就是墙体轴线位置,在此画一条短线作为标志,便在楼面上得到轴线的一个端点,同法投测另一端点,两端点的连线即为墙体轴线。

一般应将建筑物的主轴线都投测到楼面上来,并弹出墨线,用钢尺检查轴线间的距离,其相对误差不得大于1/3000,符合要求之后,再以这些主轴线为依据,用钢尺内分法测设其他细部轴线。在困难的情况下至少要测设两条垂直相交的主轴线,检查交角合格后,用经纬仪和钢尺测设其他主轴线,再根据主轴线测设细部轴线。

2. 墙体标高传递

(1)利用皮数杆传递标高。一层楼房墙体砌完并建好楼层后,把皮数杆移到二层继续使用。为了使皮数杆立在同一水平面上,用水准仪测定楼面四角的标高,取平均值作为二楼的地面标高,并在立杆处绘出标高线,立杆时将皮数杆的±0.000线与该线对齐,然后以皮数杆为标高的依据进行墙体砌筑。如此逐层往上传递高程。

(2)利用钢尺传递标高。在标高精度要求较高时,可用钢尺从底层的+50cm标高线起往上直接丈量,把标高传递到第二层,然后根据传递上来的高程测设第二层的地面标高线,以此为依据立皮数杆。在墙体砌到一定高度后,用水准仪测设该层的+50cm标高线,再往上一层的标高可以此为准用钢尺传递,如此逐层传递标高。

第五节 高层建筑施工测量

一、高层建筑测量概述

1. 高层建筑施工测量的特点

(1)由于建筑层数多、高度高,结构竖向偏差直接影响工程受力情况,故施工测量中要求竖向投点精度高,所选用的仪器和测量方法要适应结构类型、施工方法和场地情况。

(2)由于建筑结构复杂,设备和装修标准较高,特别是高速电梯的安装等,对施工测量精度要求亦高。一般情况在设计图纸中有说明总的允许偏差值,由于施工时亦有误差产生,为此测量误差只能控制在总偏差值之内。

(3)由于建筑平面、立面造型既新颖且复杂多变,故要求开工前先制定施测方案,仪器配备,测量人员的分工,并经工程指挥部组织有关专家论证后方可实施。

2. 高层建筑施工测量的基本准则

(1)遵守国家法令、政策和规范,明确为工程施工服务。

(2)遵守先整体后局部和高精度控制低精度的工作程序。

(3)要有严格审核制度。

(4)建立一切定位、放线工作要经自检、互检合格后,方可申请主管部门验收的工作制度。

二、高层建筑定位测量

1. 测设施工方格网

根据设计给定的定位依据和定位条件,进行高层建筑的定位放线,是确定建筑物平面位置和进行基础施工的关键环节，施测时必须保证精度，因此一般采用测设专用的施工方格网的形式来定位。

施工方格网是测设在基坑开挖范围以外一定距离，平行于建筑物主要轴线方向的矩形控制网，如图11-8所示，M、N、P、Q为拟建高层建筑的四大角轴线交点，A、B、C、D是施工方格网的四个角点。施工方格网一般在总平面布置图上进行设计，先根据现场情况确定其各条边线与建筑轴线的间距，再确定四个角点的坐标，然后在现场根据城市测量控制网或建筑场地上测量控制网，用极坐标法或直角坐标法，在现场测设出来并打桩。最后还应在现场检测方格网的四个内角和四条边长，并按设计角度和尺寸进行相应的调整。

2. 测设主轴线控制桩

在施工方格网的四边上，根据建筑物主要轴线与方格网的间距，测设主要轴线的控制桩。如图11-8所示的1_S、1_N为轴线MP的控制桩，8_S、8_N为轴线NQ的控制桩，G_W、G_E为轴线MN的控制桩，H_W、H_E为轴线PQ的控制桩，测设时要以施工方格网各边的两端控制点为准，用经纬仪定线，用钢尺拉通尺量距来打桩定点。测设好这些轴线控制桩后，施工时便可方便准确地在现场确定建筑物的四个主要角点。

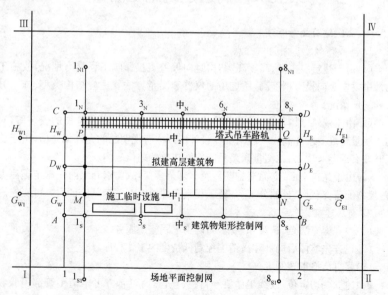

图11-8 高层建筑定位测量

除了四廓的轴线外，建筑物的中轴线等重要轴线也应在施工方格网边线上测设出来，与四廓的轴线一起，称为施工控制网中的控制线，一般要求控制线的间

第十一章 工业与民用建筑施工测量

距为 30~50m。控制线的增多,可为以后测设细部轴线带来方便,也便于校核轴线偏差。如果高层建筑是分期分区施工,为满足某局部区域定位测量的需要,应把对该局部区域有控制意义的轴线在施工方格网边线测设出来。施工方格网控制线的测距精度不低于 1/10000,测角精度不低于 $\pm 10''$。

如果高层建筑准备采用经纬仪法进行轴线投测,还应把应投测轴线的控制桩往更远处安全稳固的地方引测,例如图 11-8 中,四条外廓主轴线是今后要往高处投测的主轴线,用经纬仪引测,得到 H_{w1} 等八个轴线控制桩,这些桩与建筑物的距离应大于建筑物的高度,以免用经纬仪投测时仰角太大。

三、高层建筑基础施工测量

1. 测设基坑开挖边线

高层建筑一般都有地下室,因此要进行基坑开挖。开挖前,应先根据建筑物的轴线控制桩确定角桩,以及建筑物的外围边线,再考虑边坡的坡度和基础施工所需工作面的宽度,测设出基坑的开挖边线并撒出灰线。

2. 基坑开挖时的测量工作

高层建筑的基坑一般都很深,需要放坡并进行边坡支护加固,开挖过程中,除了用水准仪控制开挖深度外,还应经常用经纬仪或拉线检查边坡的位置,防止出现坑底边线内收,致使基础位置不够的情况出现。

3. 基础放线及标高控制

(1)基础放线。基坑开挖完成后,有三种情况:

1)直接做垫层,然后做箱形基础或筏板基础,这时要求在垫层上测设基础的各条边界线、梁轴线、墙宽线和柱位线等。

2)在基坑底部打桩或挖孔,做桩基础,这时要求在坑底测设各条轴线和桩孔的定位线,桩做完后,还要测设桩承台和承重梁的中心线。

3)先做桩,然后在桩上做箱基或筏基,组成复合基础,这时的测量工作是前两种情况的结合。

(2)基础标高测设。基坑完成后,应及时用水准仪根据地面上的 ± 0.000 水平线,将高程引测到坑底,并在基坑护坡的钢板或混凝土桩上作好标高为负的整米数的标高线。由于基坑较深,引测时可多转几站观测,也可用悬吊钢尺代替水准尺进行观测。在施工过程中,如果是桩基,则要控制好各桩的顶面高程;如果是箱基和筏基,则直接将高程标志测设到竖向钢筋和模板上,作为安装模板、绑扎钢筋和浇筑混凝土的标高依据。

四、高层建筑的轴线投测

1. 投测的意义

当高层建筑的地下部分完成后,根据施工方格网校测建筑物主轴线控制桩后,将各轴线测设到做好的地下结构顶面和侧面,又根据原有的 ± 0.000 水平线,将 ± 0.000 标高或某整分米数标高,也测设到地下结构顶部的侧面上,这些轴线和标高线,是进行首层主体结构施工的定位依据。

随着结构的升高,要将首层轴线逐层往上投测,作为施工的依据。这当中建筑物主轴线的投测应更为重要,因为它们是各层放线和结构垂直度控制的依据。随着高层建筑物设计高度的增加,施工中对竖向偏差的控制要求就越高,轴线竖向投测的精度和方法就必须与其适应,以此保证工程质量。

2. 投测的方法

(1)经纬仪投测法。当施工场地比较宽阔时,多使用此法进行竖向投测,安置经纬仪于轴线控制桩桩上,严格对中整平,盘左照准建筑物底部的轴线标志,往上转动望远镜,用其竖丝指挥在施工层楼面边缘上画一点,然后盘右再次照准建筑物底部的轴线标志,同法在该处楼面边缘上画出另一点,取两点的中间点作为轴线的端点。其他轴线端点的投测与此相同。

当楼层建得较高时,经纬仪投测时的仰角较大,操作不方便,误差也较大,此时应将轴线控制桩用经纬仪引测到远处(大于建筑物高度)稳固的地方,然后继续往上投测。如果周围场地有限,也可引测到附近建筑物的屋面上。如图 11-9 所示,先在轴线控制桩 M_1 上安置经纬仪,照准建筑物底部的轴线标志,将轴线投测到楼面上 M_2 点处,然后在 M_2 上安置经纬仪,照准 M_1 点,将轴线投测到附近建筑物屋面上 M_3 点处,以后就可在 M_3 点安置经纬仪,投测更高楼层的轴线。注意上述投测工作均应采用盘左盘右取中法进行,以减少投测误差。

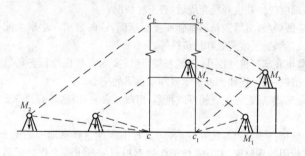

图 11-9　经纬仪投测法

所有主轴线投测上来后,应进行角度和距离的检核,合格后再以此为依据测设其他轴线。

(2)吊线坠法。当周围建筑物密集,施工场地窄小,无法在建筑物以外的轴线上安置经纬仪时,可采用此法进行竖向投测。该法与一般的吊锤线法的原理是一样的,只是线坠的重量更大,吊线(细钢丝)的强度更高。此外,为了减少风力的影响,应将吊锤线的位置放在建筑物内部。

(3)铅直仪法。

第十一章 工业与民用建筑施工测量

1)垂准经纬仪。如图11-10所示,该仪器的特点是在望远镜的目镜位置上配有弯曲成90°的目镜,使仪器铅直指向正上方时,测量员能方便地进行观测。该仪器的中轴是空心的,使仪器也能观测正下方的目标。

使用时,将仪器安置在首层地面的轴线点标志上,严格对中整平,由弯管目镜观测,当仪器水平转动一周时,若视线一直指向一点上,说明视线方向处于铅直状态,可以向上投测。投测时,视线通过楼板上预留的孔洞,将轴线点投测到施工层楼板的透明板上定点,为了提高投测精度,应将仪器照准部水平旋转一周,在透明板上投测多个点,这些点应构成一个小圆,然后取小圆的中心作为轴线点的位置。同法用盘右再投测一次,取两次的中点作为最后结果。由于投测时仪器安置在施工层下面,故在施测过程中要注意对仪器和人员的安全采取保护措施,防止落物击伤。

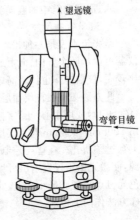

图 11-10　垂准经纬仪

2)激光经纬仪。激光经纬仪用于高层建筑轴线竖向投测,其方法与配弯管目镜的经纬仪是相同的,只不过是用可见激光代替人眼观测。投测时,在施工层预留孔中央设置用透明聚酯膜片绘制的接收靶,在地面轴线点处对中整平仪器,起辉激光器,调节望远镜调焦螺旋,使投射在接收靶上的激光束光斑最小,再水平旋转仪器,检查接收靶上光斑中心是否始终在同一点,或划出一个很小的圆圈,以保证激光束铅直,然后移动接收靶使其中心与光斑中心或小圆圈中心重合,将接收靶固定,则靶心即为欲投测的轴线点。

3)激光铅直仪。激光铅直仪用于高层建筑轴线竖向投测时,其原理和方法与激光经纬仪基本相同,主要区别在于对中方法。激光经纬仪一般用光学对中器,而激光铅直仪用激光管尾部射出的光束进行对中。

五、高层建筑的高程传递

1. 用钢尺直接测量

一般用钢尺沿结构外墙、边柱或楼梯间,由底层±0.000标高线向上竖直量取设计高差,即可得到施工层的设计标高线。用这种方法传递高程时,应至少由三处底层标高线向上传递,以便于相互校核。由底层传递到上面同一施工层的几个标高点,必须用水准仪进行校核,检查各标高点是否在同一水平面上,其误差应不超过±3mm。合格后以其平均标高为准,作为该层的地面标高。若建筑高度超过一尺段,可每隔一个尺段的高度,精确测设新的起始标高线,作为继续向上传递高程的依据。

2. 悬吊钢尺法

在外墙或楼梯间悬吊一根钢尺,分别在地面和楼面上安置水准仪,将标高传递到楼面上。用于高层建筑传递高程的钢尺,应经过检定,量取高差时尺身应铅直和用规定的拉力,并应进行温度改正。

六、高层建筑中的竖向测量

1. 激光铅垂仪法

激光铅垂仪是一种铅垂定位专用仪器,适用于高层建筑的铅垂定位测量。该仪器可以从两个方向(向上或向下)发射铅垂激光束,用它作为铅垂基准线,精度比较高,仪器操作也比较简单。

此方法必须在首层面层上作好平面控制,并选择四个较合适的位置作控制点(图11-11)或用中心"十"字控制,在浇筑上升的各层楼面时,必须在相应的位置预留200mm×200mm与首层层面控制点相对应的小方孔,保证能使激光束垂直向上穿过预留孔。在首层控制点上架设激光铅垂仪,调置仪器对中整平后启动电源,使激光铅垂仪发射出可见的红色光束,投射到上层预留孔的接收靶上,查看红色光斑点离靶心最小之点,此点即为第二层上的一个控制点。其余的控制点用同样方法作向上传递。

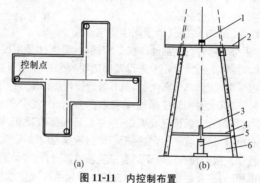

图 11-11 内控制布置
(a)控制点设置;(b)垂向预留孔设置
1—中心靶;2—滑模平台;3—通光管;4—防护棚;5—激光铅垂仪;6—操作间

2. 天顶垂准测量

(1)先标定下标志和中心坐标点位,在地面设置测站,将仪器置中、调平,装上弯管棱镜,在测站天顶上方设置目标分划板,位置大致与仪器铅垂或设置在已标出的位置上。

(2)将望远镜指向天顶,并固定之后调焦,使目标分划板呈现清晰,置望远镜十字丝与目标分划板上的参考坐标 X、Y 轴相互平行,分别置横丝和纵丝读取 x 和 y 的格值 GJ 和 CJ 或置横丝与目标分划板 Y 轴重合,读取 x 格值 GJ。

(3)转动仪器照准架180°,重复上述程序,分别读取 x 格值 $G'J$ 和 y 格值 $C'J$。然后调动望远镜微动手轮,将横丝与 $\dfrac{GJ+G'J}{2}$ 格值重合,将仪器照准架旋转

第十一章 工业与民用建筑施工测量

$90°$,置横丝与目标分划板 X 轴平行,读取 y 格值 $C'J$,略调微动手枪,使横丝与 $\dfrac{CJ+C'J}{2}$ 格值相重合。

所测得 $X_J = \dfrac{GJ+G'J}{2}$;$Y_J = \dfrac{CJ+C'J}{2}$ 的读数为一个测回,记入手簿作为原始依据。

在数据处理及精度评定时应按下列公式进行计算:

$$m_x \text{ 或 } m_y = \pm \sqrt{\dfrac{\sum_1^4 \sum_1^{10} V_{ij}^2}{N(n-1)}} \tag{11-2}$$

$$m = \pm \sqrt{m_x^2 + m_y^2} \quad r = \dfrac{m}{n}$$

$$r'' = \dfrac{m}{n} \cdot \rho''$$

式中 V——改正数;

  N——测站数;

  n——测回数;

  m——垂准点位中误差;

  r——垂准测量相对精度;

  $\rho'' = 206265''$。

3. 天底垂准测量

(1)依据工程的外形特点及现场情况,拟定出测量方案。并做好观测前的准备工作,定出建筑物底层控制点的位置,以及在相应各楼层留设俯视孔,一般孔径为 $\phi 150$,各层俯视孔的偏差 $\leqslant \phi 8$。

(2)把目标分划板放置在底层控制点上,使目标分划板中心与控制点标志的中心重合。

(3)开启目标分划板附属照明设备。

(4)在俯视孔位置上安置仪器。

(5)基准点对中。

(6)当垂准点标定在所测楼层面十字丝目标上后,用墨斗线弹在俯视孔边上。

(7)利用标出来的楼层上十字丝作为测站即可测角放样,侧设高层建筑物的轴线。数据处理和精度评定与天顶垂准测量相同。

七、滑模施工测量

1. 铅直度观测

滑模施工的质量关键在于保证铅直度。可采用经纬仪投测法,最好采用激光铅垂仪投测方法。

2. 标高测设

首先在墙体上测设 $+1.00m$ 的标高线,然后用钢尺从标高线沿墙体向上测量,最后将标高测设在滑模的支撑杆上。为了减少逐层读数误差的影响,可采用数层累计读数的测法。

3. 水平度观测

在滑升过程中,若施工平台发生倾斜,则滑出来的结构就会发生偏扭,将直接影响建筑物的垂直度,所以施工平台的水平度也是十分重要的。在每层停滑间歇,用水准仪在支撑杆上独立进行两次抄平,互为校核,标注红三角,再利用红三角,在支撑杆上弹设一分划线,以控制各支撑点滑升的同步性,从而保证施工平台的水平度。

第六节 厂房控制网的建立

一、控制网建立前的准备工作

1. 制定厂房矩形控制网的测设方案及计算测设数据

厂房矩形控制网的测设方案,通常是根据厂区的总平面图、厂区控制网、厂房施工图和现场地形情况等资料来制定的。其主要内容为:确定主轴线位置、矩形控制网位置、距离指标桩的点位、测设方法和精度要求。在确定主轴线点及矩形控制网位置时,要考虑到控制点能长期保存,应避开地上和地下管线;位置应距厂房基础开挖边线以外 1.5~4m。距离指标桩即沿厂房控制网各边每隔若干柱间距埋设一个控制桩,故其间距一般为厂房柱距的倍数,但不要超过所用钢尺的整尺长。

2. 绘制测设略图

根据厂区的总平面图、厂区控制网、厂房施工图等资料,按一定比例绘制测设略图,为测设工作做好准备。

二、中小型工业厂房控制网的建立

如图 11-12 所示,根据测设方案与测设略图,将经纬仪安置在建筑方格网点 E 上,分别精确瞄准 D、H 点。自 E 点沿视线方向分别量取 $Eb=35.00m$ 和 $Ec=28.00m$,定出 b、c 两点。然后,将经纬仪分别安置于 b、c 两点上,用测设直角的方法分别测出 bⅣ、cⅢ方向线,沿 bⅣ方向测设出Ⅳ、Ⅲ两点,沿 cⅢ方向测设出Ⅱ、Ⅲ两点,分别在Ⅰ、Ⅱ、Ⅲ、Ⅳ四个点上钉上木桩,做好标志。最后检查控制桩Ⅰ、Ⅱ、Ⅲ、Ⅳ各点的直角是否符合精度要求,一般情况下其误差不应超过 $\pm 10''$,各边长度相对误差不应超过 $1/10000\sim1/25000$。

三、大型工业厂房控制网的建立

对于大型或设备基础复杂的厂房,由于施测精度要求较高,为了保证后期测设的精度,其矩形厂房控制网的建立一般分两步进行。应先依据厂区建筑方格网精确测设出厂房控制网的主轴线及辅助轴线(可参照建筑方格网主轴线的测设方法进行),当校核达到精度要求后,再根据主轴线测设厂房矩形控制网,并测设各边上的距离指示桩,一般距离指示桩位于厂房柱列轴线或主要设备中心线方向上。最终应进行精度校核,直至达到要求。大型厂房的主轴线的测设精度,边长的相对误差不应超过 1/30000,角度偏差不应超过±5″。

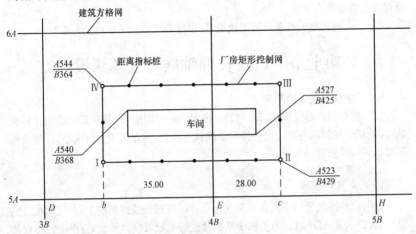

图 11-12　矩形控制网示意图

如图 11-13 所示,主轴线 MON 和 HOG 分别选定在厂房柱列轴线ⓒ和③轴上,Ⅰ、Ⅱ、Ⅲ、Ⅳ为控制网的四个控制点。

测设时,首先按主轴线测设方法将 MON 测设于地面上,再以 MON 轴为依据测设短轴 HOG,并对短轴方向进行方向改正,使轴线 MON 与 HOG 正交,限差为±5″。主轴线方向确定后,以 O 点为中心,用精密丈量的方法测定纵、横轴端点 M、N、H、G 位置,主轴线长度相对精度为 1/5000。主轴线测设后,可测设矩形控制网,测设时分别将经纬仪安置在 M、N、H、G 四点,瞄准 O 点测设 90°方向,交会定出Ⅰ、Ⅱ、Ⅲ、Ⅳ四个角点,精密丈量 MⅠ、MⅡ、NⅡ、NⅣ、HⅠ、HⅣ、GⅣ、GⅢ长度,精度要求同主轴线,不满足时应进行调整。

四、厂房扩建与改建的测量

在旧厂房进行扩建或改建前,最好能找到原有厂房施工时的控制点,作为扩建与改建时进行控制测量的依据;但原有控制点必须与已有的吊车轨道及主要设备中心线联测,将实测结果提交设计部门。

如原厂房控制点已不存在,应按下

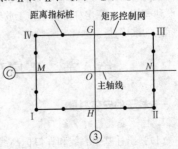

图 11-13　大型厂房矩形控制网的测设

列不同情况,恢复厂房控制网:
(1)厂房内有吊车轨道时,应以原有吊车轨道的中心线为依据。
(2)扩建与改建的厂房内的主要设备与原有设备有联动或衔接关系时,应以原有设备中心线为依据。
(3)厂房内无重要设备及吊车轨道,可以原有厂房柱子中心线为依据。

第七节 厂房柱列轴线与柱基测设

一、厂房柱列轴线的测设

在厂房控制网建立以后,即可按柱列间距和跨距用钢尺从靠近的距离指标桩量起,沿矩形控制网各边定出各柱列轴线桩的位置,并在桩顶上钉入小钉,作为桩基放线和构件安置的依据。

二、柱基的测设

1. 柱基轴线测设

用两台经纬仪分别安置在两条互相垂直的柱列轴线控制桩上,在柱列轴线的交点上,打木桩,钉小钉。为了便于基坑开挖后能及时恢复轴线,应根据经纬仪指出的轴线方向,在基坑四周距基坑开挖线 1~2m 处打下 4 个柱基轴线桩,并在桩顶钉小钉表示点位、供修坑和立模使用。同法交会定出其余各柱基定位点。

2. 基坑标高测设

基坑挖到一定深度时,要在坑壁上测设水平桩,作为修整坑底的标高依据。其测设方法与民用建筑相同。坑底修整后,还要在坑底测设垫层高程,打下小木桩并使桩顶高程与垫层顶面设计高程一致。深基坑应采用高程上下传递法将高程传递到坑底临时水准点上,然后根据临时水准点测设基坑高程和垫层高程。

3. 柱基施工放线

垫层打好后,根据基坑定位桩,借助于垂球将定位轴线投测到垫层上。再弹出柱基的中心线和边线,作为支立模板的依据,柱基不同部位的标高,则用水准仪测设到模板上。厂房杯形柱基施工放线过程中,要特别注意其杯口平面位置和杯底标高的准确性。

第八节 厂房预制构件安装测量

一、柱子的安装测量

1. 柱子安装前的准备工作

(1)弹出柱基中心线和杯口标高线。根据柱列轴线控制桩,用经纬仪将柱列轴线投测到每个杯形基础的顶面上,弹出墨线,当柱列轴线为边线时,应平移设计尺寸,在杯形基础顶面上弹出柱子中心线,作为柱子安装定位的依据。根据

±0.000标高,用水准仪在杯口内壁测设一条标高线,标高线与杯底设计标高的差应为一个整分米数,以便从这条线向下量取,作为杯底找平的依据。

(2) 弹出柱子中心线和标高线。在每根柱子的三个侧面,用墨线弹出柱身中心线,并在每条线的上端和接近杯口处,各画一个红"▶"标志,供安装时校正使用。从牛腿面起,沿柱子四条棱边向下量取牛腿面的设计高程,即为±0.000标高线,弹出墨线,画上红"▼"标志,供牛腿面高程检查及杯底找平用。

(3) 柱子垂直校正测量。进行柱子垂直校正测量时,应将两架经纬仪安置在柱子纵、横中心轴线上,且距离柱子约为柱高的1.5倍的地方,如图11-14所示,先照准柱底中线,固定照准部,再逐渐仰视到柱顶,若中线偏离十字丝竖丝,表示柱子不垂直,可指挥施工人员采用调节拉绳,支撑或敲打楔子等方法使柱子垂直。经校正后,柱的中线与轴线偏差不得大于±5mm;柱子垂直度容许误差为 $H/1000$,当柱高在10m以上时,其最大偏差不得超过±20mm;柱高在10m以内时,其最大偏差不得超过±10mm。满足要求后,要立即灌浆,以固定柱子位置。

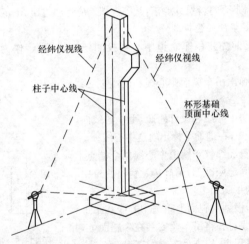

图 11-14 柱子垂直校正测量

2. 柱子安装测量的基本要求

(1) 柱子中心线应与相应的柱列中心线一致,其允许偏差为±5mm。

(2) 牛腿顶面及柱顶面的实际标高应与设计标高一致,其允许偏差为:当柱高≤5m时应不大于±5mm;柱高>5m时应不大于±8mm。

(3) 柱身垂直允许误差:当柱高≤10m时应不大于10mm;当柱高超过10m时,限差为柱高的1‰,且不超过20mm。

3. 柱子安装时的测量工作

柱子被吊装进入杯口后,先用木楔或钢楔暂时进行固定。用铁锤敲打木楔或者钢楔,使柱在杯口内平移,直到柱中心线与杯口顶面中心线平齐。并用水准仪检测柱身已标定的标高线。

然后用两台经纬仪分别在相互垂直的两条柱列轴线上,相对于柱子的距离为1.5倍柱高处同时观测,进行柱子校正。观测时,将经纬仪照准柱子底部中心线上,固定照准部,逐渐向上仰望远镜,通过校正使柱身中心线与十字丝竖丝相重合。

二、吊车梁及屋架的安装测量

1. 吊车梁安装时的标高测设

吊车梁顶面标高应符合设计要求。根据±0.000标高线,沿柱子侧面向上量取一段距离,在柱身上定出牛腿面的设计标高点,作为修平牛腿面及加垫板的依据,同时在柱子的上端比梁顶面高 5~10cm 处测设一标高点,据此修平梁顶面。梁顶面置平以后,应安置水准仪于吊车梁上,以柱子牛腿上测设的标高点为依据,检测梁面的标高是否符合设计要求,其容许误差应不超过±3mm。

2. 吊车梁安装的轴线投测

安装吊车梁前先将吊车轨道中心线投测到牛腿面上,作为吊车梁定位的依据。

(1)用墨线弹出吊车梁面中心线和两端中心线,如图 11-15 所示。

(2)根据厂房中心线和设计跨距,由中心线向两侧量出 1/2 跨距 d,在地面上标出轨道中心线。

(3)分别安置经纬仪于轨道中心线两个端点上,瞄准另一端点,固定照准部,抬高望远镜将轨道中心投测到各柱子的牛腿面上。

(4)安装时,根据牛腿面上轨道中心线和吊车梁端头中心线,两线对齐将吊车梁安装在牛腿面上,并利用柱子上的高程点,检查吊车梁的高程。

图 11-15 吊车梁中心线

3. 吊车轨道安装测量

安装前先在地面上从轨道中心线向厂房内侧量出一定长度(a=0.5~1.0m),得两条平行线,称为校正线,然后分别安置经纬仪于两个端点上,瞄准另一端点,固定照准部,抬高望远镜瞄准吊车梁上横放的木尺,移动木尺,当视准轴对准木尺刻划 a 时,木尺零点应与吊车梁中心线重合,如不重合,予以纠正并重新弹出墨线,以示校正后吊车梁中心线位置。

吊车轨道按校正后中心线就位后,用水准仪检查轨道面和接头处两轨端点高程,用钢尺检查两轨道间跨距,其测定值与设计值之差应满足规定要求。

第十一章 工业与民用建筑施工测量

4. 屋架安装测量

屋架安装是以安装后的柱子为依据,使屋架中心线与柱子上相应中心线对齐。为保证屋架竖直,可用吊垂球的方法或用经纬仪进行校正。

三、钢结构工程的测量

1. 平面控制

建立施工控制网对高层钢结构施工是极为重要的。控制网离施工现场不能太近,应考虑到钢柱的定位、检查、校正。

2. 高程控制

高层钢结构工程标高测设极为重要,其精度要求高,故施工场地的高程控制网,应根据城市二等水准点来建立一个独立的三等水准网,以便在施工过程中直接应用,在进行标高引测时必须先对水准点进行检查。三等水准高差闭合差的容许误差应达到 $\pm 3\sqrt{n}$(mm),其中,n为测站数。

3. 轴线位移校正

任何一节框架钢柱的校正,均以下节钢柱顶部的实际中心线为准,使安装的钢柱的底部对准下面钢柱的中心线即可。因此,在安装的过程中,必须时时进行钢柱位移的监测,并根据实测的位移量以实际情况加以调整。调整位移时应特别注意钢柱的扭转,因为钢柱扭转对框架钢柱的安装很不利,必须引起重视。

4. 定位轴线检查

定位轴线从基础施工起就应引起重视,必须在定位轴线测设前做好施工控制点及轴线控制点,待基础浇筑混凝土后在根据轴线控制点将定位轴线引测到柱基钢筋混凝土底板面上,然后预检定位轴线是否同原定位重合、闭合,每根定位线总尺寸误差值是否超过限差值,纵、横网轴线是否垂直、平行。预检应由业主、监理、土建、安装四方联合进行,对检查数据要统一认可鉴证。

5. 标高实测

以三等水准点的标高为依据,对钢柱柱基表面进行标高实测,将测得的标高偏差用平面图表示之,作为临时支承标高块调整的依据。

6. 柱间距检查

柱间距检查是在定位轴线认可的前提下进行的,一般采用检定的钢尺实测柱间距。柱间距离偏差值应严格控制在±3mm范围内,绝不能超过±5mm。柱间距超过±5mm,则必须调整定位轴线。原因是定位轴线的交点是柱基点,钢柱竖向间距以此为准,框架钢梁的连接螺孔的直径一般比高强螺栓直径大1.5~2.0mm,若柱间距过大或过小,直接影响整个竖向框架梁的安装连接和钢柱的垂直,安装中还会有安装误差。在结构上面检查柱间距时,必须注意安全。

7. 单独柱基中心检查

检查单独柱基的中心线同定位轴线之间的误差,若超过限差要求,应调整柱基中心线使其同定位轴线重合,然后以柱基中心线为依据,检查地脚螺栓的预埋位置。

第九节 特殊结构形式的施工放样

一、三角形建筑物的施工放样

三角形建筑也可称为点式建筑。三角形的平面形式在高层建筑中最为多见。有的建筑平面直接为正三角形,有的在正三角形的基础又有变化,从而使平面形式多种多样。正三角形建筑物的施工放样其实并不复杂。首先应确定建筑物的中心轴线或某一边的轴线位置,然后放出建筑物的全部尺寸线。

如图 11-16 所示,为某大楼平面呈三角形点式形状。该建筑物有三条主要轴线,三轴线交点距两边规划红线均为 30m,其施工放样步骤如下:

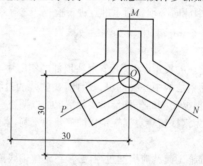

图 11-16 三角形建筑物的施工放样

(1)根据总设计平面图给定的数据,从两边规划红线分别量取 30m,得此点式建筑的中心点。

(2)测定出建筑物北端中心轴线 OM 的方向,并定出中点位置 $M(OM=15m)$。

(3)将经纬仪架设于 O 点,先瞄准 M 点,将经纬仪以顺时针方向转动 120°,定出房屋东南方向的中心轴线 ON,并量取 $ON=15m$,定出 N 点。再将经纬仪以顺时针方向转动 120°,同样方法定出西南中心点 P。

(4)因房屋的其他尺寸都是直线的关系,根据平面图所给的尺寸,测设出整个楼房的全部轴线和边线位置,并定出轴线桩。

二、抛物线形建筑物的施工放样

如图 11-17 所示,因为采用坐标系不同,曲线的方程式也不同。在建筑工程测量中的坐标系和数学中的坐标系有所不同,即 X 轴和 Y 轴正好相反,所以应注意。建筑工程中用于拱形屋顶大多采用抛物线形式。

用拉线法放抛物线方法如下:

(1)用墨斗弹出 X、Y 轴,在 X 轴上定出已知焦点 O 和顶点 M、准线 d 的位置,并在 M 点钉铁钉作为标志。

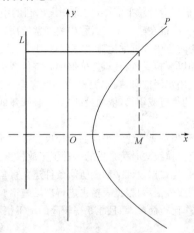

图 11-17　抛物线建筑物的施工放样

(2)作准线:用曲尺经过准线点作 x 轴的垂线 d,将一根光滑的细铁丝拉紧与准线重合,两端钉上钉子固定。

(3)将等长的两条线绳松松地搓成一股,一端固定在 M 点的钉子上,另一端用活套环套在准线铁丝上,使线绳能沿准线滑动。

(4)将铅笔夹在两线绳交叉处,从顶点开始往后拖,使搓的线绳逐渐展开,在移动铅笔的同时,应将套在准线上的线头徐徐向 y 方向移动,并用曲尺掌握方向,使这股绳一直保持与 x 轴平行,便可画出抛物线。

三、双曲线形建筑物的施工放样

(1)根据总平面图,测设出双曲线平面图形的中心位置点和主轴线方向。
(2)在 x 轴方向上,以中心点为对称点,向上、向下分别取相应数值得相应点。
(3)将经纬仪分别架设于各点,作 90°垂直线,定出相应的各弧分点,最后将各点连接起来,即可得到符合设计要求的双曲线平面图形。
(4)各弧分点确定后,在相应位置设置龙门桩(板)。

另外,对于双曲线来讲,也可以用直接拉线法来放线。因为双曲线上任意一点到两个焦点的距离之差为一常数。这样,在放样时先找到两个焦点,然后做两根线绳,一条长一条短,相差为曲线焦点的距离,两线绳端点分别固定在两个焦点上,作图即可。

四、圆弧形建筑物的施工放样

1. 直接拉线法

这种施工方法比较简单,适用于圆弧半径较小的情况。根据设计总平面图,先定出建筑物的中心位置和主轴线；再根据设计数据，即可进行施工放样操作。

直接拉线法主要根据设计总平面图，实地测设出圆的中心位置，并设置较为稳定的中心桩。由于中心桩在整个施工过程中要经常使用，所以桩要设置牢固并应妥善保护。同时，为防止中心桩发生碰撞移位或因挖土被挖出，四周应设置辅助桩，以便对中心桩加以复核或重新设置，确保中心桩位置正确。使用木桩时，木桩中心处钉一小钉；使用水泥桩时，在水泥桩中心处应埋设钢筋。将钢尺的零点对准圆心处中心桩上的小钉或钢筋，依据设计半径，画圆弧即可测设出圆曲线。

2. 坐标计算法

坐标计算法适用于当圆弧形建筑平面的半径尺寸很大，圆心已远远超出建筑物平面以外，无法用直接拉线法时所采用的一种施工放样方法。

坐标计算法一般是先根据设计平面图所给条件建立直角坐标系，进行一系列计算，并将计算结果列成表格后，根据表格再进行现场施工放样。因此，该法的实际现场的施工放样工作比较简单，而且能获得较高的施工精度。

第十二章 道路测量

第一节 中线测量

一、测量内容

1. 中线测量的任务

(1)设计测量(即勘测):主要为公路设计提供依据。

(2)施工测量(即恢复定线):主要是根据设计资料,把中线位置重新敷设到地面上,供施工之用。

2. 中线测量的工作内容

道路中线测量是道路测量主要内容之一,在测量前应做好组织与准备工作。首先应熟悉设计文件或领会工作内容,施工测量时要对设计文件进行复核,已知偏角及半径计算曲线要素、主点里程桩号、交点间距离、直线长度、曲线组合类型等进行复核,并针对不同的曲线类型及地形采用不同的测设方法;设计测量时应和选定线组取得联系,了解选线意图和线型设计原则,选定半径等做好测设前的准备工作。

路线测量的工作内容:

(1)准确标定路线,即钉设路线起终点桩、交点桩及转点桩,且用小钉标点。

(2)观测路线右角并计算转角,同时填写测角记录本,钉出曲线中点方向桩。

(3)隔一定转角数观测磁方位角,并与计算方位角校核。

(4)观测交点或转点间视距,且与链距校核。

(5)中线丈量,同时设置直线上各种加桩。

(6)设置平曲线以及各种加桩。

(7)填写直线、曲线、转角一览表。

(8)固定路线,并填写路线固定表。

3. 路线中线敷设的方法和要求

(1)路线中线敷设可采用极坐标法、GPS—RTK 法、链距法、偏角法、支距法等方法进行。

(2)采用极坐标法、GPS—RTK 方法敷设中线时,应符合以下要求:

1)中桩钉好后宜测量并记录中桩的平面坐标,测量值与设计坐标的差值应小于中桩测量的桩位限差。

2)可不设置交点桩而一次放出整桩与加桩,亦可只放直、曲线上的控制桩,其余桩可用链距法测定。

3)采用极坐标法时,测站转移前,应观测检查前、后相邻控制点间的角度和边长,角度观测左角一测回,测得的角度与计算角度互差应满足相应等级的测角精度要求。距离测量一测回,其值与计算距离之差应满足相应等级的距离测量要求。测站转移后,应对前一测站所放桩位重放 1~2 个桩点,桩位精度应满足相关要求。采用支导线敷设少量中桩时,支导线的边数不得超过 3 条,其等级应与路线控制测量等级相同,观测要求应符合规定,并应与控制点闭合,其坐标闭合差应小于 7cm。

4)采用 GPS—RTK 方法时,求取转换参数采用的控制点应涵盖整个放线段,采用的控制点应大于 4 个,并应利用另外一个控制点进行检查,检查点的观测坐标与理论值之差应小于桩位检测之差的 0.7 倍。放桩点不宜外推。

二、交点与转点的测设

1. 交点的测设

(1)穿线定点法。此方法适用于:纸上定线时进行的实地放线,地形不太复杂,且纸上路线离开导线不远的地段;实地定线;施工测量时的恢复定线。

1)量距(或量角)。在地形图上量出导线与路线的关系。如图 12-1 所示,在导线上选择 A'、B'、C' 等点或导线点,再量取距离 l_1、l_2、l_3 等或角度 β,同时把距离按照地形图的比例换算成实际距离。量距时应取垂直于导线的距离,便于确定方向如 1、2、4、5、8 点,或量取斜距与角度如 6 点;也可选择导线与路线相交的点如 3、7 点。为了提高放线的精度,一般一条直线上最少应选择三个临时点,这些点选择时应注意选在与导线较近、通视良好、便于测设量距的地方。最后绘制放点示意图,标明点位和数据作为放点的依据。

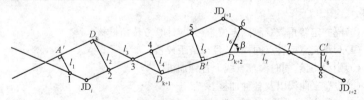

图 12-1 量距的方法

2)放点。放点时首先应在现场找到导线点或导线上 A'、B'、C' 等点(A'、B'、C' 等点在地形图上量取与导线点的距离,再在实地上量取得出)。如量取垂距,在导线各点上用方向架定出垂线方向,在此方向上量取 l_i 得路线上临时点位;如量取斜距,先在导线各点上用经纬仪测出斜距方向,在此方向上量取距离 l_i 得临时点;如为导线与路线交点,则从导线点向另一导线点方向量取 l_i,可得临时点位置。

3) 穿线。由于在地形图上量距时产生的误差,或实地放支距时测量仪器的误差,或其他操作存在的误差,在地形图上同一直线上的各点,放于地面后,其位置可能不在同一直线上,此时需要经过大多数点穿出一系列直线。穿线方法可用花杆或经纬仪进行,穿出线位后在适当地点标定转点(小钉标点),使中线的位置准确标定在地面上。

4) 交点。当相邻两直线在地面上标定后,分别延长两直线交会定出交点。如图 12-2 所示,已知 ZD_k、ZD_{k+1}、ZD_{k+2}、ZD_{k+3} 的位置,求出两相邻直线的交点 JD_i。其步骤如下:

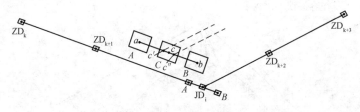

图 12-2 支点的确定

(2) 拨角放线法。此方法适用于纸上定线的实地放线时,导线与设计线距离太远或不太通视;施工测量时的恢复定线。通常先由导线计算出路线起点的方向、位置,再通过坐标计算出设计路线的交点、主要桩点、偏角和交点间距离。依照这些资料沿路线直接拨角并量距定出交点及主要桩点。为了消除拨角量距积累误差,每隔一定距离与导线联系闭合一次。

(3) 交会法。本方法适用于放线时地形复杂,导线控制点便于利用,施工测量时从栓桩点恢复交点。先计算或测出两导线点或栓桩点与交点的连线之间的夹角,再用两台经纬仪拨角交会定出交点位置。

2. 转点的测设

转点的主要作用为传递方向,其测设方法有以下几种:

(1) 在两交点间设转点。已知 JD_i、JD_{i+1} 为两相邻交点互不通视,求在两交点间增设转点 ZD。如图 12-3 所示,先用花杆穿出 ZD 的粗略位置 ZD',将经纬仪置于 ZD',用直线延伸法延长 JD_i、ZD' 到 JD'_{i+1},量取 $JD'_{i+1} \sim JD_{i+1}$ 距离 f,并用视距观测 l_1、l_2,那么 $ZD \sim ZD'$ 的距离为:

$$d = \frac{l_1}{l_1 + l_2} \cdot f \qquad (12-1)$$

移动 ZD',距离为 d,置仪重新测量 f,直到 $f=0$ 或在容许误差之内,置仪点即为 ZD 位置,并用小钉标定。最后检测 ZD 右角是否为 180°或在容许误差之内。

(2) 在两交点延长线上设转点。已知 JD_i、JD_{i+1} 为两相邻交点互不通视,求在两交点间的延长线上增设转点 ZD。如图 12-4 所示，先在两交点的延长线上用花杆穿出转点的粗略位置 ZD'，将经纬仪安置于 ZD'，分别用盘左、盘右后视 JD_i，在 JD_{i+1} 处标出两点分中得 JD'_{i+1}，量取 $JD_{i+1} \sim JD'_{i+1}$ 距离 f，并用视距观测 l_1、l_2，那么 ZD 与 ZD' 的距离为：

$$d = \frac{l_1}{l_1 - l_2} \cdot f \tag{12-2}$$

横向移动 ZD' 距离为 d，并安置仪器重新观测且量取 f，直到 $f=0$ 或在允许误差之内，置仪点即为 ZD 位置，并用小钉标定。最后检测 ZD 与两交点的夹角是否为 $0°$ 或在容许误差之内。

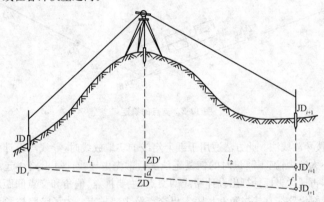

图 12-3 两交点间没转点

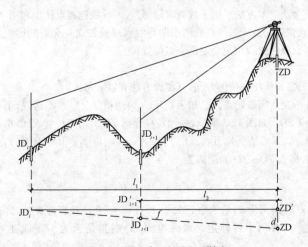

图 12-4 两交点延长线上设转点

第十二章 道路测量

三、转角的测定

1. 标定直线与修正点位

对于相互通视的交点,如定线测量无误,根本不存在点位修正问题,通常可以直接引用。

对于中间有障碍、互不通视的交点,虽然交点间定线时已设立了控制直线方向的转点桩。但由于选线大多采用花杆目测穿直线,实际上未必严格在一条直线上,因此就存在用经纬仪检查与标定直线或修正交点桩位问题。在一般情况下,常视后视交点和中间转点作为固定点,安置仪器于转点处,采用正倒镜分中法进行检查。

2. 路线右角的测定与转角的计算

(1)路线右角的观测。按路线的前进方向,以路线中心线为界,在路线右侧的水平角称为右角,通常以 β 表示,如图12-5 中所示的 β_4、β_5。在中线测量中,一般是采用测回法测定。

(2)转角的计算。转角是指路线由一个方向偏转为另一个方向时,偏转后的方向与原方向的夹角,通常以 α 表示。如图12-5 所示。转角有左转、右转之分,按路线前进方向,偏转后的方向在原方向的左侧称左转角,通常以 $\alpha_{左}$(或 α_Z)表示;反之为右转角,通常以 $\alpha_{右}$(或 α_Y)表示。转角是在路线转向处设置平曲线的必要条件,通常是通过观测路线前进方向的右角 β 后,经计算得到。

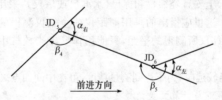

图 12-5 路线的右角和转角

当右角 β 测定以后,根据 β 值计算路线交点处的转角 α。当 $\beta<180°$ 时为右转角(路线向右转);当 $\beta>180°$ 时为左转角(路线向左转)。左转角和右转角按下式计算:

$$若 \beta>180° \quad 则:\alpha_{左}=\beta-180° \tag{12-3}$$

$$若 \beta<180° \quad 则:\alpha_{右}=180°-\beta \tag{12-4}$$

3. 曲线中点方向桩的钉设

为便于中桩组敷设平曲线中点桩,测角组在测角的同时,应将曲线中点方向桩钉设出来,如图12-6 所示。分角线方向桩离交点距离应尽量大于曲线外距,以利于定向插点,一般转角越大,外距也越大。

用经纬仪定分角线方向,首先就要计算出分角线方向的水平度盘读数,通常这项工作是紧跟测角之后在测角读数的基础上进行的,根据测得右角的前后视读

数,可计算出分角线方向的读数,即:

右转角:分角线方向的水平度盘读数 $=\frac{1}{2}$(前视读数+后视读数) (12-5)

左转角:分角线方向的水平度盘读数 $=\frac{1}{2}$(前视读数+后视读数)$+180°$

(12-6)

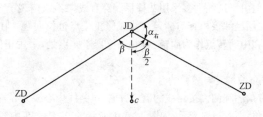

图 12-6　标定分角线方向

4. 视距测量

视距测量的方法有两种:一种是利用测距仪或全站仪测,此方法是分别于交点和相邻交点(或转点)上安置棱镜和仪器,采用仪器的距离测量功能,从读数屏可直接读出两点间平距;另一种是利用经纬仪标尺测,它是分别于交点和相邻交点(或转点)上安置经纬仪和标尺(水准尺或塔尺),采用视距测量的方法计算两点间平距。这里应指出的是用测距仪或全站仪测得的平距可用来计算交点桩号,而用经纬仪所测得的平距,只能用作参考来校核中线测设中有无丢链现象。

当交点间距离较远时,为了达到测量精度,可在中间加点采取分段测距方法。

5. 磁方位角观测与计算方位角校核

观测磁方位角的目的是为了校核测角组测角的精度和展绘平面导线图时检查展线的精度。路线测量规定,每天作业开始与结束必须观测磁方位角,至少一次,以便于根据观测值推算方位角进行校核,其误差不得超过 2°,若超过规定,必须查明发生误差的原因,并及时纠正。若符合要求,则可继续观测。

6. 路线控制桩位固定

为便于以后施工时恢复路线及放样,对于中线控制桩,如路线起点桩、终点桩、交点桩、转点桩、大中桥位桩以及隧道起终点桩等重要桩志,均须妥善固定和保护,防止丢失和破坏。

桩志固定方法因地制宜地采取埋土堆、垒石堆、设护桩等形式加以固定。在荒坡上亦可采取挖平台方法固定桩志。埋土堆、垒石堆顶面为 40cm×40cm 方形或直径为 40cm 圆形,高 50cm。堆顶应钉设标志桩。

为控制桩位,还应设护桩(亦称"检桩")。护桩方法有距离交会法、方向交会

第十二章 道路测量

法、导线延长法等,具体采用何种方法应根据实际情况灵活掌握。道路工程测量通常多采用距离交会法定位。护桩一般设 3 个,护桩间夹角不宜小于 60°,以减小交会误差,如图 12-7 所示。

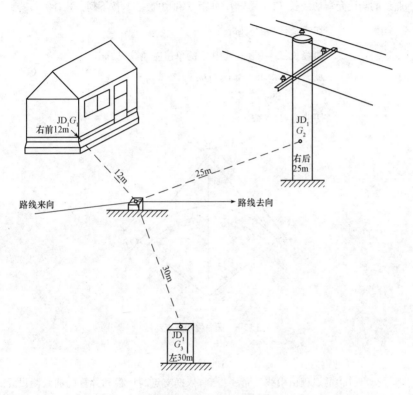

图 12-7 距离交会法护桩

第二节 圆曲线的测设

一、测设的步骤

圆曲线的测设一般分两步进行:首先测设曲线的主点,称为圆曲线的主点测设。即测设曲线的起点(又称为直圆点,通常以缩写 ZY 表示);中点(又称为曲中点,通常以缩写 QZ 表示)和曲线的终点(又称为圆直点,通常以缩写 YZ 表示)。然后在已测定的主点之间进行加密,按规定桩距测设曲线上的其他各桩点,称为曲线的详细测设。

二、圆曲线的主点测设

1. 圆曲线测设元素的计算

如图 12-8 所示,设交点(JD)的转角为 α,假定在此所设的圆曲线半径为 R,则曲线的测设元素切线长 T、曲线长 L、外距 E 和切曲差 D,按下列公式计算:

$$\left.\begin{array}{l} 切线长:T = R \cdot \tan\dfrac{\alpha}{2} \\ 曲线长:L = R \cdot \alpha\,(式中,\alpha 的单位应换算成 rad) \\ 外距:E = \dfrac{R}{\cos\dfrac{\alpha}{2}} - R = R\left(\sec\dfrac{\alpha}{2} - 1\right) \\ 切曲差:D = 2T - L \end{array}\right\} \quad (12\text{-}7)$$

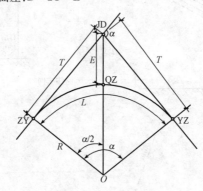

图 12-8　圆曲线的主点测设

2. 主点里程的计算

交点(JD)的里程由中线丈量中得到,依据交点的里程和计算的曲线测设元素,即可计算出各主点的里程。由图 12-10 可知:

$$\left.\begin{array}{l} ZY 里程 = JD 里程 - T \quad \dfrac{JD 里程 - T}{ZY 里程} \\ YZ 里程 = ZY 里程 + L \quad \dfrac{+L}{YZ 里程} \\ QZ 里程 = YZ 里程 - L/2 \quad \dfrac{-L/2}{QZ 里程} \\ JD 里程 = QZ 里程 + D/2 \quad \dfrac{+D/2}{JD 里程} \end{array}\right\} \quad (12\text{-}8)$$

3. 主点的测设

圆曲线的测设元素和主点里程计算出后,按下述步骤进行主点测设:

(1) 曲线起点(ZY)的测设:测设曲线起点时,将仪器置于交点 i(JD$_i$)上,望远

镜照准后一交点 $i-1$(JD_{i-1})或此方向上的转点,沿望远镜视线方向量取切线长 T,得曲线起点 ZY,暂时插一测钎标志。然后用钢尺丈量 ZY 至最近一个直线桩的距离,如两桩号之差等于所丈量的距离或相差在容许范围内,即可在测钎处打下 ZY 桩。如超出容许范围,应查明原因,重新测设,以确保桩位的正确性。

(2)曲线终点(YZ)的测设:在曲线起点(ZY)的测设完成后,转动望远镜照准前一交点 JD_{i+1} 或此方向上的转点,往返量取切线长 T,得曲线终点(YZ),打下 YZ 桩即可。

(3)曲线中点(QZ)的测设,测设曲线中点时,可自交点 i(JD_i),沿分角线方向量取外距 E,打下 QZ 桩即可。

三、圆曲线的详细测设

1. 曲线设桩

按桩距 l_0 在曲线上设桩,通常有两种方法:

(1)整桩号法。将曲线上靠近起点(ZY)的第一个桩的桩号凑整成为大于 ZY 点桩号的,l_0 的最小倍数的整桩号,然后按桩距 l_0 连续向曲线终点 YZ 设桩。这样设置的桩的桩号均为整数。

(2)整桩距法。从曲线起点 ZY 和终点 YZ 开始,分别以桩距 l_0 连续向曲线中点 QZ 设桩。由于这样设置的桩的桩号一般为破碎桩号,因此,在实测中应注意加设百米桩和公里桩。

2. 详细测设的方式

(1)切线支距法。切线支距法(又称直角坐标法)是以曲线的起点 ZY(对于前半曲线)或终点 YZ(对于后半曲线)为坐标原点,以过曲线的起点 ZY 或终点 YZ 的切线为 x 轴,过原点的半径为 y 轴,按曲线上各点坐标 x、y 设置曲线上各点的位置。

如图 12-9 所示,设 P_i 为曲线上欲测设的点位,该点至 ZY 点或 YZ 点的弧长为 l_i,φ_i 为 l_i 把对的圆心角,R 为圆曲线半径,则 P_i 点的坐标按下式计算:

$$\left. \begin{array}{l} x_i = R \cdot \sin\varphi_i \\ y_i = R \cdot (1-\cos\varphi_i) = x_i \cdot \tan\dfrac{\varphi_i}{2} \end{array} \right\} \quad (12\text{-}9)$$

式中
$$\varphi_i = \frac{l_i}{R}(\text{rad}) \quad (12\text{-}10)$$

切线支距法详细测设圆曲线,为了避免支距过长,一般是由 ZY 点和 YZ 点分别向 QZ 点施测,测设步骤如下:

1)从 ZY 点(或 YZ 点)用钢尺或皮尺沿切线方向量取 P_i 点的横坐标 x_i,得垂足点 N_i。

2)在垂足点 N_i 上,用方向架或经纬仪定出切线的垂直方向,沿垂直方向量出 y_i,即得到待测定点 P_i。

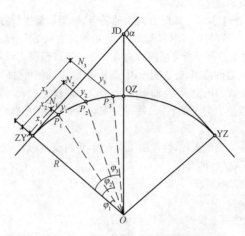

图 12-9 切线支距法详细测设圆曲线

3)曲线上各点测设完毕后,应量取相邻各桩之间的距离,并与相应的桩号之差作比较,若较差均在限差之内,则曲线测设合格;否则应查明原因,予以纠正。

(2)偏角法。偏角法是以曲线起点(ZY)或终点(YZ)至曲线上待测设点 P_i 的弦线与切线之间的弦切角 Δ_i 和弦长 c_i 来确定 P_i 点的位置。

如图 12-10 所示,依据几何原理,偏角 Δ_i 等于相应弧长所对的圆心角 φ_i 的一半,即: $\Delta_i = \varphi_i/2$。

则:

$$\Delta_i = \frac{l_i}{2R}(\text{rad}) \tag{12-11}$$

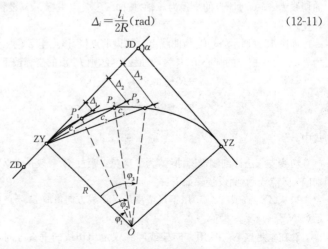

图 12-10 偏角法详细测设圆曲线

第十二章 道路测量

弦长 c 可按下式计算：

$$c=2R\sin\frac{\varphi_i}{2}=2R\sin\Delta_i \qquad (12\text{-}12)$$

具体测设步骤如下：

1) 安置经纬仪（或全站仪）于曲线起点（ZY）上，盘左瞄准交点（JD），将水平盘读数设置为 $0°$。

2) 水平转动照准部，使水平度盘读数为：+920 桩的偏角值 $\Delta_1=1°45'24''$，然后，从 ZY 点开始，沿望远镜视线方向量测出弦长 $C_1=13.05$m，定出 P_1 点，即为 K2+920 的桩位。

3) 再继续水平转动照准部，使水平度盘读数为：+940 桩的偏角值 $\Delta_2=4°43'48''$，从 ZY 点开始，沿望远镜视线方向量测长弦 $C_2=32.98$m，定出 P_2 点；或从 P_1 点测设短弦 $C_2'=19.95$m（实测中，通常一般采用以弧代弦，取短弦为 20m），与水平度盘读数为偏角 Δ_2 时的望远镜视线方向相交而定出 P_2 点。以此类推，测设 P_3、P_4、…，直到 YZ 点。

4) 测设至曲线终点（YZ）作为检核，继续水平转动照准部。使水平度盘读数为 $\Delta_{YZ}=17°04'48''$，从 ZY 点开始，沿望远镜视线方向量测出长弦 $C_{YZ}=17.48$m，或从 K3+020 桩测设短弦 $C=6.21$m，定出一点。

(3) 极坐标法。用极坐标法测设曲线的测设数据主要是计算圆曲线主点和细部点的坐标，然后根据测站点和主点或细部点之间的坐标，反算出测站至待测点的直线方位角和两点间的平距，依据计算出的方位角和平距进行测设，其操作步骤如下：

1) 圆曲线主点坐标计算。如图 12-10 所示，若已知 ZD 和 JD 的坐标，则可按公式：$\alpha_{12}=\arctan\dfrac{y_2-y_1}{x_2-x_1}$ 计算出第一条切线（图 12-10 中的 ZY—JD 方向线）的方位角；再由路线的转角（或右角）推算出第二条切线（图 12-10 中的 JD—YZ 方向线）和分角线的方位角。

2) 圆曲线细部点坐标计算。由已计算出的第一条切线的方位角 α_1 和各待测设桩点的偏角 Δ_i，计算出曲线起点（ZY）至各待测定桩点 P_i 方向线的方位角，再由 ZY 点到各桩点的长弦长，计算出各待测设桩点的坐标。

第三节　缓和曲线的测设

一、缓和曲线的作用

缓和曲线主要有以下几点作用：
(1) 曲率逐渐缓和过渡。
(2) 离心加速度逐渐变化减少振荡。

(3)有利于超高和加宽的过渡。
(4)视觉条件好。
二、缓和曲线测设方法
1. 偏角法
(1)计算公式(图 12-11):

$$\Delta = \frac{\beta}{3} \cdot \left(\frac{l}{L_S}\right)^2 \frac{180°}{\pi} \tag{12-13}$$

$$C \approx l'$$

式中　l——缓和曲线上任意一点到缓和曲线起点弧长;
　　　l'——缓和曲线上任意一点到相邻点的弧长;
　　　C——缓和曲线上任意一点到相邻点的弦长。

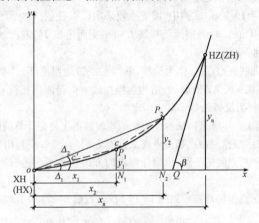

图 12-11　偏角法图示

(2)测设方法。
1)在 XH(HX)点置经纬仪、后视 JD,配度盘为 $0°00'00''$。
2)拨 P_1 点的偏角 Δ_1(注意正拨、反拨),从 XH(HX)量取 C',与视线的交点为 P_1 点位。
3)拨 P_2 点的偏角 Δ_2,从 P_1 量取 $C(P_1$、P_2 点桩号差),与视线的交点为 P_2 点位。
4)重复 3)测到 HZ(ZH)点。
2. 切线支距法
以 XH(HX)为原点,切线方向为 x 轴,法线方向为 y 轴建立直角坐标系。
(1)计算公式(图 12-11):

$$x = l - \frac{l^5}{40R^2 L_S^2} \tag{12-14}$$

第十二章 道路测量

$$y = \frac{l^3}{6RL_S} - \frac{l^7}{336R^3 L_S^3} \qquad (12\text{-}15)$$

(2)测设方法:

1)从 XH(HX)点沿 JD 方向量取 x_1,得 N_1 点。
2)在 N_1 点的垂向上,向曲线的偏转方向量取 y_1,得 P_1 点点位。
3)重复以上步骤测设到缓和曲线终点。

三、缓和曲线测设数据计算

1. 缓和曲线测设数据计算的公式

$$rl = A^2 \qquad (12\text{-}16)$$

$$RL_S = A^2 \qquad (12\text{-}17)$$

式中　r——缓和曲线上任意一点的曲率半径,m;
　　　l——缓和曲线上任意一点到缓和曲线起点的弧长,m;
　　　A——缓和曲线参数,m;
　　　L_S——缓和曲线长度,m。

2. 缓和曲线常数计算

缓和曲线常数计算如图 12-12 所示:

内移值: $\qquad P = \dfrac{L_S^2}{24R} \qquad (12\text{-}18)$

切线增值: $\qquad q = \dfrac{L_S}{2} - \dfrac{L_S^3}{240R^2} \qquad (12\text{-}19)$

切线角: $\qquad \beta = \dfrac{L_S}{2R}(\text{rad}) = \dfrac{L_S}{2R} \cdot \dfrac{180}{\pi}(°) \qquad (12\text{-}20)$

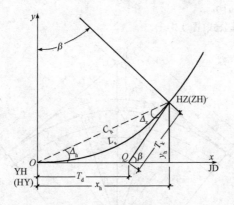

图 12-12　缓和曲线测设

缓和曲线终点的直角坐标:

$$X_h = L_S - \frac{L_S^3}{40R^2} \\ Y_h = \frac{L_S^2}{6R} - \frac{L_S^4}{336R^3} \bigg\} \quad (12\text{-}21)$$

缓和曲线起、终点切线的交点 Q 到缓和曲线起、终点的距离,即缓和曲线的长、短切线长:

$$T_d = \frac{2}{3}L_S + \frac{L_S^3}{360R^2} \quad (12\text{-}22)$$

$$T_k = \frac{1}{3}L_S + \frac{L_S^3}{126R^2} \quad (12\text{-}23)$$

缓和曲线弦长:

$$C_h = L_S - \frac{L_S^3}{90R^2} \quad (12\text{-}24)$$

缓和曲线总偏角:

$$\Delta h = \frac{L_S}{6R}(\text{rad}) \quad (12\text{-}25)$$

四、圆曲线带有缓和曲线的测设

1. 设置缓和曲线的条件

设置缓和曲线的条件为:

$$\alpha \geqslant 2\beta \quad (12\text{-}26)$$

当 $\alpha < 2\beta$ 时,即 $L < L_S$(L 为未设缓和曲线时的圆曲线长),不能设置缓和曲线,需调整 R 或 L_S。

2. 测设数据计算

(1) 元素计算公式(图 12-13)。

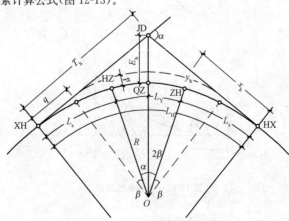

图 12-13 圆曲线带有缓和曲线的测设

第十二章 道路测量

$$\left.\begin{array}{l}\text{切线长}: T_h = (R+p)\tan\dfrac{\alpha}{2}+q \\ \text{圆曲线长}: L_y = (\alpha-2\beta)\dfrac{\pi}{180}R \\ \text{平曲线总长}: L_h = L_y + 2L_s \\ \text{外\quad 距}: E_h = (R+p)\sec\dfrac{\alpha}{2}-R \\ \text{切曲差}: D_h = 2T_h - L_h \end{array}\right\} \quad (12\text{-}27)$$

(2)桩号推算：

交点桩号：
$$\dfrac{\text{JD}}{-T_h}$$

第一缓和曲线起点桩号：
$$\dfrac{\text{XH}}{+L_s}$$

第一缓和曲线终点桩号：
$$\dfrac{\text{HZ}}{+L_y}$$

第二缓和曲线起点桩号：
$$\dfrac{\text{ZH}}{-L_s}$$

第二缓和曲线终点桩号：
$$\dfrac{\text{HX}}{-L_h/2}$$

平曲线中点桩号：
$$\dfrac{\text{QX}}{+D_h/2}$$

交点桩号：JD(校核)

3. 测设方法

(1)主点测设。

1)从 JD 向切线方向分别量取 T_h，可得 XH、HX 点；

2)从 XH、HX 点分别向 JD 方向及垂向，量取 X_h、Y_h 可得 HZ、ZH 点；

3)从 JD 向分角线方向量取 E_h，可得 QZ 点。

(2)详细测设。

1)切线支距法。

①以 XH(HX) 为原点，切线方向为 x 轴，法线方向为 y 轴。计算公式(图12-14)：

$$\left.\begin{array}{l} x = R\sin\varphi + q \\ y = R(1-\cos\varphi) + p \end{array}\right\} \quad (12\text{-}28)$$

式中：

$$\varphi = \dfrac{l'}{R} \cdot \dfrac{180}{\pi} \quad (12\text{-}29)$$

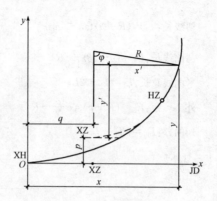

图 12-14 切线支距法(一)

$$l' = l - \frac{L_S}{2} \tag{12-30}$$

l——主圆曲线上任意一点到 XH(HX)点的弧长。

②以 HZ(ZH)点为原点,切线方向为 x 轴,法线方向为 y 轴建立直角坐标系。计算公式(图 12-15):

$$\left.\begin{array}{l} x = R\sin\varphi \\ y = R(1-\cos\varphi) \end{array}\right\} \tag{12-31}$$

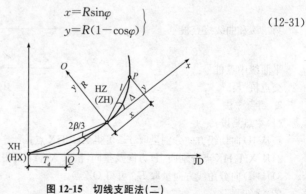

图 12-15 切线支距法(二)

式中:$\varphi = \frac{l}{R} \cdot \frac{180°}{\pi}$;

l——主圆曲线上任意一点到 HZ(ZH)的弧长。

测设方法:

从 XH(HX)点沿切线方向量取 T_d 找到 Q 点,并用 T_k 校核;再以 Q 点与 HZ(ZH)为 x 方向,从 HZ(ZH)量取 x,垂向上量取 y,可测设曲线。

2)偏角法。

第十二章 道路测量

①计算公式(图 12-15):

$$\Delta_i = \frac{1}{2} \cdot \frac{l}{R} \cdot \frac{180}{\pi} \qquad (12\text{-}32)$$

式中 l——主圆曲线上任意一点 HZ(ZH)的弧长。

②测设方法,如图 12-15 所示:

a. 置仪于 HZ(ZH)点,后视 XH(HX)点,向偏离曲线方向拨角 $\frac{2}{3}\beta$,倒镜配度盘为 $0°00'00''$;

b. 拨角 Δ_1,从 HZ(ZH)量取 C_1(C_1 计算公式同单圆曲线)与视线交会出中桩点位 P_1;

c. 同以上步骤测设到 QZ 点。

4. 计算实例

【例 12-1】 JD_{10} 桩号 K8+762.40,转角 $\alpha=20°23'05''$,$R=200$m,拟用 $L_S=50$m,试计算主点里程桩并设置基本桩。

【解】

(1)判别能否设置缓和曲线。

$$\beta = \frac{L_S}{2R} \cdot \frac{180°}{\pi} = \frac{50}{2 \times 200} \times \frac{180°}{\pi} = 7°9'43''$$

$\because \alpha = 20°23'05'' > 2\beta = 14°19'26''$

$\therefore$ 能设置缓和曲线。

(2)缓和曲线常数计算。

$$p = \frac{L_S^2}{24R} = \frac{50^2}{24 \times 200} = 0.52(\text{m})$$

$$q = \frac{L_S}{2} - \frac{L_S^3}{240R^2} = \frac{50}{2} - \frac{50^3}{240 \times 200} = 24.99(\text{m})$$

$$X_h = L_S - \frac{L_S^3}{40R^2} = 50 - \frac{50^3}{40 \times 200^2} = 49.92(\text{m})$$

$$X_h = \frac{L_S^2}{6R} - \frac{L_S^4}{336R^3} = \frac{50^2}{6 \times 200} - \frac{50^4}{336 \times 200^3} = 2.08(\text{m})$$

(3)曲线要素计算。

$$T_h = (R+p)\tan\frac{\alpha}{2} + q = (200+0.52)\tan\frac{20°23'05''}{2} + 24.98 = 61.04(\text{m})$$

$$L_y = (\alpha - 2\beta)\frac{\pi}{180}R = (20°23'05'' - 2 \times 7°9'43'') \times \frac{\pi}{180} \times 200 = 21.15(\text{m})$$

$$L_h = L_y + 2L_S = 21.15 + 2 \times 50 = 121.15(\text{m})$$

$$E_h = (R+p)\sec\frac{\alpha}{2} - R = (200+0.52)\sec\frac{20°23'05''}{2} - 200 = 3.74(\text{m})$$

$$D_h = 2T_h - L_h = 2 \times 61.04 - 121.15 = 0.93(\text{m})$$

(4) 基本桩号计算。

JD_{10}	K8+762.40
$-)T_h$	61.04
ZH	+701.36
$+)L_s$	50
HY	+751.36
$+)L_y$	21.15
YH	+772.51
$+)L_s$	50
HZ	+822.51
$-)L_h/2$	121.15/2
QZ	+761.935
$+)D_h/2$	0.93/2
JD_{10}	K8+762.40(校核无误)

(5) 基本桩设置。

1) 从 JD_{10} 分别沿 JD_9 和 JD_{11} 方向量取 61.04m,可得 XH、HX 点;

2) 从 JD_{10} 沿分角方向量取 3.74m,可得 QZ 点;

3) 由 XH、HX 点分别沿 JD_{10} 方向量取 49.92m 得垂足,再从垂足沿垂向量取 2.08m,可测设 HZ、ZH 点。

【例 12-2】 某道路,如图 12-16 所示,JD_{20} 为双交点,JD_{20A} 桩号为:K5+204.50,$\alpha_A = 50°24'20''$,$\alpha_B = 45°54'40''$,$\overline{AB} = 121.40$m,试拟定缓和曲线长,求算曲线半径,计算曲线要素及控制桩量程。

计算:

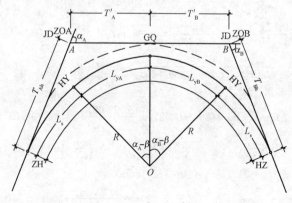

图 12-16 某山岭区三级公路

第十二章 道路测量

(1) 求未设缓和曲线时半径 R',拟用 L_S。

$$R' = \frac{\overline{AB}}{\left(\tan\frac{\alpha_A}{2} + \tan\frac{\alpha_B}{2}\right)} = \frac{121.40}{\left(\tan\frac{51°24'20''}{2} + \tan\frac{45°54'40''}{2}\right)}$$

$= 134.16(\text{m})$

拟用 $L_S = 40\text{m}$

$p \approx \dfrac{L_S^2}{24R'} = \dfrac{40}{24 \times 134.16} = 0.50(\text{m})$

$R = R' - p = 134.16 - 0.50 = 133.66(\text{m})$

(2) 核算:

$$p = \frac{L_S^2}{24R} = \frac{40^2}{24 \times 133.66} = 0.50(\text{m})$$

$T_A' = (R+p)\tan\dfrac{\alpha_A}{2} = (133.66+0.50)\tan\dfrac{51°24'20''}{2} = 64.58(\text{m})$

$T_B' = (R+p)\tan\dfrac{\alpha_B}{2} = (133.66+0.50)\tan\dfrac{45°54'40''}{2} = 56.82(\text{m})$

$T_A' + T_B' = 64.58 + 56.82 = 121.40(\text{m}) = \overline{AB}$

(3) 要素计算:

$\beta = \dfrac{L_S}{2R} \cdot \dfrac{180°}{\pi} = \dfrac{40}{2 \times 133.66} \times \dfrac{180°}{\pi} = 8°34'24''$

$q = \dfrac{L_S}{2} - \dfrac{L_S^3}{240R^2} = \dfrac{40}{2} - \dfrac{40^3}{240 \times 133.66^2} = 19.98(\text{m})$

$T_{Ah} = (R+p)\tan\dfrac{\alpha_A}{2} + q = 64.58 + 19.98 = 84.56(\text{m})$

$T_{Bh} = (R+p)\tan\dfrac{\alpha_B}{2} + q = 56.82 + 19.98 = 76.80(\text{m})$

$L_{yA} = (\alpha_A - \beta)\dfrac{\pi}{180}R = (51°24'20'' - 8°34'24'') \times \dfrac{\pi}{180} \times 133.66$

$= 97.58(\text{m})$

$L_{yB} = (\alpha_B - \beta)\dfrac{\pi}{180}R = (45°54'42'' - 8°34'24'') \times \dfrac{\pi}{180} \times 133.66$

$= 87.10(\text{m})$

$L_h = L_{yA} + L_{yB} + 2L_S = 97.58 + 87.10 + 2 \times 40$

$= 264.68(\text{m})$

(4) 控制桩里程计算:

```
        JD_{20A}              K5+204.50
       -)T_{Ah}                    84.56
      ─────────────────────────────────
        XH                       +119.94
```

+)L_S		40
HZ		+159.94
+)L_{yA}		97.58
GQ		257.52
+)L_{yB}		87.10
ZH		+344.62
+)L_S		40
HX		+384.62
−)$L_h - T_{Ah}$		−264.68+84.56
JD_{20A}		K5+204.50（校核无误）

五、"S"型和"C"型曲线测设方法

1. 桩号推算

第一曲线终点 HZ_1 与第二曲线起点 ZH_2 重合，中间无直线段，其他桩号推算同有缓和曲线的单圆曲线。

2. 测设方法

同有缓和曲线的单圆曲线。

3. 数据计算

如图 12-17、图 12-18 所示，已知两交点之间的距离为 $\overline{AB}$，其中一个曲线的切线为 T_h，而另一个曲线的切线长为 $T_{h2}=\overline{AB}-T_{h1}$，拟定 L_{S2}，求算 R_2。半径 R_2 的计算有下面两种方法。

(1) 解方程组。

$$\left. \begin{array}{l} T_{h2}=(R_2-p_2)\tan\dfrac{\alpha_2}{2}+q_2 \\ p_2=\dfrac{L_{S2}^3}{24R_2} \\ q_2=\dfrac{L_{S2}}{2}-\dfrac{L_{S2}^3}{240R_2^2} \end{array} \right\} \quad (12\text{-}33)$$

可求得半径 R_2。

(2) 利用已知条件试算。

$$q_2 \approx \dfrac{L_{S2}}{2} \qquad (12\text{-}34)$$

$$R_2 + p_2 = \frac{T_{h2} - q_2}{\tan \frac{\alpha_2}{2}} \tag{12-35}$$

$$p_2 = \frac{L_{s2}^2}{24(R_2 + p_2)} \tag{12-36}$$

得：
$$R_2 = (R_2 + p_2) - p_2 \tag{12-37}$$

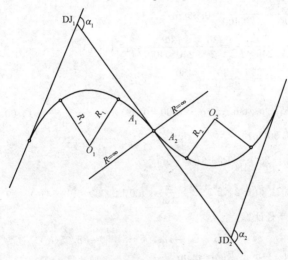

图 12-17 "S"形曲线

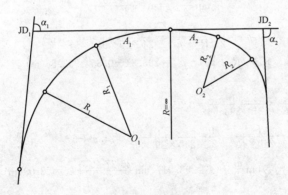

图 12-18 "C"型曲线

4. 计算实例

【例 12-3】 某道路（图 12-17），JD_1 的桩号 $K1+246.85$，$JD_1 \sim JD_2$ 的距离 $\overline{AB}$

$=129.55\text{m}, \alpha_1=10°24'20'', \alpha_2=20°27'40''$。因不满足反向曲线间最小直线段长度的要求,需设"S"型曲线,现拟定 $R_1=400\text{m}, L_{S1}=30\text{m}$,试计算 JD_2 半径 R_2 及 JD_2 的桩号。

计算:

(1) JD_1 要素计算:

$$p_1=\frac{L_{S1}^2}{24R_1}=\frac{30^2}{24\times 400}=0.09(\text{m})$$

$$q_1=\frac{L_{S1}}{2}-\frac{L_{S1}^3}{240\times R_1^2}=\frac{30}{2}-\frac{30^3}{240\times 400^2}=15.00(\text{m})$$

$$\beta_1=\frac{L_{S1}}{2R}\times\frac{180°}{\pi}=\frac{30}{2\times 400}\times\frac{180°}{\pi}=2°9'32''$$

$$T_{h1}=(R_1+p_1)\tan\frac{\alpha_1}{2}+q_1=(400+0.09)\times\tan\frac{10°24'20''}{2}+15.00$$
$$=51.50(\text{m})$$

$$L_{h1}=(\alpha_1-2\beta_1)\frac{\pi}{180}R_1+2L_{S1}$$
$$=10°24'20''-2\times 2°9'32''\times\frac{\pi}{180}\times 400+2\times 30=102.5(\text{m})$$

(2) JD_2 半径计算:

$$T_{h2}=\overline{AB}-T_{h1}=129.55-51.50=78.05(\text{m})$$

现拟取 $L_{S2}=50\text{m}$,则 $q_2\approx 25\text{m}$

$$R_2+p_2=\frac{T_{h2}-q_2}{\tan\frac{\alpha_2}{2}}=\frac{78.05-25}{\tan\frac{20°27'40''}{2}}=293.91(\text{m})$$

$$p'_2=\frac{L_{S2}^2}{24(R_2+p_2)}=\frac{50^2}{24\times 293.91}=0.35(\text{m})$$

$$R_2=(R_2+p_2)-p'_2=293.91-0.35=293.56(\text{m})$$

核算:

$$p_2=\frac{L_{S2}^2}{24R_2}=\frac{50^2}{24\times 293.56}=0.35(\text{m})$$

$$q_2=\frac{L_{S2}}{2}-\frac{L_{S2}^3}{240\times R_2^2}=\frac{50}{2}-\frac{50^3}{240\times 293.56^2}=24.99(\text{m})$$

$$T_{h2}(R_2+p_2)\tan\frac{\alpha_2}{2}+q_2=293.91\times\tan\frac{20°27'40''}{2}+25=78.03(\text{m})$$

与原值不符。

重新计算 R_2,拟取 $L_{S2}=50\text{m}, q_2$ 取计算值 24.99m。

$$R_2+p_2=\frac{T_{h2}-q_2}{\tan\frac{\alpha_2}{2}}=\frac{78.05-24.99}{\tan\frac{20°27'40''}{2}}=293.96(\text{m})$$

$$p'_2 = \frac{L_{S2}^2}{24(R_2+p_2)} = \frac{50^2}{24\times 293.96} = 0.35(\text{m})$$

$$R_2 = (R_2+p_2) - p'_2 = 293.96 - 0.35 = 293.96(\text{m})$$

核算:

$$P_2 = \frac{L_{S2}^2}{24R_2} = \frac{50^2}{24\times 293.96} = 0.35(\text{m})$$

$$q_2 = \frac{L_{S2}}{2} - \frac{L_{S2}^3}{240\times R_2^2} = \frac{50}{2} - \frac{50^3}{240\times 293.96^2}$$

$$= 24.99(\text{m})$$

$$T_{h2} = (R_2+p_2)\tan\frac{\alpha}{2} + q_2$$

$$= 293.96 \times \tan\frac{20°27'40''}{2} + 24.99 = 78.05(\text{m})$$

均与原值相符。

所以 JD_2 的半径为 $R_2 = 293.96(\text{m})$

(3) JD_2 的桩号推算:

JD_2 的桩号 $= JD_1$ 的桩号 $- T_{h1} + L_{h1} + T_{h2}$

$= K1+246.85-51.50+102.5+78.05$

$= K1+375.88$

第四节 复曲线与回头曲线的测设

一、不设缓和曲线的复曲线

1. 切基线法测设复曲线

切基线法是虚交切基线,只是两个圆曲线的半径不相等。如图 12-19 所示,主、副曲线的交点为 A、B,两曲线相接于公切点 GQ 点。将经纬仪分别安置于 A、B 两点,测算出转角 α_1、α_2,用测距仪或钢尺往返丈量 A、B 两点的距离 AB,在选定主曲线的半径 R_1 后,可按以下步骤计算副曲线的半径 R_2 及测设元素。

(1) 根据主曲线的转角 α_1 和半径 R_1 计算主曲线的测设元素 T_1、L_1、E_1、D_1。

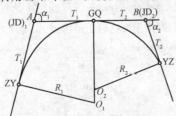

图 12-19 切基线法测设复曲线

(2)根据基线 AB 的长度 $\overline{AB}$ 和主曲线切线长 T_1 计算副曲线的切线长 T_2：

$$T_2 = \overline{AB} - T_1 \tag{12-38}$$

(3)根据副曲线的转角 α_2 和切线长 T_2 计算副曲线的半径 R_2：

$$R_2 = \frac{T_2}{\tan\dfrac{\alpha_2}{2}} \tag{12-39}$$

(4)根据副曲线的转角 α_2 和半径 R_2 计算副曲线的测设元素 T_2、L_2、E_2、D_2。

2. 弦基线法测设复曲线

如图 12-20 所示，是利用弦算基线法测设复曲线的示意图，设定 A、C 分别为曲线的起点和公切点，目的是确定曲线的终点 B。具体测设方法如下：

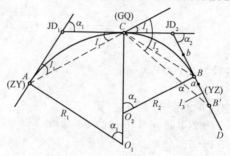

图 12-20　弦基线法测设复曲线

(1)在 A 点安置仪器，观测弦切角 I_1，根据同弧段两端弦切角相等的原理，则得主曲线的转角为：$\alpha_1 = 2I_1$。

(2)设 B' 点为曲线终点 B 的初测位置，在 B' 点放置仪器观测出弦切角 I_3，同时在切线上 B 点的估计位置前后打下骑马桩 a、b。

(3)在 C 点安置仪器，观测出 I_2。由图 12-20 可知，复曲线的转角 $\alpha_2 = I_2 - I_1 + I_3$。旋转照准部照准 A 点，将水平度盘读数配置为 $0°00'00''$ 后倒镜，顺时针拨水平角 $\dfrac{\alpha_1 + \alpha_2}{2} = \dfrac{I_1 + I_2 + I_3}{2}$，此时，望远镜的视线方向即为弦 CB 的方向，交骑马桩 a、b 的连线于 B 点，即确定了曲线的终点。

(4)用测距仪(全站仪)或钢尺往返丈量得到 AC 和 CB 的长度 $\overline{AC}$、$\overline{CB}$，并计算主、副曲线的半径 R_1、R_2。

$$\left.\begin{array}{l} R_1 = \dfrac{\overline{AC}}{2\sin\dfrac{\alpha_1}{2}} \\[2ex] R_2 = \dfrac{\overline{CB}}{2\sin\dfrac{\alpha_2}{2}} \end{array}\right\} \tag{12-40}$$

第十二章 道路测量

(5)求得的主、副曲线半径和测算的转角分别计算主、副曲线的测设元素,然后仍按前述方法计算主点里程并进行测设。

二、设置有缓和曲线的复曲线

1. 中间不设缓和曲线而两边皆设缓和曲线的复曲线

如图 12-21 所示,设主、副曲线两端分别设有两段缓和曲线,其缓和曲线长分别为 l_{s1}、l_{s2}。为使两不同半径的圆曲线在原公切点(GQ)直接衔接,两缓和曲线的内移值必须相等,即:$p_主 = p_副 = p$。

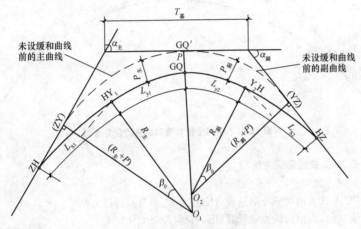

图 12-21 两边皆设缓和曲线的复曲线

则:

$$\left. \begin{array}{l} c_1 = R_主 \cdot l_{s1} = R_主 \cdot \sqrt{24R_主\ p} \\ c_2 = R_副 \cdot l_{s2} = R_副 \cdot \sqrt{24R_副\ p} \end{array} \right\} \quad (12\text{-}41)$$

假如 $R_主 > R_副$,则 $c_1 > c_2$。所以在选择缓和曲线长度时,必须使 $c_2 \geqslant 0.035v^3$。对于已选定的 l_{s2},可得:

$$l_{s2} = l_{s1} \cdot \sqrt{\frac{R_副}{R_主}} \quad (12\text{-}42)$$

图 12-21 中的关系式如下:

$$T_基 = (R_主 + p) \cdot \tan\frac{\alpha_主}{2} + (R_副 + p) \cdot \tan\frac{\alpha_副}{2} \quad (12\text{-}43)$$

测设时,通过测得的数据 $\alpha_主$、$\alpha_副$ 和 $T_基$ 以及根据要求拟订的数据 $R_主$、l_{s1},采用式(12-43)反算 $R_副$,其中:$p = p_主 = \dfrac{l_{s1}^2}{24R_主}$;采用式(12-42)反算副曲线缓和段长度 l_{s2}。

2. 中间设置有缓和曲线的复曲线

中间设置有缓和曲线的复曲线是指复曲线的两圆曲线间有缓和曲线段衔接过渡的曲线形式。常在实地地形条件限制下,选定的主、副曲线半径相差悬殊超过 1.5 倍时采用,如图 12-22 所示。

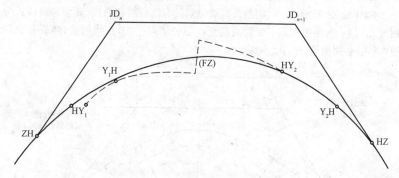

图 12-22　中间设置有缓和曲线的复曲线

三、回头曲线测设方法

1. 主点测设

(1)由 A 点沿切线方向量取 AE(注意正、负号),可得 ZY 点。

(2)由 B 点沿切线方向量取 BF,可得 YZ 点(图 12-23)。

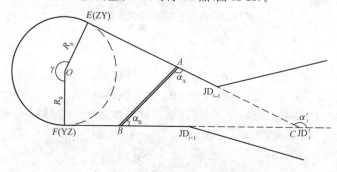

图 12-23　主点测设图

2. 曲线详细测设

(1)切基线法(图 12-24)。

1)根据现场的具体情况,在 DF、EG 两切线上选取顶点切基线 AB 的初定位置 AB',其中 A 为定点,B' 为初定点。

2)将仪器安置于初定点 B' 上,观测出角 α_B,并在 EG 线上 B 点的估计位置前

后设置 a、b 两个骑马桩。

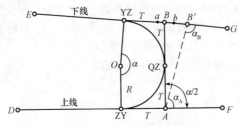

图 12-24　顶点切基线法图

3)将仪器安置于 A 点,观测出角 α_A,则路线的转角 $\alpha = \alpha_A + \alpha_B$。后视定向点 F,反拨角值 $\alpha/2$,可得到视线与骑马桩 a、b 连线的交点,即为 B 点的点位。

4)量测出顶点切基线 AB 的长度 $\overline{AB}$,并取 $T = \dfrac{\overline{AB}}{2}$,从 A 点沿 AD、AB 方向分别量测出长度 T,便定出 ZY 点和 QZ 点;从 B 点沿 BE 方向量测出长度 T,便定出 YZ 点。

5)计算主曲线的半径 $R = \dfrac{T}{\tan \dfrac{\alpha}{4}}$。再由半径 R 和转角 α 求出曲线的长度 L,

并根据 A 点的里程,计算出曲线的主点里程。

(2)弦基线法(图 12-25)。

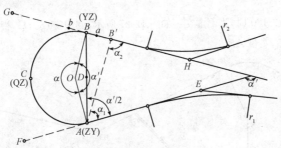

图 12-25　弦基线法

1)根据现场的情况,在 EF、GH 两切线上选取弦基线 AB 的初定位置 AB',其中,A(ZY 点)为定点,B' 为视点。

2)将仪器安置于初定点 B' 上,观测出角 α_2 并在 GH 线上 B 点的位置前后,设置 a、b 两骑马桩。

3)将仪器安置于 A 点,观测出角 α_1,则 $\alpha' = \alpha_1 + \alpha_2$。以 AE 为起始方向,反拨

角值 $\alpha'/2$,由此可得到视线与骑马桩 a、b 连线的交点,即为 $B(YZ)$ 点的点位。

4)量测出弦基线 AB 的长度 $\overline{AB}$,计算曲线的半径 R。

5)由图可知,主曲线所对应的圆心角为 $\alpha=360°-\alpha'$。根据 R 和 α 便可求得主曲线长度 L,并由 A 点的里程计算主点里程。

6)曲线的中点(QZ)可按弦线支距法设置。

支距长:

$$DC=R \cdot \left(1+\cos\frac{\alpha'}{2}\right)=2R \cdot \cos^2\frac{\alpha'}{4} \tag{12-44}$$

测设时从 AB 的中点向圆心所作的垂线,量测出 DC 的长度,即可求得曲线的中点 $C(QZ)$。

四、回头曲线测设数据计算

(1)当圆心角 $\gamma<180°$ 时,计算和测设方法与虚交曲线相同(图 12-26)。

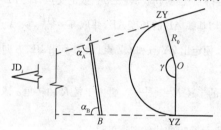

图 12-26 $\gamma<180°$ 回头曲线测设

(2)当 $\gamma>180°$ 时,为倒虚交。如图 12-27 所示,倒虚交点 JD_i',视地形定基线 AB,测 α_A,α_B,丈量 $\overline{AB}$。

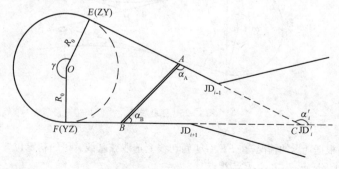

图 12-27 $\gamma>180°$ 回头曲线测设

$\alpha_i'=\alpha_A+\alpha_B$

解 $\triangle ABC$,

第十二章 道路测量

$$AC = AB \frac{\sin\alpha_B}{\sin\alpha'_i}$$

$$BC = AB \frac{\sin\alpha_A}{\sin\alpha'_i}$$

又有：
$$EC = FC \frac{R_0}{\tan \frac{180° - \alpha'_i}{2}}$$

$\therefore AE = EC - AC, BF = FC - BC(AE, BF$ 可为正或负$)$

主曲线中心角 $\gamma = 360° - \alpha'_i$

主曲线长度：$L = \frac{\pi R_0 \gamma}{180°}$

五、有缓和曲线回头曲线测设方法

1. 测设方法

(1)主点测设。

1)从 A 点沿切线方向量取 AE，可得 MH 点。
2)从 B 点沿切线方向量取 BF，可得 HM 点。
3)分别从 MH、HM 点用切线支距法量取 X_h、Y_b，可得 HX、XH 点。

(2)详细测设。

1)缓和曲线测设同前述缓和曲线测设方法。
2)主圆曲线测设同前述回头曲线测设方法。

2. 测设数据计算

如图 12-28 所示：已知倒虚交点 JD'_i，基线 $\overline{AB}$，α_A，α_B，$\alpha'_i = \alpha_A + \alpha_B$。

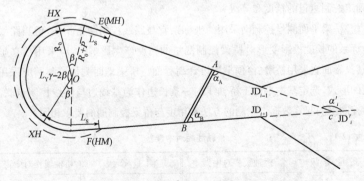

图 12-28 有缓和曲线回头曲线测设

解 $\triangle ABC$ 可求得 AC、BC，拟定 R_0，L_S 可得：

$$p = \frac{L_S^2}{24R_0}$$

$$q = \frac{L_S}{2} - \frac{L_S^2}{240R_0^2}$$

$$\beta = \frac{L_S}{2R_0} \quad (\text{rad})$$

$$CE = CF = (R_0 + p)\tan\frac{\alpha_i'}{2} - q$$

$$L_y = (360° - \alpha_i' - 2\beta)\frac{\pi}{180}R_0$$

$$L_h = L_y + 2L_s$$

$$AE = CE - AC, BF = CF - BC (AE、BF 可为正或负)$$

第五节 桥涵测量

一、桥涵平面控制测量

(1)当路线平面控制测量的精度、控制点分布、控制点的桩志规格不能满足桥梁设计需要时,应在定测阶段布设桥梁平面控制测量网。

(2)桥梁的每一端附近应设置2个及以上的平面控制点,并应便于放样和联测使用,控制点间应相互通视。

(3)桥梁平面控制测量精度和等级,应按本书第8章的要求确定,同时还应满足表12-1 桥轴线相对中误差的要求。对特殊结构的桥梁,应根据其施工允许误差,确定控制测量的精度和等级。

(4)桥梁平面测量控制网采用的坐标系宜与路线控制测量相同,但当路线测量坐标系的长度投影变形对桥梁控制测量的精度产生影响时,应采用独立坐标系,其投影面宜采用桥墩、台顶平均设计高程面。桥梁平面测量控制网应采用自由网的形式,选定基本平行于桥轴线的一条长边作为基线边与路线控制点联测,作为控制网的起算数据。联测的方法和精度与桥梁控制网的要求相同。

表 12-1　　　　　　　桥轴线相对中误差

测量等级	桥轴线相对中误差	测量等级	桥轴线相对中误差
二等	≤1/150000	一级	≤1/40000
三等	≤1/100000	二级	≤1/20000
四等	≤1/60000		

(5)桥位平面控制测量,可采用多边形、双大地四边形、导线网形式。采用的

观测方法、仪器设备、技术指标应满足确定的精度和等级要求。

(6)在桥轴线方向上,可根据需要每岸设置2个以上桥位控制桩,桥位桩放样精度应达到二级导线精度要求。桥位桩应设于土质坚实、稳定可靠、不被淹没和冲刷、地势较高、通视良好处。一般采用混凝土桩,山区有岩石露头处,可利用坚固的岩石设置,荒漠戈壁、森林、人烟稀少地区也可设置木质方桩。桥位控制桩宜纳入桥梁控制网进行平差计算。

(7)特大桥的桥梁专用控制点宜采用具有强制对中装置的观测墩,观测墩中应埋置钢管至弱风化层,观测墩的高度视通视条件而定,应保证相邻点间互相通视。

(8)初测阶段布设的路线平面测量控制网可以满足桥梁设计需要时,应进行下列工作:

1)检查和校核初测阶段的勘测资料和成果,各项精度和要求应符合规定。

2)现场逐一检查平面控制点的完好程度。

3)当检查确认所有标志完好时,方可进行检测。检测成果在限差以内时,采用初测成果;超限时应复测并重新计算。

4)只恢复补设个别标志时,采用插网的形式;当恢复或补设的标志较多时,应重新布网并施测。

二、桥梁墩、台定位

1. 直线桥梁的墩、台定位

(1)直接丈量。当桥梁墩、台位于无水河滩上,或水面较窄,用钢尺可以跨越丈量时,丈量所使用的钢尺必须经过检定,丈量的方法与测定桥轴线的方法相同,但由于是测设设计的长度(水平距离),所以应根据现场的地形情况将其换算为应测设的斜距,还要进行尺长改正和温度改正。

为保证测设精度,丈量时施加的拉力应与检定钢尺时的拉力相同,同时丈量的方向不应偏离桥轴线的方向。在设出的点位上要用大木桩进行标定,在桩顶钉一小钉,以准确标出点位。

测设墩、台的顺序最好从一端到另一端,并在终端与桥轴线的控制桩进行校核,也可从中间向两端测设。按照这种顺序,容易保证每一跨都满足精度要求。

距离测设不同于距离丈量。距离丈量是先用钢尺量出两固定点之间的尺面长度,然后加上钢尺的尺长、温度及倾斜等项改正,最后求得两点间的水平距离。而距离测设则是根据给定的水平距离,结合现场情况,先进行各项改正,算出测设时的尺面长度,然后按这一长度从起点开始,沿已知方向定出终点位置。

(2) 光电测距。光电测距一般采用全站仪,用全站仪进行直线桥梁墩、台定位,简便、快速、精确,只要墩、台中心处可以安置反射棱镜,并且仪器与棱镜能够通视,即使其间有水流障碍亦可采用。

测设时最好将仪器置于桥轴线的一个控制桩上,瞄准另一控制桩,此时望远镜所指方向为桥轴线方向。在此方向上移动棱镜,通过测距仪定出各墩、台中心。这样测设可以有效地控制横向误差。如在桥轴线控制桩上测设遇有障碍,也可将仪器置于任何一个控制点上,利用墩、台中心的坐标进行测设。为确保测设点位的准确,测后应将仪器迁至另一控制点上再测设一次进行校核。

(3) 交会法。此法常用于桥墩所处的位置河水较深,无法直接丈量,也不便架设反射棱镜,则可采用角度交会法测设桥墩中心。

使用角度交会测设桥墩中心的方法如图 12-29 所示。控制点 A、C、D 的坐标为已知,桥墩中心 P_i 为设计坐标也已知,所以可以计算出用于测设的角度 α_i、β_i:

$$\alpha_i = \arctan \frac{x_A - x_C}{y_A - y_C} - \arctan \frac{x_{P_i} - x_C}{y_{P_i} - y_C} \tag{12-45}$$

$$\beta_i = \arctan \frac{x_{P_i} - x_D}{y_{P_i} - y_D} - \arctan \frac{x_A - x_D}{y_A - y_D} \tag{12-46}$$

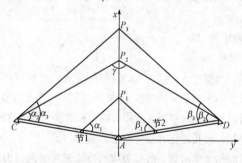

图 12-29 用角度交会测设桥墩中心

将经纬仪分别置于 C 点和 D 点上,在设出 α_i、β_i 后,两个方向的交点即为桥墩中心位置。

为了保证墩位的精度,交会角应接近于 90°,但由于各个桥墩位置有远有近,因此交会时不能将仪器始终固定在两个控制点上,而有必要对控制点进行选择。如图 12-29 中桥墩 P_1 宜在节点 1、节点 2 上进行交会。为了获得较好的交会角,不一定要在同岸交会,应充分利用两岸的控制点,选择最为有利的观测条件。必

第十二章 道路测量

要时也可在控制网上增设插点,以达到测设要求。

两个方向即可交会出桥墩中心的位置,但为了防止发生错误和检查交会的精度,实际测量中都是用三个方向交会。并且为了保证桥墩中心位于桥轴线方向上,其中一个方向应是桥轴线方向。

由于测量误差的存在,三个方向交会会形成示误三角形,如图 12-30 所示。如果示误三角形在桥轴线方向上的边长 $c_2 c_3$ 小于或等于限差,则取 c_1 在桥轴线上的投影位置 C 作为桥墩中心的位置。

在桥墩的施工过程中,随着工程的进展,需要反复多次的交会桥墩中心的位置。为方便起见,可把交会的方向延长到对岸,并用觇牌进行固定,如图 12-31 所示。在以后的交会中,就不必重新测设角度,可用仪器直接瞄准对岸的觇牌。应在相应的觇牌上表示出桥墩的编号。

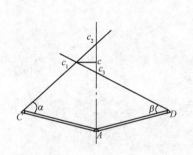

图 12-30 方向交会示误三角形

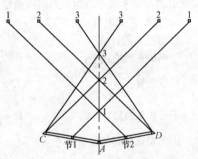

图 12-31 应用觇牌交会桥墩中心

2. 曲线桥梁的墩、台定位

(1)基本知识。由于曲线桥的路线中线是曲线,而所用的梁是直的,所以路线中线与梁的中线不能完全吻合,如图 12-32 所示。梁在曲线上的布置,是使各跨梁的中线联结起来,成为与路线中线基本相符的折线,这条折线称为桥梁的工作线。墩、台中心一般就位于这条折线转折角的顶点上。测设曲线墩、台中心,就是测设这些顶点的位置。

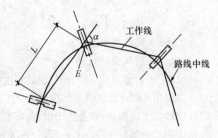

图 12-32 桥梁工作线

如偏距 E 为梁长为弦线的中矢值的一半,这种布梁方法称为平分中矢布置。

如偏距 E 等于中矢值,称为切线布置。两种布置如图 12-33 所示。

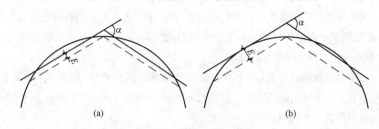

图 12-33　桥梁的布梁方法
(a)平分中矢布置;(b)桥梁的布梁方法

相邻两跨梁中心线的交角 α 称为偏角。每段折线的长度 L 称为桥墩中心距。偏角 α、偏距 E 和墩中心距 L 是测设曲线桥墩、台位置的基本数据。

(2)偏距 E 和偏角 α 的计算。

1)偏距 E 的计算。

①当梁在圆曲线上:

切线布置:
$$E=\frac{L^2}{8R} \tag{12-47}$$

平分中矢布置:
$$E=\frac{L^2}{16R} \tag{12-48}$$

②当梁在缓和曲线上:

切线布置:
$$E=\frac{L^2}{8R}\frac{l_T}{l_s} \tag{12-49}$$

平分中矢布置:
$$E=\frac{L^2}{16R}\frac{l_T}{l_s} \tag{12-50}$$

式中　L——桥墩中心距;
　　　R——圆曲线半径;
　　　l_s——缓和曲线长;
　　　L_T——计算点至 ZH(或 HZ)的长度。

2)偏角 α 的计算。梁工作线偏角 α 主要由两部分组成:一是工作线所对应的路线中线的弦线偏角;二是由于墩、台 E 值不等而引起的外移偏角。

①当梁一部分在直线上,一部分在缓和曲线上。

a. 缓和曲线的弦线偏角。弦线偏角 α_A(图 12-34)的计算公式为:

$$\alpha_A=\frac{1}{6Rl_s}[l_F(3l_T+l_F)+2l_T^2]\frac{180°}{\pi} \tag{12-51}$$

式中　l_T——n 点至 ZH 或 HZ 点的长度;
　　　l_F——n 点至 $n+1$ 点的长度;

R——圆曲线半径；
l_S——缓和曲线长。

偏角 α_A 的单位为度，以下公式偏角 α 的单位均为度。

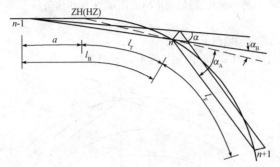

图 12-34　当梁部分位于直线上，部分位于缓和曲线上的弦线偏角

b. 外移偏角。图 12-35 中，外移偏角 α_C 的计算公式为：

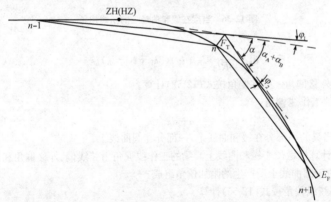

图 12-35　当梁部分位于直线上，部分位于缓和曲线上的外移偏角

$$\alpha_C = (\varphi_1 + \varphi_2)\frac{180°}{\pi}$$
$$= \left(\frac{E_T - E_B}{l_B} + \frac{E_T - E_F}{l_F}\right)\frac{180°}{\pi} \quad (12\text{-}52)$$

式中　E_B、E_T、E_F——$n-1$、n、$n+1$ 点的偏距；
　　　l_B——n 点至 $n-1$ 点的长度。

c. 因 $n-1$ 号墩位于直线上而产生的附加偏角。如图 12-34 所示，附加偏角 α_B 的计算公式为：

$$\alpha_B = \frac{180° a l_T^2}{6\pi R l_S l_B} \quad (12\text{-}53)$$

式中 a——梁所在直线部分的长度。

将弦线偏角、外移偏角、附加偏角相加,即梁工作线偏角:

$$\alpha = \alpha_A + \alpha_C + \alpha_B \quad (12\text{-}54)$$

②当梁的在缓和曲线上。

a. 弦线偏角。图 12-36 中,弦线偏角 α_A 的计算公式为:

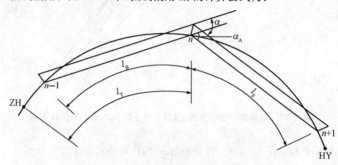

图 12-36　当梁在缓和曲线上的弦线偏角

$$\alpha_A = \frac{1}{6R l_S}(l_F + l_B)(3l_T + l_F - l_B)\frac{180°}{\pi} \quad (12\text{-}55)$$

b. 外移偏角。外移偏角按式(12-52)计算。

梁的工作线偏角:

$$\alpha = \alpha_A + \alpha_C \quad (12\text{-}56)$$

③当梁的一部分在缓和曲线上,一部分在圆曲线上。

a. 计算桥墩位于缓和曲线上。梁的工作线偏角由弦线偏、外移偏角和因 $n+1$ 号墩位于圆曲线上所产生的附加偏角组成。

(a)弦线偏角按式(12-55)计算。

(b)外移偏角按式(12-53)计算。

(c)因 $n+1$ 号墩位于圆曲线上所产生的附加偏角,如图 12-37 所示,计算公式为:

$$\alpha_B = \frac{180° a^3}{6\pi R l_S l_F} \quad (12\text{-}57)$$

式中 a——梁所在圆曲线部分的长度。

梁的工作线偏角:

$$\alpha = \alpha_A + \alpha_C - \alpha_B \quad (12\text{-}58)$$

b. 计算桥墩位于圆曲线上。梁的工作线偏角由弦线偏角、外移偏角和因 $n-1$ 号墩位于缓和曲线上所产生的附加偏角组成。

第十二章 道路测量

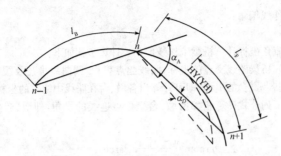

图 12-37 桥墩位于缓和曲线上圆曲线所产生的附加偏角

(a) 如图 12-38 所示,弦线偏角的计算公式为:

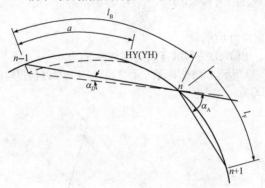

图 12-38 桥墩位于圆曲线上的弦线偏角

$$\alpha_A = \frac{1}{2R}(l_F + l_B)\frac{180°}{\pi} \tag{12-59}$$

(b) 外移偏角仍按式(12-52)计算。

(c) 因 $n-1$ 号墩位于缓和曲线上所产生的附加偏角:

$$\alpha_B = \frac{180° a^3}{6\pi R l_S l_B} \tag{12-60}$$

式中 a——梁所在缓和曲线部分的长度。

梁的工作线偏角:

$$\alpha = \alpha_A + \alpha_C - \alpha_B \tag{12-61}$$

④当梁在圆曲线上,梁圆曲线上的工作线偏角由弦线偏角 α_A 和外移偏角 α_C 组成。

a. 弦线偏角 α_A 按式(12-59)计算。

b. 外移偏角 α_C 按式(12-52)计算。

梁的工作线偏角：

$$\alpha = \alpha_A + \alpha_C \tag{12-62}$$

3) 利用直角坐标计算桥梁工作线偏角。计算步骤如下：

①在已知桥梁路线交点的坐标，曲线起点里程、圆曲线半径及缓和曲线长的情况下，依据各墩、台的里程，即可计算出各墩、台在路线中线上的坐标。

②根据下列公式计算相邻两墩、台坐标点连线的交角，即墩、台坐标点连线偏角：

$$\alpha_A = \arctan \frac{y_n - y_{n-1}}{x_n - x_{n-1}} - \arctan \frac{y_{n+1} - y_n}{x_{n+1} - x_n} \tag{12-63}$$

式中 x_{n-1}、y_{n-1}、x_n、y_n、x_{n+1}、y_{n+1} 为相邻的三个墩、台在路线中线上的坐标。

③按式(12-52)计算各墩、台的外移偏角 α_C。

④计算各墩、台工作线偏角：

$$\alpha = \alpha_A + \alpha_C \tag{12-64}$$

(3) 墩、台定位的方法。

1) 偏角法。用偏角法进行墩、台定位步骤如下：

①如图 12-39 所示，在测设墩、台中心之前，先从桥轴线的控制桩 A(或 B)测设出 ZH(或 HZ)点。

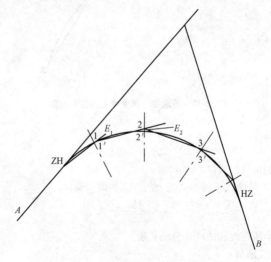

图 12-39 用偏角法测设墩、台中心

②按路线中线测量中用偏角法测设圆曲线带有缓和曲线的方法，测设出各墩、台纵轴线与路线中线的交点 $1'$、$2'$、$3'$、…。

③分别在点 $1'$、$2'$、$3'$、…上测设路线横断面方向，即墩、台纵轴线方向。由点

$1'、2'、3'、\cdots$沿其纵轴线方向向曲线外侧测设出相应的 E 值,即可定出墩、台中心$1、2、3、\cdots$的位置。

2)导线法。

①如图 12-40 所示,由桥轴线一端的控制桩 A(或 B)用偏角法设出台尾的中心 a 及台前的中心 b。

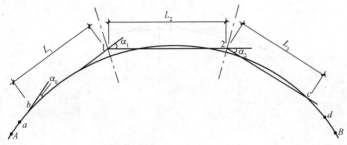

图 12-40 用导线法测设墩、台中心

②将仪器置于台前中心 b 上,根据 a 方向以盘左盘右设出台前的工作线偏角 α,并在此处设出的方向上测设墩中心距 L_1,即定出桥墩中心 1。

③将仪器移至 1 点上,按步骤②继续进行测设,依次定出墩中心 $2、3\cdots$,直至定出桥的另一端台尾中心 d。

④测出台尾中心 d 至桥轴线控制桩 B 的距离,与 dB 的设计值进行比较以作校核。

3)坐标法。

①如图 12-41 所示,建立直角坐标系:以 ZH 点作为坐标原点,切线方向为 x 轴,由 x 轴顺时针转 $90°$ 为 y 轴正向。

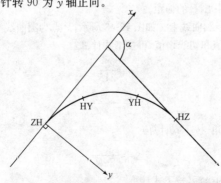

图 12-41 坐标法测设墩、台中心所采用的直角坐标系

②计算各墩、台工作线交点坐标。

a. 当墩、台位于第一缓和曲线上。如图 12-42 所示，P 为第一缓和曲线上一墩、台中心，P' 为该墩、台纵轴线与路线中线的交点。P' 点的切线与 x 轴的交角 β 称为切线角，按下式计算：

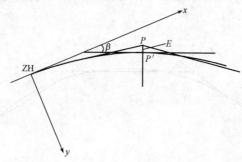

图 12-42　第一缓和曲线上墩、台中心坐标计算用图

$$\beta = \frac{l^2}{2Rl_s} \frac{180°}{\pi} \tag{12-65}$$

式中 l 为 P' 点至 ZH 点的曲线长度。

墩、台中心 P 的坐标按下式计算：

$$\left.\begin{array}{l} x = l - \dfrac{l^5}{40R^2 l_s^2} + E\sin\beta \\ y = \dfrac{l^3}{6Rl_s} - \dfrac{l^7}{336R^3 l_s^3} - E\cos\beta \end{array}\right\} \tag{12-66}$$

式中　l——P' 点至 ZH 点的曲线长；

　　　E——墩、台中心 P 的偏距。

b. 当墩、台位于圆曲线上。如图 12-43 所示，P 点为圆曲线上一墩、台中心，p 和 q 为曲线的内移值和切线增值，可按下式计算：

$$p = \frac{l_s^2}{24R} \tag{12-67}$$

$$q = \frac{l_s}{2} - \frac{l_s^3}{240R^2} \tag{12-68}$$

β_0 为缓和曲线角，按下式计算：

$$\beta_0 = \frac{180° l_s}{2\pi R} \tag{12-69}$$

墩、台中心 P 的坐标，按下式计算：

$$\left.\begin{array}{l} x = (R+E)\sin(\beta_0 + \varphi) + q \\ y = (R+p) - (R+E)\cos(\beta_0 + \varphi) \end{array}\right\} \tag{12-70}$$

式中　$\varphi = \dfrac{1}{R} \dfrac{180°}{\pi}$；

　　l——P' 至 HY 点的圆曲线长。

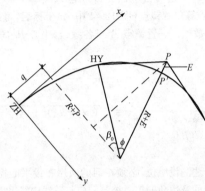

图 12-43　圆曲线上墩、台中心坐标计算用图

c. 当墩、台位于第二缓和曲线上。当墩、台位于第二缓和曲线上时，按式 (12-66) 计算出墩、台中心在以 HZ 为原点的切线支距法坐标，然后再按下列坐标转换公式计算出坐标系统坐标：

$$\begin{bmatrix} x' \\ y' \end{bmatrix} = \begin{bmatrix} x_{HZ} \\ y_{HZ} \end{bmatrix} - \begin{bmatrix} \cos\alpha' & -\sin\alpha' \\ \sin\alpha' & \cos\alpha' \end{bmatrix} \begin{bmatrix} x \\ y \end{bmatrix} \qquad (12\text{-}71)$$

式中　x', y'——本坐标系统的坐标；

　　　x, y——以 HZ 为原点的切线支距法坐标；

　　　x_{HZ}, y_{HZ}——HZ 点在本坐标系统的坐标；

　　　α'——曲线右转时，$\alpha' = \alpha_Y$；曲线左转时，$\alpha' = 360° - \alpha_Z$。

当曲线为右转角时，以 $y = -y$ 代入式 (12-71)。

③置镜点的选择与测定。

a. 置镜点的选择。置镜点通常选在通视良好的位置，一次置镜便可进行全部墩、台位置的测设。置镜点尽量利用切线上的转点或交点、副交点。选择点一般通视良好，而且位于纵坐标轴上，计算也简便。如果在切线上没有合适的置镜点，则可将镜点选在与路线转点联测方便，又能与全部墩、台通视的位置。

b. 置镜点的测定。如图 12-44 所示，将置镜点选择在 A 点。ZD 为切线方向上一转点，ZD 点至 HZ 点的距离 S_1 在路线测量中已测定。将仪器置于 ZD 点上，测取角度 $\alpha_{ZD \cdot A}$ 及 ZD 至 A 点的距离 S_2。ZD 的坐标为：

$$\left. \begin{array}{l} x_{ZD} = -S_1 \\ y_{ZD} = 0 \end{array} \right\} \qquad (12\text{-}72)$$

A 点的坐标为：

$$\left.\begin{array}{l}x_A = x_{ZD} + \Delta x_{ZD \cdot A} = -S_1 + S_2 \cos\alpha_{ZD \cdot A} \\ y_A = y_{ZD} + \Delta y_{ZD \cdot A} = S_2 \sin\alpha_{ZD \cdot A}\end{array}\right\} \qquad (12\text{-}73)$$

④墩、台定位。在算出置镜点（图 12-44 中 A）坐标后，可进行坐标反算计算各墩、台中心的放样数据——置镜点 A 至各墩、台中心 P_i 的方位角 $\alpha_{A \cdot P_i}$ 和距离 D_i：

$$\alpha_{A \cdot P_i} = \arctan\frac{y_{P_i} - y_A}{x_{P_i} - x_A} \qquad (12\text{-}74)$$

$$D_i = \frac{x_{P_i} - x_A}{\cos\alpha_{AP_i}} = \frac{y_{P_i} - y_A}{\sin\alpha_{AP_i}} = \sqrt{(x_{P_i} - x_A)^2 + (y_{P_i} - y_A)^2} \qquad (12\text{-}75)$$

置镜点 A 至 ZD 的方位角：

$$\alpha_{A \cdot ZD} = \alpha_{ZD \cdot A} \pm 180° \qquad (12\text{-}76)$$

4）交会法。交会法测设墩位，必须在河的两岸布设平面控制网，布设形式采用导线、三角网、测边网及边角网等。控制网应与路线中线采用统一的坐标系统，所以控制网必须与路线上的控制桩相联系。通常情况下，坐标系统都以桥梁所在曲线的一条切线作为 x 轴，坐标原点设在 ZH 点、HZ 点或直线上的一个控制桩。

图 12-45 所示，为测设墩、台的中心位置，先建立大地四边形作为平面控制，同时将曲线切线上的两个转点 A 和 B 作为三角点，以便取得统一的坐标系统。

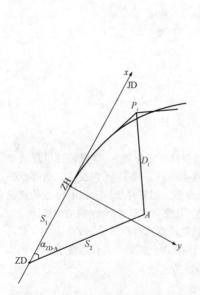

图 12-44 用坐标法测设墩、台中心

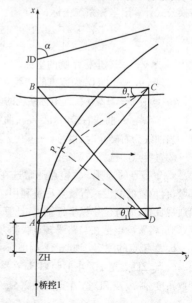

图 12-45 交会法测设墩、台中心

第十二章 道路测量

在进行角度观测和基线测量之后,对该三角网进行平差计算,求出角度和边长的平差值。由于 A、B 两点位于切线上(即 x 轴上),A 点坐标很易取得:

$$x_A = S$$
$$y_A = 0$$

AB 的坐标方位角: $\alpha_{AB} = 0$

以此作为起算数据,通过平差角和边长,可求得三角点 B、C、D 的坐标。

计算交会所需的数据,除计算出三角点的坐标外,还需计算各墩、台中心的坐标。

在求得三角点和墩、台中心的坐标之后,可通过坐标反算方法计算交会方向和已知方向之间的角值,如图中 θ_1、θ_2,从而交会出墩、台的中心位置。

为了检核和提高交会的精度,通常是利用三个方向进行交会,产生的三角形的边长如果在容许范围内,则取三角形的重心作为墩、台中心的位置。

三、桥梁墩、台纵横轴线的测设

1. 直线桥墩、台纵、横轴线的测设

墩、台的纵轴线与横轴线垂直,测设纵轴线时,将经纬仪安置在墩、台中心点上,以桥轴线方向为准测设 90°角,即为纵轴线方向。由于在施工过程中经常需要恢复墩、台的纵、横轴线的位置,所以需要用桩志将其准确标定在地面上,这些标志桩称为护桩,如图 12-46 所示。

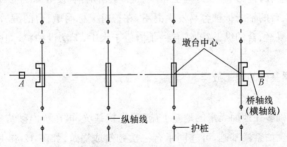

图 12-46 用护桩标定墩、台纵、横轴线位置

为了消除仪器轴系误差的影响,应用盘左、盘右测设两次而取其平均位置。在设出的轴线方向上,在桥轴线两侧各设置 2～3 个护桩。这样如果在个别护桩丢失、损坏后也能及时恢复,并在墩、台施工到一定高度会影响到两侧护桩的通视时,也能利用同一侧的护桩恢复轴线。护桩的位置应选在离开施工场地一定距离,通视良好,地质稳定的地方。桩志可采用木桩、水泥包桩或混凝土桩。

位于水中的桥墩,不能安置仪器,也不能设护桩,可在初步定出的墩位处筑岛或建围堰,然后用交会或其他方法精确测设墩位并设置轴线。如在深水大河上修建桥墩,一般采用沉井、围囹管柱基础,此时往往采用前方交会进行定位,在沉井、围囹落入河床之前,要不断地进行观测,以确保沉井、围囹位于设计位置上。当采用光电测距仪进行测设时,可采用极坐标法进行定位。

2. 曲线桥墩、台纵、横轴线的测设

在曲线桥上,墩、台的纵轴线位于相邻墩、台工作线的分角线上,而横轴线与纵轴线垂直,如图 12-47 所示。

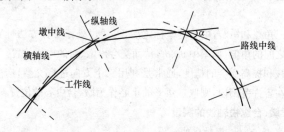

图 12-47　曲线桥墩、台的纵、横轴线

测设时,在墩、台的中心点上安置仪器,自相邻的墩、台中心方向测设 $\frac{1}{2}(180°-\alpha)$ 角（α 为该墩、台的工作线偏角）,得纵轴线方向。自纵轴线方向测设 90°角得横轴线方向。在每一条轴线方向上,在墩、台两侧同样各设 2～3 个护桩。由于曲线桥上各墩、台的轴线护桩容易发生混淆,在护桩上标明墩、台的编号,以防施工时用错。如果墩、台的纵、横轴线有一条恰位于水中,无法设护桩,同样也可只设置一条。

四、桥梁基础的施工放样

1. 明挖基础的施工放样

明挖基础多在地面无水的地基上施工,先挖基坑,再在坑内砌筑基础或浇筑混凝土基础。如系浅基础,可连同承台一次砌筑或浇筑,如图 12-48 所示。如果在水上明挖基础,则须先建立围堰,将水排出后进行。

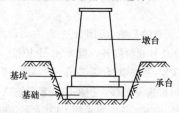

图 12-48　桥梁的明挖基础

(1)放样前准备工作。在基础开挖之前,应根据墩、台的中心点及纵、横轴线按设计的平面形状设出基础轮墩线的控制点。如图12-49所示,如果基础形状为方形或矩形,基础轮廓线的控制点为四个角点及四条边与纵、横轴线的交点;如果是圆形基础,为基础轮廓线与纵、横轴线的交点,必要时尚可加设轮廓线与纵、横轴线成45°线的交点。控制点距墩中心点或纵、横轴线的距离应略大于基础设计的底面尺寸,一般可大0.3~0.5m,以保证安装基础模板为原则。如地基土质稳定,不易坍塌,坑壁可垂直开挖,不设模板,可贴靠坑壁直接砌筑基础和浇筑基础混凝土。此时可不增大开挖尺寸,但是应保证基础尺寸偏差在规定容许偏差范围之内。

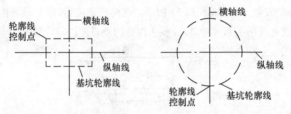

图12-49 明挖基础轮廓线的测设

根据地基土质情况,开挖基坑时坑壁具有一定的坡度,应测设基坑的开挖边界线。此时可先在基坑开挖范围测量地面高程,然后根据地面高程与坑底设计高程之差以及坑壁坡度,计算出边坡桩至墩、台中心的距离。

如图12-50所示,边坡桩至墩、台中心的水平距离d为:

$$d = \frac{b}{2} + hm \tag{12-77}$$

式中 b——坑底的长度或宽度;

h——地面高程与坑底设计高程之差,即基坑开挖深度;

m——坑壁坡度(以$1:m$表示)的分母。

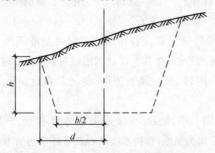

图12-50 基坑边坡桩的测设

(2)施工放样的内容。在测设边界桩时,自墩、台中心点到纵、横轴线,用钢尺丈量水平距离 d,在地面上设出边坡桩。再根据边坡桩划出灰线,可依此灰线进行施工开挖。

当基坑开挖至坑底的设计高程时,应该对坑底进行平整清理,然后安装模板,浇注基础及墩身。在进行基础及墩身的模板放样时,可将经纬仪安置在墩、台中心线上的一个护桩上,以另一较远的护桩定向,此时仪器的视线即为中心线方向。安装模板使模板中心与视线重合,即为模板的正确位置。如果模板的高度低于地面,可用仪器在临近基坑的位置,放出中心线上的两点。在这两点上挂线并用垂球指挥模板的安装工作,如图 12-51 所示。在模板建成后,应对模板内壁长、宽及与纵、横轴线之间的关系尺寸,以及模板内壁的垂直度进行检验。

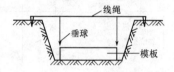

图 12-51 基础模板的放样

基础和墩身模板的高程常用水准测量的方法放样,但当模板低于或高于地面很多,无法用水准尺直接放样时,则可用水准仪在某一适当位置先设一高程点,然后再用钢尺垂直丈量定出放样的高程位置。

2. 管柱基础的施工放样

(1)围图的定位。围图既对管柱的插入起导向作用,又可作为施工时的工作平台,同时也是插钢板桩围堰的围笼。由于管柱的位置是由围图决定的,因此围图的定位测量工作就十分重要。

1)应在围图上建立交会标志。当交会标志建立在围图的几何中心有困难时,也可建立在围图的杆件上。此时,应测出交会标志在以围图的几何轴线为坐标轴的坐标值,以求得交会标志在交会坐标系中的设计坐标值。

2)交会时,将经纬仪安置在各控制点上同时瞄准围图上的交会标志,测出与已知方向之间的角值,将其与设计角值进行比较,求得角差,据以得出围图应移动的方向和距离,逐步调整围图,使之与设计角值相吻合,完成围图定位。

3)交会底图如图 12-52 所示。在毫米方格纸上,以墩、台基础中心点 S 作为坐标原点,桥轴线方向为纵轴,根据基础中心点至各个测站方向的方位角将其方向线 SC、SA、SD 绘出,即为交会底图。当收到各测站报来的垂直于各交会方向

第十二章　道路测量

的位移值及偏离的方向时,由于位移值 d 相对于交会距离 SC、SA、SD 要小得多,所以可根据各自的位移值绘出各方向线 SC、SA、SD 的平行线即为各交会方向线 $S_C C'$、$S_A A'$ 和 $S_D D'$。三条交会方向线的交点,为交会时围图中心所在的位置 S'。由于误差的存在,三条交会方向线往往不会交于一点,而出现一个示误三角形,这时可取示误三角形的重心作为 S' 的位置。对比设计位置 S 和实际位置 S',在图上可确定围图在桥轴线方向和上、下游方向应移动的距离。

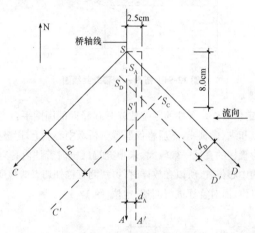

图 12-52　交会底图

例如,由图 12-52 可知,交会底图上已知围图中心点 S' 应向北移动 $d_s =$ 8.0cm,设从位于 S 点下游的交会标志点 m 的交会底图上知 m' 应向北移动 $d_m =$ 2.5cm,如果两交会标志点之间的距离 $B = 10$m,则由图 12-53 可知轴线的扭角为:

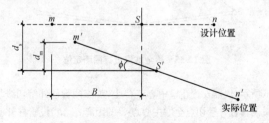

图 12-53　轴线的扭角

$$\varphi = \frac{d_s - d_m}{B}\rho'' = \frac{8.0 - 2.5}{1000} \times \frac{180°}{\pi} = 18'54'' \tag{12-78}$$

扭角的计算也可绘制成共线图,如图12-54所示。根据测得的各标志点的位移值,计算其位移差,即可由共线图直接查出相应的扭角值。

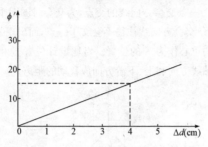

图 12-54　扭角—位移差共线图

(2)管柱的定位放样。管柱的定位放样是在稳固的围图平台上进行,首先测设出桥墩中心点和纵、横轴线,然后将仪器置于桥墩中心点上,用极坐标法放样管柱上位置。因为管柱的直径一般较大,未填充混凝土时管柱内是空的,因此不便直接测定管柱的中心位置,所以在放样时,可观测管柱外切点的角度和距离,借以求得管柱中心点位,而对管柱进行调整、定位(图12-55)。

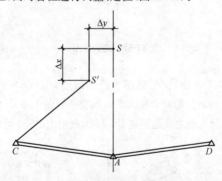

图 12-55　用全站仪进行围图定位

如图 12-56 所示,仪器安置在墩中心点 O 上,观测两管柱外壁切线与纵轴线之夹角 α_1、α_2,并测量两管柱外壁切点至墩中心点 O 的距离 d_1、d_2,设管柱外壁的半径为 r,可计算出管柱中心的方向线与纵轴线的夹角 α 和管柱中心至墩中心的距离 d:

$$\alpha = \frac{\alpha_1 + \alpha_2}{2}$$

(12-79)

$$d = \frac{d_1}{\cos\left(\frac{\alpha_2-\alpha_1}{2}\right)} = \frac{d_2}{\cos\left(\frac{\alpha_2-\alpha_1}{2}\right)} \qquad (12\text{-}80)$$

或者：

$$d = \frac{r}{\sin\left(\frac{\alpha_2-\alpha_1}{2}\right)} \qquad (12\text{-}81)$$

将算得的 α 与 d 与其设计值比较，以调整管柱位置。

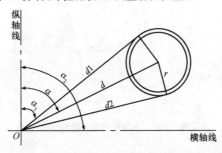

图 12-56　管柱的定位

(3)管柱倾斜的测定。

1)水准测量法。由于管柱的倾斜，必然使得它在顶部也产生倾斜，用水准测量方法测出管柱顶部直径两端的高差，即可推算出管柱的斜率。测定时要在管柱顶部平行和垂直于桥轴线方向的两条直径上进行观测。

如图 12-57 所示，在管柱顶部直径两端竖立水准尺，测得高差为 h，设管柱的直径为 d，则：

$$\sin\alpha = \frac{h}{d}$$

又设管柱任一截面上的中心点相对于顶面中心点的水平位移为 Δ，该截面至顶面的间距为 l，则：

$$\sin\alpha = \frac{\Delta}{l} \qquad (12\text{-}82)$$

于是

$$\Delta = \frac{h}{d} l \qquad (12\text{-}83)$$

2)测斜器法。测斜器由一十字架和一浮标组成。测斜时，十字架位于管柱内欲测的截面上，用以确定该截面中心的位置；浮标浮在管柱内水面上，它标明截面中心在水面上的垂直投影位置。

测量之前，先在管柱顶端平行和垂直于桥轴线方向的两直径上，于管壁标出四个标记，将相对两标记相连即可作为以管柱中心为原点的坐标轴。

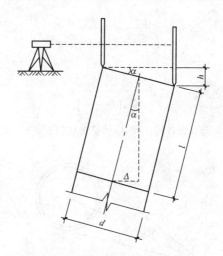

图 12-57 水准测量测定管柱倾斜

测量时,将测斜器放入管柱内,浮标漂浮于水面,十字架四端拴上四根带有长度标记的测绳,然后将十字架在管柱内吊起,根据测绳上的标记,即可知道十字架所在的截面位置。适当拉紧浮标的线绳使线绳位于铅垂位置,这时浮标就会稳定地漂浮于一点。这点即是十字架所在截面的管柱中心点的平面位置。为便于量测,可在浮标上面吊一垂球,使其对准浮标上面的中心标志。此时可测出垂球线在管柱坐标系两个方向上的位移值 x、y,据此调整管柱。

3. 桩基础的施工放样

(1)桩基础是常用的一种基础类型。按施工方法的不同通常分为打(压)入桩和钻(挖)孔桩。打(压)入桩基础是预先将桩制好,按设计的位置及深度打(压)入地下;钻(挖)孔桩是在基础的设计位置上钻(挖)好桩孔,然后在桩孔内放入钢筋笼,并浇注混凝土成桩。在桩基础完成后,在其上浇筑承台,使桩与承台成为一个整体,再在承台上修筑墩身,如图 12-58 所示。

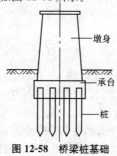

图 12-58 桥梁桩基础

第十二章 道路测量

在无水的情况下,桩基础的每一根桩的中心点可按其在以墩、台纵、横轴线为坐标轴的坐标系中的设计坐标,用支距法进行测设,如图12-59所示。如果桩为圆周形布置,各桩也可以与墩、台纵轴线的偏角和到墩、台中心点的距离,用极坐标法进行测设,如图12-60所示。一个墩、台的全部桩位宜在场地平整后一次设出,并以木桩标定,以方便桩基础施工。

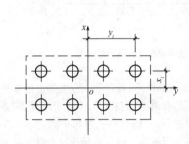
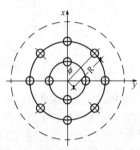

图12-59 用支距法测设桩基础的桩位　　图12-60 用极坐标法测设桩基础的桩位

如果桩基础位于水中,则可用前方交会法直接将每一个桩位定出。也可用交会设出其中一行或一列桩位,然后用大型三角尺设出其他所有桩位,如图12-61所示。

(2)桩位测设。桩位的测设,同样也可采用设置专用测量平台的方法,即在桥墩附近打支撑桩,其上搭设测量平台。如图12-62所示,先在平台上测定两条与桥梁中心线平行的直线 AB、$A'B'$,然后按各桩之间的设计尺寸定出各桩位放样式 $1—1'$、$2—2'$、$3—3'$、…,沿此方向测距可设出各桩的中心位置。

在各桩的中心位置测设后,应对其进行检核,与设计的中心位置偏差应小于(或等于)限差要求。在钻(挖)孔桩浇注完成后,修筑承台以前,应对各桩的中心位置再进行一次测定,作为竣工资料使用。

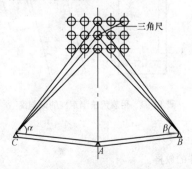

图12-61 用前方交会和大型三角尺测设桩基础的桩位

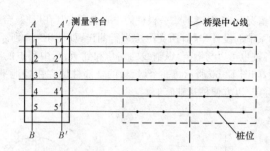

图 12-62 用专用测量平台测设桩基础的桩位

每个钻(挖)孔的深度可用线绳吊以重锤测定,打(压)入深度则可根据桩的长度推算。桩的倾斜度也应测定,由于在钻孔时为了防止孔壁坍塌,孔内灌满了泥浆,因而倾斜度的测定无法在孔内直接进行,只能在钻孔过程中测定钻孔导杆的倾斜度,同时利用钻孔机上的调整设备进行校正。钻孔机导杆以及打入桩的倾斜度,可用靠尺法测定。

(3)靠尺法。靠尺法所使用的工具为靠尺,靠尺用木板制成,如图 12-63 所示,它有一个直边,在尺的一端于直边一侧钉一小钉,其上挂一垂球。在尺的另一端,自与小钉至直边距离相等处开始,绘制一原垂直于直边的直线,量出该直线至小钉的距离 S,然后按 $S/1000$ 的比例在该直线上刻出分划并标注注记。使用时将靠尺直边靠在钻孔机导杆或桩上,垂球线在刻划上的读数则为以千分数表示的倾斜率。

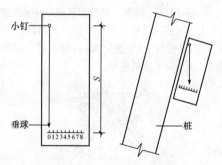

图 12-63 用靠尺法测定桩的倾斜度

4. 沉井基础的施工放样
(1)筑岛浇注沉井的放样。
1)筑岛及沉井定位。

第十二章 道路测量

①先用交会法或光电测距仪设出墩中心的位置,在此处用小船放置浮标,在浮标周围即可填土筑岛。岛的尺寸不应小于沉井底部5~6m,以便在岛上设出桥墩的纵、横轴线。

②岛筑成后,再精确地定出桥墩中心点位置及纵、横轴线,并用木桩标志,如图12-64所示,据以设放沉井的轮廓线。

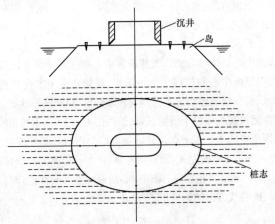

图 12-64 筑岛及沉井定位

③在放置沉井的地方要用水准测量的方法整平地面。沉井的轮廓线(刃脚位置)由桥墩的纵、横轴线设出。设出轮廓线以后,应检查两对角线的长度,其较差不应大于限差要求。刃脚高程用水准仪设放,刃脚最高点与最低点的高差,应小于限差要求。

沉井在下沉之前,应在外壁的混凝土面上用红油漆标同纵、横轴线位置,并确保两轴线相互垂直。标出的纵、横轴线可用以检查沉井下沉中的位移,也可供沉井接高时作为下一节定位的参考。

2)沉井的倾斜观测。沉井在下沉过程中必然会产生倾斜,为了及时掌握沉井的倾斜情况以便进行校正,故应经常进行观测。常用的沉井倾斜的观测方法如下几种:

①用经纬仪观测:在纵、横轴线控制桩上安置经纬仪,直接观测标于沉井外壁上的沉井中线是否垂直。

②用水准仪测定:用水准仪观测沉井四角或轴线端点之间的高差 Δh,然后根据相应两点间的距离 D,可求得倾斜率:

$$i = \frac{\Delta h}{D} \tag{12-84}$$

当它们之间的高差为零时,则表明沉井已垂直。

③用悬挂垂球线的方法:在沉井内壁或外壁纵、横轴线方向先标出沉井的中心线,然后悬挂垂球直接观察沉井是否倾斜。

④用水准管测量:在沉井内壁相互垂直的方向上预设两个水准管,观测气泡偏移的格数,根据水准管的分划值,求得倾斜率。

3)沉井的位移观测。

①沉井顶面中心的位移观测。沉井顶面中心的位移是由于沉井平移和倾斜而引起的。测定顶面中心的位移要从桥墩纵、横轴线两个方向进行,如图 12-65 所示,在桥墩纵、横轴线的控制桩上分别安置经纬仪,照准同一轴线上的另一个控制桩点,此时望远镜视线即位于桥墩纵、横轴线的方向上,然后按视线方向投点在沉井顶面上,即图中的 1、2、3、4 点。分别量取四个点与其相对应的沉井纵、横向中心线标志点 a、b、c、d 间的距离,即得沉井纵、横中心线两端点的偏移值,即图中 Δ_F、Δ_E 和 Δ_S、Δ_N。最后再根据纵、横向中心线两端点的偏移值,即可计算出沉井顶面中心在纵、横轴线方向的偏移值 Δ_x、Δ_y:

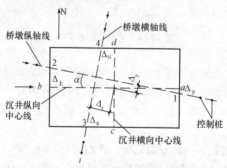

图 12-65 沉井顶面中心的位移观测

$$\left. \begin{array}{l} \Delta_x = \dfrac{\Delta_N + \Delta_S}{2} \\[2mm] \Delta_y = \dfrac{\Delta_E + \Delta_F}{2} \end{array} \right\} \tag{12-85}$$

在按上式计算时,Δ_N、Δ_S 和 Δ_E、Δ_F 的正负号取决于沉井纵、横方向中心线端点 a、b 和 c、d 偏离桥墩纵、横轴线的方向。

沉井纵、横向中心线与桥墩纵、横轴线间的夹角 α 称为扭角,通常可通过偏移值 Δ_N、Δ_S 及 Δ_E、Δ_F 进行校正。

②沉井刃脚中心的位移观测。

a. 欲求沉井刃脚中心的位移值,除测得沉井顶面中心位移值 Δ_x、Δ_y 以外,尚需测定倾斜位移值 $\Delta_{x斜}$、$\Delta_{y斜}$。

如图 12-66 所示,在用水准仪测得沉井纵、横向中心线两端点间的高差之后,可按下列公式计算纵、横方向因倾斜而产生的位移值:

$$\left. \begin{array}{l} \Delta_{x斜} = \dfrac{h_x}{D_x}H \\ \Delta_{y斜} = \dfrac{h_y}{D_y}H \end{array} \right\} \quad (12\text{-}86)$$

式中 h_x、h_y——沉井纵、横向中心线两端点间的高差;

D_x、D_y——沉井在纵、横向的长度;

H——沉井的高度。

b. 沉井刃脚中心在纵、横方向上的位移值 $\Delta_{x刃}$、$\Delta_{y刃}$ 由图 12-67 可知:

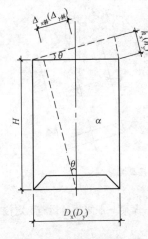

图 12-66 沉井刃脚中心的位移观测

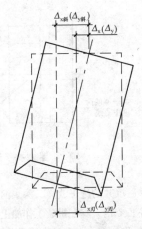

图 12-67 沉井刃脚中心在纵、横方向上的位移值

$$\left. \begin{array}{l} \Delta_{x刃} = \Delta_{x斜} \pm \Delta x \\ \Delta_{y刃} = \Delta_{y斜} \pm \Delta y \end{array} \right\} \quad (12\text{-}87)$$

式中,当 $\Delta_{x斜}(\Delta_{y斜})$ 与 $\Delta_x(\Delta_y)$ 偏离方向相同时取"+",相反时则取"—"。

4)沉井接高测量。沉井的下沉要逐节浇注将其接高。前一节下沉完毕,在它上面安装模板,继续浇注。模板的安装要保证其中心线与已浇注好的完全重合。因为沉井在下沉过程中会产生倾斜,所以要求下一节模板要保持与前一节有相同的倾斜率。这样才可以使各节中心点连线为一直线,在对倾斜进行校正之后,各节都处于铅垂位置。

在立模时使前、后两节的纵、横中心线重合,不能以桥墩纵、横轴线进行投放,而应根据前一节上纵、横中心线标志,用垂球或经纬仪将其引至模板的顶面。为保持与前一节有同样的倾斜率,如图12-68所示,还需在纵、横方向上将投在模板顶面之点分别移动一个 $\Delta_{x斜}$ 和 $\Delta_{y斜}$。其值可按下式求得:

$$\left.\begin{array}{l}\Delta_{x斜}=\dfrac{h_x}{D_x}H\\ \\ \Delta_{y斜}=\dfrac{h_y}{D_y}H\end{array}\right\} \qquad (12\text{-}88)$$

式中 h_x、h_y——前一节沉井由于倾斜在纵、横方向上所引起的高差;
D_x、D_y——沉井在纵、横向的长度;
H——沉井接高的高度。

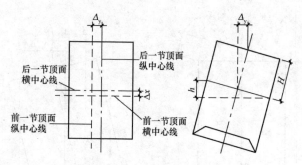

图 12-68 沉井的接高测量

(2)浮运沉井的施工放样。深水河流沉井基础一般采用浮运施工定位放样的方法,沉井底节钢刃脚在拼装工作船上拼装。

1)因工作船在水上会受水流波动影响而摆动,所以测设工作应尽可能选在风平浪静,船体相对平稳时进行。首先基准面的测设,可在工作船附近适当位置安置水准仪,对纵、横中心线四端点或四角点上水准尺快速进行观测,反复进行零位调整,使在同一平面上,作为零基准面。然后以此在沉井轮廓线上放出零基准面其他各点。

2)当在工作船平面甲板上完成沉井底节放样后,施工拼装应按轮廓线和零基准面点进行。虽然拼装与筑岛沉井基本相同,但应注意控制工作船的相对稳定,才能取得较好效果。拼装完成后,应检查并在顶面设出纵、横中心线位置,采用的方法与前接高测量相同。

第十二章 道路测量

3) 浮运沉井一般是钢体，顶面标志可直接刻划在上面。为了沉井下水后能保持悬浮，钢体内部的混凝土可以分多次填入。

4) 沉井底节拼装焊固，并检验合格后，在工作船的运载下送入由两艘铁驳组成的导向船中间，并用联结梁作必要连接。导向船由拖轮拖至墩位上游适当位置定位，并在上、下游抛主锚和两侧抛边锚固定。每一个主锚和边锚都按照设计位置用前方交会法设出。

5) 导向船固定后，利用船上起重设备将沉井底节吊起，抽去工作船，然后将沉井底节放入水并悬浮于水中，其位置由导向船的缆绳控制，处在墩位上游并保持直立。随着沉井逐步接高下沉，上游主锚绳放松，下游主锚绳收紧，并适当调整边锚绳，使导向船及沉井逐步向下游移动，一直到沉井底部接近河床时，沉井也达到墩位。沉井从下水、接高、下沉，达到河床稳定深度，需要较长的工期。与此同时，应对沉井不断进行检测和定位。

第十三章 房产测量

第一节 房产测量概述

一、房产测量的目的和内容

1. 房产测量的目的

房产测量主要是采集和表述房屋和房屋用地的有关信息,为房产产权、产籍管理、房产开发利用、交易、征收税费,以及为城镇规划建设提供数据和资料。

2. 房产测量的基本内容

房产测量的基本内容包括:房产平面控制测量,房产调查,房产要素测量,房产图绘制,房产面积测算,变更测量,成果资料的检查与验收等。

3. 房产测量的成果

房产测量成果包括:房产簿册,房产数据和房产图集。

二、房产测量的基本精度要求

1. 房产界址点的精度要求

房产界址点(以下简称界址点)的精度分三级,各级界址点相对于邻近控制点的点位误差和间距超过 50m 的相邻界址点的间距误差不超过表 13-1 的规定;间距未超过 50m 的界址点间的间距误差限差不应超过下式计算结果。

表 13-1　　　　　　房产界址点的精度要求　　　　　　（m）

界址点等级	界址点相对于邻近控制点的点位误差和相邻界址点间的间距误差	
	限差	中误差
一	±0.04	±0.02
二	±0.10	±0.05
三	±0.20	±0.10

$$\Delta D = \pm (m_j + 0.02 m_j D)$$

式中　m_j——相应等级界址点的点位中误差,m;

　　　D——相邻界址点间的距离,m;

　　　ΔD——界址点坐标计算的边长与实量边长较差的限差,m。

2. 房角点的精度要求

需要测定房角点的坐标时,房角点坐标的精度等级和限差执行与界址点相同的标准;不要求测定房角点坐标时则将房屋按《房产测量规范》(GB/T 17986.1—2000)中 3.2.3 的精度要求表示于房产图上。

3. 房产面积的精度要求

房产面积的精度分为三级,各级面积的限差和中误差不超过表 13-2 计算的结果。

表 13-2　　　　　　　　房产面积的精度要求　　　　　　　　(m²)

房产面积的精度等级	限差	中误差
一	$0.02\sqrt{S}+0.0006S$	$0.01\sqrt{S}+0.0003S$
二	$0.04\sqrt{S}+0.0002S$	$0.02\sqrt{S}+0.0001S$
三	$0.08\sqrt{S}+0.0006S$	$0.04\sqrt{S}+0.0003S$

注:S 为房产面积(m²)。

三、测量基准

1. 房产测量的坐标系统

房产测量应采用 1980 西安坐标系或地方坐标系,采用地方坐标系时应和国家坐标系联测。

2. 房产测量的平面投影

房产测量统一采用高斯投影。

3. 高程测量基准

房产测量一般不测高程,需要进行高程测量时,由设计书另行规定,高程测量采用 1985 国家高程基准。

第二节　房产图图式

一、基本规定

1. 符号的尺寸

(1)符号旁以数字标注的尺寸,均以毫米为单位。

(2)符号的规格和线粗可随不同的比例尺作适当调整。在一般情况下,符号的线粗为 0.15mm,点大为 0.3mm,符号非主要部分的线段长为 0.6mm。以虚线表示的线段,凡未注明尺寸的其实部为 2.0mm,虚部为 1.0mm。

(3)由点和线组成的符号,凡未注明尺寸的,点的直径与线粗相同,点线之间的间隔一般为 1.0mm。

2. 符号的定位点和定位线

(1)圆形、正方形、矩形、三角形等几何图形符号,在其图形的中心。

(2)宽底符号在底线中心。

(3)底部为直角形的符号,在直角的顶点。
(4)两种以上几何图形组成的符号,在其下方图形的中心点或交叉点。
(5)下方没有底线的符号,定位点在其下方两端间的中心点。
(6)不依比例尺表示的其他符号,在符号的中心点。
(7)线状符号,在符号的中心线。
3. 符号方向的表示和配置
(1)独立地物符号的方向垂直于南图廓线。
(2)绿化地和农用地面积较大时,其符号间隔可放大,也可直接采用注记的方法表示。

二、界址点、控制点及房角点

1. 简要说明
(1)房产界址点分一、二、三级,在分丘图上表示。
(2)平面控制点。
1)基本控制点包括二、三、四等控制点。
2)房产控制点包括一、二、三级控制点。在图上只注点号。
3)不埋石的辅助房产控制点根据用图需要表示。
(3)高程点。
1)指埋石的一、二、三、四等水准点,高程导线点等等级高程控制点。
2)表示高程变化特征的点。
(4)房角点一、二、三级,在分丘图上表示。
2. 图式
界址点、控制点及房角点图式见表13-3。

三、境界

1. 简要说明
(1)测绘国界要根据国家正式签定的边界条约或边界议定书及其附图,按实地位置精确绘出。

国界应不间断地绘出,界桩、界碑应按坐标值展绘,并注记其编号,同号三立或同号双立的界桩、界碑在图上不能按实地位置绘出时,用空心小圆按实地关系位置绘出,并注记各自的编号。

国界线上的各种注记,均注在本国内,不得压盖国界符号。

国界以河流中心线或主航道为界的,当河流符号内能绘出国界符号时,国界符号在河流中心线位置或主航道线上不间断绘出;当河流符号内绘不下国界符号时,国界符号在河流两侧不间断地交错绘出。岛屿用附注标明归属。

国界以共有河流为界的,国界符号在河流两侧每隔3~5cm交错绘出,岛屿用附注标明归属,国界在河流或线状地物一侧为界的,国界符号在相应一侧不间断地绘出。

第十三章 房产测量

表 13-3　　　　界址点、控制点及房角点图式

编号	符号名称		符号	
			分幅图	分丘图
1	房产界址点	一级界址点		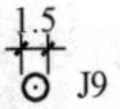 1.5 ⊕ ○ J9
		二级界址点		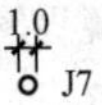 1.0 ⊕ ○ J7
		三级界址点		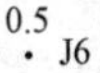 0.5 · J6
2	平面控制点	基本控制点 Ⅰ——等级，横山——点名	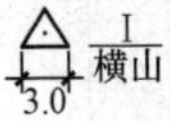	△ Ⅰ 横山 3.0
		房产控制点 H21——点号	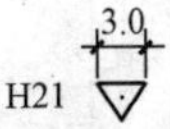	3.0 ⊕ ▽ H21
		不埋石的辅助房产控制点 F08——点号	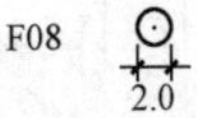 F08	○ ⊕ 2.0
		埋石的辅助房产控制点 F06——点号	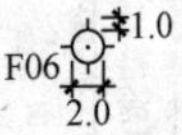	○ ⊕ 1.0 F06 2.0
3	高程点	高程控制点 Ⅱ京石5——等级、点名、点号 32.804——高程	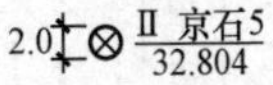	2.0 ⊗ Ⅱ 京石5 32.804
		高程特征点		0.5 · 21.04
4	房角点			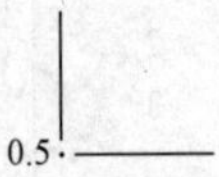 ⌐ 0.5

(2)省、自治区、直辖市界、自治州、地区、盟、地级市界、直辖市区界、县、自治县、旗、县级市界、地级市区界、乡、镇界等各级行政区划界，均以相应符号准确

绘出。

(3)行政等级以外的特殊区界,如高新开发区,保税区,用此符号表示,并在其范围内注隶属。

(4)政府部门已认定的保护自然生态平衡、珍惜动植物、自然历史遗迹等界线用此符号表示,并注名称或简注,短齿朝向保护区内侧。

2. 图式

境界图式见表13-4。

表 13-4　　　　　　　　　　境界图式

编号	符号名称		符号	
			分幅图	分丘图
1	国界	国界、界桩、界碑及编号	4.0 1.0	界碑 6.0 0.8
		未定国界	 4.0	6.0 1.6
2	省、自治区、直辖市界	已定界和界标	 0.5 4.0	0.8 6.0
		未定界	1.6 4.0	6.0 0.6
3	地区、自治州、盟、地级市界直辖区市区界	已定界	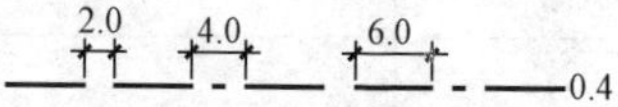 2.0 4.0	6.0 0.4
		未定界	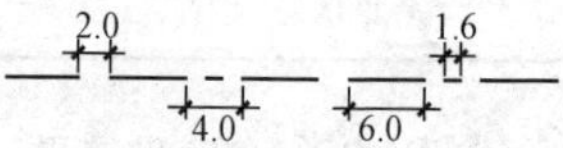 2.0 4.0	1.6 6.0

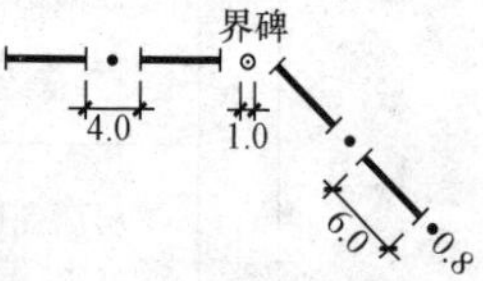

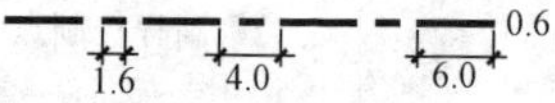

第十三章 房产测量

续表

编号	符号名称		符号	
			分幅图	分丘图
4	县、自治县、旗、县级市界、地级市区界	已定界	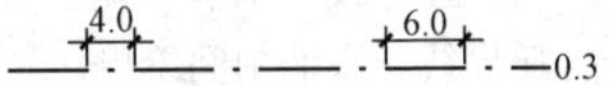 ⊢—4.0—⊣·—·⊢—6.0—⊣—0.3	
		未定界	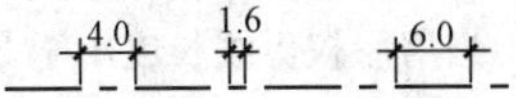 ⊢—4.0—⊣ 1.6 ⊢—6.0—⊣	
5	乡、镇界	已定界	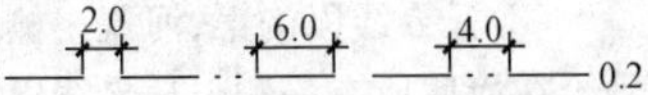 ⊢2.0⊣·—·⊢—6.0—⊣·—⊢4.0⊣—0.2	
		未定界	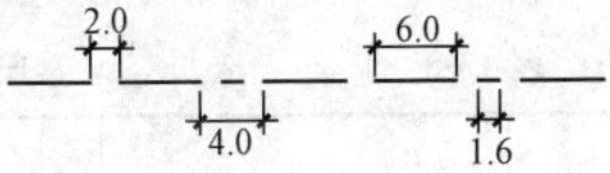 ⊢2.0⊣ ⊢—6.0—⊣ 4.0 1.6	
6	特殊地区界		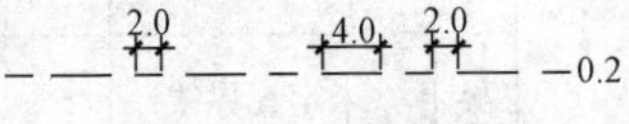 —·⊢2.0⊣—·⊢—4.0—⊣⊢2.0⊣—·—0.2	
7	保护区界		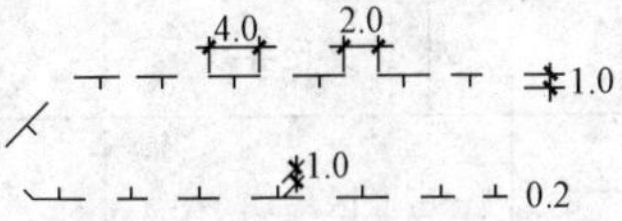 ⊢—4.0—⊣⊢2.0⊣ ✦1.0 ✦1.0 —0.2	

四、丘界线及其他界线

1. 简要说明

(1)丘界线包括固定的、未定的以及组合丘内各支丘界线。

1)有固定界标的丘界线用此符号表示。

2)无固定界标的或丘界有争议,界线不明的,用未定丘界线表示。
3)组合丘内各支丘界均用此符号表示。
(2)房产区界用此符号表示。
(3)房产分区界用此符号表示。
(4)丘内或地块内不同土地利用分类线用地类界表示。
(5)丘界线以围墙一侧为界,围墙一侧以丘界线表示;丘界线以围墙中心为界,丘界线从围墙中间绘出。
(6)房屋权界线包括独立成幢房屋所有权界、未定权界以及毗连房屋墙界。权属界线有争议或权属界线不明的,用未定权界线表示。毗连房屋墙界归属,以墙体一侧为界,短齿朝向所有权一侧,表示自墙,另一侧表示借墙;以墙中心为界,短齿朝向两侧绘出,表示共墙。

当房屋权界线长度小于 3cm 时,可只绘两条短线,长度大于 3cm 时,按间隔 1.0~2.0 绘短线。短线长出权界线 1.0mm。

(7)丘界线以栅栏、篱笆、铁丝网为界,实线用丘界线符号表示,短齿符号朝向所属一侧,共有的朝向两侧。

(8)丘界线以沟渠、河流一侧为界的,沟渠或河流一侧以丘界线表示,流向符号绘在权属所有一侧。丘界线以沟渠、河流中心为界的,丘界线绘在符号中心,流向符号绘在丘界线上。

2. 图式
丘界线及其他界线图式见表 13-5。

表 13-5　　　　　　丘界线及其他界线图式

编号	符号名称		符号	
			分幅图	分丘图
1	丘界线	固定丘界线	————————	0.3
		未定丘界线	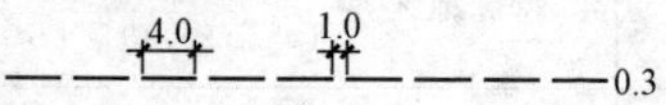 — — — — — —	0.3
		支丘界线	 ————————	0.2
2	房产区界线		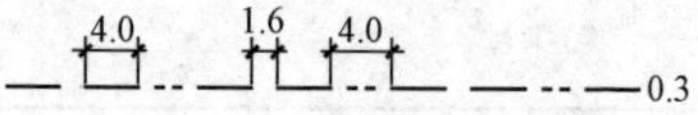 ⎯⎕⎯⎯⎕⎯⎯⎕⎯	0.3
3	房产分区界线		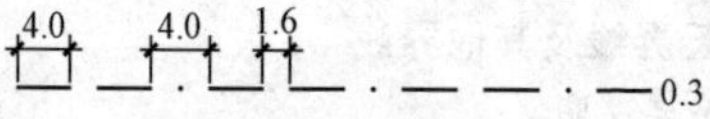 ⎯⎕⎯·⎯⎕⎯·⎯	0.3
4	地类分界线		 · · · · · · · · · ·	

第十三章　房产测量

续表

编号	符号名称		符号	
			分幅图	分丘图
5	围墙界	以围墙一侧为界 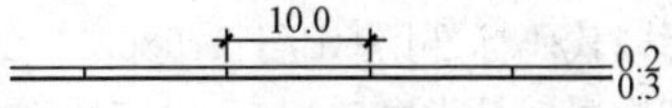		
		以围墙中心为界 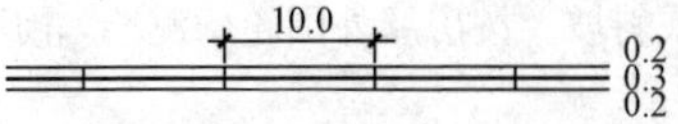		
6	房屋权界线	房屋所有权界 		
		未定房屋权界 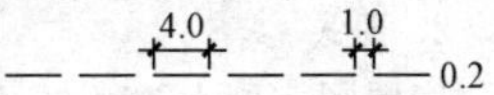		
		以墙体一侧为界 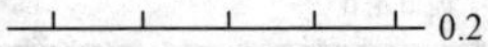		
		以墙体中心为界 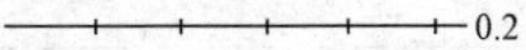		
7	栅栏、篱笆、铁丝网为界	以栅栏、栏杆为界 自有	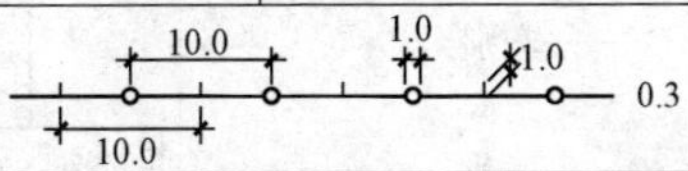	
		共有		
		以篱笆为界 自有	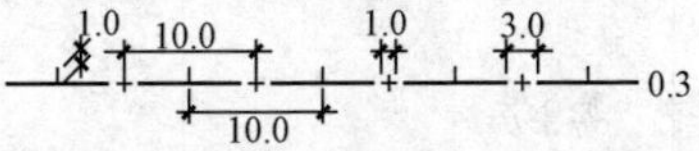	
		共有		
		以铁丝网为界 自有	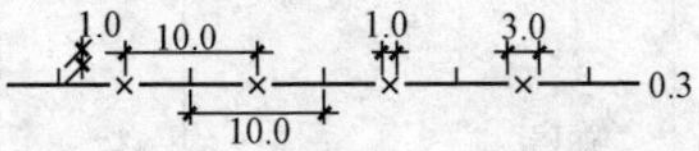	
		共有		
8	河界沟渠界	以河、沟渠一侧为界 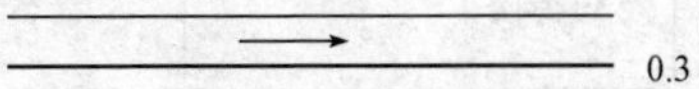		
		以河、沟渠中心为界 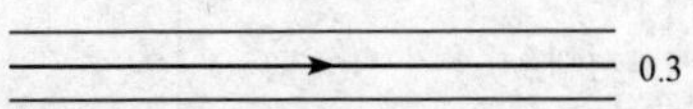		

五、房屋

1. 简要说明

(1)一般房屋以幢为单位,以外墙勒脚以上的外围轮廓为准用实线表示,房屋图形内注产别、结构、层数(分丘图上增注建成年份)代码,同幢内不同层次用实线绘出分层线;代码标准见 GB/T 17986.1—2000 附录 A 中的 A4、A5。

(2)架空房屋是指底层架空,以支撑物作承重的房屋,其架空部位一般为通道、水域或斜坡。按房屋外围轮廓测绘,轮廓内注(1)规定的内容,转角处的小圆表示支柱。

(3)指住人的窑洞,地面上窑洞按真方向表示,地面下窑洞坑的位置实测,坑内绘一符号。

(4)蒙古包是游牧区供人居住的毡房,季节性的不表示。

2. 图式

房屋图式见表 13-6。

表 13-6　　　　　　　　　　房屋图式

编号	符号名称	符号	
		分幅图	分丘图
1	一般房屋及分层线 2——产别 4——结构 05　04——层数 1964——建成年份 (3)——幢号	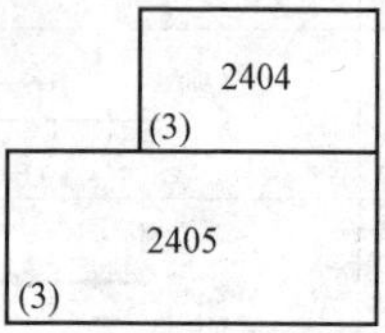 2404 (3) 2405 (3)	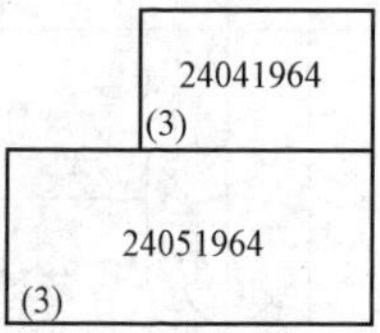 24041964 (3) 24051964 (3)
2 架空房屋	架空房屋	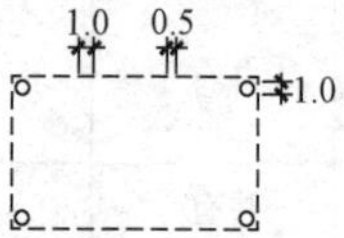 (图示:虚线矩形,四角带小圆,标注 1.0、0.5、1.0)	
	廊房	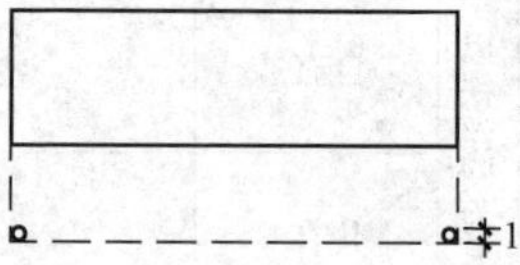 (图示:矩形下方虚线带小圆,标注 1.0)	
	过街楼	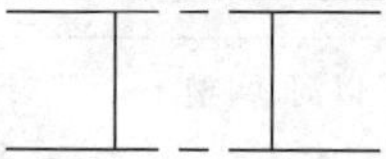 (图示)	
	挑楼	(图示,内注"挑")	

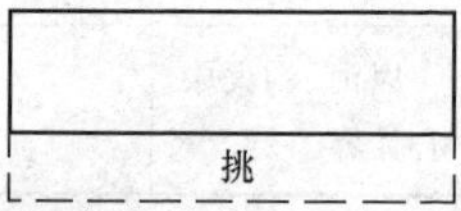

第十三章 房产测量

续表

编号	符号名称	符号	
		分幅图	分丘图
3	窑洞		
	地面上窑洞	2.6 2.0	
	地面下窑洞		
4	蒙古包	1.8 3.6	

六、房屋附属设施

1. 简要说明

(1) 廊。

1) 柱廊是指有顶盖和支柱,供人通行的建筑物,按柱外围测绘。柱廊一边有墙壁的,则墙壁一边用实线表示。

2) 檐廊是指房屋檐下有顶盖,无支柱和建筑物相连的作为通道的伸出部位,按外轮廓投影测绘内简注"檐"。

3) 架空通廊是指以两端房屋为支撑,有围护物,无支柱的架空通道。

4) 门廊是指建筑物门前突出的有顶盖和支柱的通道,如门斗、雨罩等。独立柱的门廊按顶盖投影测绘,内加简注。

5) 挑廊是指二层挑出房屋墙体外,有围护物,无支柱的外走廊。内简注"挑"。

(2) 凹进墙体的阳台和一层封闭的阳台,按房屋表示;一层不封闭的阳台用符号"b"表示;二层以上的阳台不表示。

(3) 门、门墩是指单位和大居民地院落的各种门和墩柱。

1) 指没有门墩的大门。

2) 门墩按实地墩柱测绘。

(4) 是指大门的顶,按顶盖投影测绘。

(5) 室外楼梯按楼梯投影测绘,楼梯宽度小于图上1.0mm的不表示。"↓"示意上楼梯方向。

(6) 台阶只表示与房屋相连的台阶,按投影测绘。小于五级的台阶不表示。

2. 图式

表 13-7　　　　　　　　房屋附属设施图式

编号	符号名称		符号	
			分幅图	分丘图
1	廊	柱廊	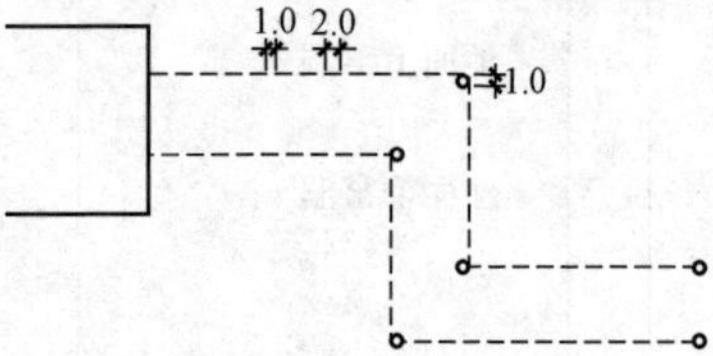	
		檐廊	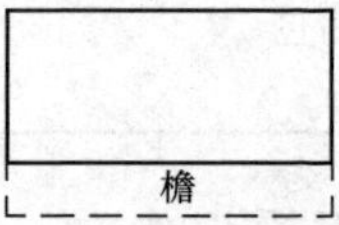	
		架空通廊	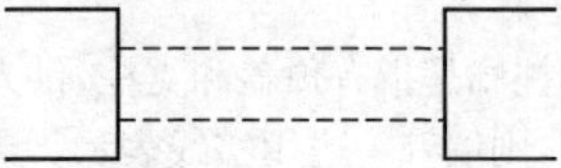	
		门廊	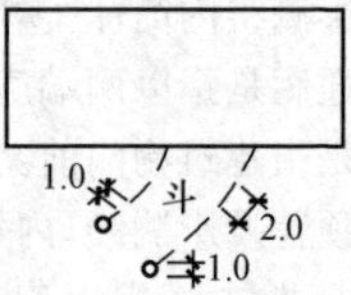	
		挑廊		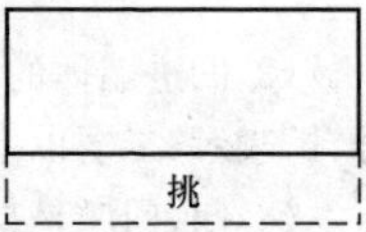
2	阳台	(1)一层封闭的阳台 (2)一层不封闭的阳台	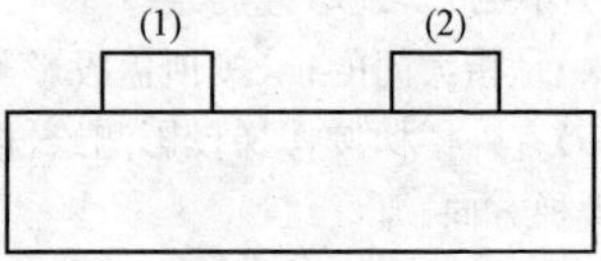	

第十三章 房产测量

续表

编号	符号名称		符号	
			分幅图	分丘图
3	门、门墩	门 门墩	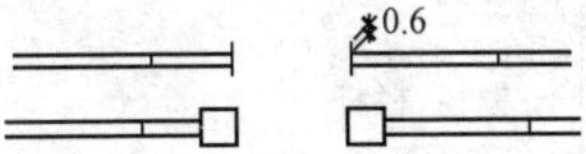	0.6
4	门顶			
5	室外楼梯		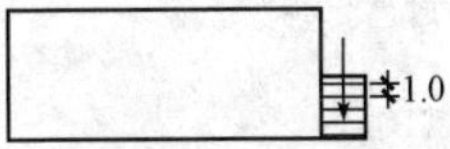	1.0
6	台阶		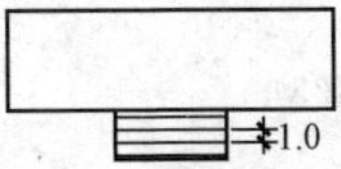	1.0

七、房屋围护物

1. 简要说明

(1)围墙不分结构,均以双线表示。围墙宽度不小于图上 0.5mm 的按 0.5mm 表示,大于 0.5mm 的依比例尺绘出。

(2)各种类型的栅栏均用此符号表示。

(3)各种永久性篱笆(包括活树篱笆)。

(4)永久性的铁丝网用此符号表示。

(5)砖石城墙按城基轮廓依比例尺表示,在外侧的轮廓线上向里绘城垛符号,城墙上的其他地物用相应符号表示。

(6)土城墙一般按墙基宽度测绘,黑块符号绘在城墙内侧。

2. 图式

表 13-8 　　　　　　房屋围护物图式

编号	符号名称		符号	
			分幅图	分丘图
1	图墙	不依比例尺的	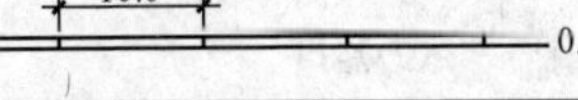 10.0	0.5
		依比例尺的	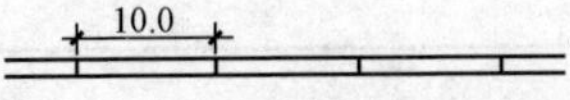 10.0	

续表

编号	符号名称		符号	
			分幅图	分丘图
2	栅栏、栏杆		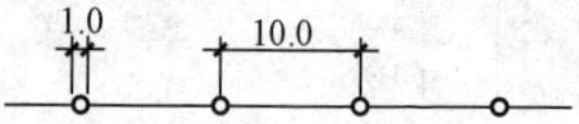	
3	篱笆		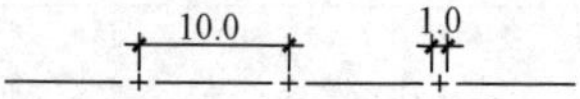	
4	铁丝网		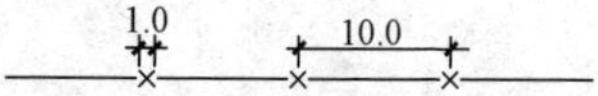	
5	砖石城墙完整的	(1)城门和城楼 (2)台阶	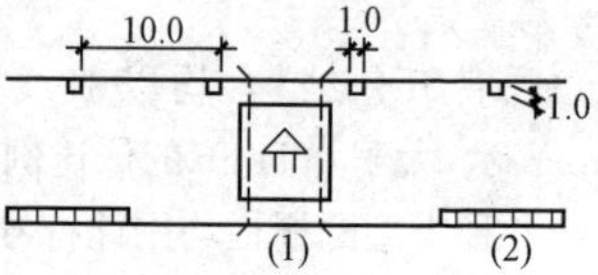	
		破坏的	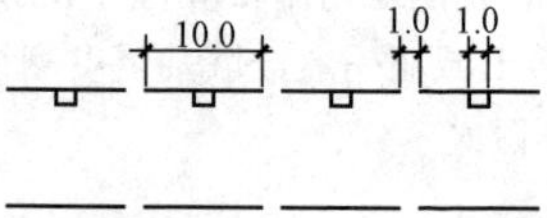	
6	土城墙	(1)城门 (2)豁口	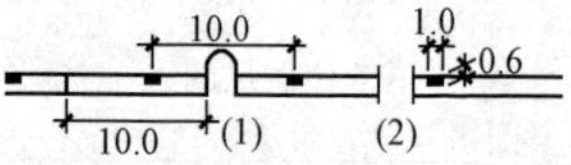	

第十三章　房产测量

八、交通

1. 简要说明

(1)指按标准轨(转距为 1.435m)表示的铁路。铁路两侧的占地范围用丘界线表示。

1)单线、复线铁路均用此符号表示。

2)指轨距窄于标准轨距的铁路。

3)站台不分建筑材料，不分有无栅栏或露天，均用细实线绘出范围，内注站台。天桥指横跨轨道的桥形建筑物，按实地形状依比例尺表示。

4)指地下铁道，过街地道出入口均用此符号按实际方向表示，符号尖端朝向入口。

(2)公路。

公路分别用高速公路、等级公路、等外公路符号表示，并在图上每隔15~20cm注出公路技术等级代码。表 13-9 收费站以两实线表示其实际范围。

表 13-9　　　　　　　公路技术等级代码

代码	公路技术等级	代码	公路技术等级
0	高速公路	3	三级公路
1	一级公路	4	四级公路
2	二级公路	9	等外公路

(3)街道及其他道路。

1)街道不分大街小巷、按道缘实测，有名称的街道加注记表示。

2)指丘界内单位内部道路。

3)指阶梯式的人行路，图上宽度小于 2mm 时不表示。

4)指城市中架设的供汽车高速行驶的架空公路。路面宽度及走向按实际投影描绘，支柱实测表示。

(4)桥梁分车行、人行、铁路、公路两用桥，有桥名的加注名称。

1)车行轿是指能通行火车、汽车、大车等交通工具的桥梁，不分造型种类、建筑结构均用此符号依比例尺表示。

2)双层桥是指铁路、公路两用的桥梁，依比例尺表示。

3)人行桥指不能通行大车的桥梁，不分造型、种类、建筑材料均用此符号依实测表示。

4)指载渡人、马、汽车的渡口均用此符号。

5)涵洞是横穿在道路、堤坝下面的供过水用的通道。

2. 图式

交通图式见表 13-10。

表 13-10　　　　　　　　　　交通图式

编号	符号名称		符号	
			分幅图	分丘图
1	铁路	单线、复线铁路	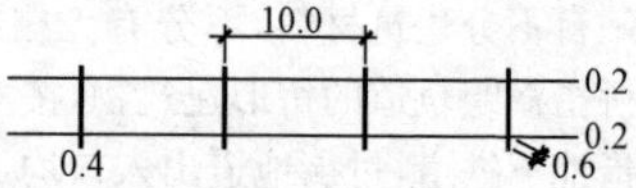	
		窄轨铁路	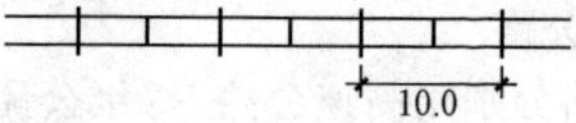	
		站台、天桥 — 站台	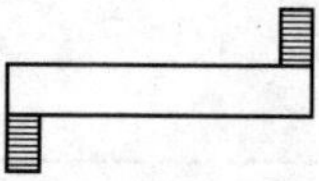	
		站台、天桥 — 天桥		
		地下建筑物出入口		
2	公路	高速公路 a. 收费站 0——技术等级代码	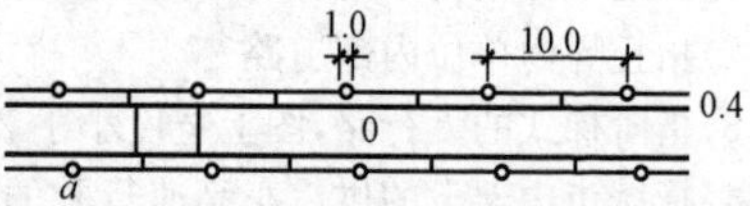	
		等级公路 2——技术等级代码 （G301）——国道路线编号	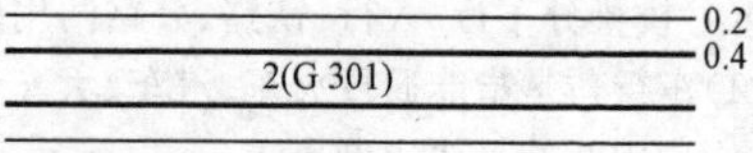	
		等外公路 9——技术等级代码	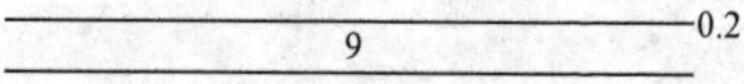	

第十三章 房产测量

续表

编号	符号名称		符号	
			分幅图	分丘图
3	街道及其他道路	街道	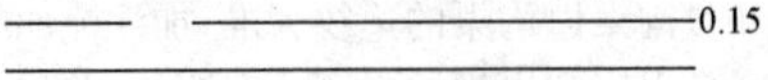	
		内部道路	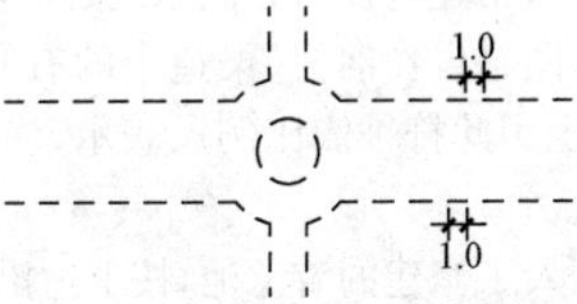	
		阶梯路	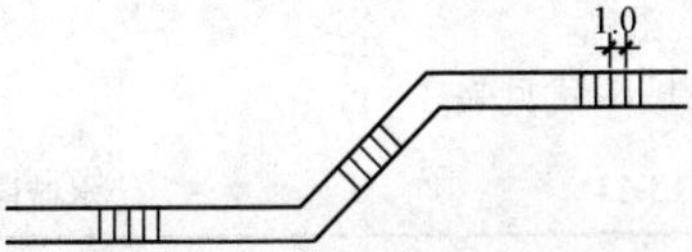	
		高架路	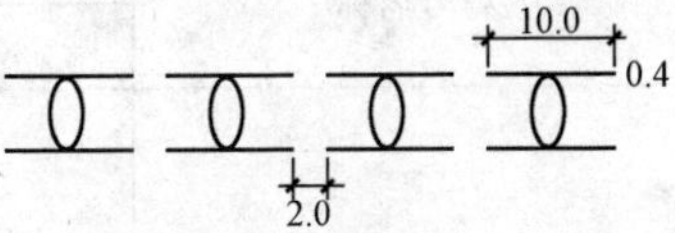	
4	桥梁	车行桥	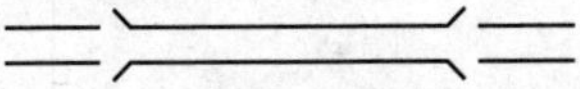	
		双层桥	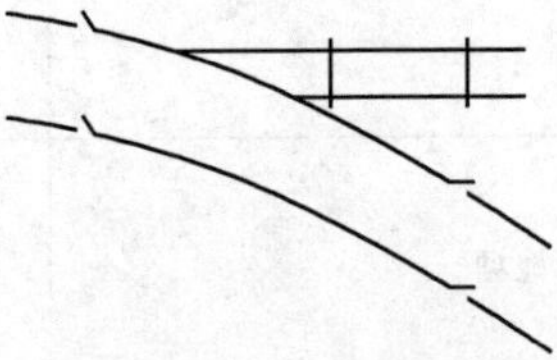	
		人行桥	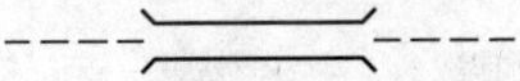	
		渡口	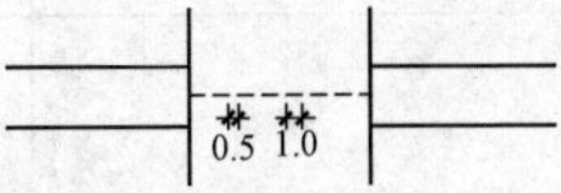	
		涵洞	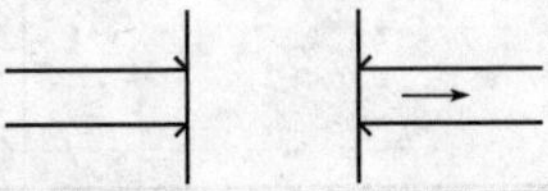	

九、水域

1. 简要说明

(1)江、河、湖等岸边线,以实测为准,加注名称。
(2)池塘以塘坎边线为准,加注"塘"字。
(3)沟渠以沟渠的边线为准,加注流向符号。
(4)水库和水坝按实测位置测绘,并加注名称。
(5)指人工建造以防止洪水漫延的堤,按堤顶宽度测绘。
(6)水闸是设在河流、渠道中的有闸门、用以调节水位和控制流量的人工建筑。船闸也用此符号依比例尺表示,注"船"字,闸门在房内的表示房屋,并加注"闸"字。
(7)指人工修建的游泳池,按上边沿线测绘,其内加注"游泳"字。
(8)各种形状的水井均用此符号表示。

2. 图式

水域图式见表13-11。

表13-11　　　　　　　　　　水域图式

编号	符号名称	符号	
		分幅图	分丘图
1	江、河、湖、海	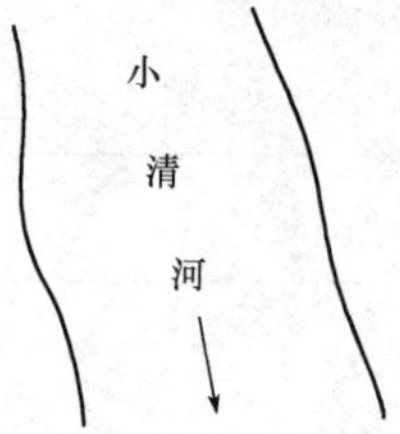	小清河
2	池塘		塘
3	沟渠	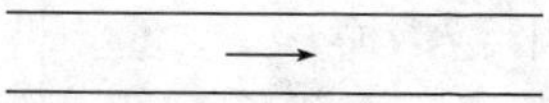	→
4	水库、坝	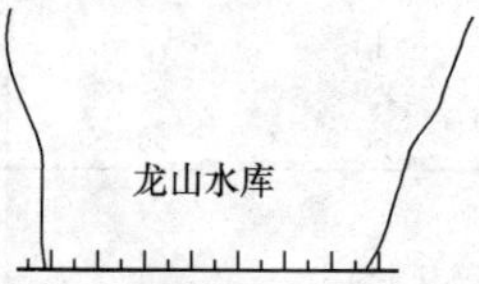	龙山水库

第十三章 房产测量

续表

编号	符号名称	符号	
		分幅图	分丘图
5	防洪堤	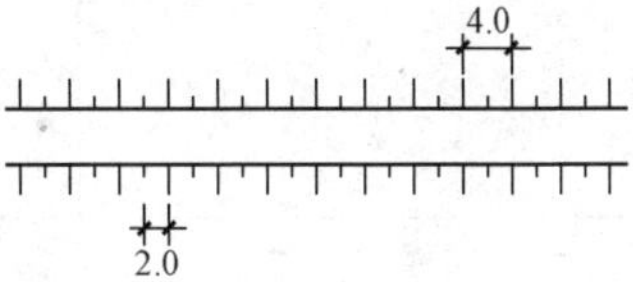	4.0 / 2.0
6	水闸	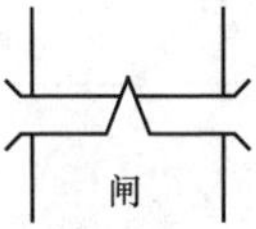	闸
7	游泳池		游泳
8	水井	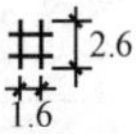	2.6 / 1.6

十、独立地物

1. 简要说明

(1)指公园、陵园、路旁等处修建的各种亭状建筑物，以亭的底部中心定位测绘。

(2)各种塔形建筑物如散热塔、跳伞塔、蒸馏塔、了望塔以塔的底部中心定位测绘，并分别加注"散热""伞""蒸""了"等字。

(3)指石油罐、煤气罐、氨气罐等以底部中心定位测绘，并分别简注物名。

(4)独立的有方位意义的烟囱，以底部中心定位测绘。

(5)水塔不分结构均以底部中心定位测绘。

(6)各种宝塔、经塔均以底部中心定位测绘，有名称的加注名称。

(7)指架设广播电视天线的建筑物，符号绘在电视发射塔的中心位置。

(8)室外地上和地下的消火栓，均按底部中心测绘。

(9)大型纪念像按底座的中心测绘，一般应加注专有名称。

2. 图式

独立地物图式见表13-12。

表 13-12　　　　　　　　　独立地物图式

编号	符号名称	符号	
		分幅图	分丘图
1	亭	3.0 / 1.6 / 3.6 / 1.6	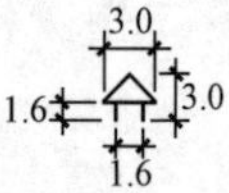
2	塔形建筑物	3.6 / 1.6	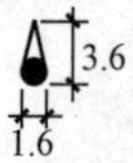
3	罐	油 / 3.0	
4	烟囱	3.5 / 1.6	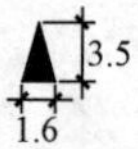
5	水塔	2.0 / 1.0 / 3.6 / 1.0	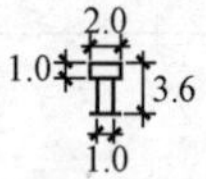
6	宝塔、经塔	3.6 / 1.0	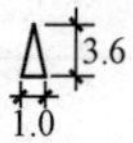
7	电视发射塔	2.0 / 4.0 / 1.6	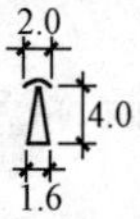
8	消火栓	1.6 / 2.0 / 3.6	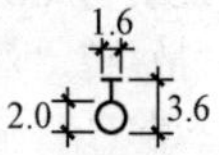
9	塑像	1.0 / 4.0 / 2.0	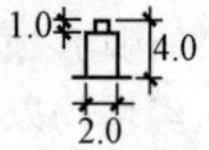

十一、公关设施

1. 简要说明

(1) 指露天的体育场,按实际范围线依比例尺测绘,加注"体育场"。

第十三章 房产测量

(2)指有名称的广场,露天射击场,跑马场等,测绘其范围线,内加注名称。
(3)指用水泥、石块、砖砌成的高于地面的正规平台,实测表示,并加注"台"字。

2. 图式
公共设施图式见表 13-13。

表 13-13　　　　　　　　　公共设施图式

编号	符号名称	符号	
		分幅图	分丘图
1	体育场		 体育场
2	广场		 跑马场
3	露天舞台、检阅台		 台

十二、绿化地和农用地

1. 简要说明
(1)指城区内和单位内规划的或成片的绿化地块或花圃或苗圃,测绘出范围线,并在其内加简注。
(2)指有田埂(坎)可以经常蓄水用于种植水稻等水生作物的耕地,测绘出范围线,并在其内加简注。
(3)指种植蔬菜为主的耕地,包括温室、塑料大棚等用地,测绘出范围线并在其内加简注。
(4)指水田、菜地以外的耕地,包括水浇地和一般旱地,测绘出范围线并在其内加简注。
(5)指种植各种果树的园地。测绘出范围线,并在其内加简注。

2. 图式
绿化地物农用地图式见表 13-14。

表 13-14　　　　　　　　绿化地和农用地图式

编号	符号名称	符号	
		分幅图	分丘图
1	绿化地和农用地 绿化地、花圃、苗圃		花圃
2	水田		水田
3	菜地		菜地
4	旱地		旱地
5	园地		园地

十三、房产要素

1. 简要说明

(1) 房产编号。

1) 房产区号和房产分区号以并列的四位自然数字注在分区适中位置,前二位为房产区号,后二位为房产分区号。

2) 丘号以四位自然数字表示,注在丘内的适中位置。

3) 丘支号是丘号和支号的组合,注在该支丘内的适中位置。

4) 房产界址点号注在界址点符号的一侧,点号前冠以英文大写字母"J"。

5) 幢号注在该幢房屋轮廓线内左下角,外加括号。

6) 房产权号以大写英文字母"A"表示,注在幢号右侧与幢号并列。

7) 房产共有权号以大写英文字母"B"表示,注在幢号右侧与幢号并列。

第十三章　房产测量

8)门牌号注在房屋轮廓线实际开门处。
(2)房屋用地用途分类代码以自然数注在丘号正下方。
(3)房屋层数和建成年份。
1)房屋层数指房屋的自然层数,以两位自然数按要求表示。
2)房屋建成年份按房屋实际竣工年份。
(4)边长和面积。
1)用地边长注在用地界线一侧的中间。
2)房屋边长注在房屋轮廓线一侧的中间。
3)用地面积注在丘号和房屋用地用途分类下方正中,下加两道横线。
4)房屋建筑面积以幢为单位分别注在房屋产别、结构、层数、建成年份等综合代码下方左中,下加一道横线。

2. 图式
房产编号图式见表 13-15。

表 13-15　　　　　　　　　　房产编号

编号	符号名称	符号	
		分幅图	分丘图
1	房产区号、房产分区号	2315　　　　　　　　　　　　　　　　　　　　　　　　房产区号——正等线体 28K(5.0)　　　　　　　　　　　　　　　　　　　　　　　　房产分区号——正等线体 24K(4.0)	
	丘号	0005　　　0005　　　　　　　　　　　　正等线体 18K(3.5)—13K(2.4)	
	丘支号	0003—5　　0003—5　　　　　　　　　　　　正等线体 13K(2.4)—9K(1.6)	
	房产界址点号	J7　　J7　　　　　　　　　　　　正等线体 11K(2.0)—9K(1.6)	
房产编号	幢号	(8)　　(8)　　　　　　　　　　　　正等线体 11K(2.0)—8K(1.4)	
	房产权号	(8)　　A　　　　　　　　　　　　大写英文字母 8K(1.4)	
	房产共有权号	(8)　　B　　　　　　　　　　　　大写英文字母 8K(1.4)	
	门牌号	168　　168　　　　　　　　　　　　细等线体 11K(2.0)—7K(1.2)	

续表

编号	符号名称		符号	
			分幅图	分丘图
2	房屋用地用途分类代码	商业服务业工码	11	11
		旅游业代码	12	12
		金融保险业代码	13	13
			⋮	⋮
			⋮	⋮
		菜地	92	92
		旱地	93	93
		园地	94	94
			正等线体 11K(2.0)—9K(1.6)	
3	房屋产别分类代码	国有房产	1	1
		集体所有房产	2	2
			⋮	⋮
			8	8
		其他房产	正等线体 11K(2.0)—9K(1.6)	
4	房屋建筑结构分类代码	钢结构	1	1
		钢、钢筋混凝土结构	2	2
		钢筋混凝土结构	3	3
		混合结构	4	4
		砖木结构	5	5
		其他结构	6	6
			正等线体 11K(2.0)—9K(1.6)	
5	房屋层数和建成年份	房屋层数	03 03	
			正等线体 11K(2.0)—9K(1.6)	
		房屋建成年份	1974 1974	
			正等线体 11K(2.0)—9K(1.6)	

第十三章 房产测量

续表

编号	符号名称		符号	
			分幅图	分丘图
6	边长和面积	用地边长		15.24　15.24 细等线体 9K(1.6)—7K(1.2)
		房屋边长		12.15　12.15 细等线体 9K(1.6)—7K(1.2)
		用地面积		3470.65　3470.65 正等线体 13K(2.4)—9K(1.6)
		房屋建筑面积		69.27　69.27 细等线体 11K(2.0)—7K(1.2)

十四、注记

1. 简要说明

(1)注记的字向排列有以下形式：

水平字列——各字中心连线平行于南、北图廓，由左向右排列；

垂直字列——各字中心连线垂直于南、北图廓，由上向下排列；

雁行字列——各字中心连线为直线且斜交于南、北图廓，排列顺序和方向如图 13-1 所示。

屈曲字列——各字字边垂直或平行于线状地物，并随线状地物弯曲形状而排列。

注记的方向：

各种注记一般为正向，字头朝向北图廓，但街道名称、河流名称、道路名称等注记的方向和字序如图 13-1 所示。

注记的字隔：

接近字隔——各字间隔为 0.5～1.0mm；

普通字隔——各字间隔为 1.0～3.0mm；

隔离字隔——各字间隔为字大的 1～5 倍；

(2)行政机构名称分县级以上，乡、镇政府驻地以及行政村名称按等级选用字大。

(3)自然名称分居民住宅小区，街道名称、水域名称以及山名。

1)居民住宅小区按范围大小选用字大。

2)街道、里弄等各种道路按路面宽度和主次选用字大。

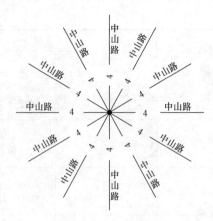

图 13-1 注记字向排列形式

3)河流、海湾、湖泊等名称按其重要性和范围大小选用字大。
4)山名按其重要性和范围大小选用字大。
(4)工厂、学校、医院等企事业单位名称按级别和图上面积大小选用字大。
(5)指地物的属性注记,按面积大小选用相应字大注记。

2. 图式

注记图式见表 13-16。

表 13-16　　　　　　　注记图式

编号	符号名称	符号	
		分幅图	分丘图
1	县级以上政府驻地	兴平县 粗等线体28K(6.0)	
	乡、镇政府驻地	新兴镇 中等线体24K(5.5)	
	行政村名称	李家村 细等线体20K(4.5)	

(行政机构名称)

续表

编号	符号名称	符号	
		分幅图	分丘图
2	自然名称	住宅小区名称	濮阳新村 中等线体20K(4.5)—13K(3.0)	濮阳新村
		街道名称	友谊路 中等线体18K(4.0)—13K(3.0)	友谊路
		水域名称	秦淮河 左斜宋体24K(5.5)—13K(3.0)	秦淮河
		山名	凤凰山 长中等线体20K(4.5)—18K(4.0)	凤凰山
3	单位名称	秦川机械厂 细等线体18K(4.0)—13K(3.0)	秦川机械厂
4	说明注记	挑 台 天 井 细等线体13K(3.0)—9K(2.0)	挑 台 天 井

第三节 房产平面控制测量

一、概述

1. 房产平面控制网点的布设原则

房产平面控制点的布设，应遵循从整体到局部、从高级到低级、分级布网的原则，也可越级布网。

2. 房产平面控制点的内容

房产平面控制点包括二、三、四等平面控制点和一、二、三级平面控制点。房产平面控制点均应埋设固定标志。

3. 房产平面控制点的密度

建筑物密集区的控制点平均间距在100m左右，建筑物稀疏区的控制点平均间距在200m左右。

4. 房产平面控制测量的方法

房产平面控制测量可选用,三角测量、三边测量、导线测量、GPS 定位测量等方法。

5. 各等级三角测量的主要技术指标

(1)各等级三角网的主要技术指标应符合表 13-17 的规定。

表 13-17　　　　各等级三角网的技术指标

等级	平均边长(km)	测角中误差(″)	起算边边长相对中误差	最弱边边长相对中误差	水平角观测测回数 DJ$_1$	DJ$_3$	DJ$_6$	三角形最大闭合差(″)
二等	9	±1.0	1/300000	1/120000	12	—	—	±3.5
三等	5	±1.8	1/200000(首级)	—	—	—	—	
			1/120000(加密)	1/80000	6	9	—	±7.0
四等	2	±2.5	1/120000(首级)	—	—	—	—	
			1/80000(加密)	1/45000	4	6	—	±9.0
一级	0.5	±5.0	1/60000(首级)	—	—	—	—	
			1/45000(加密)	1/20000	—	2	6	±15.0
二级	0.2	±10.0	1/20000	1/10000	—	1	3	±30.0

(2)三角形内角不应小于 30°,确有困难时,个别角可放宽至 25°。

二、测量方式

1. 三边测量

(1)各等级三边网的主要技术指标应符合表 13-18 的规定。

表 13-18　　　　各等级三边网的技术指标

等级	平均边长(km)	测距相对中误差	测距中误差(mm)	使用测距仪等级	测距测回数 往	返
二等	9	1/300000	±30	Ⅰ	4	4
三等	5	1/160000	±30	Ⅰ、Ⅱ	4	4
四等	2	1/120000	±16	Ⅰ Ⅱ	2 4	2 4
一级	0.5	1/33000	±15	Ⅱ	2	—
二级	0.2	1/17000	±12	Ⅱ	2	—
三级	0.1	1/8000	±12	Ⅱ	2	—

第十三章 房产测量

(2)三角形内角不应小于30°,确有困难时,个别角可放宽至25°。

2. 导线测量

(1)各等级测距导线的主要技术指标应符合表13-19。

表13-19　　　　　　各等级测距导线的技术指标

等级	平均边长 (km)	附合导线长度(km)	每边测距中误差(mm)	测角中误差(″)	导线全长相对闭合差	水平角观测的测回数			方位角闭合差(″)
						DJ_1	DJ_2	DJ_6	
三等	3.0	15	±18	=1.5	1/60000	8	12	—	$\pm 3\sqrt{n}$
四等	1.6	10	±18	=2.5	1/40000	4	6	—	$\pm 5\sqrt{n}$
一级	0.3	3.6	±15	=5.0	1/14000	—	2	6	$\pm 10\sqrt{n}$
二级	0.2	2.4	±12	=8.0	1/10000	—	1	3	$\pm 16\sqrt{n}$
三级	0.1	1.5	±12	±12.0	1/6000	—	1	3	$\pm 24\sqrt{n}$

注:n为导线转折角的个数。

(2)导线应尽量布设成直伸导线,并构成网形。

(3)导线布成结点网时,结点与结点、结点与高级点间的附合导线长度,不超过13-19中的附合导线长度的0.7倍。

(4)当附合导线长度短于规定长度的1/2时,导线全长的闭合差可放宽至不超过0.12m。

(5)各级导线测量的测距测回数等规定,依照表13-18相应等级执行。

3. GPS静态相对定位测量

(1)各等级GPS静态相对定位测量的主要技术要求应符合表13-20和表13-21的规定。

表13-20　　　　　各等级GPS相对定位测量的仪器

等级	平均边长 D(km)	GPS接收机性能	测量量	接收机标称精度优于	同步观测接收机数量
二等	9	双频(或单频)	载波相位	10mm+2ppm	≥2
三等	5	双频(或单频)	载波相位	10mm+3ppm	≥2
四等	2	双频(或单频)	载波相位	10mm+3ppm	≥2
一级	0.5	双频(或单频)	载波相位	10mm+3ppm	≥2
二级	0.2	双频(或单频)	载波相位	10mm+3ppm	≥2
三级	0.1	双频(或单频)	载波相位	10mm+3ppm	≥2

表 13-21　　　　　各等级 GPS 相对定位测量的技术指标

等级	卫星高度角(°)	有效观测卫星总数	时段中任一卫星有效观测时间(min)	观测时段数	观测时段长度(min)	数据采样间隔(s)	点位几何图形强度因子 PDOP
二等	≥15	≥6	≥20	≥2	≥90	15～60	≤6
三等	≥15	≥4	≥5	≥2	≥10	15～60	≤6
四等	≥15	≥4	≥5	≥2	≥10	15～60	≤8
一级	≥15	≥4		≥1	—	15～60	≤8
二级	≥15	≥4		≥1	—	15～60	≤8
三级	≥15	≥4		≥1	—	15～60	≤8

(2)GPS 网应布设成三角网形或导线网形,或构成其他独立检核条件可以检核的图形。

(3)GPS 网点与原有控制网的高级点重合应不少于三个。当重合不足三个时,应与原控制网的高级点进行联测,重合点与联测点的总数不得少于三个。

4. 对已控制成果的利用

控制测量前,应充分收集测区已有的控制成果和资料,按规定和要求进行比较和分析,凡符合要求的已有控制点成果,都应充分利用;对达不到要求的控制网点,也应尽量利用其点位,并对有关点进行联测。

5. 水平角观测

(1)水平角观测的仪器。水平角观测使用 DJ_1、DJ_2、DJ_6 三个等级系列的光学经纬仪或电子经纬仪,其在室外试验条件下的一测回水平方向标准偏差分别不超过±1″,±2″,±6″。

(2)水平角观测的限差。水平角观测一般采用方向观测法,各项限差不超过表 13-22 的规定。

表 13-22　　　　　　　　　水平角观测限差

经纬仪型号	半测回归零差(″)	一测回内 2c 互差(″)	同一方向值各测回互差(″)
DJ_1	6	9	6
DJ_2	8	13	9
DJ_6	18	30	24

6. 距离测量

(1)光电测距的作用。各级三角网的起始边、三边网或导线网的边长,主要使

第十三章 房产测量

用相应精度的光电测距仪测定。

(2)光电测距仪的等级。光电测距仪的精度等级,按制造厂家给定的 1km 的测距中误差 m_0 的绝对值划分为二级:

    Ⅰ 级 $|m_0| \leqslant 5\text{mm}$

    Ⅱ 级 $5\text{mm} < |m_0| \leqslant 10\text{mm}$

(3)光电测距限差。光电测距各项较差不得超过表 13-23 的规定。

表 13-23   光电测距限差

仪器精度等级	一测回读数较差 (mm)	单程读数差 (mm)	往返测或不同时段观测结果较差
Ⅰ级	5	7	$2(a+b \times D)$
Ⅱ级	10	15	

注:a、b 为光电测距仪的标称精度指标;a 为固定误差,mm;b 为比例误差;D 为测距边长,m。

(4)气象数据的测定。光电测距时应测定气象数据。二、三、四等边的温度测记至 0.2℃,气压测记至 0.5hPa;一、二、三级边的温度测记至 1℃,气压测记至 1hPa。

7. 平面控制测量成果的检验和整理

(1)三角测量的检验。

1)当三角形个数超过 20 个时,测角中误差按下式计算:

$$m_\beta = \pm \sqrt{\frac{WW}{3n}}$$

式中 W——三角形闭合差(″);

   n——三角形个数。

2)三角网极条件、边条件和方位角条件自由项的限差,分别按式(3)、式(4)、式(5)计算。

$$W_{极允} = \pm \frac{2m_\beta}{\rho} \sqrt{\sum \cot^2 \beta}$$

$$W_{边允} = \pm 2 \sqrt{\left(\frac{m_\beta}{\rho}\right)^2 \sum \cot^2 \beta + \left(\frac{m_{D_1}}{D_1}\right)^2 + \left(\frac{m_{D_2}}{D_2}\right)^2}$$

$$W_{方允} = \pm 2 \sqrt{nm_\beta^2 + m_{\alpha 1}^2 + m_{\alpha 2}^2}$$

式中 m_β——相应等级规定的测角中误差(″);

   β——传距角;

   $\frac{m_{D_1}}{D_1}$、$\frac{m_{D_2}}{D_2}$——起算边边长相对中误差;

m_{a1}、m_{a2}——起算方位角中误差($''$);

n——方位角推算路线的测站数。

$\rho'' = 206265''$

(2)三边测量的检验。

1)用光电测距仪往返观测或不同时段观测时,距离测量的单位权中误差按下式计算。

$$\mu = \sqrt{\frac{[pdd]}{2n}}$$

根据 μ 及 ρ_i 估算任一边的实际测距中误差,按下式计算。

$$m_{D_i} = \pm \mu \sqrt{\frac{1}{\rho_i}}$$

式中　d——往返测距离的较差,m;

n——测距边数;

p——距离测量的先验权,$\rho_i = \frac{1}{\delta_{D_i}^2}$,$\delta_{D_i}$ 为测距的先验中误差,可以测距仪的标称精度计算。

μ——距离测量的单位权中误差。

2)三边网中观测一个角度的观测值与由测距边计算的角值较差的检核。

①根据各边平均测距中误差检核,按下式计算限差。

$$W_{允} = \pm 2\sqrt{\left(\frac{m_D}{h_0}\rho''\right)^2 (\cos^2\alpha + \cos^2\beta + 1) + m_\beta^2}$$

②根据各边的平均测距相对中误差检核,按(9)式计算限差。

$$W_{允} = \pm 2\sqrt{\left(\frac{m_D}{D}\rho''\right)^2 (\cot^2\alpha + \cot^2\beta + \cot\alpha\cot\beta) + m_\beta^2}$$

式中　m_D——观测边的平均测距中误差,m;

h_0——观测角顶点至对边垂线长度,m;

α、β——三角形中观测角以外的另二个角度;

m_β——相应等级规定的测角中误差($''$);

$\frac{m_D}{D}$——各边的平均测距相对中误差。

$\rho'' = 206265$

3)三边网角条件,包括圆周角条件与组合角条自由项的检核按下式计算限差。

$$W_{角允} = \pm 2m_D \sqrt{[aa]}$$

式中　m_D——观测边的平均测距中误差,mm;

a——圆周角条件或组合条件方程式的系数。

第十三章 房产测量

(3)导线测量的检核。
1)按左右角观测的三、四等导线测量的测角中误差按下式计算。

$$m_\beta = \pm \sqrt{\frac{[\Delta\Delta]}{2n}}$$

式中 Δ——测站圆周角闭合差($''$);
  n——测站圆周角闭合差的个数。
2)以导线方位角闭合差计算测角中误差按下式计算。

$$m_\beta = \pm \sqrt{\frac{1}{N}\left[\frac{f_\beta^2}{n}\right]}$$

式中 f_β——附合导线或闭合导线环的方位角闭合差($''$);
  n——计算 f_β 的测站数;
  N——附合导线或闭合导线环的个数。
(4)GPS静态相对定位测量成果的检核。
1)同步观测量成果的检核。
①三边同步环的闭合差的限差按下式计算。

$$W_X = \sum_1^n \Delta X \leqslant \frac{\sqrt{3}}{5}\sigma$$

$$W_Y = \sum_1^n \Delta Y \leqslant \frac{\sqrt{3}}{5}\sigma$$

$$W_Z = \sum_1^n \Delta Z \leqslant \frac{\sqrt{3}}{5}\sigma$$

$$W = \sqrt{W_X^2 + W_Y^2 + W_Z^2} \leqslant \frac{3}{5}\sigma$$

②多边同步环闭合差的限差按下式计算。

$$W_X = \frac{\sqrt{n}}{5}\sigma$$

$$W_Y = \frac{\sqrt{n}}{5}\sigma$$

$$W_Z = \frac{\sqrt{n}}{5}\sigma$$

$$W = \sqrt{W_X^2 + W_Y^2 + W_Z^2} \leqslant \frac{\sqrt{3n}}{5}\sigma$$

式中 W_X, W_Y, W_Z——各坐标差分量的闭合差;
  σ——相应等级规定的精度(按平均边长计算);
  n——闭合环的边数。
2)不同时段观测成果的检核。
①同一边任何两个时段的成果互差,应小于接收机标称精度的 $2\sqrt{2}$ 倍。

②若干个独立观测边组成闭合环时,各坐标差分量闭合差应符合下式规定。

$$W_X = \sum_1^n \Delta X \leqslant 3\sigma\sqrt{n}$$

$$W_Y = \sum_1^n \Delta Y \leqslant 3\sigma\sqrt{n}$$

$$W_Z = \sum_1^n \Delta Z \leqslant 3\sigma\sqrt{n}$$

式中　W_X,W_Y,W_Z——各坐标差分量的闭合差;

　　　σ——相应等级规定的精度(按平均边长计算);

　　　n——闭合环的边数。

(5)平差计算。二、三、四等和一、二、三级平面控制网都应分级进行统一平差或联合整体平差。平差后应进行精度评定。

(6)计算取位。平差计算和数据处理的数字取位应符合表 13-24 的规定。

表 13-24　　　　　平差计算和数据处理的数字取位

等级	水平角观测方向值及各项改正数(″)	边长观测值及各项改正数(m)	边长与坐标(m)	方位角(″)
二等	0.01	0.0001	0.001	0.01
三、四等	0.1	0.001	0.001	0.1
一、二、三级	1	0.001	0.001	1

第四节　房产调查

一、概述

1. 房产调查的内容

房产调查,分房屋用地调查和房屋调查,包括对每个权属单元的位置、权界、权属、数量和利用状况等基本情况,以及地理名称和行政境界的调查。

2. 房产调查表

房产调查应利用已有的地形图、地籍图、航摄像片,以及有关产籍等资料。

1)1:500、1:1000 比例尺房产分幅图采用 50cm×50cm 正方形分幅。

2)图幅编号均为六位数字表示。前四位数代表图幅西南角横纵坐标的公里数(其中省掉了千位数和百位数),横坐标在前,纵坐标在后,第五位、第六位数是区分比例尺的编号,1:1000 比例尺为 10、20、30、40;1:500 比例尺为 11、12、13、…、44。

3. 房产单元的分类

(1)房屋用地的调查与测绘单元。房屋用地调查与测绘以丘为单元分户进行。

第十三章　房产测量

1)丘的定义。丘是指地表上一块有界空间的地块。一个地块只属于一个产权单元时称独立丘，一个地块属于几个产权单元时称组合丘。

2)丘的划分。有固定界标的按固定界标划分、没有固定界标的按自然界线划分。

3)丘的编号。①丘的编号按市、市辖区(县)、房产区、房产分区、丘五级编号。

②房产区是以市行政建制区的街道办事处或镇(乡)的行政辖区，或房产管理划分的区域为基础划定，根据实际情况和需要，可以将房产区再划分为若干个房产分区。

③丘以房产分区为单元划分。

④编号方法：市、市辖区(县)的代码采用 GB/T 2260 规定的代码。

房产区和房产分区均以两位自然数字从 01～99 依序编列；当未划分房产分区时，相应的房产分区编号用"01"表示。

丘的编号以房产区为编号区，采用 4 位自然数字从 0001～9999 编列；以后新增丘按原编号顺序连续编立。

丘的编号格式如下：

市代码＋市辖区(县)代码＋房产区代码＋房产分区代码＋丘号
(2位)　　(2位)　　　　(2位)　　　(2位)　　　　(4位)

丘的编号从北至南，从西至东以反 S 形顺序编列。

(2)房屋的调查与测绘单元。房屋调查与测绘以幢为单元分户进行。

1)幢的定义。幢是指一座独立的，包括不同结构和不同层次的房屋。

2)幢号的编立。幢以丘为单位，自进大门起，从左到右，从前到后，用数字1、2……顺序按 S 形编号。幢号注在房屋轮廓线内的左下角，并加括号表示。

3)房产权号。在他人用地范围内所建的房屋，应在幢号后面加编房产权号，房产权号用标识符 A 表示。

4)房屋共有权号。多户共有的房屋，在幢号后面加编共有权号，共有权号用标识符 B 表示。

二、房屋用地调查

(1)房屋用地调查的内容。房屋用地调查的内容包括用地座落、产权性质、等级、税费、用地人、用地单位所有制性质、使用权来源、四至、界标、用地用途分类、用地面积和用地纠纷等基本情况，以及绘制用地范围略图。

(2)房屋用地座落。房屋用地座落是指房屋用地所有街道的名称和门牌号。房屋用地座落在小的里弄、胡同和小巷时，应加注附近主要街道名称；缺门牌号时，应借用毗连房屋门牌号并加注东、南、西、北方位；房屋用地座落在两个以上街道或两个以上门牌号时，应全部注明。

(3)房屋用地的产权性质。房屋用地的产权性质按国有、集体两类填写。集体所有的还应注明土地所有单位的全称。

(4)房屋用地的等级。房屋用地的等级按照当地有关部门制定的土地等级标准执行。

(5)房屋用地的税费。房屋用地的税费是指房屋用地的使用人每年向相关部门缴纳的费用,以年度缴纳金额为准。

(6)房屋用地的使用权主。房屋用地的使用权主是指房屋用地的产权主的姓名或单位名称。

(7)房屋用地的使用人。房屋用地的使用人是指房屋用地的使用人的姓名或单位名称。

(8)用地来源。房屋用地来源是指取得土地使用权的时间和方式,如转让、出让、征用、划拨等。

(9)用地四至。用地四至是指用地范围与四邻接壤的情况,一般按东、南、西、北方向注明邻接丘号或街道名称。

(10)用地范围的界标。用地范围的界标是指用地界线上的各种标志,包括道路、河流等自然界线;房屋墙体、围墙、栅栏等围护物体,以及界碑、界桩等埋石标志。

(11)用地用途分类。用地用途分类《房产测量规范》(GB/T 17986.1—2000)附录 A 中的 A3 执行。

(12)用地略图。用地略图是以用地单元为单位绘制的略图,表示房屋用地位置、四至关系、用地界线、共用院落的界线,以及界标类别和归属,并注记房屋用地界线边长。

房屋用地界线是指房屋用地范围的界线。包括共用院落的界线,由产权人(用地人)指界与邻户认证来确定。提供不出证据或有争议的应根据实际使用范围标出争议部位,按未定界处理。

三、房屋调查

(1)房屋调查的内容。房屋调查内容包括房屋座落、产权人、产别、层数、所在层次、建筑结构、建成年份、用途、墙体归属、权源、产权纠纷和他项权利等基本情况,以及绘制房屋权界线示意图。

(2)房屋的座落。房屋的座落按二、(2)要求调查。

(3)房屋产权人。

1)私人所有的房屋,一般按照产权证件上的姓名。产权人已死亡的,应注明代理人的姓名;产权是共有的,应注明全体共有人姓名。

2)单位所有的房屋,应注明单位的全称。两个以上单位共有的,应注明全体共有单位名称。

3)房产管理部门直接管理的房屋,包括公产、代管产、托管产、拨用产等四种产别。公产应注明房产管理部门的全称。代管产应注明代管及原产权人姓名。托管产应注明托管及委托人的姓名或单位名称。拨用产应注明房产管理部门的全称及拨借单位名称。

(4)房屋产别。房屋产别是指根据产权占有不同而划分的类别。按两级分类调记,具体分类标准按《房产测量规范》(GB/T 17986.1—2000)附录 A 中的 A4 执行。

(5)房屋产权来源。房屋产权来源是指产权人取得房屋产权的时间和方式,如继承、分析、买受、受赠、交换、自建、翻建、征用、收购、调拨、价拨、拨用等。

产权来源有两种以上的,应全部注明。

(6)房屋总层数与所在层次。

1)房屋层数是指房屋的自然层数,一般按室内地坪±0.000以上计算;采光窗在室外地坪以上的半地下室,其室内层高在2.20m以上的,计算自然层数。房屋总层数为房屋地上层数与地下层数之和。

2)所在层次是指本权属单元的房屋在该幢楼房中的第几层。地下层次以负数表示。

(7)房屋建筑结构。房屋建筑结构是指根据房屋的梁、柱、墙等主要承重构件的建筑材料划分类别,具体分类标准按《房产测量规范》(GB/T 17986—2000)附录A中的A5执行。

(8)房屋建成年份是指房屋实际竣工年份。拆除翻建的,应以翻建竣工年份为准。一幢房屋有两种以上建成年份,应分别注明。

(9)房屋用途。房屋用途是指房屋的实际用途。具体分类标准按《房产测量规范》(GB/T 17986.1—2000)附录A中的A6执行。

一幢房屋有两种以上用途,应分别调查注明。

(10)房屋墙体归属。房屋墙体归属是房屋四面墙体所有权的归属,分别注明自有墙、共有墙和借墙等三类。

(11)房屋产权的附加说明。在调查中对产权不清或有争议的,以及设有典当权、抵押权等他项权利的,应作出记录。

(12)房屋权界线示意图。房屋权界线示意图是以权属单元为单位绘制的略图,表示房屋及其相关位置、权界线、共有共用房屋权界线,以及与邻永相连墙体的归属,并注记房屋边长。对有争议的权界线应标注部位。

房屋权界线是指房屋权属范围的界线,包括共有共用房屋的权界线,以产权人的指界与邻户认证来确定,对有争议的权界线,应作相应记录。

(13)行政境界与地理名称调查。

1)行政境界调查。行政境界调查,应依照各级人民政府规定的行政境界位置,调查区、县和镇以上的行政区划范围,并标绘在图上。街道或乡的行政区划,可根据需要调绘。

2)地理名称调查。

①地理名称调查(以下简称地名调查)包括居民点、道路、河流、广场等自然名称。

②自然名称应根据各地人民政府地名管理机构公布的标准名或公安机关编定的地名进行。凡在测区范围内的所有地名及重要的名胜古迹,均应调查。

3)行政机构名称调注。行政机构名称只对镇以上行政机构进行调查。

4)企事业单位名称的调注。应调查实际使用该房屋及其用地的企事业单位的全称。

房屋调查表和房屋用地调查表见表13-25和表13-26。

表 13-25　房屋调查表

市区名称或代码 _____　房产区号 _____　房产分区号 _____　丘号 _____　序号 _____

座落					区(县)		街道(镇)		胡同(街巷)		号		邮政编码	
产权主							住址						电话	
用途														
房屋状况	幢号	户号	所有权号	总层数	建筑层次	建筑结构	建成年份	占地面积 (m²)	使用面积 (m²)	建筑面积 (m²)	产别	墙体归属		
												东		
												南		
												西		
												北		
												产权来源		
房屋权界线示意图											附加说明			
											调查意见			

调查者：　　　　　　　　　　　　　　年　月　日

第十三章 房产测量

表13-26　　　　　　　　　　房屋用地调查表

市区名称或代码号_____　房产区号_____　房产分区号_____　丘号_____　序号_____

座落	区(县)		街道(镇)		胡同(街巷)		号		电话		邮政编码	
产权性质		产权主			土地等级			所有制性质				
使用人		住址						用地用途分类				
用地来源												
四至	东		南		西		北		东	南	西	北
面积(m²)	合计用地面积		房屋占地面积		院地面积		界标		分摊面积			
用地状况								附加说明				
用地略图												

调查者：　　　　　年　月　日

第五节　房产要素测量

一、房产要素测量的主要内容

1. 界址测量

(1)界址点的编号,以高斯投影的一个整公里格网为编号区,每个编号区的代码以该公里格网西南角的横纵坐标公里值表示。点的编号在一个编号区内从1~99999连续顺编。点的完整编号由编号区代码、点的类别代码、点号三部分组成,编号形式如下:

编号区代码	类别代码	点的编号
(9位)	(1)位	(5)位
* * * * * * * * *	*	* * * * *

编号区代码由9位数组成,第1、第2位数为高斯坐标投影带的带号或代号,第3位数为横坐标的百公里数,第4、第5位数为纵坐标的千公里和百公里数,第6、第7位和第8、第9位数分别为横坐标和纵坐标的十公里和整公里数。

类别代码用1位数表示,其中:3表示界址点。

点的编号用5位数表示,从1~99999连续顺编。

(2)界址点测量从邻近基本控制点或高级界址点起算,以极坐标法、支导线法或正交法等野外解析法测定,也可在全野外数据采集时和其他房产要素同时测定。

(3)丘界线测量,需要测定丘界线边长时,用预检过的钢尺丈量其边长,丘界线丈量精度应符合规定,也可由相邻界址点的解析坐标计算丘界线长度。对不规则的弧形丘界线,可按折线分段丈量。测量结果应标示在分丘图上。供计算丘面积及复丈检测之依据。

(4)界标地物测量,应根据设立的界标类别、权属界址位置(内、中、外)选用各种测量方法测定,其测量精度应符合规定,测量结果应标示在分丘图上。

界标与邻近较永久性的地物宜进行联测。

2. 境界测量

行政境界测量,包括国界线以及国内各级行政区划界。测绘国界时,应根据边界条约或有关边界的正式文件精确测定,国界线上的界桩点应按坐标值展绘,注出编号,并尽量注出高程。国内各级行政区划界应根据勘界协议、有关文件准确测绘,各级行政区划界上的界桩、界碑应按其坐标值展绘。

3. 房屋及其附属设施测量

(1)房屋应逐幢测绘,不同产别、不同建筑结构、不同层数的房屋应分别测量,

第十三章 房产测量

独立成幢房屋,以房屋四面墙体外侧为界测量;毗连房屋四面墙体,在房屋所有人指界下,区分自有、共有或借墙,以墙体所有权范围为界测量。每幢房屋除按要求的精度测定其平面位置外,应分幢分户丈量作图。丈量房屋以勒脚以上墙角为准;测绘房屋以外墙水平投影为准。

(2)房屋附属设施测量,柱廊以柱外围为准;檐廊以外轮廓投影、架空通廊以外轮廓水平投影为准;门廊以柱或围护物外围为准,独立柱的门廊以顶盖投影为准;挑廊以外轮廓投影为准。阳台以底板投影为准;门墩以墩外围为准;门顶以顶盖投影为准;室外楼梯和台阶以外围水平投影为准。

(3)房角点测量,指对建筑物角点测量,其点的编号方法除点的类别代码外,其余均与界址点相同,房角点的类别代码为4。

房角点测量不要求在墙角上都设置标志,可以房屋外墙勒脚以上(100±20)cm处墙角为测点。房角点测量一般采用极坐标法、正交法测量。对正规的矩形建筑物,可直接测定三个房角点坐标,另一个房角点的坐标可通过计算求出。

(4)其他建筑物、构筑物测量是指不属于房屋,不计算房屋建筑面积的独立地物以及工矿专用或公用的贮水池、油库、地下人防干支线等。

独立地物的测量,应根据地物的几何图形测定其定位点。亭以柱外围为准;塔、烟囱、罐以底部外围轮廓为准;水井以中心为准。构筑物按需要测量。

共有部位测量前,须对共有部位认定,认定时可参照购房协议、房屋买卖合同中设定的共有部位,经实地调查后予以确认。

4.陆地交通、水域测量

(1)陆地交通测量是指铁路、道路桥梁测量。铁路以轨距外缘为准;道路以路缘为准;桥梁以桥头和桥身外围为准测量。

(2)水域测量是指河流、湖泊、水库、沟渠、水塘测量。河流、湖泊、水库等水域以岸边线为准;沟渠、池塘以坡顶为准测量。

5.其他相关地物测量

其他相关地物是指天桥、站台、阶梯路、游泳池、消火栓、检阅台、碑以及地下构筑物等。

消火栓、碑不测其外围轮廓,以符号中心定位。天桥、阶梯路均依比例绘出,取其水平投影位置。站台、游泳池均依边线测绘,内加简注。地下铁道、过街地道等不测出其地下物的位置,只表示出入口位置。

二、野外解析法测量

1.极坐标法测量

(1)采用极坐标法时,由平面控制点或自由设站的测量站点,通过测量方向和距离,来测定目标点的位置。

(2)界址点的坐标一般应有两个不同测站点测定的结果,取两成果的中数作为该点的最后结果。

(3)对间距很短的相邻界址点应由同一条线路的控制点进行测量。

(4)可增设辅助房产控制点,补充现有控制点的不足;辅助房产控制点参照三级房产平面控制点的有关规定执行,但可以不埋设永久性的固定标志。

(5)极坐标法测量可用全站型电子速测仪,也可用经纬仪配以光电测距仪或其他符合精度要求的测量设备。

2. 正交法测量

正交法又称直角坐标法,它是借助测线和短边支距测定目标点的方法。

正交法使用钢尺丈量距离配以直角棱镜作业,支距长度不得超过50m。

正交法测量使用的钢尺须经检定合格。

3. 线交会法测量

线交会法又称距离交会法,它是借助控制点、界址点和房角点的解析坐标值,按三边测量定出测站点坐标,以测定目标点的方法。

三、全野外数据采集

1. 全野外数据采集的主要内容

全野外数据采集系指利用电子速测仪和电子记簿或便携式计算机所组成的野外数据采集系统,记录的数据可以直接传输至计算机,通过人机交互处理生成图形数据文件,可自动绘制房产图。

2. 主要技术指标与技术要求

(1)每个测站应输入测站点点号和测站点坐标,仪器号,指标差,视准轴误差,观测日期,仪器高等参数。

(2)仪器对中偏差不超过±3mm;仪器高、觇点高取至厘米;加、乘常数改正不超过1cm时可不进行改正。

(3)以较远点定向,以另一已知点作检核,检核较差不得超过±0.1m,数据采集结束后,应对起始方向进行检查。

(4)观测时,水平角和垂直角读至$1'$,测距读到1mm,最大距离一般不超过200m,施测困难地区可适当放宽,但距离超过100m时,水平角读至$0.1'$。

(5)观测棱镜时,棱镜气泡应居中,如棱镜中心不能直接安置于目标点的中心时,应作棱镜偏心改正。

(6)野外作业过程中应绘制测量草图,草图上的点号和输入记录的点号应一一对应。

第十三章 房产测量

四、测量草图

1. 测量草图的作用

测量草图是地块、建筑物、位置关系和房地调查的实地记录。是展绘地块界址、房屋、计算面积和填写房产登记表的原始依据。在进行房产测量时应根据项目的内容用铅笔绘制测量草图。

测量草图包括房屋用地测量草图和房屋测量草图。

2. 房屋用地测量草图的内容

(1)平面控制网点及点号。

(2)界址点、房角点相应的数据。

(3)墙体的归属。

(4)房屋产别、房屋建筑结构、房屋层数。

(5)房屋用地用途类别。

(6)丘(地)号。

(7)道路及水域。

(8)有关地理名称,门牌号。

(9)观测手簿中所有未记录的测定参数。

(10)测量草图符号的必要说明。

(11)指北方向线。

(12)测量日期,作业员签名。

3. 房屋测量草图内容及要求

(1)房屋测量草图均按概略比例尺分层绘制。

(2)房屋外墙及分隔墙均绘单实线。

(3)图纸上应注明房产区号、房产分区号、丘(地)号、幢号、层次及房屋座落,并加绘指北方向线。

(4)住宅楼单元号、室号、注记实际开门处。

(5)逐间实量、注记室内净空边长(以内墙面为准)、墙体厚度,数字取至厘米。

(6)室内墙体凸凹部位在 0.1m 以上者如柱垛、烟道、垃圾道、通风道等均应表示。

(7)凡有固定设备的附属用房如厨房、厕所、卫生间、电梯楼梯等均须实量边长,并加必要的注记。

(8)遇有地下室、覆式房、夹层、假层等应另绘草图。

(9)房屋外廓的全长与室内分段丈量之和(含墙身厚度)的较差在限差内时,

应以房屋外廓数据为准,分段丈量的数据按比例配赋。超差须进行复量。

4. 测量草图的图纸规格

草图用纸可用 787mm×1092mm 的 1/8、1/6、1/32 规格的图纸。

5. 测量草图的比例尺

测量草图选择合适的概略比例尺,使其内容清晰易读。在内容较集中的地方可绘制局部图。

6. 测量草图的绘制要求

测量草图应在实地绘制,测量的原始数据不得涂改擦拭。汉字字头一律向北,数字字头向北或向西。

五、房产图绘制

房产图是房产产权、产籍管理的重要资料。按房产管理的需要可分为房产分幅平面图(以下简称分幅图)、房产分丘平面图(以下简称分丘图)和房屋分户平面图(以下简称分户图)。

1. 房产分幅图

分幅图是全面反映房屋及其用地的位置和权属等状况的基本图。是测绘分丘图和分户图的基础资料。

(1)分幅图的测绘范围。分幅图的测绘范围包括城市、县城、建制镇的建成区和建成区以外的工矿企事业等单位及其毗连居民点。

(2)分幅图的规格。

1)分幅图采用 50cm×50cm 正方形分幅。

2)建筑物密集区的分幅图一般采用 1∶500 比例尺,其他区域的分幅图可以采用 1∶1000 比例尺。

3)分幅图的图纸采用厚度为 0.07~0.1mm 经定型处理、变形率小于 0.02%的聚酯薄膜。

4)分幅图的颜色一般采用单色。

(3)分幅图绘制的技术要求。

1)展绘图廓线、方格网和控制点,各项误差不超过表 13-27 的规定:

表 13-27　　　　图廓线、方格网、控制点的展绘限差　　　　(mm)

仪　　器	方格网长度与理论长度之差	图廓对角线长度与理论长度之差	控制点间图上长度与坐标反算长度之差
仪器展点	0.15	0.2	0.2
格网尺展点	0.2	0.3	0.3

第十三章 房产测量

2)房产要素的点位精度按相关的规定执行。

3)图幅的接边误差不超过地物点点位中误差的 $2\sqrt{2}$ 倍,并应保持相关位置的正确和避免局部变形。

(4)分幅图应表示的基本内容。分幅图应表示控制点、行政境界、丘界、房屋、房屋附属设施和房屋围护物,以及与房产有关的地籍地形要素和标记。

(5)分幅图的编号。分幅图编号以高斯—克吕格坐标的整公里格网为编号区,由编号区代码加分幅图代码组成(图13-3),编号区的代码以该公里格网西南角的横纵坐标公里值表示。

编号形式如下:
分幅图的编号: 编号区代码   分幅图代码
完整编号: * * * * * * * * *   * *
                   (9位)   (2位)

简略编号   * * * *   * *
                   (4位)   (2位)

S编号区代码由9位数组成,代码含义如下:

第1、第2位数为高斯坐标投影带的带号或代号,第3位数为横坐标的百公里数,第4、第5位数为纵坐标的千公里和百公里数,第6、第7位和第8、第9位数分别为横坐标和纵坐标的十公里和整公里数。

分幅图比例尺代码由2位数组成,按图13-2规定执行。

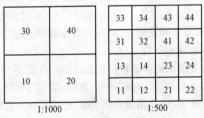

图13-2 分幅图分幅和代码

在分幅图上标注分幅图编号时可采用简略编号,简略编号略去编号区代码中的百公里和白公里以前的数值。

(6)分幅图绘制中各要素的取舍与表示办法。

1)行政境界一般只表示区、县和镇的境界线,街道办事处或乡的境界根据需要表示,境界线重合时,用高一级境界级表示,境界线与丘界线重合时,用丘界线表示,境界线跨越图幅时,应在内外图廓间的界端注出行政区划名称。

2) 丘界线表示方法。明确无争议的丘界线用丘界线表示,有争议或无明显界线又提不出凭证的丘界线用未定丘界线表示。丘界线与房屋轮廓线或单线地物线重合时用丘界线表示。

3) 房屋包括一般房屋、架空房屋和窑洞等。房屋应分幢测绘,以外墙勒脚以上外围轮廓的水平投影为准,装饰性的柱和加固墙等一般不表示;临时性的过渡房屋及活动房屋不表示;同幢房屋层数不同的应绘出分层线。

窑洞只绘住人的,符号绘在洞口处。

架空房屋以房屋外围轮廓投影为准,用虚线表示;虚线内四角加绘小圈表示支柱。

4) 分幅图上应绘制房屋附属设施,包括柱廊、檐廊、架空通廊、底层阳台、门廊、门楼、门、门墩和室外楼梯,以及和房屋相连的台阶等。

① 柱廊以柱的外围为准,图上只表示四角或转折处的支柱。

② 底层阳台以底板投影为准。

③ 门廊以柱或围护物外围为准,独立柱的门廊以顶盖投影为准。

④ 门顶以顶盖投影为准。

⑤ 门墩以墩的外围为准。

⑥ 室外楼梯以水平投影为准,宽度小于图上 1mm 的不表示。

⑦ 与房屋相连的台阶按水平投影表示,不足以五阶的不表示。

5) 围墙、栅栏、栏杆、篱笆和铁丝网等界标围护物均应表示,其他围护物根据需要表示,临时性或残缺不全的和单位内部的围护物不表示。

6) 分幅图上应表示的房产要素和房产编号包括丘号、房产区号、房产分区号、丘支号、幢号、房产权号、门牌号、房屋产别、结构、层数、房屋用途和用地分类等,根据调查资料以相应的数字、文字和符号表示。当注记过密容纳不下时,除丘号、丘支号、幢号和房产权号必须注记,门牌号可首末两端注记、中间跳号注记外,其他注记按上述顺序从后往前省略。

7) 与房产管理有关的地形要素包括铁路、道路、桥梁、水系和城墙等地物均应表示。亭、塔、烟囱以及水井、停车场、球场、花圃、草地等可根据需要表示。

① 铁路以两轨外缘为准;道路以路缘为准;桥梁以外围投影为准;城墙以基部为准;沟渠、水塘、游泳池等以坡顶为准;其中水塘、游泳池等应加简注。

② 亭以柱的外围为准;塔、烟囱和罐以底部外围轮廓为准;水井以井的中心为准;停车场、球场、花圃、草地等以地类界线表示,并加注相应符号或加简注。

(7) 地理名称注记。

1) 地名的总名与分名应用不同的字级分别注记。

2) 同一地名被线状地物和图廓分割或者不能概括大面积和延伸较长的地域、地物时,应分别调注。

3) 单位名称只注记区、县级以上和使用面积大于图上 100cm^2 的单位。

第十三章 房产测量

(8)图边处理与图面检查。

1)接边差不得大于规定的界址点、地物点位中误差的 $2\sqrt{2}$ 倍,并应保证房屋轮廓线、丘界线和主要地物的相互位置及走向的正确性。

2)自由图边在测绘过程中应加强检查,确保无误。

(9)图廓整饰。

1)分幅图图幅编号按相关规定执行。

2)分幅图、分丘图上每隔 10cm 展绘坐标网点,图廓线上坐标网线向内侧绘 5.0mm 短线,图内绘 10.0mm 的十字坐标线。

3)分幅图上一般不注图名,如注图名时图廓左上角应加绘图名结合表。

4)采用航测法成图时,图廓左下角应加注航摄时间和调绘时间。

2. 房产分丘图的绘制

分丘图是分幅图的局部图,是绘制房屋产权证附图的基本图。

(1)分丘图的规格。

1)分丘图的幅面可在 787mm×1092mm 的 1/32~1/4 之间选用。

2)分丘图的比例尺,根据丘面积的大小,可在 1∶100~1∶1000 之间选用。

3)分丘图的图纸一般采用聚酯薄膜,也可选用其他材料。

(2)分丘图的技术要求。

1)展绘图廓线,方格网和控制点的各项误差不超过《房产测量规范》(GB/T 17986.1—2000)第 7.1.3.1 的规定。

2)分丘图的坐标系统与分幅图的坐标系统应一致。

(3)分丘图上应表示的内容。分丘图上除表示分幅图的内容外,还应表示房屋权界线、界址点点号、窑洞使用范围、挑廊、阳台、建成年份、用地面积、建筑面积、墙体归属和四至关系等各项房产要素。

(4)分丘图上周邻关系的描述。分丘图上,应分别注明所有周邻产权所有单位(或人)的名称,分丘图上各种注记的字头应朝北或朝西。

(5)毗邻墙体的表示与测量。测量本丘与邻丘毗连墙体时,共有墙以墙体中间为界,量至墙体厚度的 1/2 处;借墙量至墙体的内侧;自有墙量至墙体外侧并用相应符号表示。

(6)重合要素的表示与处理。房屋权界线与丘界线重合时,表示丘界线,房屋轮廓线与房屋权界线重合时,表示房屋权界线。

(7)图面检查与图廓整饰。分丘图的图廓位置,根据该丘所在位置确定,图上需要注出西南角的坐标值,以公里数为单位注记至小数后三位。

3. 房产分户图的绘制

(1)分户图的主要用途。分户图是在分丘图基础上绘制的细部图,以一户产权人为单位,表示房屋权属范围的细部图,以明确异产毗连房屋的权利界线供核发房屋所有权证的附图使用。

(2)分户图的技术要求。

1)分户图的方位应使房屋的主要边线与图框边线平行,按房屋的方向横放或竖放,并在适当位置加绘指北方向符号。

2)分户图的幅面可选用 787mm×1092mm 的 1/32 或 1/16 等尺寸。

3)分户图的比例尺一般为 1∶200,当房屋图形过大或过小时,比例尺可适当放大或缩小。

4)分户图上房屋的丘号、幢号、应与分丘图上的编号一致。房屋边长应实际丈量,注记取至 0.01m,注在图上相应位置。

(3)分户图应表示的主要内容。分户图表示的主要内容包括房屋权界线、四面墙体的归属和楼梯、走道等部位以及门牌号、所在层次、户号、室号、房屋建筑面积和房屋边长等。

(4)分户图上的文字注记。

1)房屋产权面积包括套内建筑面积和共有分摊面积,标注在分户图框内。

2)本户所在的丘号、户号、幢号、结构、层数、层次标注在分户图框内。

3)楼梯、走道等共有部位,需在范围内加简注。

(5)墙体归属与周邻关系的表述。房屋权界线,包括墙体、归属的表示按《房产测量规范》(GB/T 17986.2—2000)执行。

(6)图面整饰。图面整饰按《房产测量规范》(GB/T 17986.2—2000)执行,文字注记应相对集中。

4. 房产图的绘制方法

(1)全野外采集数据成图。利用全站仪或经纬仪测距仪、电子平板、电子记簿等设备在野外采集的数据,通过计算机屏幕编辑,生成图形数据文件,经检查修改,准确无误后,可通过绘图仪绘出所需成图比例尺的房产图。

(2)航摄像片采集数据成图。将各种航测仪器量测的测图数据,通过计算机处理生成图形数据文件;在屏幕上对照调绘片进行检查修改。对影像模糊的地物,被阴影和树林遮盖的地物及摄影后新增的地物应到实地检查补测。待准确无误后,可通过绘图仪按所需成图比例尺绘出规定规格的房产图。

(3)野外解析测量数据成图。利用正交法、交会法等采集的测图数据通过计算机处理,编辑成图形文件。在视屏幕上,对照野外记录草图检查修改,准确无误后,可通过绘图仪,绘出所需规格的房产图,或计算出坐标,展绘出所需规格的房产图。

(4)平板仪测绘房产图。平板仪测绘是指大平板仪(或小平板仪)配合皮尺量距测绘。

1)测站点点位精度相对于邻近控制点的点位中误差不超过图上±0.3mm。

2)当现有控制不能满足平板测图控制时,可布设图根控制。图根控制点相对于起算点的点位中误差不超过图上±0.1mm。

3) 采用图解交会法测定测站点时，前、侧方交会不得少于三个方向，交会角不得小于 30°或大于 150°，前、侧方交会的示误三角形内切圆直径应小于图上 0.4mm。

4) 平板仪对中偏差不超过图上 0.05mm。

5) 平板仪测图时，测图板的定向线长度不小于图上 6cm，并用另一点进行检校，检校偏差不超过图上 0.3mm。

6) 地物点测定，其距离一般实量。使用皮尺丈量时，最大长度 1∶500 测图不超过 50m，1∶1000 测图不超过 75m，采用测距仪时，可放长。

7) 采用交会法测定地物点时，前、侧方交会的方向不应少于三个，其长度不超过测板定向距离。

8) 原图的清绘整饰根据需要和条件可采用着色法、刻绘法。各项房产要素必须按实测位置或底图位置准确着色(刻绘)，其偏移误差不超过图上 0.1mm。各种注记应正确无误，位置恰当，不压盖重要地物。着色线条应均匀光滑，色浓饱满；刻绘线划应边缘平滑、光洁透亮、线划粗细、符号大小，应符合图式规格和复制的要求。

(5) 编绘法绘制房产图。房产图根据需要可利用已有地形图和地籍图进行编绘。作为编绘的已有资料，必须符合实测图的精度要求，比例尺应等于或大于绘制图的比例尺。编绘工作可在地形原图复制或地籍原图复制的等精度图(以下简称二底图)上进行，其图廓边长，方格尺寸与理论尺寸之差不超过表 12-26 的规定。补测应在二底图上进行，补测后的地物点精度应符合《房产测量规范》(GB/T 17982.1—2000)中第 3.2.3 的规定。

补测工作结束后，将调查成果准确转绘到二底图上，对房产图所需的内容经过清绘整饰，加注房产要素的编码和注记后，编成分幅图底图。

第六节　变更测量与成果资料的检查验收

一、变更测量

1. 一般规定

(1) 变更测量的分类。变更测量分为现状变更和权属变更测量。
(2) 现状变更测量内容。
1) 房屋的新建、拆迁、改建、扩建、房屋建筑结构、层数的变化。
2) 房屋的损坏与灭失，包括全部拆除或部分拆除、倒塌和烧毁。
3) 围墙、栅栏、篱笆、铁丝网等围护物以及房屋附属设施的变化。
4) 道路、广场、河流的拓宽、改造，河、湖、沟渠、水塘等边界的变化。
5) 地名、门牌号的更改。
6) 房屋及其用地分类面积增减变化。

(3)权属变更测量内容。
1)房屋买卖、交换、继承、分割、赠与、兼并等引起的权属的转移。
2)土地使用权界的调整,包括合并、分割、塌没和截弯取直。
3)征拨、出让、转让土地而引起的土地权属界线的变化。
4)他项权利范围的变化和注销。
(4)变更测量的程序。变更测量应根据房产变更资料,先进行房产要素调查,包括现状、权属和界址调查,再进行分户权界和面积的测定,调整有关的房产编码,最后进行房产资料的修正。

2. 变更测量的方法
(1)变更测量方法的选择。
1)变更测量应根据现有变更资料,确定变更范围,按平面控制点的分布情况,选择测量方法。
2)房产的合并和分割,应根据变更登记文件,在当事人或关系人到现场指界下,实地测定变更后的房产界址和面积。
3)修测之后,应对现有房产、地籍资料进行修正与处理。
(2)变更测量的基准。
1)变更测量以变更范围内平面控制点和房产界址点作为测量的基准点。所有已修测过的地物点不得作为变更测量的依据。
2)变更范围内和邻近的符合精度要求的房角点,也可作为修测的依据。
(3)变更测量的精度要求。
1)变更后的分幅、分丘图图上精度,新补测的界址点的精度都应符合的规定。
2)房产分割后各户房屋建筑面积之和与原有房屋建筑面积的不符值应在限差以内。
3)用地分割后各丘面积之和与原丘面积的不符值应在限差以内。
4)房产合并后的建筑面积,取被合并房屋建筑面积之和;用地合并后的面积,取被合并的各丘面积之和。
(4)变更测量的业务要求。
1)变更测量时,应做到变更有合法依据,对原已登记发证而确认的权界位置和面积等合法数据和附图不得随意更改。
2)房产合并或分割,分割应先进行房产登记,且无禁止分割文件,分割处必须有固定界标;位置毗连且权属相同的房屋及其用地可以合并应先进行房产登记。
3)房屋所有权发生变更或转移,其房屋用地也应随之变更或转移。

3. 房产编号的变更与处理
(1)丘号。
1)用地的合并与分割都应重新编丘号,新增丘号。按编号区内的最大丘号续编。

2)组合丘内,新增丘支号按丘内的最大丘支号续编。

(2)界址点、房角点点号。新增的界址点或房角点的点号,分别按编号区内界址点或房角点的最大点号续编。

(3)幢号。房产合并或分割应重新编幢号,原幢号作废,新幢号按丘内最大幢号续编。

二、成果资料的检查与验收

1. 一般规定

(1)成果检查、验收的制度。房产测量成果实行二级检查一级验收制。一级检查为过程检查,在全面自检、互查的基础上,由作业组的专职或兼职检查人员承担。二级检查由施测单位的质量检查机构和专职检查人员在一级检查的基础上进行。

(2)检查、验收中问题的登记和处理。各级检查验收中发现的问题,必须做好记录并提出处理意见。

(3)检查、验收报告书。

1)检查验收工作应在二级检查合格后由房产测绘单位的主管机关实施。二级检查和验收工作完成后应分别写出检查、验收报告。

2)产品成果最终验收工作由任务的委托单位组织实施。验收工作结束后应写出检查报告和验收书。

(4)上交成果资料内容。

1)房产测绘技术设计书。

2)成果资料索引及说明。

3)控制测量成果资料。

4)房屋及房屋用地调查表、界址点坐标成果表。

5)图形数据成果和房产原图。

6)技术总结。

7)检查验收报告。

2. 检查、验收项目及内容

(1)控制测量。

1)控制测量网的布设和标志埋设是否符合要求。

2)各种观测记录和计算是否正确。

3)各类控制点的测定方法、扩展次数及各种限差、成果精度是否符合要求。

4)起算数据和计算方法是否正确,平差的成果精度是否满足要求。

(2)房产调查。

1)房产要素调查的内容与填写是否齐全、正确。

2)调查表中的用地略图和房屋权界线示意图上的用地范围线、房屋权界线、房屋四面墙体归属,以及有关说明、符号和房产图上是否一致。

(3)房产要素测量。
1)房产要素测量的测量方法、记录和计算是否正确。
2)各项限差和成果精度是否符合要求。
3)测量的要素是否齐全、准确,对有关地物的取舍是否合理。
(4)房产图绘制。
1)房产图的规格尺寸,技术要求,表述内容,图廓整饰等是否符合要求。
2)房产要素的表述是否齐全、正确,是否符合要求。
3)对有关地形要素的取舍是否合理。
4)图面精度和图边处理是否符合要求。
(5)面积测算。
1)房产面积的计算方法是否正确,精度是否符合要求。
2)用地面积的测算是否正确,精度是否符合要求。
3)共有与共用面积的测定和分摊计算是否合理。
(6)变更与修测成果的检查。
1)变更与修测的方法,测量基准、测绘精度等是否符合要求。
2)变更与修测后房产要素编号的调整与处理是否正确。
(7)成果质量的评定。
1)成果质量评定等级。成果质量实行优级品、良级品和合格品三级评定。
2)成果质量评定标准
①成果质量由专职或兼职检查验收人员评定。
②成果质量评定标准,可参照相关标准执行。

第十四章 建筑物变形测量与竣工图编绘

第一节 建筑物变形测量概述

一、概念

测定建筑物及其地基在建筑物荷重和外力作用下,随时间而变形的工作称为变形测量。随着经济建设的不断发展,全国各地兴建了大量的水工建筑物,工业与交通建筑物,高大建筑物以及为开发地下资源而兴建的工程设施,安装了许多精密机械、导轨,以及科学试验设备和设施等。由于各种因素的影响,在这些工程建筑物及其设备的运营过程中,都会产生变形。这种变形在一定限度之内是正常的现象,但如果超过了规定的界限,就会影响建筑物的正常使用,严重时还会危及建筑物的安全。因此,在工程建筑物的施工和运营期间,必须对它们进行监测,即变形观测。以便从实测数据方面,反映其变形程度,并根据多方面的资料,分析其稳定情况。

二、产生变形的原因

工程建筑物产生变形的原因有很多,最主要的原因有两个方面,一是自然条件及其变化,即建筑物地基的工程地质、水文地质、土的物理性质、大气温度和风力等因素引起。例如,同一建筑物由于基础的地质条件不同,引起建筑物不均匀沉降,使其发生倾斜或裂缝。二是建筑物自身的原因,即建筑物本身的荷载、结构、形式及动载荷(如风力、振动等)的作用。此外,勘测、设计、施工的质量及运营管理工作的不合理也会引起建筑物的变形。

三、变形测量的任务

变形测量的任务就是周期性地对所设置的观测点(或建筑物某部位)进行重复观测,以求得在每个观测周期内的变化量。若需测量瞬时变形,可采用各种自动记录仪器测定其瞬时位置。

四、观测周期与观测精度

1. 观测周期

变形测量的观测周期,应根据建(构)筑物的特征、变形速率、观测精度要求和工程地质条件等因素综合考虑,观测过程中,根据变形量的变化情况,应适当调整。一般在施工过程中,频率应大些,周期可以为 3 d、7 d、15 d 等,等竣工投产以后,频率可小一些,一般为一个月、两个月、三个月、半年及一年等周期。若遇特殊情况,还要临时增加观测的次数。

2. 观测精度

表 14-1 为《建筑变形测量规范》(JGJ 8—2007)规定的建筑物变形测量的等级及精度要求。

表 14-1　　建筑变形测量的级别、精度指标及其适用范围

变形测量级别	沉降观测 观测点测站高差中误差/mm	位移观测 观测点坐标中误差/mm	主要适用范围
特级	±0.05	±0.3	特高精度要求的特种精密工程的变形测量
一级	±0.15	±1.0	地基基础设计为甲级的建筑的变形测量；重要的古建筑和特大型市政桥梁等变形测量等
二级	±0.5	±3.0	地基基础设计为甲、乙级的建筑的变形测量；场地滑坡测量；重要管线的变形测量；地下工程施工及运营中变形测量；大型市政桥梁变形测量等
三级	±1.5	±10.0	地基基础设计为乙、丙级的建筑的变形测量；地表、道路及一般管线的变形测量；地表、道路及一般管线的变形测量；中小型市政桥梁变形测量等

注：1. 观测点测站高差中误差，系指水准测量的测站高差中误差或静力水准测量、电磁波测距三角高程测量中相邻观测点相应测段间等价的相对高差中误差；

2. 观测点坐标中误差，系指观测点相对测站点(如工作基点)的坐标中误差、坐标差中误差以及等价的观测点相对基准线的偏差值中误差、建筑或构件相对底部固定点的水平位移分量中误差；

3. 观测点点位中误差为观测点坐标中误差的$\sqrt{2}$倍。

五、建筑物变形测量基本规定

(1)下列建筑在施工和使用期间应进行变形测量。

1)地基基础设计等级为甲级的建筑。

第十四章　建筑物变形测量与竣工图编绘

2) 复合地基或软弱地基上的设计等级为乙级的建筑。
3) 加层、扩建建筑。
4) 受邻近深基坑开挖施工影响或受场地地下水等环境因素变化影响的建筑。
5) 需要积累经验或进行设计反分析的建筑。

(2) 建筑变形测量精度级别的确定应符合下列规定。
1) 按下列原则确定精度级别。
① 当仅给定单一变形允许值时,应按所估算的观测点精度选择相应的精度级别。
② 当给定多个同类型变形允许值时,应分别估算观测点精度,根据其中最高精度选择相应的精度级别。
③ 当估算出的观测点精度低于表 14-1 中三级精度的要求时,应采用三级精度。
2) 其他建筑变形测量工程,可根据设计、施工的要求,按照表 14-1 的规定,选取适宜的精度级别。
3) 当需要采用特级精度时,应对作业过程和方法作出专门的设计与论证后实施。

(3) 沉降观测点测站高差中误差应按下列规定进行估算。
1) 按照设计的沉降观测网,计算网中最弱观测点高程的协因数 Q_H、待求观测点间高差的协因数 Q_h。
2) 单位权中误差即观测点测站高差中误差 μ 应按式(14-1)或式(14-2)估算:

$$\mu = m_s / \sqrt{2Q_H} \tag{14-1}$$

$$\mu = m_{\Delta s} / \sqrt{2Q_h} \tag{14-2}$$

式中　m_s——沉降量 s 的测定中误差,mm;
　　　$m_{\Delta s}$——沉降差 Δs 的测定中误差,mm。

3) 式(14-1)、式(14-2)中的 m_s 和 $m_{\Delta s}$ 应按下列规定确定:
① 沉降量、平均沉降量等绝对沉降的测定中误差 m_s,对于特高精度要求的工程可按地基条件,结合经验具体分析确定;对于其他精度要求的工程,可按低、中、高压缩性地基土或微风化、中风化、强风化地基岩石的类别及建筑对沉降的敏感程度的大小分别选±0.5mm、±1.0mm、±2.5mm;
② 基坑回弹、地基土分层沉降等局部地基沉降以及膨胀土地基沉降等的测定中误差 m_s,不应超过其变形允许值的 1/20;

③平置构件挠度等变形的测定中误差,不应超过变形允许值的 1/6;

④沉降差、基础倾斜、局部倾斜等相对沉降的测定中误差,不应超过其变形允许值的 1/20;

⑤对于具有科研及特殊目的的沉降量或沉降差的测定中误差,可根据需要将上述各项中误差乘以 1/5~1/2 系数后采用。

(4)位移观测点坐标中误差应按下列规定进行估算。

1)应按照设计的位移观测网,计算网中最弱观测点坐标的协因数 Q_X,待求观测点间坐标差的协因数 $Q_{\Delta X}$。

2)单位权中误差即观测点坐标中误差 μ 应按式(14-3)或式(14-4)估算:

$$\mu = m_d / \sqrt{2Q_X} \quad (14\text{-}3)$$

$$\mu = m_{\Delta d} / \sqrt{2Q_{\Delta X}} \quad (14\text{-}4)$$

式中　m_d——位移分量 d 的测定中误差,mm;

$m_{\Delta d}$——位移分量差 Δd 的测定中误差,mm。

3)式(14-3)、式(14-4)中的 m_d 和 $m_{\Delta d}$ 应按下列规定确定。

①对建筑基础水平位移、滑坡位移等绝对位移,可按表 14-2 选取精度级别。

②受基础施工影响的位移、挡土设施位移等局部地基位移的测定中误差,不应超过其变形允许值分量的 1/20。变形允许值分量应按变形允许值的 $1/\sqrt{2}$ 采用。

③建筑的顶部水平位移、工程设施的整体垂直挠曲、全高垂直度偏差、工程设施水平轴线偏差等建筑整体变形的测定中误差,不应超过其变形允许值分量的 1/10。

④高层建筑层间相对位移、竖直构件的挠度、垂直偏差等结构段变形的测定中误差,不应超过其变形允许值分量的 1/6。

⑤基础的位移差、转动挠曲等相对位移的测定中误差,不应超过其变形允许值分量的 1/20。

⑥对于科研及特殊目的的变形量测定中误差,可根据需要将上述各项中误差乘以 1/5~1/2 系数后采用。

(5)建筑变形测量的观测周期。

1)建筑变形测量应按确定的观测周期与总次数进行观测。变形观测周期的确定应以能系统地反映所测建筑变形的变化过程、且不遗漏其变化时刻为原则,并综合考虑单位时间内变形量的大小、变形特征、观测精度要求及外界因素影响

第十四章 建筑物变形测量与竣工图编绘

情况。

2)建筑变形测量的首次(即零周期)观测应连续进行两次独立观测,并取观测结果的中数作为变形测量初始值。

3)一个周期的观测应在短的时间内完成。不同周期观测时,宜采用相同的观测网形、观测路线和观测方法,并使用同一测量仪器和设备。对于特级和一级变形观测,宜固定观测人员、选择最佳观测时段、在相同的环境和条件下观测。

(6)当建筑变形观测过程中发生下列情况之一时,必须立即报告委托方,同时应及时增加观测次数或调整变形测量方案:

1)变形量或变形速率出现异常变化;

2)变形量达到或超出预警值;

3)周边或开挖面出现塌陷、滑坡;

4)建筑本身、周边建筑及地表出现异常;

5)由于地震、暴雨、冻融等自然灾害引起的其他变形异常情况。

第二节 沉 降 观 测

一、沉降观测水准点的测设

1. 水准点的布设与埋设

(1)水准点应尽量与观测点接近,其距离不应超过 100 m,以保证观测的精度。

(2)水准点应布设在受振区域以外的安全地点,以防止受到振动的影响。

(3)离开公路、铁路、地下管道和滑坡至少 5 m。避免埋设在低洼易积水处及松软土地带。

(4)为防止水准点受到冻胀的影响,水准点的埋设深度至少要在冰冻线下 0.5 m。在一般情况下,可以利用工程施工时使用的水准点,作为沉降观测的水准基点。如果由于施工场地的水准点离建筑物较远或条件不好,为了便于进行沉降观测和提高精度,可在建筑物附近另行埋设水准基点。

(5)水准点的埋设。当观测急剧沉降的建筑物和构筑物时,若建造水准点已来不及,可在已有房屋或结构物上设置标志作为水准点,但这些房屋或结构物的沉降必须证明已经达到终止。在山区建设中,建筑物附近常有基岩,可在岩石上凿一洞,用水泥砂浆直接将金属标志嵌固于岩层之中,但岩石必须稳固。当场地为砂土或其他不利情况下,应建造深埋水准点或专用水准点。

2. 沉降观测水准点高程的测定

沉降观测水准点的高程应根据厂区永久水准基点引测,采用二等水准测量的方法测定。往返测误差不得超过 $\pm\sqrt{n}$ mm(n 为测站数),或 $\pm 4\sqrt{L}$ mm。如果沉降观测水准点与永久水准基点的距离超过 2 000 m,则不必引测绝对标高,而采取假设高程。

3. 观测点的要求

(1)观测点本身应牢固稳定,确保点位安全,能长期保存;

(2)观测点的上部必须为突出的半球形状或有明显的突出之处,与柱身或墙身保持一定的距离;

(3)要保证在点上能垂直置尺和良好的通视条件。

二、建筑物沉降观测

1. 沉降观测的方法和规定

(1)沉降观测工作要求:

1)固定人员观测和整理成果;

2)固定使用的水准仪及水准尺;

3)使用固定的水准点;

4)按规定的日期、方法及路线进行观测。

(2)沉降观测的时间和次数。

1)较大荷重增加前后(如基础浇筑、回填土、安装柱子、房架、砖墙每砌筑一层楼、设备安装、设备运转、工业炉砌筑期间、烟囱每增加 15 m 左右等),均应进行观测。

2)如施工期间中途停工时间较长,应在停工时和复工前进行观测。

3)当基础附近地面荷重突然增加,周围大量积水及暴雨后,或周围大量挖方等,均应观测。

工程投入生产后,应连续进行观测,观测时间的间隔,可按沉降量大小及速度而定,在开始时间隔短一些,以后随着沉降速度的减慢,可逐渐延长,直到沉降稳定为止。

(3)沉降观测点首次高程测定和对使用仪器的要求。

1)沉降观测点首次观测的高程值是以后各次观测用以进行比较的根据,如初测精度不够或存在错误,不仅无法补测,而且会造成沉降工作中的矛盾现象,因此必须提高初测精度。如有条件,最好采用 N_2 或 N_3 类型的精密水准仪进行首次

第十四章 建筑物变形测量与竣工图编绘

高程测定。同时每个沉降观测点首次高程，应在同期进行两次观测后决定。

2)对于一般精度要求的沉降观测，要求仪器的望远镜放大率不得小于24倍，气泡灵敏度不得大于$15''/2\ mm$(有符合水准器的可放宽一倍)。可以采用适合四等水准测量的水准仪。但精度要求较高的沉降观测，应采用相当于N_2或N_3级的精密水准仪。

2. 建筑沉降观测

(1)建筑沉降观测应测定建筑及地基的沉降量、沉降差及沉降速度并计算基础倾斜、局部倾斜、相对弯曲及构件倾斜。

(2)沉降观测点的布置，应以能全面反映建筑及地基变形特征并结合地质情况及建筑结构特点确定。点位宜选设在下列位置。

1)建筑的四角、大转角处及沿外墙每 10~15 m 处或每隔 2~3 根柱基上。

2)高低层建筑、新旧建筑、纵横墙等交接处的两侧。

3)建筑裂缝和沉降缝两侧、基础埋深相差悬殊处、人工地基与天然地基接壤处、不同结构的分界处及填挖方分界处。

4)宽度大于等于 15 m 或小于 15 m 而地质复杂以及膨胀土地区的建筑，在承重内隔墙中部设内墙点，并在室内地面中心及四周设地面点。

5)邻近堆置重物处、受振动有显著影响的部位及基础下的暗浜(沟)处。

6)框架结构建筑的每个或部分柱基上或沿纵横轴线设点。

7)筏形基础、箱形基础底板或接近基础的结构部分之四角处及其中部位置。

8)重型设备基础和动力设备基础的四角、基础形式或埋深改变处以及地质条件变化处两侧。

9)电视塔、烟囱、水塔、油罐、炼油塔、高炉等高耸建筑，沿周边在与基础轴线相交的对称位置上布点，点数不少于 4 个。

(3)沉降观测的标志，可根据不同的建筑结构类型和建筑材料，采用墙(柱)标志、基础标志和隐蔽式标志等形式。各类标志的立尺部位应加工成半球形或有明显的突出点，并涂上防腐剂。标志的埋设位置应避开如雨水管、窗台线、散热器、暖水管、电气开关等有碍设标与观测的障碍物，并应视立尺需要离开墙(柱)面和地面一定距离。

(4)沉降观测点的施测精度，应按有关规定确定。

(5)沉降观测的周期和观测时间，可按下列要求并结合具体情况确定。

1)建筑施工阶段的观测，应随施工进度及时进行。一般建筑，可在基础完工后或地下室砌完后开始观测,大型、高层建筑,可在基础垫层或基础底部完成后开始观测。观测次数与间隔时间应视地基与加荷情况而定。民用建筑可每加高1~5层观测一次;工业建筑可按不同施工阶段(如回填基坑、安装柱子和屋架、砌筑墙体、设备安装等)分别进行观测。如建筑物均匀增高,应至少在增加荷载的25%、50%、75%和100%时各测一次。施工过程中如暂时停工,在停工时及重新开工时应各观测一次。停工期间,可每隔2~3个月观测一次。

2)建筑物使用阶段的观测次数,应视地基土类型和沉降速率大小而定。除有特殊要求者外,一般情况下,可在第一年观测3~4次,第二年观测2~3次,第三年后每年1次,直至稳定为止。

3)在观测过程中,如有基础附近地面荷载突然增减、基础四周大量积水、长时间连续降雨等情况,均应及时增加观测次数。当建筑物突然发生大量沉降、不均匀沉降或严重裂缝时,应立即进行逐日或2~3 d一次的连续观测。

4)沉降是否进入稳定阶段,应由沉降量与时间关系曲线判定。当最后100 d的沉降速率小于0.01~0.04 mm/d,可认为已进入稳定阶段,具体取值宜根据各地区地基土的压缩性确定。

(6)沉降观测点的观测方法和技术要求,除按有关规定执行外,还应符合下列要求。

1)对特级、一级沉降观测,应按《建筑变形观测规范》(JGJ 8—2007)第4.4节的规定执行。

2)对二级、三级观测点,除建筑物转角点、交接点、分界点等主要变形特征点外,可允许使用间视法进行观测,但视线长度不得大于相应等级规定的长度。

3)观测时,仪器应避免安置在有空压机、搅拌机、卷扬机等振动影响的范围内,塔式起重机等施工机械附近也不宜设站。

4)每次观测应记载施工进度、荷载量变动、建筑物倾斜裂缝等各种影响沉降变化和异常的情况。

(7)每周期观测后,应及时对观测资料进行整理,计算观测点的沉降量、沉降差以及本周期平均沉降量和沉降速度。如需要可按下列公式计算变形特征值。

1)基础倾斜度 α:

$$\alpha = (s_A - s_B)/L \tag{14-5}$$

式中 s_A——基础倾斜方向端点A的沉降量,mm;

   s_B——基础倾斜方向端点B的沉降量,mm;

第十四章 建筑物变形测量与竣工图编绘

L——基础两端点(A,B)间的距离,mm。

2)基础相对弯曲度 f_c:

$$f_c = [2s_0 - (s_1+s_2)]/L \tag{14-6}$$

式中 S_0——基础中点 k 的沉降量,mm;

L——基础两个端点间的距离间的距离,mm。

注:弯曲量以向上凸起为正,反之为负。

(8)观测工作结束后,应提交下列成果:

1)工程平面位置图及基准点分布图;

2)沉降观测点位分布图;

3)沉降观测成果表;

4)时间—荷载—沉降量曲线图;

5)等沉降曲线图。

3. 基坑回弹观测

(1)基坑回弹观测,应测定深埋大型基础在基坑开挖后,由于卸除地基土自重而引起的基坑内外影响范围内相对于开挖前的回弹量。

(2)回弹观测点位的布置,应按基坑形状及地质条件以最少的点数能测出所需各纵横断面回弹量为原则进行。可利用回弹变形的近似对称特性,按下列要求布点:

1)对于矩形基坑,应在基坑中央及纵(长边)横(短边)轴线上布设,纵向每 8~10m 布一点,横向每 3~4m 布一点。对其他不规则的基坑,可与设计人员商定。

2)基坑外的观测点,应在所选坑内方向线的延长线上距基坑深度 1.5~2 倍距离内布置。

3)所选点位遇到旧地下管道或其他构筑物时,可将观测点移至与之对应方向线的空位上。

4)在基坑外相对稳定且不受施工影响的地点,选设工作基点及为寻找标志用的定位点。

5)观测路线应组成起讫于工作基点的闭合或附合路线,使之具有检核条件。

(3)回弹标志应埋入基坑底面以下 20~30 cm。埋设方法根据开挖深度和地层土质情况,可采用钻孔法或探井法。根据埋设与观测方法的不同标志形式可采用辅助杆压入式、钻杆送入式或直埋式标志。

(4)回弹观测精度可按相关规定以给定或预估的最大回弹量为变形允许值进行估算后确定。但最弱观测点相对邻近工作基点的高差中误差,不应大于±1.0 mm。

(5)回弹观测不应少于三次,其中第一次在基坑开挖之前,第二次在基坑挖好之后,第三次在浇筑基础混凝土之前。当基坑挖完至基础施工的间隔时间较长时,亦应适当增加观测次数。

(6)基坑开挖前的回弹观测,可采用水准测量配以铅垂钢尺读数的钢尺法;较浅基坑的观测,亦可采用水准测量配辅助杆垫高水准尺读数的辅助杆法。观测结束后,应在观测孔底充填厚度约为1 m的白灰。回弹观测设备与作业,应符合下列要求。

1)钢尺在地面的一端,应用三脚架、滑轮、拉力计和重锤牵拉;在孔内的一端,应配以能在读数时准确接触回弹标志头的装置。一般观测,可配挂磁锤;当基坑较深、地质条件复杂时,可用电磁探头装置观测;基坑较浅时,亦可用挂钩法,此时,标志顶端应加工成弯钩状。

2)辅助杆宜用空心两头封口的金属管制成,顶部应加工成半球状,并于顶部侧面安置圆盒水准器,杆长以放入孔内后露出地面20~40 cm为宜。

3)测前与测后应对钢尺和辅助杆的长度进行检定。长度检定中误差,不应大于回弹观测测站高差中误差的1/2。

4)每一测站的观测可按先后视水准点上标尺面、再前视孔内尺面的顺序进行,每组读数3次,以反复进行两组作为一测回。每站不应少于两测回,并同时测记孔内温度。观测结果应加入尺长和温度的改正。

(7)基坑开挖后的回弹观测,应利用传递到坑底的临时工作点,按所需观测精度,用水准测量方法及时测出每一观测的标高。当全部点挖见后,再统一观测一次。

(8)观测工作结束后,应提交下列成果:

1)回弹观测点位平面布置图;

2)回弹量纵、横断面图;

3)回弹观测成果表。

4. 地基土分层沉降观测

(1)分层沉降观测,应测定高层和大型建筑物地基内部各分层土的沉降量、沉降速度以及有效压缩层的厚度。

第十四章 建筑物变形测量与竣工图编绘

(2)分层沉降观测点,应在建筑物地基中心附近约为 2 m×2 m 或各点间距不大于50 cm 的较小范围内,沿铅垂线方向上的各层土内布置。点位数量与深度,应根据分层土的分布情况确定,每一土层设一点,最浅的点位应在基础底面下不小于 50 cm 处,最深的点位应在超过压缩层理论厚度处,或设在压缩性低的砾石或岩石层上。

(3)分层沉降观测标志的埋设应采用钻孔法。

(4)分层沉降观测精度可按分层沉降观测点相对于邻近工作基点或基准点的高差中误差不大于±1.0 mm 的要求设计确定。

(5)分层沉降观测精度应按周期用精密水准仪或自动分层沉降仪测出各标顶的高程,计算出沉降量。

(6)分层沉降观测,应从基坑开挖后基础施工前开始,直至建筑竣工后沉降稳定时为止。观测周期可参照建筑物沉降观测的规定确定。首次观测应至少在标志埋好 5 d 后进行。

(7)观测工作结束后,应提交下列成果:

1)地基土分层标点位置图;

2)地基土分层沉降观测成果表;

3)各土层 p-s-z(荷载、沉降、深度)曲线图。

5. 建筑场地沉降观测

(1)建筑场地沉降观测,应分别测定建筑相邻影响范围之内的相邻地基沉降与建筑相邻影响范围之外的场地地面沉降。

注:1. 相邻地基沉降,系指由于毗邻高低层建筑荷载差异、新建高层建筑基坑开挖、基础施工中井点降水、基础大面积打桩等因素引起的相邻地基土应力重新分布而产生的附加沉降;

2. 场地地面沉降,系指由于长期降雨、下水道漏水、地下水位大幅度变化、大量堆载和卸载、地裂缝、潜蚀、砂土液化以及采掘等原因引起的一定范围内的地面沉降。

(2)相邻地基沉降观测点,可选在建筑物纵横轴线或边线的延长线上,亦可选在通过建筑物重心的轴线延长线上。其点位间距应视基础类型、荷载大小及地质条件以能测出沉降的零点线为原则进行确定。点位可在以建筑物基础深度1.5~2.0倍距离为半径的范围内,由外墙附近向外由密至疏布设,但距基础最远的观测点应设置在设置在沉降量为零的沉降临界点以外。场地地面沉降观测点,应在相邻地基沉降观测点布设线路之外的地面上均匀布点。具体可根据地质地形条件选用平行轴线方格网法、沿建筑物四角辐射网法或散点法布设。

(3) 相邻地基沉降观测点标志,可分为用于监测安全的浅埋标与用于结合科研的深埋标两种。浇埋标可采用普通水准标石或用直径 25 cm 左右的水泥管现场浇筑,埋深 $1\sim2$ m;深埋标可采用内管外加保护管的标石形式,埋深应与建筑物基础深度相适当,标石顶部须埋入地面下 $20\sim30$ cm,并砌筑带盖的窨井加以保护。场地地面沉降观测点的标志与埋设,应根据观测要求确定,可采用浅埋标志。

(4) 建筑场地沉降观测可采用水准测量方法进行。水准路线的布设、观测精度及其他技术要求均可参照建筑物沉降观测的有关规定执行。观测的周期,应根据不同任务要求、产生沉降的不同情况以及沉降速度等因素具体分析确定。对于基础施工相邻地基沉降观测,在基坑开挖中每天观测一次;混凝土底板浇完 10 d 以后,可每 $2\sim3$ d 观测一次,直至地下室顶板完工;此后可每周观测一次至回填土完工。场地沉降观测的周期,可参考建筑物沉降观测的有关规定确定。

(5) 观测工作结束后,应提交下列成果:
1) 场地沉降观测点平面布置图;
2) 场地沉降观测成果表;
3) 相邻地基沉降的 d-s(距离、沉降)曲线图;
4) 场地地面等沉降曲线图。

第三节 位移观测

一、一般规定

(1) 建筑位移观测可根据需要,分别或组合测定建筑主体倾斜、水平位移、挠度和基坑壁侧向位移,并对建筑场地滑坡进行监测。

(2) 位移观测应根据建筑的特点和施测要求做好观测方案的设计和技术准备工作,并取得委托方及有关人员的配合。

(3) 位移观测的标志应根据不同建筑的特点进行设计。标志应牢固、适用、美观。若受条件限制或对于高耸建筑,也可选定变形体上特征明显的塔尖、避雷针、圆柱(球)体边缘等作为观测点。对于基坑等临时性结构或岩土体,标志应坚固、耐用、便于保护。

(4) 位移观测可根据现场作业条件和经济因素选用视准线法、测角交会法或方向差交会法、极坐标法、激光准直法、投点法、测小角法、测斜法、正倒垂线法、激

第十四章 建筑物变形测量与竣工图编绘

光位移计自动测记法、GPS法、激光扫描法或近景摄影测量法等。

(5)各类建筑位移观测应根据本规范规定及时提交相应的阶段性成果和综合成果。

二、建筑主体倾斜观测

(1)建筑主体倾斜观测应测定建筑顶部观测点相对于底部固定点或上层相对于下层观测点的倾斜度、倾斜方向及倾斜速率。刚性建筑的整体倾斜,可通过测量顶面或基础的差异沉降来间接确定。

(2)主体倾斜观测点和测站点的布设应符合下列要求:

1)当从建筑外部观测时,测站点的点位应选在与倾斜方向成正交的方向线上距照准目标1.5~2.0倍目标高度的固定位置。当利用建筑内部竖向通道观测时,可将通道底部中心点作为测站点;

2)对于整体倾斜,观测点及底部固定点应沿着对应测站点的建筑主体竖直线,在顶部和底部上下对应布设;对于分层倾斜,应按分层部位上下对应布设;

3)按前方交会法布设的测站点,基线端点的选设应顾及测距或长度丈量的要求。按方向线水平角法布设的测站点,应设置好定向点。

(3)主体倾斜观测点位的标志设置应符合下列要求:

1)建筑顶部和墙体上的观测点标志可采用埋入式照准标志。当有特殊要求时,应专门设计;

2)不便埋设标志的塔形、圆形建筑以及竖直构件,可以照准视线所切同高边缘确定的位置或用高度角控制的位置作为观测点位;

3)位于地面的测站点和定向点,可根据不同的观测要求,使用带有强制对中装置的观测墩或混凝土标石;

4)对于一次性倾斜观测项目,观测点标志可采用标记形式或直接利用符合位置与照准要求的建筑特征部位,测站点可采用小标石或临时性标志。

(4)主体倾斜观测的精度可根据给定的倾斜量允许值,当由基础倾斜间接确定建筑整体倾斜时,基础差异沉降的观测精度应按本规范规定确定。

(5)主体倾斜观测的周期可视倾斜速度每1~3个月观测一次。当遇基础附近因大量堆载或缺载、场地降雨长期积水等而导致倾斜速度加快时,应及时增加观测次数。倾斜观测应避开强日照和风荷载影响大的时间段。

(6)当从建筑或构件的外部观测主体倾斜时,宜选用下列经纬仪观测法:

1)投点法。观测时,应在底部观测点位置安置水平读数尺等量测设施。在每测站安置经纬仪投影时,应按正倒镜法测出每对上下观测点标志间的水平位移分量,再按矢量相加法求得水平位移值(倾斜量)和位移方向(倾斜方向);

2)测水平角法。对塔形、圆形建筑或构件,每测站的观测应以定向点作为零方向,测出各观测点的方向值和至底部中心的距离,计算顶部中心相对底部中心的水平位移分量。对矩形建筑,可在每测站直接观测顶部观测点与底部观测点之间的夹角或上层观测点与下层观测点之间的夹角,以所测角值与距离值计算整体的或分层的水平位移分量和位移方向;

3)前方交会法。所选基线应与观测点组成最佳构形,交会角宜在60°～120°之间。水平位移计算,可采用直接由两周期观测方向值之差解算坐标变化量的方向差交会法,亦可采用按每周期计算观测点坐标值,再以坐标差计算水平位移的方法。

(7)当利用建筑或构件的顶部与底部之间的竖向通视条件进行主体倾斜观测时,宜选用下列观测方法:

1)激光铅直仪观测法。应在顶部适当位置安置接收靶,在其垂线下的地面或地板上安置激光铅直仪或激光经纬仪,按一定周期观测,在接收靶上直接读取或量出顶部的水平位移量和位移方向。作业中仪器应严格置平、对中,应旋转180°观测两次取其中数。对超高层建筑,当仪器设在楼体内部时,应考虑大气湍流影响;

2)激光位移计自动记录法。位移计宜安置在建筑底层或地下室地板上,接收装置可设在顶层或需要观测的楼层,激光通道可利用未使用的电梯井或楼梯间隔,测试室宜选在靠近顶部的楼层内。当位移计发射激光时,从测试室的光线示波器上可直接获取位移图像及有关参数,并自动记录成果;

3)正、倒垂线法。垂线宜选用直径0.6～1.2 mm的不锈钢丝或因瓦丝,并采用无缝钢管保护。采用正垂线法时,垂线上端可锚固在通道顶部或所需高度处设置的支点上。采用倒垂线法时,垂线下端可固定在锚块上,上端设浮筒。用来稳定重锤、浮子的油箱中应装有阻尼液。观测时,由观测墩上安置的坐标仪、光学垂线仪、电感式垂线仪等量测设备,按一定周期测出各测点的水平位移量;

4)吊垂球法。应在顶部或所需高度处的观测点位置上,直接或支出一点悬挂适当重量的垂球,在垂线下的底部固定毫米格网读数板等读数设备,直接读取或量出上部观测点相对底部观测点的水平位移量和位移方向。

(8)当利用相对沉降量间接确定建筑整体倾斜时,可选用下列方法:

第十四章　建筑物变形测量与竣工图编绘

1）倾斜仪测记法。可采用水管式倾斜仪、水平摆倾斜仪、气泡倾斜仪或电子倾斜仪进行观测。倾斜仪应具有连续读数、自动记录和数字传输的功能。监测建筑上部层面倾斜时，仪器可安置在建筑顶层或需要观测的楼层的楼板上。监测基础倾斜时，仪器可安置在基础面上，以所测楼层或基础面的水平倾角变化值反映和分析建筑倾斜的变化程度；

2）测定基础沉降差法。在基础上选设观测点，采用水准测量方法，以所测各周期基础的沉降差换算求得建筑整体倾斜度及倾斜方向。

(9) 倾斜观测应提交下列图表：

1）倾斜观测点位布置图；

2）倾斜观测成果表；

3）主体倾斜曲线图。

三、建筑水平位移观测

(1) 建筑水平位移观测点的位置应选在墙角、柱基及裂缝两边等处。标志可采用墙上标志，具体形式及其埋设应根据点位条件和观测要求确定。

(2) 水平位移观测的周期，对于不良地基土地区的观测，可与一并进行的沉降观测协调确定；对于受基础施工影响的有关观测，应按施工进度的需要确定，可逐日或隔 2～3 d 观测一次，直至施工结束。

(3) 当测量地面观测点在特定方向的位移时，可使用视准线、激光准直、测边角等方法。

(4) 当采用视准线法测定位移时，应符合下列规定：

1）在视准线两端各自向外的延长线上，宜埋设检核点。在观测成果的处理中，应顾及视准线端点的偏差改正。

2）采用活动觇牌法进行视准线测量时，观测点偏离视准线的距离不应超过活动觇牌读数尺的读数范围。应在视准线一端安置经纬仪或视准仪，瞄准安置在另一端的固定觇牌进行定向，待活动觇牌的照准标志正好移至方向线上时读数。每个观测点应按确定的测回数进行往测与返测；

3）采用小角法进行视准线测量时，视准线应按平行于待测建筑边线布置，观测点偏离视准线的偏角不应超过 30″。偏离值 d（图 14-1）可按式(14-7)计算：

$$d = \alpha/\rho \cdot D \qquad (14-7)$$

式中　α——偏角，″；

　　　D——从观测端点到观测点的距离，m；

ρ——常数,其值为 $206\ 265''$。

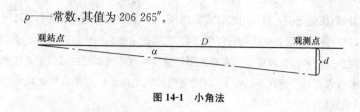

图 14-1 小角法

(5)当采用激光准直法测定位移时的要求。

1)使用激光经纬仪准直法时,当要求具有 $10^{-5}\sim 10^{-4}$ 量级准直精度时,可采用 DJ2 型仪器配置氦—氖激光器或半导体激光器的激光经纬仪及光电探测器或目测有机玻璃方格网板;当要求达到 10^{-6} 量级精度时,可采用 DJ1 型仪器配置高稳定性氦—氖激光器或半导体激光器的激光经纬仪及高精度光电探测系统。

2)对于较长距离的高精度准直,可采用三点式激光衍射准直系统或衍射频谱成像及投影成像激光准直系统。对短距离的高精度准直,可采用衍射式激光准直仪或连续成像衍射板准直仪。

3)激光仪器在使用前必须进行检校,仪器射出的激光束轴线、发射系统轴线和望远镜照准轴应三者重合,观测目标与最小激光斑应重合。

(6)当采用测边角法测定位移时,对主要观测点,可以该点为测站测出对应视准线端点的边长和角度,求得偏差值。对其他观测点,可选适宜的主要观测点为测站,测出对应其他观测点的距离与方向值,按坐标法求得偏差值。角度观测测回数与长度的丈量精度要求,应根据要求的偏差值观测中误差确定。测量观测点任意方向位移时,可视观测点的分布情况,采用前方交会或方向差交会及极坐标等方法。单个建筑亦可采用直接量测位移分量的方向线法,在建筑纵、横轴线的相邻延长线上设置固定方向线,定期测出基础的纵向和横向位移。对于观测内容较多的大测区或观测点远离稳定地区的测区,宜采用测角、测边、边角及 GPS 与基准线法相结合的综合测量方法。

(7)水平位移观测应提交下列图表:

1)水平位移观测点位布置图;

2)水平位移观测成果表;

3)水平位移曲线图。

四、基坑壁侧向位移观测

(1)基坑壁侧向位移观测应测定基坑围护结构桩墙顶水平位移和桩墙深层挠曲。基坑壁侧向位移观测的精度应根据基坑支护结构类型、基坑形状、大小和深度、周边建筑及设施的重要程度、工程地质与水文地质条件和设计变形报警预估值等因素综合确定。基坑壁侧向位移观测可根据现场条件使用视准线法、测小角法、前方交会法或极坐标法，并宜同时使用测斜仪或钢筋计、轴力计等进行观测。

(2) 当使用视准线法、测小角法、前方交会法或极坐标法测定基坑壁侧向位移时，应符合下列规定：

1) 基坑壁侧向位移观测点应沿基坑周边桩墙顶每隔 10~15 m 布设一点；

2) 侧向位移观测点宜布置在冠梁上，可采用铆钉枪射入铝钉，亦可钻孔埋设膨胀螺栓或用环氧树脂胶粘标志；

3) 测站点宜布置在基坑围护结构的直角上。

(3) 当采用测斜仪测定基坑壁侧向位移时，应符合下列规定：

1) 测斜仪宜采用能连续进行多点测量的滑动式仪器；

2) 测斜管应布设在基坑每边中部及关键部位，并埋设在围护结构桩墙内或其外侧的土体内，基埋设深度应与围护结构入土深度一致；

3) 将测斜管吊入孔或槽内时，应使十字形槽口对准观测的水平位移方向。连接测斜管时应对准导槽，使之保持在一直线上。管底端应装底盖，每个接头及底盖处应密封；

4) 埋设于基坑围护结构中的测斜管，应将测斜管绑扎在钢筋笼上，同步放入成孔或槽内，通过浇筑混凝土后固定在桩墙中或外侧；

5) 埋设于土体中的测斜管，应先用地质钻机成孔，将分段测斜管连接放入孔内，测斜管连接部分应密封处理，测斜管与钻孔壁之间空隙宜回填细砂或水泥与膨润土拌和的灰浆，其配合比应根据土层的物理力学性能和水文地质情况确定。测斜管的埋设深度应与围护结构入土深度一致；

6) 测斜管埋好后，应停留一段时间，使测斜管与土体或结构固连为一整体；

7) 观测时，可由管底开始向上提升测头至待测位置，或沿导槽全长每隔 500 mm（轮距）测读一次，将测头旋转 180°再测一次。两次观测位置（深度）应一致，依此作为一测回。每周期观测可测两测回，每个测斜导管的初测值，应测四测回，观测成果取中数。

(4) 当应用钢筋计、轴力计等物理测量仪表测定基坑主要结构的轴力、钢筋内力及监测基坑四周土体内土体压力、孔隙水压力时，应能反映基坑围护结构的变形特征。对变形大的区域，应适当加密观测点位和增设相应仪表。

(5) 基坑壁侧向位移观测的周期应符合下列规定：

1)基坑开挖期间应 2~3 d 观测一次,位移速率或位移量大时应每天 1~2 次;

2)当基坑壁的位移速率或位移量迅速增大或出现其他异常时,应在做好观测本身安全的同时,增加观测次数,并立即将观测结果报告委托方。

(6)基坑壁侧向位移观测应提交下列图表:

1)基坑壁位移观测点布置图;

2)基坑壁位移观测成果表;

3)基坑壁位移曲线图。

五、建筑场地滑坡观测

(1)建筑场地滑坡观测应测定滑坡的周界、面积、滑动量、滑移方向、主滑线以及滑动速度,并视需要进行滑坡预报。滑坡观测点位的布设要求:

1)滑坡面上的观测点应均匀布设。滑动量较大和滑动速度较快的部位,应适当增加布点;

2)滑坡周界外稳定的部位和周界内稳定的部位,均应布设观测点;

3)主滑方向和滑动范围已明确时,可根据滑坡规模选取十字形或格网形平面布点方式;主滑方向和滑动范围不明确时,可根据现场条件,采用放射形平面布点方式;

4)需要测定滑坡体深部位移时,应将观测点钻孔位置布设在主滑轴线上,并可对滑坡体上局部滑动和可能具有的多层滑动面进行观测;

5)对已加固的滑坡,应在其支挡锚固结构的主要受力构件上布设应力计和观测点。

(2)滑坡观测点位的标石、标志及其埋设的要求:

1)土体上的观测点可埋设预制混凝土标石。根据观测精度要求,顶部的标志可采用具有强制对中装置的活动标志或嵌入加工成半球状的钢筋标志。标石埋深不宜小于 1 m,在冻土地区应埋至当地冻土线以下 0.5 m。标石顶部应露出地面 20~30 cm;

2)岩体上的观测点可采用砂浆现场浇固的钢筋标志。凿孔深度不宜小于 10 cm。标志埋好后,其顶部应露出岩体面 5 cm;

3)必要的临时性或过渡性观测点以及观测周期短、次数少的小型滑坡观测点,可埋设硬质大木桩,但顶部应安置照准标志,底部应埋至当地冻土线以下;

4)滑动体深部位移观测钻孔应穿过潜在滑动面进入稳定的基岩面以下不小

第十四章　建筑物变形测量与竣工图编绘

于 1 m。观测钻孔应铅直,孔径应不小于 110 mm。

(3)滑坡观测的周期应视滑坡的活跃程度及季节变化等情况而定,并应符合下列规定:

1)在雨季,宜每半月或一月测一次;干旱季节,可每季度测一次;

2)当发现滑速增快,或遇暴雨、地震、解冻等情况时,应增加观测次数;

3)当发现有大的滑动可能或有其他异常时,应在做好观测本身安全的同时,及时增加观测次数,并立即将观测结果报告委托方。

(4)滑坡观测点的位移观测方法,可根据现场条件,按下列要求选用:

1)当建筑数量多、地形复杂时,宜采用以三方向交会为主的测角前方交会法,交会角宜在 $50°\sim110°$ 之间,长短边不宜悬殊。也可采用测距交会法、测距导线法以及极坐标法;

2)对于视野开阔的场地,当面积小时,可采用放射线观测网法,从两个测站点上按放射状布设交会角在 $30°\sim150°$ 之间的若干条观测线,两条观测线的交点即为观测点。每次观测时,应以解析法或图解法测出观测点偏离两测线交点的位移量。当场地面积大时,可采用任意方格网法,其布设与观测方法应与放射线观测网相同,但应需增加测站点与定向点;

3)对于带状滑坡,当通视较好时,可采用测线支距法,在与滑动轴线的垂直方向,布设若干条测线,沿测线选定测站点、定向点与观测点。每次观测时,应按支距法测出观测点的位移量与位移方向。当滑坡体窄而长时,可采用十字交叉观测网法;

4)对于抗滑墙(桩)和要求高的单独测线,可选用视准线法;

5)对于可能有大滑动的滑坡,除采用测角前方交会等方法外,亦可采用数字近景摄影测量方法同时测定观测点的水平和垂直位移;

6)当符合 GPS 观测条件和满足观测精度要求时,可采用单机多天线 GPS 观测方法观测。

(5)滑坡观测应提交下列图表:

1)滑坡观测点位布置图;

2)观测成果表;

3)观测点位移与沉降综合曲线图。

六、挠度观测

(1)建筑基础和建筑主体以及墙、柱等独立构筑物的挠度观测,应按一定周期测定其挠度值。

(2)挠度观测的周期应根据荷载情况并考虑设计、施工要求确定。

(3)建筑基础挠度观测可与建筑沉降观测同时进行。观测点应沿基础的轴线或边线布设,每一轴线或边线上不得少于3点。建筑主体挠度观测,除观测点应按建筑结构类型在各不同高度或各层处沿一定垂直方向布设外,其标志设置、观测方法应按规定执行。挠度值应由建筑上不同高度点相对于底部固定点的水平位移值确定。独立构筑物的挠度观测,除可采用建筑主体挠度观测要求外,当观测条件允许时,亦可用挠度计、位移传感器等设备直接测定挠度值。

(4)挠度值及跨中挠度值应按下列公式计算。

1)挠度值 f_d 应按下列公式计算(图14-2):

$$f_d = \Delta s_{AE} - \frac{L_{AE}}{L_{AE}+L_{EB}}\Delta s_{AB} \qquad (14\text{-}8)$$

$$\Delta s_{AE} = s_E - s_A \qquad (14\text{-}9)$$

$$\Delta s_{AE} = s_B - s_A \qquad (14\text{-}10)$$

式中 s_A、s_B——为基础上 A、B 点的沉降量或位移量,mm;

s_E——基础上 E 点的沉降量或位移量 mm,E 点位于 A、B 两点之间;

L_{AE}——A、E 之间的距离,m;

L_{EB}——E、B 之间的距离,m。

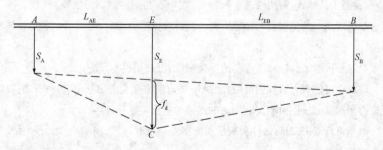

图 14-2 挠度

2)跨中挠度值 f_{dc} 应按下列公式计算:

$$f_{dc} = \Delta s_{10} - \frac{1}{2}\Delta s_{12} \qquad (14\text{-}11)$$

$$\Delta s_{10} = s_0 - s_1 \qquad (14\text{-}12)$$

$$\Delta s_{12} = s_2 - s_1 \qquad (14\text{-}13)$$

式中　s_0——基础中点的沉降量或位移量，mm；

　　　s_1、s_2——基础两个端点的沉降量或位移量，mm。

(5)挠度观测应提交下列图表：

1)挠度观测点布置图；

2)观测成果表；

3)挠度曲线图。

七、建筑物倾斜观测方法

1. 一般建筑物的倾斜观测

(1)直接观测法。在观测之前，要用经纬仪在建筑物同一个竖直面的上、下部位，各设置一个观测点，如图14-3所示M为上观测点、N为下一个观测点。如果建筑物发生倾斜，则MN连线随之倾斜。观测时，在距离大于建筑物高度的地方安置经纬仪，照准上观测点M，用盘左、盘右分中法将其向下投测得N'点，如N'与N点不重合，则说明建筑物产生倾斜，N'与N点之间的水平距离d即为建筑物的倾斜值。若建筑物高度为H，则建筑物的倾斜度为

$$i=\frac{d}{H} \tag{14-14}$$

(2)间接计算法。建筑物发生倾斜，主要是地基的不均匀沉降造成的，如通过沉降观测测出了建筑物的不均匀沉降量Δh，如图14-4所示，则偏移值δ可由下式计算：

$$\delta=\frac{\Delta h}{L}\cdot H \tag{14-15}$$

式中　δ——建筑物上、下部相对位移值；

　　　Δh——基础两端点的相对沉降量；

　　　L——建筑物的基础宽度；

　　　H——建筑物的高度。

2. 塔式建筑物的倾斜观测

(1)纵横轴线法。如图14-5所示，以烟囱为例，先在拟测建筑物的纵、横两轴线方向上距建筑物1.5～2倍建筑物高处选定两个点作为测站，图中为M_1和M_2。在烟囱横轴线上布设观测标志A、B、C、D点，在纵轴线上布设观测标志E、F、G、H点，并选定远方通视良好的固定点N_1和N_2作为零方向。

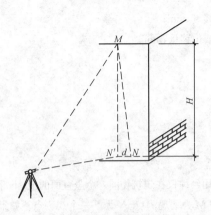 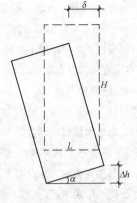

图 14-3　直接观测法测倾斜　　　图 14-4　间接观测法测倾斜

观测时,首先在 M_1 设站,以 N_1 为零方向,以 A、B、C、D 为观测方向,用 J_2 经纬仪按方向观测法观测两个测回(若用 J_6 经纬仪则应测四个测回),得方向值分别为 β_A、β_B、β_C 和 β_D,则上部中心 O 的方向值为 $(\beta_B+\beta_C)/2$;下部中心 P 的方向值为 $(\beta_A+\beta_D)/2$,则 O、P 在纵轴线方向水平夹角 θ_1 为

$$\theta_1 = \frac{(\beta_A+\beta_D)-(\beta_B-\beta_C)}{2} \tag{14-16}$$

若已知 M_1 点至烟囱底座中心水平距离为 L_1,则在纵轴线方向的倾斜位移量 δ_1 为

$$\delta_1 = \frac{\theta_1}{\rho''} \cdot L_1$$

则

$$\delta_1 = \frac{(\beta_A+\beta_D)-(\beta_B+\beta_C)}{2\rho''} \cdot L_1 \tag{14-17}$$

所以,在 M_2 设站,以 N_2 为零方向测出 E、F、G、H 各点方向值 β_E、β_F、β_G 和 β_H 可得横轴线方向的倾斜位移量 δ_2 为

$$\delta_2 = \frac{(\beta_E+\beta_H)-(\beta_F+\beta_G)}{2\rho''} \cdot L_2 \tag{14-18}$$

其中 L_2 为 M_2 点至烟囱底座中心的水平距离。则总倾斜的偏移值为

$$\delta = \sqrt{\delta_1^2+\delta_2^2} \tag{14-19}$$

(2)前方交会法。当塔式建筑物很高,且周围环境又不便采用纵、横轴线法时,可采用前方交会法进行观测。

第十四章 建筑物变形测量与竣工图编绘

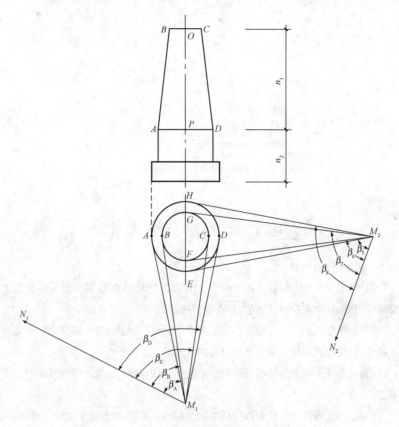

图 14-5　纵、横轴线法测倾斜

如图 14-6 所示(俯视图),O' 为烟囱顶部中心位置,O 为底部中心位置,烟囱附近布设基线 MN,M、N 需选在稳定且能长期保存的地方,条件困难时也可选在附近稳定的建筑物顶面上。MN 的长度一般不大于 5 倍的建筑物高度,交会角应尽量接近 60°。首先安置经纬仪于 M 点,测定顶部 O' 两侧切线与基线的夹角,取其平均值,如图 14-6 中的 α_1。再安置经纬仪于 N 点,测定顶部 O' 两侧切线与基线的夹角,取其平均值,如图中之 β_1,利用前方交会公式计算出 O' 的坐标,同法可得 O 点的坐标,则 O'、O 两点间的平距 $D_{OO'}$ 可由坐标反算公式求得,实际上 $D_{OO'}$ 即为倾斜偏移值 δ。

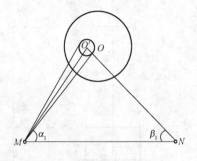

图 14-6 前方交会法测倾斜

第四节 特殊变形观测

一、动态变形测量

(1) 对于建筑在动荷载作用下而产生的动态变形，应测定其一定时间段内的瞬时变形量，计算变形特征参数，分析变形规律。

(2) 动态变形的观测点应选在变形体受动荷载作用最敏感并能稳定牢固地安置传感器、接收靶和反光镜等照准目标的位置上。

(3) 动态变形测量的精度应根据变形速率、变形幅度、测量要求和经济因素来确定。

(4) 动态变形测量方法的选择可根据变形体的类型、变形速率、变形周期特征和测定精度要求等确定，并符合下列规定：

1) 对于精度要求高、变形周期长、变形速率小的动态变形测量，可采用全站仪自动跟踪测量或激光测量等方法；

2) 对于精度要求低、变形周期短、变形速率大的建筑，可采用位移传感器、加速度传感器、GPS动态实时差分测量等方法；

3) 当变形频率小时，可采用数字近景摄影测量或经纬仪测角前方交会等方法。

(5) 采用全站仪自动跟踪测量方法进行动态变形观测时，应符合下列规定：

1) 测站应设立在基准点或工作基点上，并使用有强制对中装置的观测台或观测墩；

2) 变形观测点上宜安置观测棱镜，距离短时也可采用反射片；

第十四章 建筑物变形测量与竣工图编绘

3)数据通信电缆宜采用光纤或专用数据电缆,并应安全敷设。连接处应采取绝缘和防水措施;

4)测站和数据终端设备应备有不间断电源;

5)数据处理软件应具有观测数据自动检核、超限数据自动处理、不合格数据自动重测、观测目标被遮挡时可自动延时观测以及变形数据自动处理、分析、预报和预警等功能。

(6)采用激光测量方法进行动态变形观测时,应符合下列规定:

1)激光经纬仪、激光导向仪、激光准直仪等激光器宜安置在变形区影响之外或受变形影响小的区域。激光器应采取防尘、防水措施;

2)安置激光器后,应同时在激光器附近的激光光路上,设立固定的光路检核标志;

3)整个光路上应无障碍物,光路附近应设立安全警示标志;

4)目标板或感应器应稳固设立在变形比较敏感的部位并与光路垂直;目标板的刻划应均匀、合理。观测时,应将接收到的激光光斑调至最小、最清晰。

(7)采用 GPS 动态实时差分测量方法进行动态变形观测时,应符合下列规定:

1)应在变形区之外或受变形影响小的地势高处设立 GPS 参考站。参考站上部应无高度角超过 10°的障碍物,且周围无大面积水域、大型建筑等 GPS 信号反射物及高压线、电视台、无线电发射源、热源、微波通道等干扰源;

2)变形观测点宜设置在建筑顶部变形敏感的部位,变形观测点的数目应依建筑结构和要求布设,接收天线的安置应稳固,并采取保护措施,周围无高度角超过 10°的障碍物。卫星接收数量不应少于 5 颗,并应采用固定解成果;

3)长期的变形观测宜采用光缆或专用数据电缆进行数据通信,短期的也可采用无线电数据链。

(8)采用数字近景摄影测量方法进行动态变形观测时,应满足下列要求:

1)应根据观测体的变形特点、观测规模和精度要求,合理选用作业方法,可采用时间基线视差法、立体摄影测量方法或多摄站摄影测量方法;

2)像控点可采用独立坐标系。像控点应布设在建筑的四周,并应在景深范围内均匀布设。像控点测定中误差不宜大于变形观测点中误差的 1/3。当采用直接线性变换法解算待定点时,一个像对宜布设 6~9 个控制点;当采用时间基线视差法时,一个像对宜至少布设 4 个控制点;

3)变形观测点的点位中误差宜为 ±1~10 mm,相对中误差宜为 1/5 000~1/20 000。

观测标志,可采用十字形或同心圆形,标志的颜色可采用与被摄建筑色调有明显反差的黑、白两色相间;

4)摄影站应设置固定观测墩。对于长方形的建筑,摄影站宜布设在与其长轴线相平行的一条直线上,并使摄影主光轴垂直于被摄物体的主立面;对于圆柱形外表的建筑,摄影站可均匀布设在与物体中轴线等距的四周;

5)多像对摄影时,应布设像对间起连接作用的标志点;

6)近景摄影测量的其他技术要求,应满足现行国家标准《工程摄影测量规范》(GB 50167—1992)的有关规定。

二、日照变形观测

(1)日照变形观测应在高耸建筑物或单柱(独立高柱)受强阳光照射或辐射的过程中进行,应测定建筑物或单柱上部由于向阳面与背阳面温差引起的偏移及其变化规律。

(2)日照变形观测点的选设应符合下列要求:

1)当利用建筑物内部竖向通道观测时,应以通道底部中心位置作为测站点,以通道顶部正垂直对应于测站点的位置作为观测点;

2)当从建筑物或单柱外部观测时,观测点应选在受热面的顶部或受热面上部的不同高度处与底部(视观测方法需要布置)适中位置,并设置照准标志,单柱亦可直接照准顶部与底部中心线位置;测站点应选在与观测点连线呈正交或近于正交的两条方向线上,其中一条宜与受热面垂直,距观测点的距离约为照准目标高度1.5倍的固定位置处,并埋设标石。

(3)日照变形的观测时间,宜选在夏季的高温天进行。一般观测项目,可在白天时间段观测,从日出前开始,日落后停止,每隔约1 h观测一次;对于有科研要求的重要建筑物,可在全天24 h内,每隔约1 h观测一次。在每次观测的同时,应测出建筑物向阳面与背阳面的温度,并测定风速与风向。

(4)日照变形观测可根据不同观测条件与要求选用下列方法。

1)当建筑物内部具有竖向通视条件时,应采用激光铅直仪观测法。在测站点上可安置激光铅直仪或激光经纬仪,在观测点上安置接收靶。每次观测,可从接收靶读取或量出顶部观测点的水平位移值和位移方向,亦可借助附于接收靶上的标示光点设施,直接获得各次观测的激光中心轨迹图,然后反转其方向即为实测日照变形曲线图。

2)从建筑物外部观测时,可采用测角前方交会法或方向差交会法。对于单柱

第十四章 建筑物变形测量与竣工图编绘

的观测,按不同量测条件,可选用经纬仪投点法、测顶部观测点与底部观测点之间的夹角法或极坐标法。按上述方法观测时,从两个测站对观测点的观测应同步进行。所测顶部的水平位移量与位移方向,应以首次测算的观测点坐标值或顶部观测点相对底部观测点的水平位移值作为初始值,与其他各次观测的结果相比较后计算求取。

(5)日照变形观测的精度,可根据观测对象的不同要求和不同观测方法,具体分析确定。用经纬仪观测时,观测点相对测站点的点位中误差,对投点法不应大于±1.0 mm,对测角法不应大于±2.0 mm。

(6)观测工作结束后,应提交下列成果:

1)日照变形观测点位布置图;

2)观测成果表;

3)日照变形曲线图;

4)观测成果分析说明资料。

三、风振观测

(1)风振观测应在高层、超高层建筑物受强风作用的时间段内同步测定建筑物的顶部风速、风向和墙面风压以及顶部水平位移,以获取风压分布、体型系数及风振系数。

(2)风振观测设备与方法的选用应符合下列要求。

1)风速、风向观测宜在建筑物顶部的专设桅杆上安置两台风速仪(如电动风速仪、文氏管风速仪),分别记录脉动风速、平均风速及风向,并在距建筑物约100~200 m距离的一定高度(10~20 m)处安置风速仪记录平均风速;以与建筑物顶部风速比较观测风力沿高度的变化。

2)风压观测应在建筑物不同高度的迎风面与背风面外墙上,对应设置适当数量的风压盒作传感器,或采用激光光纤压力计与自动记录系统,以测定风压分布和风压系数。

3)顶部水平位移观测可根据要求和现场情况选用下列方法:

①激光位移计自动测记法;

②长周期拾振器测记法。将拾振器设在建筑物顶部天面中间,由测试室内的光线示波器记录观测结果;

③双轴自动电子测斜仪(电子水枪)测记法。测试位置应选在振动敏感的位置,仪器的 x 轴与 y 轴(水枪方向)应与建筑物的纵横轴线一致,并用罗盘定向,根

据观测数据计算出建筑物的振动周期和顶部水平位移值;

④加速度计法。将加速度传感器安装在建筑物顶部,测定建筑物在振动时的加速度,通过加速度积分求解位移值;

⑤经纬仪测角前方交会法或方向差交会法。此法适用于在缺少自动测记设备和观测要求不高时建筑物顶部水平位移的测定,但作业中应采取措施防止仪器受到强风影响。

(3)风振位移的观测精度,如用自动测记法,应视所用仪器设备的性能和精确程度要求具体确定。如采用经纬仪观测,观测点相对测站点的点位中误差不应大于±15 mm。

(4)由实测位移值计算风振系数 β 时,可采用下列公式:

$$\beta=(s+0.5A)/s \qquad (14\text{-}20)$$

或

$$\beta=(s_a+s_d)/s \qquad (14\text{-}21)$$

式中　s——平均位移值,mm。

A——风力振幅,mm。

s_a——静态位移,mm。

s_d——动态位移,mm。

(5)观测工作结束后,应提交下列成果:

1)风速、风压、位移的观测位置布置图;

2)各项观测成果表;

3)风速、风压、位移及振幅等曲线图;

4)观测成果分析说明资料。

四、裂缝观测

(1)裂缝观测应测定建筑物上的裂缝分布位置,裂缝的走向、长度、宽度及其变化程度。观测的裂缝数量视需要而定,主要的或变化的裂缝应进行观测。

(2)对需要观测的裂缝应统一进行编号。每条裂缝至少应布设两组观测标志,一组在裂缝最宽处,另一组在裂缝末端。每组标志由裂缝两侧各一个标志组成。

(3)裂缝观测标志,应具有可供量测的明晰端面或中心。观测期较长时,可采用镶嵌或埋入墙面的金属标志、金属杆标志或楔形板标志;观测期较短或要求不高时可采用油漆平行线标志或用建筑胶粘贴的金属片标志。要求较高、需要测出裂缝纵横向变化值时,可采用坐标方格网板标志。使用专用仪器设备观测的标志,可按具体要求另行设计。

(4)对于数量不多,易于量测的裂缝,可视标志型式不同,用比例尺、小钢尺或游标卡尺等工具定期量出标志间距离求得裂缝变位值,或用方格网板定期读取"坐标差"计算裂缝变化值;对于较大面积且不便于人工量测的众多裂缝宜采用近景摄影测量方法;当需连续监测裂缝变化时,还可采用测缝计或传感器自动测记方法观测。

(5)裂缝观测的周期应视其裂缝变化速度而定。通常开始可半月测一次,以后一月左右测一次。当发现裂缝加大时,应增加观测次数,直至几天或逐日一次的连续观测。

(6)裂缝观测中,裂缝宽度数据应量取至 0.1 mm,每次观测应绘出裂缝的位置、形态和尺寸,注明日期,附必要的照片资料。

(7)观测结束后,应提交下列成果:

1)裂缝分布位置图;

2)裂缝观测成果表;

3)观测成果分析说明资料;

4)当建筑物裂缝和基础沉降同时观测时,可选择典型剖面绘制两者的关系曲线。

第五节　竣工总平面图的编绘

一、编绘竣工总平面图的一般规定

(1)竣工总平面图系指在施工后,施工区域内地上、地下建筑物及构筑物的位置和标高等的编绘与实测图纸。

(2)对于地下管道及隐蔽工程,回填前应实测其位置及标高,作出记录,并绘制草图。

(3)竣工总平面图的比例尺,宜为 1∶500。其坐标系统、图幅大小、注记、图例符号及线条,应与原设计图一致。原设计图没有的图例符号,可使用新的图例符号,并应符合现行总平面图设计的有关规定。

(4)竣工总平面图应根据现有资料,及时编绘。

重新编绘时,应详细实地检核。对不符之处,应实测其位置、标高及尺寸,按实测资料绘制。

(5)竣工总平面图编绘完后,应经原设计及施工单位技术负责人的审核、会签。

二、竣工总平面图编绘的方法和步骤

1. 准备工作

(1) 决定竣工总平面图的比例尺。竣工总平面图的比例尺,应根据企业的规模大小和工程的密集程度参考下列规定:

1) 小区内为 1/500 或 1/1000。

2) 小区外为 1/1000~1/5000。

(2) 绘制竣工总平面图图底坐标方格网。为了能长期保存竣工资料,竣工总平面图应采用质量较好的图纸。聚酯薄膜具有坚韧、透明、不易变形等特性,可用作图纸。

(3) 展绘控制点。以图底上绘出的坐标方格网为依据,将施工控制网点按坐标展绘在图上。展点对所邻近的方格而言,其允许偏差为±0.3mm。

(4) 展绘设计总平面图。在编绘竣工总平面图之前,应根据坐标格网,先将设计总平面图的图面内容按其设计坐标,用铅笔展绘于图纸上,作为底图。

2. 编绘步骤

(1) 绘制竣工总平面图的依据。

1) 设计总平面图、单位工程平面图、纵横断面图和设计变更资料。

2) 定位测量资料、施工检查测量及竣工测量资料。

(2) 根据设计资料展点成图。凡按设计坐标定位施工的工程,应以测量定位资料为依据,按设计坐标(或相对尺寸)和标高编绘。

(3) 根据竣工测量资料或施工检查测量资料展点成图。在工业与民用建筑施工过程中,在每一个单位工程完成后,应该进行竣工测量,并提出该工程的竣工测量成果。

(4) 展绘竣工位置时的要求。根据上述资料编绘成图时,对于厂房应使用黑色墨线绘出该工程的竣工位置,并应在图上注明工程名称、坐标和标高及有关说明。对于各种地上、地下管线,应用各种不同颜色的墨线绘出其中心位置,注明转折点及井位的坐标、高程及有关注明。

三、现场实测

有下列情况之一者,必须进行现场实测,以编绘竣工总平面图:

(1) 由于未能及时提出建筑物或构筑物的设计坐标,而在现场指定施工位置的工程。

(2) 设计图上只标明工程与地物的相对尺寸而无法推算坐标和标高;
(3) 由于设计多次变更,而无法查对设计资料;
(4) 竣工现场的竖向布置、围墙和绿化情况,施工后尚保留的大型临时设施。

四、竣工总平面图的绘制

1. 分类竣工总平面图的编绘

对于大型企业和较复杂的工程,如将厂区地上、地下所有建筑物和构筑物都绘在一张总平面图上,这样将会形成图面线条密集,不易辨认。为了使图面清晰醒目,便于使用,可根据工程的密集与复杂程度,按工程性质分类编绘竣工总平面图。

2. 综合竣工总平面图

综合竣工总平面图即全厂性的总体竣工总平面图,包括地上地下一切建筑物、构筑物和竖向布置及绿化情况等。

3. 竣工总平面图的图面内容和图例

竣工总平面图的图面内容和图例,一般应与设计图取得一致。图例不足时,可补充编绘。

4. 竣工总平面图的附件

为了全面反映竣工成果,便于生产管理、维修和日后企业的扩建或改建,与竣工总平面图有关的一切资料,应分类装订成册,作为竣工总平面图的附件保存。

5. 随工程的竣工相继进行编绘

工业企业竣工总平面图的编绘,最好的办法是随着单位或系统工程的竣工,及时地编绘单位工程或系统工程平面图;并由专人汇总各单位工程平面图编绘竣工总平面图。

第十五章 工程测量常用数据及技术资料

第一节 工程施工测量常用数据

一、线路测量常用数据

1. 线路测图比例尺选用

线路测图比例尺的选用见表15-1。

表15-1 线路测图的比例尺

线路名称	带状地形图	工点地形图	纵断面图 水平	纵断面图 垂直	横断面图 水平	横断面图 垂直
铁 路	1∶1000 1∶2000 1∶5000	1∶200 1∶500	1∶1000 1∶2000 1∶10000	1∶100 1∶200 1∶1000	1∶100 1∶200	1∶100 1∶200
公 路	1∶2000 1∶5000	1∶200 1∶500 1∶1000	1∶2000 1∶5000	1∶200 1∶500	1∶100 1∶200	1∶100 1∶200
架空索道	1∶2000 1∶5000	1∶200 1∶500	1∶2000 1∶5000	1∶200 1∶500	—	—
自流管线	1∶1000 1∶2000	1∶500	1∶1000 1∶2000	1∶100 1∶200		
压力管线	1∶2000 1∶5000	1∶500	1∶2000 1∶5000	1∶200 1∶500		
架空送电线路	—	1∶200 1∶500	1∶2000 1∶5000	1∶200 1∶500	—	—

注：1. 1∶200比例尺的工点地形图，可按对1∶500比例尺地形测图的技术要求测绘。

2. 当架空送电线路通过市区的协议区或规划区时，应根据当地规划部门的要求，施测1∶1000或1∶2000比例尺的带状地形图。

3. 当架空送电线路需要施测横断面图时，水平和垂直比例尺宜选用1∶200或1∶500。

2. 铁路、公路测量

(1)铁路、二级及以下等级公路导线测量的主要技术要求，应符合表15-2的

第十五章 工程测量常用数据及技术资料

规定。

表15-2 铁路、二级及以下等级公路导线测量的主要技术要求

导线长度(km)	边长(m)	仪器精度等级	测回数	测角中误差(″)	测距相对中误差	联测检核 方位闭合差(″)	联测检核 相对闭合差
≤30	400~600	2″级仪器	1	12	≤1/2000	$24\sqrt{n}$	≤1/2000
		6″级仪器		20		$40\sqrt{n}$	

注:表中 n 为测站数。

(2)铁路、二级及以下等级公路高程控制测量的主要技术要求,应符合表15-3的规定。

表15-3 铁路、二级及以下等级公路高程控制测量的主要技术要求

等级	每千米高差全中误差(mm)	路线长度(km)	往返较差、附合或环线闭合差(mm)
五等	15	30	$30\sqrt{L}$

注:L 为水准路线长度(km)。

(3)铁路、公路定测放线副交点水平角观测的角值较差不应大于表15-4的规定。

表15-4 副交点测回间角值较差的限差

仪器精度等级	副交点测回间角值较差的限差(″)
2″级仪器	15
6″级仪器	20

(4)铁路、公路线路中线测量,应与初测导线、航测外控点或GPS点联测。联测间隔宜为5km,特殊情况下不应大于10km。线路联测闭合差不应大于表15-5的规定。

表15-5 中线联测闭合差的限差

线路名称	方位角闭合差(″)	相对闭合差
铁路、一级及以上公路	$30\sqrt{n}$	1/2000
二级及以下公路	$60\sqrt{n}$	1/1000

注:n 为测站数;计算相对闭合差时,长度采用初、定测闭合环长度。

(5)铁路、公路中线桩位测量误差,直线段不应超过表15-6的规定;曲线段不

应超过表 15-7 的规定。

表 15-6　　　　　　　直线段中线桩位测量限差

线路名称	纵向误差(m)	横向误差(cm)
铁路、一级及以上公路	$\frac{S}{2000}+0.1$	10
二级及以下公路	$\frac{S}{1000}+0.1$	10

注：S 为转点桩至中线桩的距离(m)。

表 15-7　　　　　　曲线段中线桩位测量闭合差限差

线路名称	纵向相对闭合差(m)		横向闭合差(cm)	
	平地	山地	平地	山地
铁路、一级及以上公路	1/2000	1/1000	10	10
二级及以下公路	1/1000	1/500	10	15

（6）铁路、公路横断面测量的误差，不应超过表 15-8 的规定。

表 15-8　　　　　　　　横断面测量的限差

线路名称	距离(m)	高程(m)
铁路、一级及以上公路	$\frac{l}{100}+0.1$	$\frac{h}{100}+\frac{l}{200}+0.1$
二级及以下公路	$\frac{l}{50}+0.1$	$\frac{h}{50}+\frac{l}{100}+0.1$

注：1. l 为测点至线路中线桩的水平距离(m)。
　　2. h 为测点至线路中线桩的高差(m)。

（7）铁路、公路施工前应复测中线桩，当复测成果与原测成果的较差符合表 15-9 的限差规定时，应采用原测成果。

表 15-9　　　　　　中线桩复测与原测成果较差的限差

线路名称	水平角(″)	距离相对中误差	转点横向误差(mm)	曲线横向闭合差(cm)	中线桩高程(cm)
铁路、一级及以上公路	≤30	≤1/2000	每 100m 小于 5，点间距大于等于 400m 小于 20	≤10	≤10
二级及以下公路	≤60	≤1/1000	每 100m 小于 10	≤10	≤10

第十五章 工程测量常用数据及技术资料

3. 自流和压力管线测量

(1)自流和压力管线导线测量的主要技术要求,应符合表 15-10 的规定。

表 15-10　　　自流和压力管线导线测量的主要技术要求

导线长度(km)	边长(km)	测角中误差(″)	联测检核 方位角闭合差(″)	联测检核 相对闭合差	适用范围
≤30	<1	12	$24\sqrt{n}$	1/2000	压力管线
≤30	<1	20	$40\sqrt{n}$	1/1000	自流管线

注:n 为测站数。

(2)自流和压力管线水准测量和电磁波测距三角高程测量的主要技术要求,应符合表 15-11 的规定。

表 15-11　　　自流和压力管线高程控制测量的主要技术要求

等级	每千米高差全中误差(mm)	路线长度(km)	往返较差、附合或环线闭合差(mm)	适用范围
五等	15	30	$30\sqrt{L}$	自流管线
图根	20	30	$40\sqrt{L}$	压力管线

注:1. L 为路线长度(km)。
　　2. 作业时,根据需要压力管线的高程控制精度可放宽 1～2 倍执行。

(3)地下管线测量常用数据。地下管线的调查项目和取舍标准,宜根据委托方要求确定,也可依管线疏密程度、管径大小和重要性按表 15-12 确定。

表 15-12　　　　地下管线调查项目和取舍标准

管线类型		埋深 外顶	埋深 内底	断面尺寸 管径	断面尺寸 宽×高	材质	取舍要求	其他要求
给水		*	—	*	—	*	内径不小于 50mm	—
排水	管道	—	*	*	—	*	内径不小于 200mm	注明流向
排水	方沟	—	*	—	*	*	方沟断面不小于 300mm×300mm	注明流向
燃气		*	—	*	—	*	干线和主要支线	注明压力
热力	直埋	*	—	*	—	*	干线和主要支线	注明流向
热力	沟道	*	—	—	*	*	全测	注明流向
工业管道	自流	—	*	*	—	*	工艺流程线不测	
工业管道	压力	*	—	*	—	*		自流管道注明流向

续表

管线类型		埋深		断面尺寸		材质	取舍要求	其他要求
		外顶	内底	管径	宽×高			
电力	直埋	*	—	—	—	—	电压不小于 380V	注明电压
	沟道	—	*	—	*	*	全测	注明电缆根数
通信	直埋	*	—	*	—	—	干线和主要支线	
	管块	*	—	—	*	—	全测	注明孔数

注:1. * 为调查或探查项目。

2. 管道材质主要包括:钢、铸铁、钢筋混凝土、混凝土、石棉水泥、陶土、PVC 塑料等。沟道材质主要包括:砖石、管块等。

二、工程施工测量常用数据

1. 场区控制测量

(1)当采用导线及导线网作为场区控制网时,导线边长应大致相等,相邻边的长度之比不宜超过 1:3,其主要技术要求应符合表 15-13 的规定。

表 15-13 场区导线测量的主要技术要求

等级	导线长度 (km)	平均边长 (m)	测角中误差(″)	测距相对中误差	测回数		方位角闭合差(″)	导线全长相对闭合差
					2″级仪器	6″级仪器		
一级	2.0	100~300	5	1/30000	3	—	$10\sqrt{n}$	≤1/15000
二级	1.0	100~200	8	1/14000	2	4	$16\sqrt{n}$	≤10000

注:n 为测站数。

(2)当采用三角形网作为场区控制网时,其主要技术要求应符合表 15-14 的规定。

表 15-14 场区三角形网测量的主要技术要求

等级	边长 (m)	测角中误差(″)	测边相对中误差	最弱边长相对中误差	测回数		三角形最大闭合差(″)
					2″级仪器	6″级仪器	
一级	300~500	5	≤1/40000	≤1/20000	3	—	15
二级	100~300	8	≤1/20000	≤1/10000	2	4	24

(3)当采用 GPS 网作为场区控制网时,其主要技术要求应符合表 15-15 的规定。

表 15-15 场区 GPS 网测量的主要技术要求

等级	边长(m)	固定误差 A(mm)	比例误差系数 B(mm/km)	边长相对中误差
一级	300~500	≤5	≤5	≤1/40000
二级	100~300			≤1/20000

2. 工业与民用建筑施工测量
(1)建筑物施工平面控制网的主要技术要求应符合表 15-16 的规定。

表 15-16　　　建筑物施工平面控制网的主要技术要求

等级	边长相对中误差	测角中误差
一级	≤1/30000	$7''/\sqrt{n}$
二级	≤1/15000	$15''/\sqrt{n}$

注：n 为建筑物结构的跨数。

(2)建筑物施工平面控制网建立时水平角观测的测回数应根据表 15-16 中测角中误差的大小，按表 15-17 选定。

表 15-17　　　水平角观测的测回数

仪器精度等级 \ 测角中误差	2.5″	3.5″	4.0″	5″	10″
1″级仪器	4	3	2	—	—
2″级仪器	6	5	4	3	1
6″级仪器	—	—	—	4	3

(3)建筑物施工放样、轴线投测和标高传递的偏差，不应超过表 15-18 的规定。

表 15-18　　　建筑物施工放样、轴线投测和标高传递的允许偏差

项目	内容		允许偏差(mm)
基础桩位放样	单排桩或群桩中的边桩		±10
	群桩		±20
各施工层上放线	外廓主轴线长度 L(m)	$L \leq 30$	±5
		$30 < L \leq 60$	±10
		$60 < L \leq 90$	±15
		$90 < L$	±20
	细部轴线		±2
	承重墙、梁、柱边线		±3
	非承重墙边线		±3
	门窗洞口线		±3

续表

项　目	内　容		允许偏差(mm)
轴线竖向投测	每　层		3
轴线竖向投测	总高 H(m)	$H\leqslant 30$	5
轴线竖向投测	总高 H(m)	$30<H\leqslant 60$	10
轴线竖向投测	总高 H(m)	$60<H\leqslant 90$	15
轴线竖向投测	总高 H(m)	$90<H\leqslant 120$	20
轴线竖向投测	总高 H(m)	$120<H\leqslant 150$	25
轴线竖向投测	总高 H(m)	$150<H$	30
标高竖向传递	每　层		±3
标高竖向传递	总高 H(m)	$H\leqslant 30$	±5
标高竖向传递	总高 H(m)	$30<H\leqslant 60$	±10
标高竖向传递	总高 H(m)	$60<H\leqslant 90$	±15
标高竖向传递	总高 H(m)	$90<H\leqslant 120$	±20
标高竖向传递	总高 H(m)	$120<H\leqslant 150$	±25
标高竖向传递	总高 H(m)	$150<H$	±30

(4)柱子、桁架和梁安装测量的偏差,不应超过表 15-19 的规定。

表 15-19　　柱子、桁架和梁安装测量的允许偏差

测量内容		允许偏差(mm)
钢柱垫板标高		±2
钢柱±0.000 标高检查		±2
混凝土柱(预制)±0.000 标高检查		±3
柱子垂直度检查	钢柱牛腿	5
柱子垂直度检查	柱高 10m 以内	10
柱子垂直度检查	柱高 10m 以上	$H/1000$,且$\leqslant 20$
桁架和实腹梁、桁架和钢架的支承结点间相邻高差的偏差		±5
梁间距		±3
梁面垫板标高		±2

注:H 为柱子高度(mm)。

(5)构件预装测量的偏差,不应超过表 15-20 的规定。

表 15-20　　　　　构件预装测量的允许偏差

测量内容	测量的允许偏差(mm)
平台面抄平	±1
纵横中心线的正交度	±0.8$\sqrt{l}$
预装过程中的抄平工作	±2

注:l 为自交点起算的横向中心线长度的米数。长度不足 5m 时,以 5m 计。

(6)附属构筑物安装测量的偏差,不应超过表 15-21 的规定。

表 15-21　　　　　附属构筑物安装测量的允许偏差

测 量 项 目	测量的允许偏差(mm)
栈桥和斜桥中心线的投点	±2
轨面的标高	±2
轨道跨距的丈量	±2
管道构件中心线的定位	±5
管道标高的测量	±5
管道垂直度的测量	$H/1000$

注:H 为管道垂直部分的长度(mm)。

3. 水工建筑物施工测量

(1)水工建筑物首级施工平面控制网的等级,应根据工程规模和建筑物的施工精度要求按表 15-22 选用。

表 15-22　　　　　首级施工平面控制网等级的选用

工 程 规 模	混凝土建筑物	土石建筑物
大型工程	二 等	二或三等
中型工程	三 等	三或四等
小型工程	四等或一级	一 级

(2)水工建筑物各等级施工平面控制网的平均边长,应符合表 15-23 的规定。

表 15-23　　　　水工建筑物施工平面控制网的平均边长

等 级	二 等	三 等	四 等	一 级
平均边长(m)	800	600	500	300

(3) 水工建筑物施工高程控制网等级的选用,应符合表 15-24 的规定。

表 15-24　　　　　　施工高程控制网等级的选用

工 程 规 模	混凝土建筑物	土石建筑物
大型工程	二等或三等	三 等
中型工程	三 等	四 等
小型工程	四 等	五 等

(4) 填筑及混凝土建筑物轮廓点的施工放样偏差,不应超过表 15-25 的规定。

表 15-25　　　填筑及混凝土建筑物轮廓点施工放样的允许偏差

建筑材料	建筑物名称	允许偏差(mm)	
		平面	高程
混凝土	主坝、厂房等各种主要水工建筑物	±20	±20
	各种导墙及井、洞衬砌	±25	±20
	副坝、围堰心墙、护堤、护坡、挡墙等	±30	±30
土石料	碾压式坝(堤)边线、心墙、面板堆石坝等	±40	±30
	各种坝(堤)内设施定位、填料分界线等	±50	±50

注:允许偏差是指放样点相对于邻近控制点的偏差。

(5) 建筑物混凝土浇筑及预制构件拼装的竖向测量偏差,不应超过表 15-26 的规定。

表 15-26　　　　　　建筑物竖向测量的允许偏差

工 程 项 目	相邻两层对接中心线的相对允许偏差(mm)	相对基础中心线的允许偏差(mm)	累计偏差(mm)
厂房、开关站等的各种构架、主柱	±3	$H/2000$	±20
闸墩、栈桥墩、船闸、厂房等侧墙	±5	$H/1000$	±30

注:H 为建(构)筑物的高度(mm)。

(6) 水工建筑物附属设施安装测量的偏差,不应超过表 15-27 的规定。

第十五章 工程测量常用数据及技术资料

表 15-27　　　水工建筑物附属设施安装测量的允许偏差

设备种类	细部项目	允许偏差(mm)		备　注
		平面	高程(差)	
压力钢管安装	始装节管口中心位置	±5	±5	相对钢管轴线和高程基点
	有连接的管口中心位置	±10	±10	
	其他管口中心位置	±15	±15	
平面闸门安装	轨间间距	−1～+4	—	相对门槽中心线
弧形门、人字门安装	—	±2	±3	相对安装轴线
天车、起重机轨道安装	轨距	±5	—	一条轨道相对于另一条轨道
	平行轨道相对高差	—	±10	
	轨道坡度	—	L/1500	

注：1. L 为天车、起重机轨道长度(mm)。
　　2. 垂直构件安装，同一铅垂线上的安装点点位中误差不应大于±2mm。

4. 隧道施工测量

(1) 隧道工程的相向施工中线在贯通面上的贯通误差，不应大于表 15-28 的规定。

表 15-28　　　　隧道工程的贯通误差

类　别	两开挖洞口间长度(km)	贯通误差限差(mm)
横向	$L<4$	100
	$4\leqslant L<8$	150
	$8\leqslant L<10$	200
高程	不限	70

注：作业时，可根据隧道施工方法和隧道用途的不同，当贯通误差的调整不会显著影响隧道中线几何形状和工程性能时，其横向贯通限差可适当放宽1～1.5倍。

(2) 隧道控制测量对贯通中误差的影响值，不应大于表 15-29 的规定。

表 15-29　　　隧道控制测量对贯通中误差影响值的限值

两开挖洞口间的长度(km)	横向贯通中误差(mm)				高程贯通中误差(mm)	
	洞外控制测量	洞内控制测量		竖井联系测量	洞外	洞内
		无竖井的	有竖井的			
$L<4$	25	45	35	25	25	25
$4\leqslant L<8$	35	65	55	35		
$8\leqslant L<10$	50	85	70	50		

(3) 隧道洞外平面控制测量的等级,应根据隧道的长度按表 15-30 选取。

表 15-30　　　　　　　隧道洞外平面控制测量的等级

洞外平面控制网类别	洞外平面控制网等级	测角中误差(″)	隧道长度 L(km)
GPS 网	二等	—	$L>5$
	三等	—	$L\leqslant 5$
三角形网	二等	1.0	$L>5$
	三等	1.8	$2<L\leqslant 5$
	四等	2.5	$0.5<L\leqslant 2$
	一级	5	$L\leqslant 0.5$
导线网	三等	1.8	$2<L\leqslant 5$
	四等	2.5	$0.5<L\leqslant 2$
	一级	5	$L\leqslant 0.5$

(4) 隧道洞内平面控制测量的等级,应根据隧道两开挖洞口间长度按表 15-31 选取。

表 15-31　　　　　　　隧道洞内平面控制测量的等级

洞内平面控制网类别	洞内导线网测量等级	导线测角中误差(″)	两开挖洞口间长度 L(km)
导线网	三等	1.8	$L\leqslant 5$
	四等	2.5	$2\leqslant L<5$
	一级	5	$L<2$

(5) 隧道洞外、洞内高程控制测量的等级,应分别依洞外水准路线的长度和隧道长度按表 15-32 选取。

表 15-32　　　　　　隧道洞外、洞内高程控制测量的等级

高程控制网类别	等级	每千米高差全中误差(mm)	洞外水准路线长度或两开挖洞口间长度 S(km)
水准网	二等	2	$S>16$
	三等	6	$6<S\leqslant 16$
	四等	10	$S\leqslant 6$

三、工程变形监测常用数据

1. 变形监测的等级划分及精度要求

变形监测的等级划分及精度要求,应符合表 15-33 的规定。

表 15-33　　　　变形监测的等级划分及精度要求

等级	垂直位移监测		水平位移监测	适用范围
	变形观测点的高程中误差(mm)	相邻变形观测点的高差中误差(mm)	变形观测点的点位中误差(mm)	
一等	0.3	0.1	1.5	变形特别敏感的高层建筑、高耸构筑物、工业建筑、重要古建筑、大型坝体、精密工程设施、特大型桥梁、大型直立岩体、大型坝区地壳变形监测等
二等	0.5	0.3	3.0	变形比较敏感的高层建筑、高耸构筑物、工业建筑、古建筑、特大型和大型桥梁、大中型坝体、直立岩体、高边坡、重要工程设施、重大地下工程、危害性较大的滑坡监测等
三等	1.0	0.5	6.0	一般性的高层建筑、多层建筑、工业建筑、高耸构筑物、直立岩体、高边坡、深基坑、一般地下工程、危害性一般的滑坡监测大型桥梁等
四等	2.0	1.0	12.0	观测精度要求较低的建(构)筑物、普通滑坡监测、中小型桥梁等

注:1. 变形观测点的高程中误差和点位中误差,是指相对于邻近基准点的中误差。
　　2. 特定方向的位移中误差,可取表中相应等级点位中误差的 $1/\sqrt{2}$ 作为限值。
　　3. 垂直位移监测,可根据需要按变形观测点的高程中误差或相邻变形观测点的高差中误差,确定监测精度等级。

2. 水平位移监测基准网

(1)水平位移监测基准网的主要技术要求,应符合 15-34 的规定。

表 15-34　　　　　水平位移监测基准网的主要技术要求

等级	相邻基准点的点位中误差(mm)	平均边长 L(m)	测角中误差(″)	测边相对中误差	水平角观测测回数 1″级仪器	水平角观测测回数 2″级仪器
一等	1.5	≤300	0.7	≤1/300000	12	—
		≤200	1.0	≤1/200000	9	—
二等	3.0	≤400	1.0	≤1/200000	9	—
		≤200	1.8	≤1/100000	6	9
三等	6.0	≤450	1.8	≤1/100000	6	9
		≤350	2.5	≤1/80000	4	6
四等	12.0	≤600	2.5	≤1/80000	4	6

注:1. 水平位移监测基准网的相关指标,是基于相应等级相邻基准点的点位中误差的要求确定的。

2. 具体作业时,也可根据监测项目的特点在满足相邻基准点的点位中误差要求前提下,进行专项设计。

3. GPS 水平位移监测基准网,不受测角中误差和水平角观测测回数指标的限制。

(2)水平位移监测基准网边长测距主要技术要求应符合表 15-35 的规定。

表 15-35　　　　　测距的主要技术要求

等级	仪器精度等级	每边测回数 往	每边测回数 返	一测回读数较差(mm)	单程各测回较差(mm)	气象数据测定的最小读数 温度(℃)	气象数据测定的最小读数 气压(Pa)	往返较差(mm)
一等	1mm 级仪器	4	4	1	1.5	0.2	50	≤2$(a+b×D)$
二等	2mm 级仪器	3	3	3	4			
三等	5mm 仪器	2	2	5	7			
四等	10mm 级仪器	4	4	8	10			

注:1. 测回是指照准目标一次,读数 2~4 次的过程。

2. 根据具体情况,测边可采取不同时间段代替往返观测。

3. 测量斜距,须经气象改正和仪器的加、乘常数改正后才能进行水平距离计算。

4. 计算测距往返较差的限差时,a、b 分别为相应等级所使用仪器标称的固定误差和比例误差系数,D 为测量斜距(km)。

第十五章　工程测量常用数据及技术资料

3. 垂直位移监测基准网

(1)垂直位移监测基准网的主要技术要求,应符合表 15-36 的规定。

表 15-36　　垂直位移监测基准网的主要技术要求

等级	相邻基准点高差中误差(mm)	每站高差中误差(mm)	往返较差或环线闭合差(mm)	检测已测高差较差(mm)
一等	0.3	0.07	$0.15\sqrt{n}$	$0.2\sqrt{n}$
二等	0.5	0.15	$0.30\sqrt{n}$	$0.4\sqrt{n}$
三等	1.0	0.30	$0.60\sqrt{n}$	$0.8\sqrt{n}$
四等	2.0	0.70	$1.40\sqrt{n}$	$2.0\sqrt{n}$

注:表中 n 为测站数。

(2)垂直位移监测基准网水准观测的主要技术要求,应符合表 15-37 的规定。

表 15-37　　水准观测的主要技术要求

等级	水准仪型号	水准尺	视线长度(m)	前后视的距离较差(m)	前后视的距离较差累积(m)	视线离地面最低高度(m)	基本分划、辅助分划读数较差(mm)	基本分划、辅助分划所测高差较差(mm)
一等	DS05	因瓦	15	0.3	1.0	0.5	0.3	0.4
二等	DS05	因瓦	30	0.5	1.5	0.5	0.3	0.4
三等	DS05	因瓦	50	2.0	3	0.5	0.5	0.7
三等	DS1	因瓦	50	2.0	3	0.5	0.5	0.7
四等	DS1	因瓦	75	5.0	8	0.2	1.0	1.5

注:1. 数字水准仪观测,不受基、辅分划读数较差指标的限制,但测站两次观测的高差较差,应满足表中相应等级基、辅分划所测高差较差的限值。

2. 水准路线跨越江河时,应进行相应等级的跨河水准测量,其指标不受该表的限制。

4. 变形监测方法选择

变形监测的方法,应根据监测项目的特点、精度要求、变形速率以及监测体的安全性等指标,按表 15-38 选用。也可同时采用多种方法进行监测。

表 15-38　　　　　　　　变形监测方法的选择

类别	监测方法
水平位移监测	三角形网、极坐标法、交会法、GPS 测量、正倒垂线法、视准线法、引张线法、激光准直法、精密测(量)距、伸缩仪法、多点位移计、倾斜仪等
垂直位移监测	水准测量、液体静力水准测量、电磁波测距三角高程测量等
三维位移监测	全站仪自动跟踪测量法、卫星实时定位测量(GPS-RTK)法、摄影测量法
主体倾斜	经纬仪投点法、差异沉降法、激光准直法、垂线法、倾斜仪、电垂直梁等
挠度观测	垂线法、差异沉降法、位移计、挠度计等
监测体裂缝	精密测(量)距、伸缩仪、测缝计、位移计、摄影测量等
应力、应变监测	应力计、应变计

5. 工业与民用建筑变形监测

工业与民用建筑变形监测项目,应根据工程需要按表 15-39 选择。

表 15-39　　　　　　　　工业与民用建筑变形监测项目

项目		主要监测内容		备注
场地		垂直位移		建筑施工前
基坑	支护边坡	不降水	垂直位移	回填前
			水平位移	
		降水	垂直位移	降水期
			水平位移	
			地下水位	
	地基	基坑回弹		基坑开挖期
		分层地基土沉降		主体施工期、竣工初期
		地下水位		降水期
建筑物	基础变形	基础沉降		主体施工期、竣工初期
		基础倾斜		
	主体变形	水平位移		竣工初期
		主体倾斜		
		建筑裂缝		发现裂缝初期
		日照变形		竣工后

第十五章 工程测量常用数据及技术资料

6. 水工建筑物变形监测

(1)水工建筑物变形监测项目应在满足工程需要和设计要求的基础上,按表15-40选择。

表15-40　　　　　　　　水工建筑物变形监测项目

阶段	项目		主要监测内容
施工期	高边坡开挖稳定性监测		水平位移、垂直位移、挠度、倾斜、裂缝
	堆石体监测		水平位移、垂直位移
	结构物监测		水平位移、垂直位移、挠度、倾斜、接缝、裂缝
	临时围堰监测		水平位移、垂直位移、挠度
	建筑物基础沉降观测		垂直位移
	近坝区滑坡监测		水平位移、垂直位移、深层位移
运行期	坝体	混凝土坝	水平位移、垂直位移、挠度、倾斜、坝体表面接缝、裂缝、应力、应变等
		土石坝	
		灰坝、尾矿坝	水平位移、垂直位移、挠度、倾斜、裂缝等
		堤坝	水平位移、垂直位移
	涵闸、船闸		水平位移、垂直位移
			水平位移、垂直位移、挠度、裂缝、张合变形等
	库首区、库区	滑坡体	水平位移、垂直位移、深层位移、裂缝
		地质软弱层	
		跨断裂(断层)	
		高边坡	

(2)水工建筑物施工期变形监测的精度要求,不应超过表15-41的规定。

表15-41　　　　　　　　施工期变形监测的精度要求

项目名称	位移量中误差(mm)		备注
	平面	高程	
高边坡开挖稳定性监测	3	3	岩石边坡
	5	5	岩土混合或土质边坡
堆石体监测	5	5	
结构物监测	根据设计要求确定		
临时围堰监测	5	10	

续表

项 目 名 称	位移量中误差(mm) 平面	位移量中误差(mm) 高程	备 注
建筑物基础沉降观测	—	3	
裂缝观测	1	—	混凝土构筑物、大型金属构件
	3	—	其他结构
近坝区滑坡监测	3	3	岩体滑坡体
	5~6	5	岩土混合或土质滑坡体

注:1. 临时围堰位移量中误差是指相对于围堰轴线,裂缝观测是指相对于观测线,其他项目是指相对于工作基点而言。

2. 垂直位移观测,应采用水准测量;受客观条件限制时,也可采用电磁波测距三角高程测量。

(3) 混凝土水坝变形监测的精度要求,不应超过表 15-42 的规定。

表 15-42　　　　　混凝土水坝变形监测的精度要求

项 目				测量中误差
水平位移(mm)	坝体	重力坝、支墩坝		1.0
		拱坝	径向	2.0
			切向	1.0
	坝基	重力坝、支墩坝		0.3
		拱坝	径向	1.0
			切向	0.5
垂直位移(mm)				1.0
挠度(mm)				0.3
倾斜(″)		坝体		5.0
		坝基		1.0
坝体表面接缝、裂缝(mm)				0.2

注:1. 中小型混凝土水坝的水平位移监测精度,可放宽 1 倍执行;土石坝,可放宽 2 倍执行。

2. 中小型水坝的垂直位移监测精度,小型混凝土水坝不应超过 2mm,中型土石坝不应超过 3mm,小型土石坝不应超过 5mm。

7. 地下工程变形监测

地下工程变形监测项目和内容,应根据埋深、地质条件、地面环境、开挖断面和施工方法等因素综合确定。监测内容应根据工程需要和设计要求,按表 15-43 选择。

表 15-43　　地下工程变形监测项目

阶段	项目			主要监测内容
地下工程施工阶段	地下建(构)筑物基坑	支护结构	位移监测	支护结构水平侧向位移、垂直位移
				立柱水平位移、垂直位移
			挠度监测	桩墙挠曲
			应力监测	桩墙侧向水土压力和桩墙内力、支护结构界面上侧向压力、水平支撑轴力
		地基	位移监测	基坑回弹、分层地基土沉降
			地下水	基坑内外地下水位
	地下建(构)筑物	结构、基础	位移监测	主要柱基、墩台的垂直位移、水平位移、倾斜
				连续墙水平侧向位移、垂直位移、倾斜
				建筑裂缝
				底板垂直位移
			挠度监测	桩墙(墙体)挠曲、梁体挠度
			应力监测	侧向地层抗力及地基反力、地层压力、静水压力及浮力
	地下隧道	隧道结构	位移监测	隧道拱顶下沉、隧道底面回弹、衬砌结构收敛变形
				衬砌结构裂缝
				围岩内部位移
			挠度监测	侧墙挠曲
			地下水	地下水位
			应力监测	围岩压力及支护间应力、锚杆内力和抗拔力、钢筋格栅拱架内力及外力、衬砌内应力及表面应力
	受影响的地面建(构)筑物、地表沉陷、地下管线	地表面地面建(构)筑物地下管线	位移监测	地表沉陷
				地面建筑物水平位移、垂直位移、倾斜
				地面建筑裂缝
				地下管线水平位移、垂直位移
				土体水平位移
			地下水	地下水位

续表

阶段	项目		主要监测内容	
地下工程运营阶段	地下建(构)筑物	结构、基础	位移监测	主要柱基、墩台的垂直位移、水平位移、倾斜
				连续墙水平侧向位移、垂直位移、倾斜
				建筑裂缝
				底板垂直位移
			挠度监测	连续墙挠曲、梁体挠度
			地下水	地下水位
	地下隧道	结构、基础	位移监测	衬砌结构变形
				衬砌结构裂缝
				拱顶下沉
				底板垂直位移
			挠度监测	侧墙挠曲

8. 桥梁变形监测

桥梁变形监测的内容,应根据桥梁结构类型按表15-44选择。

表 15-44　　　　桥梁变形监测项目

类型	施工期主要监测内容	运营期主要监测内容
梁式桥	桥墩垂直位移 悬臂法浇筑的梁体水平、垂直位移 悬臂法安装的梁体水平、垂直位移 支架法浇筑的梁体水平、垂直位移	桥墩垂直位移 桥面水平、垂直位移
拱桥	桥墩垂直位移 装配式拱圈水平、垂直位移	桥墩垂直位移 桥面水平、垂直平移
悬索桥斜拉桥	索塔倾斜、塔顶水平位移、塔基垂直位移 主缆线性形变(拉伸变形) 索夹滑动位移 梁体水平、垂直位移 散索鞍相对转动 锚碇水平、垂直位移	索塔倾斜、垂直位移 桥面水平、垂直位移
桥梁两岸边坡	桥梁两岸边坡水平、垂直位移	桥梁两岸边坡水平、垂直位移

第二节 建筑施工测量技术资料

一、工程定位测量记录

工程定位测量记录见表15-45。

表15-45　　　　　　　　工程定位测量记录表　　　　　　编号：_____

工程名称		委托单位	
图纸编号		施测日期	
平面坐标依据		复测日期	
高程依据		使用仪器	
允许误差		仪器校验日期	
定位抄测示意图：			
复测结果			

签字栏	建设(监理)单位	施工单位		测量人员岗位证书号	
		专业技术负责人	测量负责人	复测人	施测人

本表由建设单位、监理单位、施工单位、城建档案馆各保存一份。

二、基槽验线记录

基槽验线记录见表15-46。

表15-46　　　　　　　　基槽验线记录表　　　　　　编号：_____

工程名称		日　期	
验线依据及内容：			
基槽平面、剖面简图：			
检查意见：			

签字栏	建设(监理)单位	施工测量单位		
		专业技术负责人	专业质检员	施测人

本表由建设单位、施工单位、城建档案馆各保存一份。

三、楼层平面放线记录

楼层平面放线记录见表15-47。

表15-47　　　　　　　　楼层平面放线记录表　　　　　　　编号：_____

工程名称			日　期	
放线部位			放线内容	
放线依据：				
放线简图：				
检查意见：				
签字栏	建设(监理)单位	施工单位		
		专业技术负责人	专业质检员	施测人

本表由施工单位填写并保存。

四、楼层标高抄测记录

楼层标高抄测记录见表15-48。

表15-48　　　　　　　　楼层标高抄测记录表　　　　　　　编号：_____

工程名称			日　期	
抄测部位			抄测内容	
抄测依据：				
抄测说明：				
检查意见：				
签字栏	建设(监理)单位	施工单位		
		专业技术负责人	专业质检员	施测人

本表由施工单位填写并保存。

第十五章　工程测量常用数据及技术资料

五、建筑物垂直度、标高观测记录

建筑物垂直度、标高观测记录见表 15-49。

表 15-49　　　　建筑物垂直度、标高观测记录表　　　　编号：_____

工程名称			
施工阶段		观测日期	
观测说明（附观测示意图）：			
垂直度测量（全高）		标高测量（全高）	
观测部位	实测偏差(mm)	观测部位	实测偏差(mm)
结论：			
签字栏	建设（监理）单位	施工单位	
		专业技术负责人	专业质检员	施测人

本表由施工单位填写，建设单位、施工单位各保存一份。

六、横断面测量记录

横断面测量记录见表 15-50。

表 15-50　　　　　　横断面测量记录表　　　　　　编号：_____

工程名称		委托单位	
图纸编号		施测日期	
使用仪器		仪器校验日期	
桩号	后视度数	测点前视度数	测点离标准边距离	测点高程
签字栏	建设（监理）单位	施工（测量）单位		测量人员	
		专业技术负责人	测量负责人	复测人员	施测人

七、施工放样报告单

施工放样报告单见表15-51。

表15-51　　　　　　　　施工放样报告单表　　　　　　编号：_____

工程名称		委托单位	
图纸编号		施测日期	
使用仪器		仪器校验日期	
桩　号	工程(部位)名称	放样内容	说　明

附件：测量及放样资料

测量工程师意见：

监理工程师意见：

签字栏	建设(监理)单位	施工(测量)单位		测量人员	
		专业技术负责人	测量负责人	复测人员	施测人

八、水平角观测记录

水平角观测记录见表15-52。

表15-52　　　　　　　　水平角观测记录表　　　　　　编号：_____

工程名称		委托单位	
图纸编号		施测日期	
使用仪器		仪器校验日期	

测站	观测点号	读数	2C	半测回读数	一测回读数
1					

签字栏	建设(监理)单位	施工(测量)单位		测量人员	
		专业技术负责人	测量负责人	复测人员	施测人

第十五章 工程测量常用数据及技术资料

九、水准观测记录

水准观测记录见表 15-53。

表 15-53　　　　　水准观测记录表　　　　编号：_____

工程名称				日　期				
图纸编号				施测日期				
地　点				天　气				

测站编号	后视 下丝 上丝	前视 下丝 上丝	控制点方向	控制点间距	高程读书（中丝）		控制点之高差	高程
					后视	前视		
	后距	前距	后视点号					后点
	前距	后距						
	视距差 Σd	视距差 Σd	前视点号					前点
1								
2								
3								

签字栏	建设(监理)单位	施工(测量)单位		测量人员		
		专业技术负责人	测量负责人	复测人员	施测人	

附录　常用计量单位换算

一、长度单位换算

附表 1　　　　　　米制与市制长度单位换算

单位	米制				市制			
	米(m)	毫米(mm)	厘米(cm)	千米(km)	市寸	市尺	市丈	市里
1m	1	1000	100	0.0010	30	3	0.3000	0.0020
1mm	0.0010	1	0.1000	10^{-6}	0.0300	0.0030	0.0003	2×10^{-6}
1cm	0.0100	10	1	10^{-5}	0.3000	0.0300	0.0030	2×10^{-5}
1km	1000	1000000	100000	1	30000	3000	300	2
1市寸	0.0333	33.3333	3.3333	3.3333×10^{-5}	1	0.1000	0.0100	6.6667×10^{-5}
1市尺	0.3333	333.3333	33.3333	0.0003	10	1	0.1000	0.0007
1市丈	3.3333	3333.3333	333.3333	0.0033	100	10	1	0.0067
1市里	500	500000	50000	0.5000	15000	1500	150	1

附表 2　　　　　　米制与英美制长度单位换算表

单位	米制				英美制			
	米(m)	毫米(mm)	厘米(cm)	千米(km)	英寸(in)	英尺(ft)	码(yd)	英里(mile)
1m	1	1000	100	0.0010	39.3701	3.2808	1.0936	0.0006
1mm	0.0010	1	0.1000	10^{-6}	0.0394	0.0033	0.0011	0.6214×10^{-6}
1cm	0.0100	10	1	10^{-5}	0.3937	0.0328	0.0109	0.6214×10^{-5}
1km	1000	1000000	100000	1	3.9370×10^4	3280.8398	1093.6132	0.6214
1in	0.0254	25.4000	2.5400	2.54×10^{-5}	1	0.0833	0.0278	1.5783×10^{-5}
1ft	0.3048	304.8000	30.4800	0.0003	12	1	0.3333	0.0002
1yd	0.9144	914.4000	91.4400	0.0009	36	3	1	0.0006
1mile	1609.3440	1.6093×10^6	1.6093×10^5	1.6093	63360	5280	1760	1

附录 常用计量单位换算

附表 3　英寸的分数、小数及我国习惯称呼与毫米对照表

英寸(in)		我国习惯称呼	毫米(mm)
分　数	小　数		
1/16	0.0625	半　分	1.5875
1/8	0.1250	一　分	3.1750
3/16	0.1875	一分半	4.7625
1/4	0.2500	二　分	6.3500
5/16	0.3125	二分半	7.9375
3/8	0.3750	三　分	9.5250
7/16	0.4375	三分半	11.1125
1/2	0.5000	四　分	12.7000
9/16	0.5625	四分半	14.2875
5/8	0.6250	五　分	15.8750
11/16	0.6875	五分半	17.4625
3/4	0.7500	六　分	19.0500
13/16	0.8125	六分半	20.6375
7/8	0.8750	七　分	22.2250
15/16	0.9375	七分半	23.8125
1	1.0000	一英寸	25.4000

二、面积单位换算

附表 4　米制与市制面积单位换算表

单　位	米　制			
	平方米(m^2)	公亩(a)	公顷(ha 或 hm^2)	平方公里(km^2)
$1m^2$	1	0.0100	0.0001	10^{-6}
1a	100	1	0.0100	0.0001
1ha 或 hm^2	10000	100	1	0.0100
$1km^2$	1000000	10000	100	1
1 平方市尺	0.1111	0.0011	0.1111×10^{-4}	0.1111×10^{-6}
1 平方市丈	11.1111	0.1111	0.0011	0.1111×10^{-4}
1 市亩	666.6667	6.6667	0.0667	0.0007
1 市顷	66666.6667	666.6667	6.6667	0.0667

续表

单位	市制			
	平方市尺	平方市丈	市亩	市顷
$1m^2$	9	0.0900	0.0015	0.1500×10^{-4}
1a	900	9	0.1500	0.0015
1ha 或 hm^2	90000	900	15	0.1500
$1km^2$	9000000	90000	1500	15
1平方市尺	1	0.0100	0.0002	1.6667×10^{-6}
1平方市丈	100	1	0.0167	0.0002
1市亩	6000	60	1	0.0100
1市顷	600000	6000	100	1

附表5　　米制与英美制面积单位换算表

单位	米制			
	平方米(m^2)	公亩(a)	公顷(ha 或 hm^2)	平方公里(km^2)
$1m^2$	1	0.0100	0.0001	10^{-6}
1a	100	1	0.0100	0.0001
1ha 或 hm^2	10000	100	1	0.0100
$1km^2$	1000000	10000	100	1
$1ft^2$	0.0929	0.0009	0.929×10^{-5}	0.9290×10^{-7}
$1yd^2$	0.8361	0.0084	0.8361×10^{-4}	0.8361×10^{-6}
1英亩	4046.8564	40.4686	0.4047	0.0040
1美亩	4046.8767	40.4688	0.4047	0.0040
$1mile^2$	0.2590×10^7	0.2590×10^5	258.9988	2.5900

单位	英美制			
	平方英尺(ft^2)	平方码(yd^2)	英亩	美亩	平方英里($mile^2$)
$1m^2$	10.7639	1.1960	0.0002	0.0002	0.3861×10^{-6}
1a	1076.3910	119.5990	0.0247	0.0247	0.3861×10^{-4}
1ha 或 hm^2	1.0764×10^5	11959.9005	2.4711	2.4710	0.0039
$1km^2$	1.0764×10^7	1.1960×10^6	247.1054	247.104	0.3861
$1ft^2$	1	0.1111	0.2296×10^{-4}	0.2296×10^{-4}	0.3587×10^{-7}
$1yd^2$	9	1	0.0002	0.0002	0.3228×10^{-6}
1英亩	43560	4840	1	0.999995	0.0016
1美亩	43560.2178	4839.9758	1.000005	1	0.0016
$1mile^2$	27878400	3097600	640	639.9968	1

附录 常用计量单位换算

附表6　　米制与日制面积单位换算表

单位	米制			
	平方米(m^2)	公亩(a)	公顷(ha 或 hm^2)	平方公里(km^2)
$1m^2$	1	0.0100	0.0001	10^{-6}
1a	100	1	0.0100	0.0001
1ha 或 hm^2	10000	100	1	0.0100
$1km^2$	1000000	10000	100	1
1平方日尺	0.0918	0.0009	0.9183×10^{-5}	0.9183×10^{-7}
1日坪	3.3058	0.0331	0.0003	3.3058×10^{-6}
1日亩	99.1736	0.9917	0.0099	0.0001
1平方日里	1.5423×10^7	1.5423×10^5	1542.3471	15.4235

单位	日制			
	平方日尺	日坪	日亩	平方日里
$1m^2$	10.8900	0.3025	0.0101	0.6484×10^{-7}
1a	1089	30.2500	1.0083	0.6484×10^{-5}
1ha 或 hm^2	108900	3025	100.8333	0.0006
$1km^2$	1.0890×10^7	302500	10083.3333	0.0648
1平方日尺	1	0.0278	0.0009	0.5954×10^{-8}
1日坪	36	1	0.0333	0.2143×10^{-6}
1日亩	1080	30	1	0.6430×10^{-5}
1平方日里	1.6796×10^8	4665600	155520	1

三、体积、容积单位换算

附表7　　米制与英美制体积和容积单位换算表

单位	米制		
	立方米(m^3)	立方厘米(cm^3)	升(L)
$1m^3$	1	1000000	1000
$1cm^3$	10^{-6}	1	0.0010
1L	0.0010	1000	1
$1in^3$	1.6387×10^{-5}	16.3871	0.0164
$1ft^3$	0.0283	2.8317×10^4	28.3168
$1yd^3$	0.7646	7.6455×10^5	764.5549
1gal(英)	0.0045	4543.7068	4.5437
1gal(美)	0.0038	3785.4760	3.7855
1bu	0.0363	3.6350×10^4	36.3497

续表

单位	英美制					
	立方英寸 (in³)	立方英尺 (ft³)	立方码 (yd³)	加仑(英液量) (gal)	加仑(美液量) (gal)	蒲式耳 (bu)
1m³	6.1024×10⁴	35.3146	1.3079	220.0846	264.1719	27.5106
1cm³	0.0610	0.3531×10⁻⁴	0.1308×10⁻⁵	0.2201×10⁻³	0.2642×10⁻³	0.2751×10⁻⁴
1L	61.0237	0.0353	0.0013	0.2201	0.2642	0.0275
1in³	1	0.0006	2.1433×10⁻⁵	0.0036	0.0043	0.0005
1ft³	1728	1	0.0370	6.2321	7.4805	0.7790
1yd³	46656	27	1	168.2668	201.9740	21.0333
1gal(英)	277.2740	0.1605	0.0059	1	1.2003	0.1250
1gal(美)	231	0.1337	0.0050	0.8331	1	0.1041
1bu	2218.1920	1.2837	0.0475	8	9.6026	1

附表 8　　米制与市制体积和容积单位换算表

单　位	米　制		
	立方米(m³)	立方厘米(cm³)	升(L)
1m³	1	1000000	1000
1cm³	10⁻⁶	1	0.0010
1L	0.0010	1000	1
1 立方市寸	0.3704×10⁻⁴	37.0370	0.0370
1 立方市尺	0.0370	3.7037×10⁴	37.0370
1 市斗	0.0100	10000	10
1 市石	0.1000	100000	100

单　位	市　制			
	立方市寸	立方市尺	市　斗	市　石
1m³	27000	27	100	10
1cm³	0.0270	0.2700×10⁻⁴	0.0001	10⁻⁵
1L	27	0.0270	0.1000	0.0100
1 立方市寸	1	0.0010	0.0037	0.0004
1 立方市尺	1000	1	3.7037	0.3704
1 市斗	270	0.2700	1	0.1000
1 市石	2700	2.7000	10	1

附录 常用计量单位换算

附表9　　米制与日制体积和容积单位换算表

单位	米制		
	立方米(m^3)	立方厘米(cm^3)	升(L)
$1m^3$	1	1000000	1000
$1cm^3$	10^{-6}	1	0.0010
1L	0.0010	1000	1
1立方日寸	2.7826×10^{-5}	27.8265	0.0278
1立方日尺	0.0278	2.7826×10^4	27.8265
1日升	0.0018	1805.0500	1.8051
1日斗	0.0181	1.8051×10^4	18.0505
1日石	0.1805	1.8051×10^5	180.5050

单位	日制				
	立方日寸	立方日尺	日升	日斗	日石
$1m^3$	35937	35.9370	554.0013	55.4001	5.5400
$1cm^3$	0.0359	3.5937×10^{-5}	0.0006	0.554×10^{-4}	0.5540×10^{-5}
1L	35.9370	0.0359	0.5540	0.0554	0.0055
1立方日寸	1	0.0010	0.0154	0.0015	0.0002
1立方日尺	1000	1	15.4159	1.5416	0.1542
1日升	64.8681	0.0649	1	0.1000	0.0100
1日斗	648.6808	0.6487	10	1	0.1000
1日石	6486.8083	6.4868	100	10	1

附表10　　米制与俄制体积和容积单位换算表

单位	米制			俄制	
	立方米(m^3)	立方厘米(cm^3)	升(L)	立方俄寸	立方俄尺
$1m^3$	1	1000000	1000	6.1024×10^4	35.3146
$1cm^3$	10^{-6}	1	0.0010	0.0610	0.3531×10^{-4}
1L	0.0010	1000	1	61.0237	0.0353
1立方俄寸	1.6387×10^{-5}	16.3871	0.0164	1	0.0006
1立方俄尺	0.0283	2.8317×10^4	28.3168	1728	1

四、重量(质量)单位换算

附表 11　　米制与市制重量单位换算表

单　位	米　制			市　制		
	千克(kg)	克(g)	吨(t)	市两	市斤	市担
1kg	1	1000	0.0010	20	2	0.0200
1g	0.0010	1	10^{-6}	0.0200	0.0020	0.2000×10^{-4}
1t	1000	1000000	1	20000	2000	20
1市两	0.0500	50	0.5000×10^{-4}	1	0.1000	0.0010
1市斤	0.5000	500	0.0005	10	1	0.0100
1市担	50	50000	0.0500	1000	100	1

附表 12　　米制与英美制重量单位换算表

单　位	米　制			英美制			
	千克(kg)	克(g)	吨(t)	盎司(oz)	磅(lb)	英(长)吨(ton)	美(短)吨(US ton)
1kg	1	1000	0.0010	35.2740	2.2046	0.0010	0.0011
1g	0.0010	1	10^{-6}	0.0353	0.0022	0.9842×10^{-6}	1.1023×10^{-6}
1t	1000	1000000	1	3.5274×10^4	2204.6244	0.9842	1.1023
1oz	0.0283	28.3495	0.2835×10^{-4}	1	0.0625	0.2790×10^{-4}	0.3125×10^{-4}
1lb	0.4536	453.5920	0.0005	16	1	0.0004	0.0005
1ton	1016.0461	1.0160×10^6	1.0160	35840	2240	1	1.1200
1Us ton	907.1840	907184	0.9072	32000	2000	0.8929	1

附表 13　　单位长度的重量换算表

单　位	千克/米 (kg/m)	克/厘米 (g/cm)	市两 (市寸)	市斤(市尺)	盎司/英寸 (oz/in)
1kg/m	1	10	0.6667	0.6667	0.8960
1g/cm	0.1000	1	0.0667	0.0667	0.0896
1市两(市尺)	1.5000	15	1	1	1.3439
1市斤(市尺)	1.5000	15	1	1	1.3439
1oz/in	1.1161	11.1612	0.7441	0.7441	1
1lb/ft	1.4882	14.8816	0.9921	0.9921	1.3333

附录　常用计量单位换算

续表

单　位	千克/米 (kg/m)	克/厘米 (g/cm)	市两 (市寸)	市斤(市尺)	盎司/英寸 (oz/in)
1lb/yd	0.4961	4.9605	0.3307	0.3307	0.4444
1日两/日寸	0.1238	1.2375	0.0825	0.0825	0.1109
1日斤/日尺	1.9800	19.8000	1.3200	1.3200	1.7754
1俄磅/俄寸	16.1226	161.2260	10.7484	10.7484	14.4404
1普特/俄尺	53.7420	537.4196	35.8280	35.8280	48.1505

单　位	磅/英尺 (lb/ft)	磅/码 (lb/yd)	日两(日寸)	日斤 (日尺)	俄磅 (俄寸)	普特 (俄尺)
1kg/m	0.6720	2.0159	8.0808	0.5051	0.0620	0.0186
1g/cm	0.0672	0.2016	0.8081	0.0505	0.0062	0.0019
1市两(市尺)	1.0080	3.0239	12.1212	0.7576	0.0930	0.0279
1市斤(市尺)	1.0080	3.0239	12.1212	0.7576	0.0930	0.0279
1oz/in	0.7500	2.2500	9.0198	0.5632	0.0693	0.0208
1lb/ft	1	3	12.0265	0.7516	0.0923	0.0277
1lb/yd	0.3333	1	4.0088	0.2505	0.0308	0.0092
1日两/日寸	0.0832	0.2495	1	0.0625	0.0077	0.0023
1日斤/日尺	1.3304	3.9913	16	1	0.1227	0.0368
1俄磅/俄寸	10.8303	32.4910	130.3867	8.1492	1	0.3000
1普特/俄尺	36.1011	108.3032	434.6224	27.1639	3.3333	1

参 考 文 献

[1] 国家标准. GB 50026—2007 工程测量规范[S]. 北京:中国计划出版社,2008.
[2] 行业标准. JGJ 8—2007 建筑变形测量规范[S]. 北京:中国建筑工业出版社,2008.
[3] 武汉测绘科技大学《测量学》编写组. 测量学[M]. 3 版. 北京:测绘出版社,1991.
[4] 过静军. 土木工程测量[M]. 武汉:武汉理工大学出版社,2000.
[5] 李生平. 建筑工程测量[M]. 2 版. 武汉:武汉理工大学出版社,2003.
[6] 周建郑. 建筑工程测量技术[M]. 武汉:武汉理工大学出版社,2002.
[7] 周相玉. 建筑工程测量[M]. 武汉:武汉理工大学出版社,1997.
[8] 郑庄生. 建筑工程测量[M]. 北京:中国建筑工业出版社,1995.
[9] 同济大学测量系,清华大学测量教研组. 测量学[M]. 北京:测绘出版社,1991.
[10] 顾孝烈. 测量学[M]. 2 版. 上海:同济大学出版社,1999.
[11] 合肥工业大学. 测量学[M]. 北京:中国建筑工业出版社,1995.
[12] 金其坤,彭福坤. 建筑测量学[M]. 西安:西安交通大学出版社,1996.
[13] 华南理工大学测量教研组. 建筑工程测量[M]. 2 版. 广州:华南理工大学出版社,1997.
[14] 李青岳,陈永奇. 工程测量学[M]. 北京:测绘出版社,1995.
[15] 钟孝顺,聂让. 测量学(公路与城市道路、桥梁、隧道工程专业用)[M]. 北京:人民交通出版社,1997.